"十三五"职业教育国家规划教材

# 建筑施工技术

新世纪高职高专教材编审委员会 组编
主　编　钱大行
副主编　秦　垫　王怀珠

第四版

大连理工大学出版社

图书在版编目(CIP)数据

建筑施工技术 / 钱大行主编. -- 4 版. -- 大连：大连理工大学出版社，2021.8(2022.6 重印)
ISBN 978-7-5685-3144-3

Ⅰ.①建… Ⅱ.①钱… Ⅲ.①建筑施工－技术－高等职业教育－教材 Ⅳ.①TU74

中国版本图书馆 CIP 数据核字(2021)第 154491 号

大连理工大学出版社出版

地址：大连市软件园路 80 号　邮政编码：116023
发行：0411-84708842　邮购：0411-84708943　传真：0411-84701466
E-mail:dutp@dutp.cn　URL:http://dutp.dlut.edu.cn

大连图腾彩色印刷有限公司印刷　　大连理工大学出版社发行

幅面尺寸：185mm×260mm　印张：21.75　字数：526 千字
2009 年 3 月第 1 版　　　　　　　　　2021 年 8 月第 4 版
2022 年 6 月第 3 次印刷

责任编辑：康云霞　　　　　　　　　　责任校对：唐　爽
　　　　　　　封面设计：张　莹

ISBN 978-7-5685-3144-3　　　　　　　　　　定　价：56.80 元

本书如有印装质量问题，请与我社发行部联系更换。

# 前　言

《建筑施工技术》（第四版）是"十三五"职业教育国家规划教材，也是新世纪高职高专教材编审委员会组编的建筑工程技术类课程规划教材之一。

建筑施工技术是土木工程专业重要的专业核心课程，是研究建筑工程中主要工种工程的施工规律、施工工艺原理和施工方法的学科，在培养学生综合运用专业知识、提高处理工程实际问题的能力等方面起着重要作用。其旨在培养学生能够根据工程具体条件选择合理的施工方案，运用先进的生产技术，在保证工程质量的基础上达到缩短工期、降低成本的目的，实现技术与经济的统一。

近年来，我国在建筑工程施工技术领域发生了深刻变革，取得了较多的技术突破和创新，并修订了多项施工规范或规程。因此，第四版教材较完整、系统地介绍了建筑施工技术的基本知识、基本理论，有选择地介绍了我国建筑领域新材料、新技术、新工艺、新方法等方面的知识，根据新颁布的施工规范对内容进行补充和修订，以保证教材内容的科学性、完整性和先进性。

本次修订力求突出以下特色：

1. 以满足职业岗位要求为原则确定教材内容

近年来，我国建筑工程施工技术发生了深刻变革，取得了较大的技术突破和创新，并修订了多项施工规范或规程。因此，本次修订体现近年我国建筑施工技术的新要求和新方法和新标准。

2. 立足行业要求，体现高职教学改革

在总结多年工程实践经验和最新施工技术的基础上，征求和吸收各施工企业的建议和经验，结合实际需要和新规范要求确定教材内容，并收集各工程成功的施工技术应用作为参考资料。

在传统章节上，结合新颁布的施工规范对内容进行充实、调整，保证内容的科学性、完整性和先进性。

3. 数字资源丰富，线上线下互通

课程中的关键知识点辅以微课，并且配有丰富的动画和精美课件、教学设计、习题库等教学资料包。

4. 贯彻"立德树人"的育人要求，将课程思政以恰当的方式融入到教材中

结合课程思政的要求和专业课程的特点，充分挖掘了课程内

容中蕴含的思政元素。在某些模块后面,添加"资料小卡片"介绍本课程相关学科的巨大历史成就,蕴含着爱国精神、工匠精神。本课程丰富的思政元素将为专业育人功能的发挥奠定基础。

本教材由洛阳理工学院钱大行担任主编;绵阳职业技术学院秦堃、山东理工职业学院王怀珠担任副主编;洛阳理工学院孙犁、滨州职业学院李建国、河南六建建筑集团有限公司郑功名、中铁十五局第七工程有限公司周鹏担任参编。具体编写分工如下:钱大行编写绪论、第1章~第5章;孙犁编写第6章;李建国编写第7章;秦堃编写第8章和第9章;郑功名编写第10章;王怀珠编写第11章;周鹏编写第12章;秦堃、王怀珠为本书案例、微课等数字资源提供了丰富的素材。全书由钱大行负责统稿。

在编写本教材的过程中,我们参考、引用和改编了国内外出版物中的相关资料以及网络资源,在此对这些资料的作者表示深深的谢意。请相关著作权人看到本教材后与出版社联系,出版社将按照相关法律的规定支付稿酬。

尽管我们在探索教材特色的建设方面做出了许多努力,但由于时间仓促,教材中仍可能存在一些疏漏和不妥之处,恳请各教学单位和读者在使用本教材的过程中将意见及时反馈给我们,以便下次修订时改进。

编 者<br/>2021 年 8 月

所有意见和建议请发往:dutpgz@163.com
欢迎访问职教数字化服务平台:http://sve.dutpbook.com
联系电话:0411-84707424　84706676

# 目 录

绪 论 ............................................................................................................. 1

## 第1章 土方工程 ............................................................................... 6
1.1 概 述 ........................................................................................ 6
1.2 场地平整及土方调配量计算 .................................................. 10
1.3 土方工程施工准备与辅助工作 .............................................. 20
1.4 土方工程的机械化施工 .......................................................... 36
1.5 土方的填筑与压实 .................................................................. 41
    复习思考题 .................................................................................. 46

## 第2章 地基处理与桩基础 ........................................................... 48
2.1 地基处理及加固 ...................................................................... 48
2.2 桩基础工程 .............................................................................. 56
    复习思考题 .................................................................................. 82

## 第3章 砌体工程 ............................................................................. 83
3.1 砌体工程基本知识 .................................................................. 83
3.2 基础施工 .................................................................................. 88
3.3 砖砌体施工 .............................................................................. 89
3.4 中小砌块施工 .......................................................................... 95
3.5 填充墙砌体施工 ...................................................................... 97
3.6 砌体工程安全技术 .................................................................. 100
    复习思考题 .................................................................................. 101

## 第4章 钢筋混凝土工程 ................................................................. 102
4.1 概 述 ........................................................................................ 102
4.2 模板工程 .................................................................................. 102
4.3 钢筋工程 .................................................................................. 109
4.4 混凝土工程 .............................................................................. 126
    复习思考题 .................................................................................. 137

## 第5章 脚手架工程 ......................................................................... 138
5.1 脚手架工程基本知识 .............................................................. 138
5.2 里脚手架 .................................................................................. 140
5.3 落地扣件式钢管外脚手架 ...................................................... 143
5.4 碗扣式钢管脚手架 .................................................................. 154

5.5 承插型盘扣式脚手架 ……………………………………………………………… 155
5.6 门式钢管脚手架 …………………………………………………………………… 158
　　复习思考题 ……………………………………………………………………… 159

# 第6章　季节性施工 …………………………………………………………………… 160
6.1 雨期施工 …………………………………………………………………………… 160
6.2 冬期施工 …………………………………………………………………………… 163
6.3 雨期与冬期施工的安全技术 ……………………………………………………… 170
　　复习思考题 ……………………………………………………………………… 171

# 第7章　预应力混凝土工程 …………………………………………………………… 172
7.1 概　述 ……………………………………………………………………………… 172
7.2 先张法 ……………………………………………………………………………… 173
7.3 后张法 ……………………………………………………………………………… 183
7.4 无黏结预应力混凝土施工 ………………………………………………………… 195
　　复习思考题 ……………………………………………………………………… 198

# 第8章　结构安装工程 ………………………………………………………………… 199
8.1 索具与起重机械 …………………………………………………………………… 199
8.2 钢筋混凝土单层工业厂房构件吊装工艺 ………………………………………… 211
8.3 钢筋混凝土单层厂房结构安装方案 ……………………………………………… 220
8.4 结构安装工程案例 ………………………………………………………………… 228
　　复习思考题 ……………………………………………………………………… 234

# 第9章　钢结构工程 …………………………………………………………………… 235
9.1 概　述 ……………………………………………………………………………… 235
9.2 钢结构构件的加工制作 …………………………………………………………… 235
9.3 钢结构连接施工 …………………………………………………………………… 239
9.4 单层钢结构工程 …………………………………………………………………… 249
9.5 多层及高层钢结构工程 …………………………………………………………… 251
9.6 围护结构安装 ……………………………………………………………………… 256
9.7 钢结构涂装工程 …………………………………………………………………… 256
9.8 钢结构工程安全技术 ……………………………………………………………… 260
　　复习思考题 ……………………………………………………………………… 262

# 第10章　防水工程 ……………………………………………………………………… 263
10.1 概　述 …………………………………………………………………………… 263
10.2 屋面防水工程 …………………………………………………………………… 265
10.3 地下防水工程 …………………………………………………………………… 276
10.4 防水工程安全技术 ……………………………………………………………… 287
　　复习思考题 ……………………………………………………………………… 288

## 第 11 章　外墙外保温工程 ······ 289
### 11.1　概　述 ······ 289
### 11.2　聚苯乙烯塑料板薄抹灰外墙外保温工程 ······ 292
### 11.3　胶粉 EPS 颗粒保温料浆外墙外保温工程 ······ 302
### 11.4　EPS 板现浇混凝土外墙外保温工程 ······ 306
### 11.5　EPS 钢丝网架板现浇混凝土外墙外保温工程 ······ 307
### 11.6　机械固定 EPS 钢丝网架板外墙外保温工程 ······ 311
### 11.7　其他外墙外保温系统简介 ······ 312
　　复习思考题 ······ 313

## 第 12 章　装饰工程 ······ 314
### 12.1　概　述 ······ 314
### 12.2　抹灰工程 ······ 314
### 12.3　饰面板(砖)工程 ······ 318
### 12.4　楼地面工程 ······ 323
### 12.5　吊顶与隔墙工程 ······ 327
### 12.6　幕墙工程 ······ 331
### 12.7　门窗工程 ······ 335
### 12.8　涂饰工程 ······ 335
　　复习思考题 ······ 337

## 参 考 文 献 ······ 338

# 本书微课资源列表

| 序号 | 资源名称 | 所在页码 |
|---|---|---|
| 1 | 喷锚支护工程 | P27 |
| 2 | 土方开挖工程 | P36 |
| 3 | 桩基础工程（预制桩打桩） | P56 |
| 4 | 桩基础工程（灌注桩） | P67 |
| 5 | 砌体结构工程 | P83 |
| 6 | 填充墙砌筑工程 | P98 |
| 7 | 柱钢模板工程 | P106 |
| 8 | 梁木模板工程 | P107 |
| 9 | 梁板混凝土工程 | P107 |
| 10 | 钢筋加工 | P111 |
| 11 | 钢筋下料 | P113 |
| 12 | 钢筋焊接 | P117 |
| 13 | 柱钢筋工程 | P124 |
| 14 | 板钢筋工程 | P125 |
| 15 | 梁钢筋工程 | P125 |
| 16 | 脚手架工程 | P138 |
| 17 | 钢结构工程 | P235 |
| 18 | 屋面工程 | P265 |
| 19 | 地下室防水工程 | P276 |
| 20 | 外墙保温工程 | P289 |
| 21 | 内墙抹灰工程 | P315 |
| 22 | 内墙贴面砖工程 | P321 |
| 23 | 楼地面工程 | P323 |
| 24 | 吊顶工程 | P327 |
| 25 | 玻璃幕墙工程 | P331 |
| 26 | 窗户安装工程 | P335 |

# 绪 论

## ✳ 建筑施工技术课程的性质、目的和任务

建筑施工技术是土木工程技术专业的一门重要的专业课,是研究工业与民用建筑施工技术的学科。其研究内容是建筑工程各主要工种工程施工中的一般施工技术和施工规律。一个建筑物由许多工种工程(如土方工程、砌体工程、钢筋混凝土工程、结构安装工程、屋面工程、装饰工程等)组成。每个工种工程的施工,根据工程特点和施工条件等不同,可以采用不同的施工方法和不同的施工机具来完成。如何依据施工对象的特点、规模和实际情况,应用适当的施工技术和方法,完成符合设计要求的工种工程,是建筑施工技术课程研究的主要内容。

建筑施工技术课程研究的任务是掌握建筑工程施工原理和施工方法,以及保证工程质量和施工安全的技术措施;分析和解决建筑施工中遇到的技术问题;以工种工程施工为研究对象,选择最合理的施工方案,采用先进的工艺、技术和方法,保证工程质量与安全,经济、合理地完成各工种工程的施工;了解建筑施工领域的最新技术进展,在建筑工程施工实践中灵活运用。

建筑施工技术课程的主要内容有:土方工程、地基与基础工程、砌体工程、钢筋混凝土工程、预应力混凝土工程、结构吊装工程、钢结构工程、外墙保温工程、防水工程等。本课程以土方工程、砌体工程、钢筋混凝土工程、预应力混凝土工程、钢结构工程、外墙保温工程等内容为重点。

设置本课程的目的是使学生通过学习,掌握建筑施工的基本知识、基本理论和基本方法,了解建筑施工领域中国内外的新技术和发展动态,掌握各工种工程施工工艺和单栋建筑物施工方案的选择,培养独立分析和解决建筑施工技术问题的初步能力,建造符合设计要求的工业与民用建筑。

学习本课程的基本要求是,了解主要工种工程的施工工艺,能从技术与经济的角度出发,掌握拟订施工方案的基本方法,以及分析处理一般施工技术问题的基本知识。

## ✳ 建筑施工技术课程的特点及学习方法

建筑施工技术课程是一门综合性很强的应用学科,它要综合运用工程测量、建筑材料、建筑力学、房屋建筑学和建筑结构等学科的知识,以及有关的施工规范与施工规程(规定)来解决建筑工程施工中的问题。建筑施工与生产实践联系很紧密,生产实践是建筑施工技术发展的源泉,而生产日新月异的发展给建筑施工提供了日益丰富的研究内容。因此,本课程

也是一门实践性很强的课程。正是由于本课程内容综合性、实践性都很强,而每章内容相互联系又不很紧密,系统性、逻辑性不强,叙述性内容比较多,所以学生学习时看懂较容易,但要真正理解、掌握与正确应用又比较困难。根据建筑施工技术课程这一特点,要求学生在学习本课程之前,除具备上述先修课程的理论知识外,还应对一般工业与民用建筑工程的施工具有一定的感性认识,做到平时注意观察,积累感性认识。另外,应结合当地具体情况,选择一些典型的、正在施工的工业与民用建筑工地进行现场参观学习,以了解其施工全过程,建立一定的感性认识,为学好本课程打下良好基础。对于有些内容,可以结合现场参观进行学习,其效果会更好。例如,模板的构造、安装与拆除等就可以结合施工现场参观学习加以解决。在学习时,必须认真学习教材内容,深刻领会其概念实质、基本原理和基本方法,尤其对各章的重点内容要精读,要真正弄懂、理解和掌握。此外,还要与作业练习、课程设计、生产实习等教学环节紧密配合、相互补充,加深对理论知识的理解和掌握,使所学知识得到进一步巩固。另外,还需要经常阅读有关建筑施工方面的书刊,以随时了解国内外最新动态。

学习本课程有关内容时,首先应该以建筑工程各分部施工技术和施工方法为基础,充分注意到各类不同工程施工技术和施工方法的共同特点,同时重视各类工程施工技术和施工方法的不同特点,学生应系统地掌握施工技术与方法,再根据不同的工程对象选择与之相适应的施工技术与方法,从而能够拟订出施工方案。本课程的重点在于施工技术和方法的掌握及应用,为了巩固和扩大知识面,在本书的每章后都有一定数量的复习思考题。

### ✱ 建筑业在国民经济中的地位与任务

建筑业是我国国民经济建设中的支柱产业之一,是相关行业赖以发展的基础性先导产业。国家每年用于建筑安装工程的投资额,一般占基本建设总投资额的60%左右。

建筑业在经济发展战略中面临着广阔的市场空间和发展前景,民用和工业建筑及基础设施建设,将为建筑业提供广阔的市场。我国建筑业的主要任务是以建设城乡住宅、公共建筑、工业建筑及基础设施为重点,加速提高产业整体素质和建筑业的生产工艺与技术装备水平,全面提高勘察设计及建筑施工水平,使建筑业接近国际先进水平,并在国际建筑市场中具有较强的竞争实力,充分发挥建筑业在带动国民经济增长和结构调整中所起的先导产业的作用,使其在21世纪逐步成为名副其实的国民经济支柱产业。

### ✱ 建筑施工技术发展概况

原始人藏身于天然洞穴。进入新石器时代,人类已架木巢居,以避野兽侵扰;进而以草泥作顶,开始建筑活动;后来发展到把居室建造在地面上。到新石器时代后期,人类逐渐学会用夹板夯土筑墙、垒石为垣、烧制砖瓦。战国时期,我国的砌筑技术已有很大发展,人们能用特制的楔形砖和启口砖砌筑拱券和穹隆。我国的《考工记》记载了先秦时期的营造法则。秦以后,宫殿和陵墓的建筑已具有相当规模,木塔的建造更显示出木构架施工技术已相当成熟。至唐代,大规模的城市建造表明房屋施工技术也达到了相当高的水平,北宋李诫编纂的《营造法式》,对砖、石、木作和装修、彩画的施工法则与工料估算方法均有较详细的规定。至元、明、清,已能用夯土墙内加竹筋建造三四层的楼房,这说明砖券结构已得到普及,木构架的整体性已得到加强。清朝的《工程做法则例》统一了建筑构件的模数和工料标准,制定了绘样和估算准则,现存的故宫等建筑表明当时我国的建筑技术已达很高的水平。

19世纪中叶以来,水泥和建筑钢材的出现,产生了钢筋混凝土,房屋施工进入新的阶段。我国自鸦片战争以后,在沿海城市也出现了一些用钢筋混凝土建造的多层和高层大楼,但多数由外国建筑公司承建。此时,在国内由私人创办的营造厂,虽然也承建了一些工程,但规模小,技术装备较差,施工技术相对落后。

1949年之后,我国的建筑业取得了突飞猛进的发展。为适应国民经济恢复时期建设的需要,扩大建筑业建设队伍的规模,我国引入了苏联的建筑技术,在短短几年内,就完成了鞍山钢铁公司、长春汽车厂等1 000多个规模宏大的工程建设项目。1958~1959年在北京建设的人民大会堂、北京火车站、中国历史博物馆等结构复杂、规模庞大、功能要求严格、装饰标准高的十大建筑,更标志着我国的建筑业开始进入一个新的发展时期。

我国建筑业的第二次大发展是在20世纪70年代后期,国家实行改革开放政策以后,一些重要工程相继恢复和上马,工程建设再次呈现出一派繁忙的景象。在20世纪80年代,以南京金陵饭店,广州白天鹅宾馆和花园酒店,上海新锦江宾馆、希尔顿宾馆和金茂大厦,北京国际饭店和昆仑饭店等一批高度超过100 m的高层建筑施工为龙头,带动了我国建筑施工技术,特别是现浇混凝土施工技术的迅速发展。进入20世纪90年代,房地产业的兴起、城市大规模的旧城改造、高层和超高层写字楼与商住楼的大量兴建,使建筑施工技术达到了很高的水平。21世纪初期,随着我国申办奥运成功,具有代表性的"鸟巢""水立方"等比赛场馆的建设,体现了现代建筑环保、节能的理念,给建筑施工技术提出了更高的要求。在施工技术研究和开发方面,随着改革的深入已全面转入市场经济运行的轨道,现代工程施工能力和施工技术也随之进一步提高,从而达到了新的发展水平。

1978年以后,我国建筑施工技术得到了长足的发展,特别是在大型工业建筑和高层民用建筑施工中取得了辉煌的成就。例如,在地基处理方面,推广了强夯法、振冲法和深层搅拌地基等新技术;在基础工程施工中,推广和应用了钻(冲)孔灌注桩、旋喷桩和地下连续墙等深基础技术;主体结构施工中应用了大模板、爬模和滑升模板;钢筋气焊、钢筋冷压连接、钢筋螺纹连接、泵送混凝土和高强度混凝土等新工艺和新技术在钢筋混凝土工程施工中得到了广泛的应用和推广;在预应力混凝土方面,无黏结工艺和整体预应力结构的应用,使我国预应力混凝土发展由构件生产进入了预应力结构生产阶段;在大跨度结构、高耸结构方面,采用了整体吊装的新技术;在装饰工程施工中应用了内外墙面喷涂、外墙面玻璃及铝合金幕墙、高级饰面砖的粘贴等新技术。这些使我国建筑施工技术水平与发达国家的水平基本接近。

但是,目前我国在砌体、防水、装饰工程施工中,大多沿用传统的施工工艺和施工方法,劳动强度大,工效低。随着科学技术的进步和生产力的发展,墙体改革,新型建筑材料、工艺理论及计算机技术的应用,必将有力地推动我国建筑施工技术的发展。

### * 建筑施工程序

建筑施工的成果就是完成各类建筑产品,即各种建筑物和构筑物。每个建筑产品生产的全过程,从建筑施工和安装来说,需要经过场地平整、基础工程、主体工程、装饰工程,最后交工验收形成建筑产品。

在建筑施工中,必须坚持建筑施工程序,按照建筑产品生产的客观规律组织工程施工。只有这样,才能加快工程建设速度,保证工程质量并降低工程成本。所谓建筑施工程序,是

● 4　建筑施工技术

指建筑产品的生产过程或施工阶段必须遵守的顺序,主要包括接受施工任务并签订工程承包合同、做好施工准备工作、组织工程施工和竣工验收等四个阶段。

(1)签订工程承包合同　施工单位必须同建设单位签订工程承包合同,明确各自在施工期内的经济责任和承担的义务。工程合同一经签订,即具有法律效力。

(2)做好施工准备工作　工程承包合同签订后,在工程开工之前,应安排好施工准备期,做好施工准备工作,这是坚持施工程序的重要环节之一。

施工准备的主要任务是掌握建设工程的特点、施工进度和工程质量要求,了解施工的客观条件,合理部署施工力量,从技术、物资、人力和组织等方面为建筑施工顺利进行创造必要的条件。

以单项工程为例,施工准备的内容主要包括编制施工组织设计和施工预算、征地和拆迁、施工现场三通一平、修建临时设施、建筑材料和施工机具的准备、施工队伍的准备等。

(3)组织工程施工　组织工程施工在整个建筑生产过程中占有极为重要的地位。因为只有通过合理的组织工程施工,才能最后形成建筑产品。组织工程施工的主要内容:一是根据施工组织设计确定的施工方案、施工方法以及进度要求,科学地组织综合施工;二是在施工中对施工过程的进度、质量、投资、安全等进行全面控制,目的在于全面完成计划任务。

(4)竣工验收　竣工验收是对建筑产品进行检验评定的重要环节,也是对基本建设成果和投资效果的总检查。所有的建设项目按设计文件要求的内容建成后,均应根据国家有关规定进行竣工验收。验收合格的工程,即可正式移交生产单位使用;不合格的工程,不准交工,不准报竣工面积。

### ＊建筑施工标准、规范、规程和工法知识

建筑标准按照级别分为国家标准和行业标准,如《建筑工程施工质量验收统一标准》(GB 50300—2013)和《建设工程施工现场环境与卫生标准》(JGJ 146—2013)等;按照执行的力度又分为强制性标准和推荐性标准,如《钢结构工程施工规范》(GB 50755—2012)和《日用陶瓷分类》(GB/T 5001—2018)等,强制性标准是为保障人体健康、人身和财产安全的标准和法律,以及行政法规规定强制执行的标准;其他标准是推荐性标准。

建筑工程在施工阶段为保证工程质量和施工安全所必须遵循的技术法规,称为施工(安全)技术标准,即包括施工技术标准、施工安全技术标准两个方面。施工技术标准是为了实现工程建设的既定质量目标,施工活动必须遵循的技术规范、技术规程和技术标准。施工技术标准分为三大类,具体是施工质量验收标准(及格标准)、施工工艺标准(行为标准)、优良工程评定标准(评优标准)。施工安全技术标准主要是为了保证施工中人员、机具等的安全,以保证施工的顺利进行。

建筑标准、规范、规程是建筑行业常用标准的表达形式,是以建筑科学、技术和实践经验的综合成果为基础,经有关方面协商一致,由国务院有关部委批准、颁发,作为建筑行业共同遵守的准则和依据。按级别划分为国家标准、行业标准、地方标准和企业标准四级。国家标准是对需要在全国范围内统一的技术要求制定的标准;行业标准是对没有国家标准而又需要在全国某个行业范围内统一的技术要求所制定的标准;地方标准是对没有国家标准和行业标准而又需要在该地区范围内统一的技术要求,或根据地方实际情况所制定的标准;企业标准是对企业范围内需要协调、统一的技术要求、管理事项和工作事项所制定的标准。另

外,规程(规定)比规范低一个等级,一般为行业标准,由各部委或重要的科学研究单位编制,呈报规范管理单位批准或备案后发布试行。它主要是为了及时推广一些新结构、新材料、新工艺而制定的标准。规程试行一段时间后,在条件成熟时也可升级为国家规范。规程的内容不能与规范抵触,如有不同,应以规范为准。对于规范和规程中有关规定条目的解释,由其发布通知中指定的单位负责。随着设计、施工和管理水平的提高,规范和规程每隔一定时间都要进行修订。

工法是以工程为对象,以工艺为核心,运用系统工程的原理,把先进技术与科学管理结合起来,经过工程实践总结形成的、较为成熟的综合配套技术的应用方法。它应具有新颖、适用和保证工程质量、提高施工效率、降低工程成本等特点。它是指导企业施工与管理的一种规范文件,并作为企业技术水平和施工能力的重要标志。工法分为一级(国家级)、二级(地区、部门级)、三级(企业级)三个等级,工法的内容一般应包括工法的特点、适用范围、施工程序、操作要点、机具设备、质量标准、劳动组织及安全、技术经济指标和应用实例等。

# 模块 1 土方工程

## 1.1 概述

土方工程是建筑工程施工中主要工种之一,常见的土方工程有:场地平整、基坑(槽)开挖、岩土爆破、土方回填与夯实以相关的运输等主要施工过程,另外还包括基坑(槽)降水、排水和土壁支护等准备与辅助工作。土方工程的施工质量直接影响基础工程乃至主体结构工程施工的正常进行。

### 1.1.1 土方工程的施工内容及施工特点

1. 土方工程的施工内容

(1)场地平整,依据工程条件,确定场地平土标高,计算场地平整土方量、基坑(槽)开挖土方量;合理进行土方量调配,使土方总施工量最小。

(2)合理选择施工机械,保证使用效率。

(3)安排好运输道路、弃土场、取土区,做好降水、土壁支护等辅助工作。

(4)土方的回填与夯实,包括回填土的选择、填土夯实的方法。

(5)基坑(槽)开挖,并做好监测、支护等工作,防止流砂、管涌、塌方等问题产生。

2. 土方工程的施工特点

建筑施工一般从土方工程开始,工程量大,施工工期长,劳动强度大且多为露天作业。由于受到气候、水文、地质、邻近及地下建(构)筑物等因素的影响,在施工过程中常常会遇到难以确定因素的制约,施工条件复杂。因此,在土方工程施工前必须做好地形地貌、工程地质、管线测量、水文、气象等资料的收集和详细分析研究工作,并进行现场勘察,在此基础上根据有关要求,选择好施工方法和机械设备,拟订出经济可行的施工方案,做好施工组织设计,确保施工安全和工程质量。

### 1.1.2 土的分类与现场鉴别

土的种类繁多,分类方法也较多,如按土的年代、颗粒级配、密实度、液性指数等分类。在建筑施工中,根据土的开挖难易程度(硬度系数的大小)可将土分为松软土、普通土等八类,土的工程分类及鉴别方法见表1-1。前四类属于一般土,后四类属于岩石。

表 1-1　　　　　　　　　　　土的工程分类及鉴别方法

| 土的分类 | 土的级别 | 土的名称 | 坚实系数 $f$ | 密度/ $(10^3 \text{ kg} \cdot \text{m}^{-3})$ | 开挖方法及工具 |
| --- | --- | --- | --- | --- | --- |
| 一类土（松软土） | Ⅰ | 砂土、粉土、冲积砂土层、疏松的种植土、淤泥（泥潭） | 0.5~0.6 | 0.6~1.5 | 用锹、锄头挖掘，少许用脚蹬 |
| 二类土（普通土） | Ⅱ | 粉质黏土；潮湿的黄土；夹有碎石、卵石的砂；粉土混卵（碎）石；种植土、填土 | 0.6~0.8 | 1.1~1.6 | 用锹、锄头挖掘，少许用镐翻松 |
| 三类土（坚土） | Ⅲ | 软及中等密实黏土；重粉质黏土、砾石土；干黄土、含有碎石卵石的黄土、粉质黏土；压实的填土 | 0.8~1.0 | 1.75~1.9 | 主要用镐，少许用锹、锄头挖掘，部分用撬棍 |
| 四类土（砂砾坚土） | Ⅳ | 坚硬密实的黏性土或黄土；含碎石卵石的中等密实的黏性土或黄土；粗卵石；天然级配砂石；软泥灰岩 | 1.0~1.5 | 1.9 | 整个先用镐、撬棍，后用锹挖掘，部分用楔子及大锤 |
| 五类土（软石） | Ⅴ~Ⅵ | 硬质黏土；中密的页岩、泥灰岩、白垩土；胶结不紧的砾岩；软石灰岩及贝壳石灰石 | 1.5~4.0 | 1.1~2.7 | 用镐或撬棍、大锤挖掘，部分使用爆破方法 |
| 六类土（次坚石） | Ⅶ~Ⅸ | 泥岩、砂岩、砾岩；坚实的页岩、泥灰岩、密实的石灰岩；风化的花岗岩、片麻岩、石灰岩；微风化的安山岩、玄武岩 | 4.0~10.0 | 2.2~2.9 | 用爆破方法开挖，部分用风镐 |
| 七类土（坚石） | Ⅹ~ⅩⅢ | 大理石；辉绿岩；粗、中粒花岗岩；坚实的白云岩、砂岩、砾岩、片磨岩、石灰岩；微风化的安山岩、玄武岩 | 10.0~18.0 | 2.5~3.1 | 用爆破方法开挖 |
| 八类土（特坚石） | ⅩⅣ~ⅩⅥ | 安山岩；玄武岩；花岗片麻岩；坚实的细粒花岗岩、闪长岩、石英岩、辉长岩、辉绿岩、玢岩、角闪岩 | 18.0~25.0 以上 | 2.7~3.3 | 用爆破方法开挖 |

土方施工与土的级别关系密切，如果现场开挖土质为较松软的黏土、人工填土、粉质黏土等，则要考虑土方边坡稳定；如果施工所遇为岩石类土，则对土方施工方法、机械的选择、劳动量配置的多少均有较大影响。

### 1.1.3　土的基本性质

1.土的含水量

土的含水量是指土中所含水的质量与土中固体颗粒质量之比，用百分率表示，即

$$w = \frac{m_w}{m_s} \times 100\% \tag{1-1}$$

式中　$w$——土的含水量，%；

　　　$m_w$——土中水的质量，kg；

　　　$m_s$——土中固体颗粒的质量，kg。

土的含水量大小对土方的开挖、土方边坡的稳定性及回填土夯实等都有一定的影响，所以施工时应使土的含水量处于最佳含水量范围之内。土的最佳含水量详见表 1-2。

表 1-2　　　　　　　　　　土的最佳含水量和最大干密度参考值

| 土的种类 | 变动范围 ||
| --- | --- | --- |
|  | 最佳含水量(质量比)/% | 最大干密度/(g·cm⁻³) |
| 砂土 | 8～12 | 1.80～1.88 |
| 粉土 | 16～22 | 1.61～1.80 |
| 亚砂土 | 9～15 | 1.85～2.08 |
| 亚黏土 | 12～15 | 1.85～1.95 |
| 重亚黏土 | 16～20 | 1.67～1.79 |
| 粉质亚黏土 | 18～21 | 1.65～1.74 |
| 黏土 | 19～23 | 1.58～1.70 |

2.土的自然密度和干密度

(1)土的自然密度

土在自然状态下单位体积的质量称为土的自然密度,即

$$\rho=\frac{m}{V} \tag{1-2}$$

式中　$\rho$——土的自然密度,kg/m³;

　　　$m$——土在自然状态下的质量,kg;

　　　$V$——土在自然状态下的体积,m³。

(2)土的干密度

单位体积土中固体颗粒的质量称为土的干密度,即

$$\rho_d=\frac{m_s}{V} \tag{1-3}$$

式中　$\rho_d$——土的干密度,kg/m³;

　　　$m_s$——土中固体颗粒的质量(经 105 ℃烘干的质量),kg;

　　　$V$——土在自然状态下的体积,m³。

干密度反映了土的紧密程度,常用于回填土夯实质量的控制指标。土的最大干密度值可参考表 1-2。

3.土的可松性

自然状态下的土经开挖后,其体积因松散而增加,虽经回填夯实,仍不能恢复到原来的体积,这种性质称为土的可松性。土的可松性大小用可松性系数表示,即

$$K_s=\frac{V_2}{V_1} \tag{1-4}$$

$$K_s'=\frac{V_3}{V_1} \tag{1-5}$$

式中　$K_s$——最初可松性系数;

　　　$K_s'$——最终可松性系数;

　　　$V_1$——土在自然状态下的体积,m³;

　　　$V_2$——土挖出后在松散状态下的体积,m³;

　　　$V_3$——挖出的土经回填夯实后的体积,m³。

土的可松性与土的类别和密实状态有关,$K_s$ 用于确定土的运输量、挖土机械的数量及

留设堆土场地的大小;$K'_s$用于确定回填土、弃(借)土及场地的平整。各类土的可松性系数见表1-3。

表1-3　　　　　　　　　　各类土的可松性系数

| 土的类别 | $K_s$ | $K'_s$ |
| --- | --- | --- |
| 一类土 | 1.08～1.17 | 1.01～1.03 |
| 二类土 | 1.14～1.28 | 1.02～1.05 |
| 三类土 | 1.24～1.30 | 1.04～1.07 |
| 四类土 | 1.26～1.32 | 1.06～1.09 |
| 五类土 | 1.30～1.45 | 1.10～1.20 |
| 六类土 | 1.30～1.45 | 1.10～1.20 |
| 七类土 | 1.30～1.45 | 1.10～1.20 |
| 八类土 | 1.45～1.50 | 1.20～1.30 |

4.土的渗透性

土的渗透性也称透水性,是指土体被水透过的性质。土体孔隙中的水在重力作用下会发生流动,流动速度与土的渗透性有关。渗透性的大小用渗透系数表示,即

$$K = \frac{L}{t} \tag{1-6}$$

法国学者达西根据砂土渗透试验(图1-1),发现水在土中的渗流速度$v$与$A$、$B$两点水位差成正比,与渗流路程长度$L$成反比,即

$$v = \frac{Kh}{L} = Ki \tag{1-7}$$

$$i = \frac{h}{L} \tag{1-8}$$

式中　$K$——土的渗透系数,m/d、m/h 或 m/s,$K$ 值的大小反映了土体透水性的强弱,影响施工降水与排水的速度。$K$ 可以通过室内渗透试验或现场抽水试验测定,见表1-4。

　　$L$——渗流路程,m。

　　$t$——渗流路程 $L$ 所需要的时间,d(天)、h(小时)、s(秒)。

　　$i$——水力坡度。

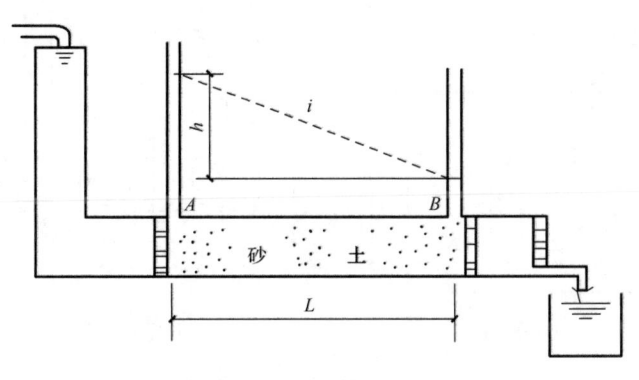

　　$h$——$A$、$B$ 两点的水头差。

图1-1　砂土渗透试验

表 1-4　　　　　　　　　　　　　　　土的渗透系数

| 土的类别 | $K/(\text{m}\cdot\text{d}^{-1})$ | 土的类别 | $K/(\text{m}\cdot\text{d}^{-1})$ |
| --- | --- | --- | --- |
| 黏　土 | <0.005 | 中　砂 | 5.0～20.0 |
| 亚黏土 | 0.005～0.1 | 均质中砂 | 25～50 |
| 轻亚黏土 | 0.1～0.5 | 粗　砂 | 20～50 |
| 黄　土 | 0.25～0.5 | 砾　石 | 50～100 |
| 粉　土 | 0.5～1.0 | 卵　石 | 100～500 |
| 细　砂 | 1.0～1.5 | 漂石(无砂质充填) | 500～1 000 |

土的渗透系数的大小对施工排、降水方法的选择，涌水量的计算，以及边坡支护方案的确定等都有很大的影响。

## 1.2　场地平整及土方调配量计算

### 1.2.1　场地平整

建筑场地往往处在凹凸不平的自然地貌上，特别是在山区和丘陵地带，若建较大规模的建筑群，必须削凸填凹，移挖方作填方，满足规划、生产工艺及运输、排水等要求，并力求土方量最小。场地平整就是将自然地面改造平整为场地设计要求的平面。它是施工方案中计算土方工程量、土方平衡调配、选择施工机械的重要依据。包括：场地设计标高的确定、场地平整土方量的计算、土方调配、选择土方施工机械、拟订施工方案。

1. 场地设计标高确定的方法和步骤

场地设计标高确定是依据场地土方量挖、填方平衡这一原则计算的，即场地土方的体积在平整前后是相等的。以下为采用方格网法确定场地设计标高及场地土方量的步骤：

(1)初步确定场地设计标高

在具有等高线的地形图上将施工区域划分为边长为 20 m×20 m 或 40 m×40 m 的若干方格(图 1-2)，方格边线尽量与地形测量的纵横坐标网对应。

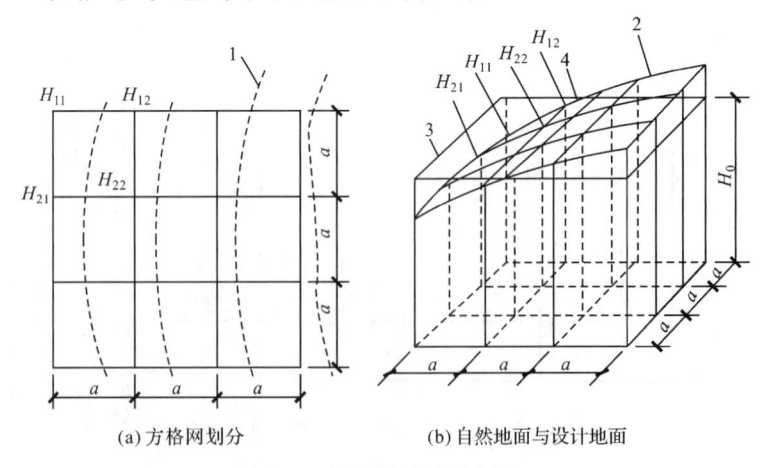

(a)方格网划分　　(b)自然地面与设计地面

图 1-2　场地设计标高示意图

①确定方格角点的编号、自然地面标高和施工高度　方格角点的编号一般由方格网左下

角或左上角起按顺序编排；自然地形标高可根据地形图高程采用插入法求得，如图 1-3 所示。为了避免烦琐的计算，也可采用图解法（图 1-4）。用一张透明纸，上面画 6 根等距离的平行线。把该透明纸放到标有方格网的地形图上，将 6 根平行线的最外边两根分别对准 A 点和 B 点，这时 6 根等距的平行线将 A、B 之间的 0.5 m 高差分成 5 等份，于是便可直接读得方格角点 4 的地面标高为 44.4 m。其余各角点标高均可用图解法求出。当地面起伏较大或无地形图时，可以在地面上用方桩式钢钎打好方格网，然后用仪器直接测出方格角点标高。

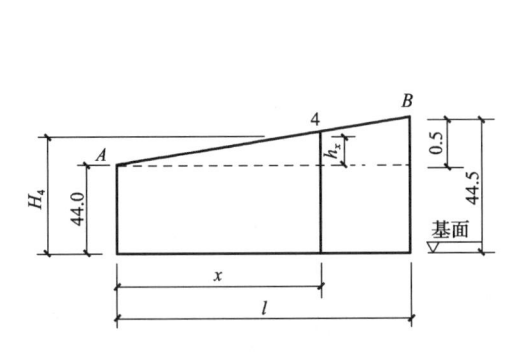

图 1-3　插入法计算标高　　　　图 1-4　图解法计算标高

施工高度按式（1-9）计算，结果为正值时，表示该点为填方；结果为负值时，表示该点为挖方

$$h_n = h_s - h_j \tag{1-9}$$

式中　$h_n$——方格角点施工高度，即各方格角点的挖填高度；

　　　$h_s$——方格角点的设计标高（若无泄水坡度时，即场地的设计标高）；

　　　$h_j$——各方格角点的自然地面标高。

②计算场地设计标高　由图 1-2 可知，$h_n$ 是方格角点的施工高度，设平整前的土方体积 $V$ 为

$$V = \frac{a^2}{4} \sum_{i=1}^{n} h_{ni} = \sum \left( a^2 \frac{h_{11} + h_{12} + h_{21} + h_{22}}{4} \right)$$

$$= \frac{a^2}{4} \left( \sum h_{1j} + 2\sum h_{2j} + 3\sum h_{3j} + 4\sum h_{4j} \right)$$

$$= \frac{a^2}{4} \sum_{i=1}^{4} \left( p_i \sum h_{ij} \right)$$

式中　$V$——自水准面起至自然地面的土体体积，m³；

　　　$n$——方格角点数；

　　　$a$——方格边长，m；

　　　$h_{1j}$——方格仅有一个方格角点的自然地面标高，m；

　　　$h_{2j}$——两个方格共有的方格角点的自然地面标高，m；

　　　$h_{3j}$——三个方格共有的方格角点的自然地面标高，m；

　　　$h_{4j}$——四个方格共有的方格角点的自然地面标高，m；

　　　$p_i$——方格网交点的权值，$i=1$ 表示方格角点，$i=2$ 表示方格边线点，$i=3$ 表示方格凹点，$i=4$ 表示方格中间点；

$h_{ij}$——已有目标权数方格角点的自然地面标高,m。

设方格网平整后设计标高为 $H_0$,则平整后土体体积为

$$V' = H_0 N a^2$$

式中 $V'$——自水准面起至平整面下的土体体积,$m^3$;

$H_0$——方格网平整后设计标高,m;

$N$——方格数。

根据土方平衡时,平整前后这块土体的体积是相等的,即 $V = V'$。

$$H_0 N a^2 = \frac{a^2}{4}(\sum h_{1j} + 2\sum h_{2j} + 3\sum h_{3j} + 4\sum h_{4j})$$

$$H_0 = \frac{1}{4N}(\sum h_{1j} + 2\sum h_{2j} + 3\sum h_{3j} + 4\sum h_{4j}) \tag{1-10}$$

式中符号含义同上。

由式(1-10)求出的场地设计标高,能使填方量和挖方量达到基本平衡。

(2)场地设计标高的调整

场地设计标高 $H_0$ 按式(1-10)确定之后,它还只是一个理论值,实际工程当中还必须考虑以下因素进行调整:

①土的可松性影响 由于土具有可松性,所以挖出一定体积的土,不可能等体积回填,而会出现多余。因此,应该考虑由于土的可松性而引起的设计标高增加值 $\Delta h$。$V_W$、$V_T$ 分别称为按理论设计计算的挖、填方的体积,$F_W$、$F_T$ 分别称为按理论设计计算的挖、填方区的面积,$V'_W$、$V'_T$ 分别称为调整后挖、填方的体积,$K'_S$ 是最终可松性系数。

如图 1-5 所示,设 $\Delta h$ 为由于土的可松性引起的设计标高增加值,则场地设计标高调整以后总挖方体积 $V'_W$ 应为

$$V'_W = V_W - F_W \Delta h \tag{1-11}$$

总填方体积为

$$V'_T = V_T + F_T \Delta h \tag{1-12}$$

而

$$V'_T = V'_W K'_S$$

所以

$$V_T + F_T \Delta h = (V_W - F_W \Delta h) K'_S \tag{1-13}$$

移项整理得

$$\Delta h = \frac{V_W K'_S - V_T}{F_T + F_W K'_S}$$

当 $V_W = V_T$ 时,上式化为

$$\Delta h = \frac{V_W (K'_S - 1)}{F_T + F_W K'_S}$$

故考虑土的可松性后,场地设计标高应调整为

$$H'_0 = H_0 + \Delta h \tag{1-14}$$

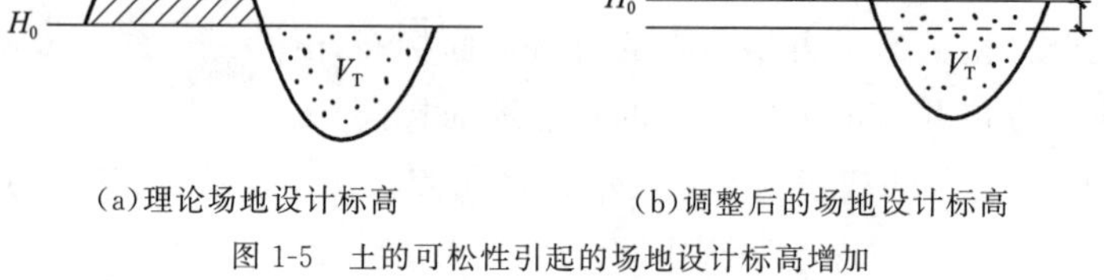

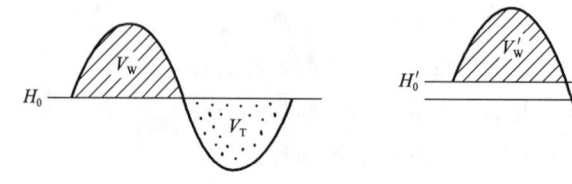

(a)理论场地设计标高　　(b)调整后的场地设计标高

图 1-5　土的可松性引起的场地设计标高增加

②场地泄水坡度影响 若按同一设计标高平整时,整个场地均处于同一水平面,但是实际上需要有一定的泄水坡度。所以还必须根据场地泄水坡度的要求,计算出场地内各方格角点实际施工的设计标高。

● 场地为单向泄水坡度 场地具有单向泄水坡度时,设计标高的确定方法是把已经调整后的设计标高 $H_0'$ 作为场地中心的标高[图1-6(a)],则场地内任意一点的设计标高为

$$H_{ij} = H_0' \pm li \tag{1-15}$$

式中 $H_{ij}$——场地内任意一点的设计标高;

$l$——场地任意一点至场地中心线设计标高 $H_0'$ 的距离;

$i$——场地泄水设计坡度(不少于2‰)。

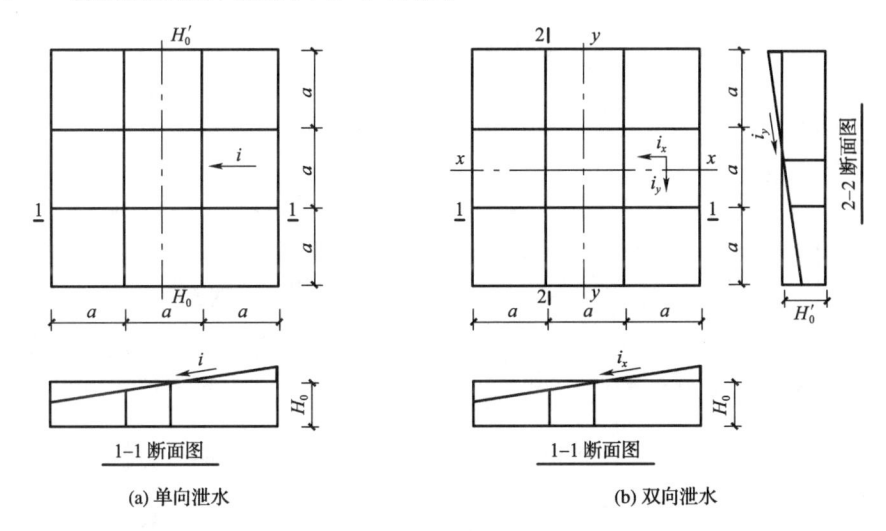

(a) 单向泄水  (b) 双向泄水

图1-6 场地泄水坡度示意图

● 场地具有双向泄水坡度 场地具有双向泄水坡度时,场地设计标高的确定方法同样是把已调整后的设计标高 $H_0'$ 作为场地的纵向和横向中心点标高[图1-6(b)],场地内任意一点的设计标高为

$$H_{ij} = H_0' \pm l_x i_x \pm l_y i_y \tag{1-16}$$

式中 $l_x$、$l_y$——任意一点沿 $x-x$、$y-y$ 方向距场地中心的距离;

$i_x$、$i_y$——任意一点沿 $x-x$、$y-y$ 方向的泄水坡度。

③借土或弃土的影响 由于受场地设计标高以下的各种填方工程的填土量或场地设计标高以上的各种挖方工程的挖土量的影响,以及经过经济比较而将部分挖方就近弃土于场外(弃土)或部分填方就近从场外取土(借土),都会导致场地设计标高的降低或提高。因此必要时也需要重新调整场地设计标高。

2.场地平整土方量的计算

场地平整土方量的计算方法通常有方格网法和断面法两种。当场地地形较为平坦时宜采用方格网法;当场地地形起伏较大、断面不规则时,宜采用断面法。

方格网法是根据各方格角点的施工高度分别计算出每个方格挖、填土方量,最后将方格区域的土方量汇总,就得到场地方格网区域总的土方量。但工程场地总的平整土方量还应计算场地边坡的土方量。场地总的平整土方量计算步骤如下:

(1) 计算各方格角点的施工高度

即填、挖高度(等于场地设计标高－自然地面标高)，以"＋"为填，"－"为挖。

(2) 标注零点、确定零线位置

一个方格内相邻两交叉点，如果一点为填方而另一点为挖方，这两点间必有一个不填不挖的点，此点处施工高度为零，故称其为零点(图 1-7)，零点位置可用图解法或计算法求出。图解法求零点：用直尺在填方交叉点沿着与零点所在边相垂直的边上，标出一定比例的填方高度，然后，在挖方交叉点相反方向标出同样比例的挖方高度，两高度点边线与方格边相交点即零点。将零点连接成线段，即零线。零线是填、挖方区的分界线。计算法求零点如图 1-8 所示。

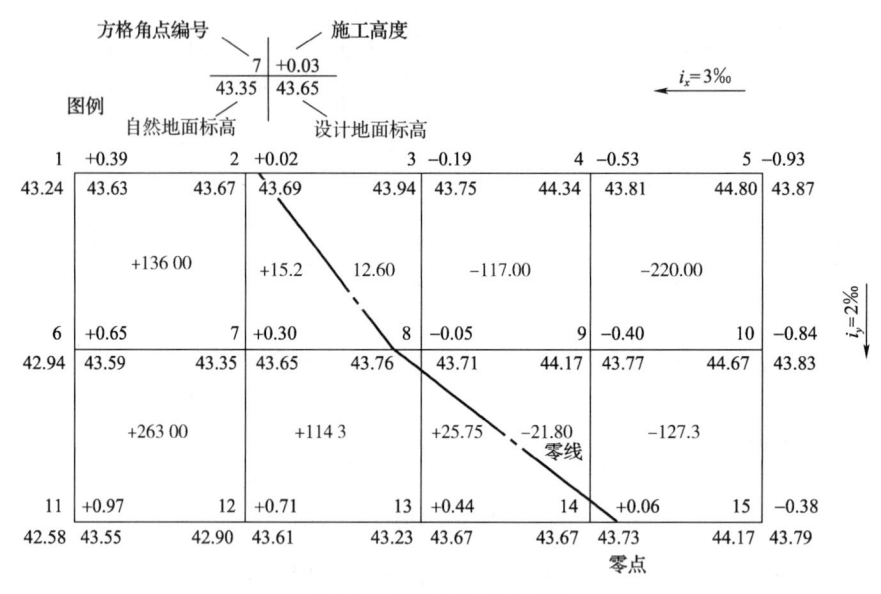

图 1-7 方格网法计算土方量

$$x_1 = a\frac{h_1}{h_1+h_2}, x_2 = a\frac{h_2}{h_1+h_2} \quad (1\text{-}17)$$

式中　$x_1$、$x_2$——方格角点至零点的距离，m；

　　　$h_1$、$h_2$——相邻两方格角点的施工高度(以绝对值代入)，m；

　　　$a$——方格网的边长，m。

(3) 计算土方量

方格中如果没有零线，土方量计算较为简单；否则，由于零线位置不同，其相应的土方量计算公式也不同，计算时要根据表 1-5 的公式求得。

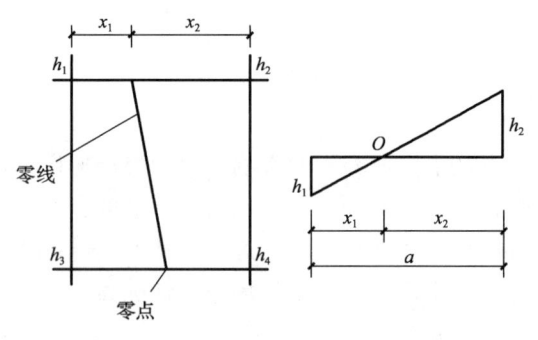

图 1-8 计算法求零点

表 1-5　　　　　　　　　　　常用方格网土方量计算公式

| 项　目 | 图　例 | 计算公式 |
|---|---|---|
| 一点填方或挖方（三角形） | | $V = \dfrac{1}{2}bc \cdot \dfrac{\sum h}{3} = \dfrac{bch_3}{6}$<br>当 $b = c = a$ 时，$V = \dfrac{a^2 h_3}{6}$ |
| 二点填方或挖方（梯形） | | $V^+ = \dfrac{b+c}{2} \cdot a \cdot \dfrac{\sum h}{4} = \dfrac{a}{8}(b+c)(h_1+h_3)$<br>$V^- = \dfrac{d+e}{2} \cdot a \cdot \dfrac{\sum h}{4} = \dfrac{a}{8}(d+e)(h_2+h_4)$ |
| 三点填方或挖方（五角形） | | $V = \left(a^2 - \dfrac{bc}{2}\right) \dfrac{\sum h}{5} = \left(a^2 - \dfrac{bc}{2}\right) \dfrac{h_1+h_2+h_4}{5}$ |
| 四点填方或挖方（正方形） | | $V = \dfrac{a^2}{4} \sum h = \dfrac{a^2}{4}(h_1+h_2+h_3+h_4)$ |

注：① $a$—方格网的边长，m；$b$、$c$—零点到一方格角点的边长，m；$h_1$、$h_2$、$h_3$、$h_4$—方格网四方格角点的施工高程，m，用绝对值代入；$\sum h$—填方或挖方施工高程的总和，m，用绝对值代入；$V$—挖方或填方体积，m³。

②本表公式是按各计算图形底面积乘以平均施工高程得出的。

（4）计算土方总量

将平整场地中所有方格的土方总量和边坡土方量汇总，即得场地平整挖（填）方的工程量。一般实际工程中平土高度大于 1 m 时才考虑计算边坡土方量。

【例 1-1】　某建筑场地的地形图和方格网如图 1-9 所示，方格边长为 20 m×20 m，$x-x$、$y-y$ 方向上泄水坡度分别为 3‰ 和 2‰。土建设计、生产工艺设计和最高洪水位等方面均无特殊要求，试根据挖填平衡原则（不考虑可松性）确定场地中心设计标高，并用方格网法计算挖、填方土方量（不考虑边坡土方量）。

**解**　（1）场地中心设计标高及方格角点各参数的确定

①计算方格角点的地面标高　各方格角点的地面标高，可根据地形图上所示标高，用插入法求得，计算方法如图 1-3 所示。本例各方格角点地面标高各值如图 1-9 所示。

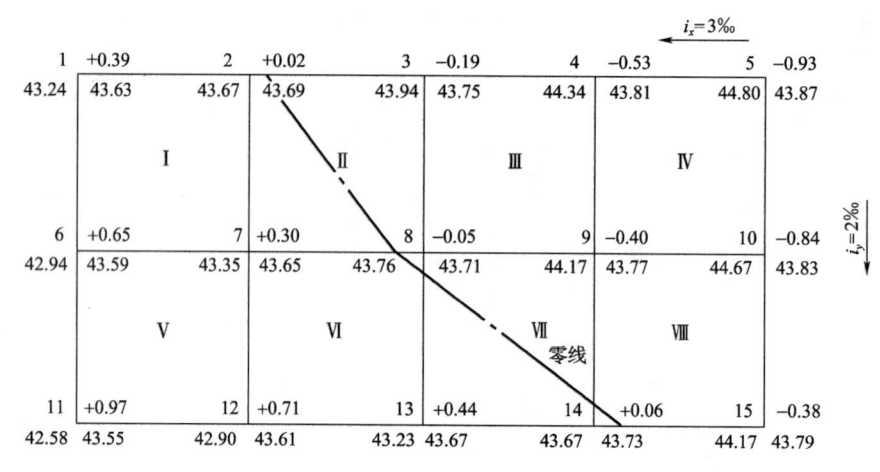

图 1-9 某建筑场地的地形图和方格网

② 计算场地设计标高 $H_0$

$$\sum h_{1j} = 43.24 + 44.80 + 44.17 + 42.58 = 174.79 \text{ m}$$

$$2\sum h_{2j} = 2 \times (43.67 + 43.94 + 44.34 + 44.67 + 43.67 + 43.23 + 42.90 + 42.94) = 698.72 \text{ m}$$

$$3\sum h_{3j} = 0$$

$$4\sum h_{4j} = 4 \times (43.35 + 43.76 + 44.17) = 525.12 \text{ m}$$

由式(1-10)得

$$H_0 = \frac{1}{4N}(\sum h_{1j} + 2\sum h_{2j} + 3\sum h_{3j} + 4\sum h_{4j})$$

$$= \frac{1}{4 \times 8}(174.79 + 698.72 + 0 + 525.12) = 43.71 \text{ m}$$

③ 计算方格角点的设计标高 以场地中心方格角点 8 为 $H_0$，考虑已知泄水坡度 $i_x$、$i_y$，各方格角点设计标高按式(1-16)计算得

$$H_1 = H_8 - 40 \times 3‰ + 20 \times 2‰ = 43.71 - 0.12 + 0.04 = 43.63 \text{ m}$$

$$H_2 = H_1 + 20 \times 3‰ = 43.63 + 0.06 = 43.69 \text{ m}$$

$$H_6 = H_8 - 40 \times 3‰ = 43.71 - 0.12 = 43.59 \text{ m}$$

其余各方格角点设计标高算法同上，其值如图 1-9 所示。

④ 计算各方格角点的施工高度 用式(1-9)计算各方格角点的施工高度分别为

$$h_1 = 43.63 - 43.24 = +0.39 \text{ m}$$

$$h_2 = 43.69 - 43.67 = +0.02 \text{ m}$$

其余各方格角点的施工高度算法同上，其值如图 1-9 所示。

(2) 土方量计算

① 计算零点位置 当在一个方格网内同时有填方或挖方时，要先算出方格网边的零点(不挖不填点)位置，并标注于方格网上。零点的位置按相似三角形原理确定，如图 1-8 所示可得

$$x_{32} = a \cdot \frac{h_3}{h_3 + h_2} = 20 \times \frac{0.19}{0.19 + 0.02} = 18.10 \text{ m} \qquad x_{23} = 20 - 18.10 = 1.90 \text{ m}$$

$$x_{78} = a \cdot \frac{h_7}{h_7 + h_8} = 20 \times \frac{0.30}{0.30 + 0.05} = 17.14 \text{ m} \qquad x_{87} = 20 - 17.14 = 2.86 \text{ m}$$

$$x_{13,8} = a \cdot \frac{h_{13}}{h_{13}+h_8} = 20 \times \frac{0.44}{0.44+0.05} = 17.96 \text{ m} \qquad x_{8,13} = 20 - 17.96 = 2.04 \text{ m}$$

$$x_{9,14} = a \cdot \frac{h_9}{h_9+h_{14}} = 20 \times \frac{0.40}{0.40+0.06} = 17.39 \text{ m} \qquad x_{14,9} = 20 - 17.39 = 2.61 \text{ m}$$

$$x_{15,14} = a \cdot \frac{h_{15}}{h_{15}+h_{14}} = 20 \times \frac{0.38}{0.38+0.06} = 17.27 \text{ m} \qquad x_{14,15} = 20 - 17.27 = 2.73 \text{ m}$$

②画出零线(图纸中一般用粗点画线画出)　由于地形是连续的,所以连接零点得到的零线即成为填方区与挖方区的分界线(图1-9)。

(3)计算各方格挖、填方量

查表1-5,按方格网的类型逐一计算土方体积。

方格Ⅰ　$V^- = 0$

$$V^+ = \frac{20 \times 20}{4}(0.39+0.02+0.65+0.30) = 136.00 \text{ m}^3$$

方格Ⅱ　$V^- = \frac{x_{32}+x_{87}}{2} \cdot a \cdot \frac{\sum h}{4} = \frac{18.10+2.86}{2} \times 20 \times \frac{0.19+0.05+0+0}{4}$

$\qquad = 12.58 \text{ m}^3$

$\qquad V^+ = \frac{x_{23}+x_{78}}{2} \cdot a \cdot \frac{\sum h}{4} = \frac{1.90+17.14}{2} \times 20 \times \frac{0.02+0.30+0+0}{4}$

$\qquad = 15.23 \text{ m}^3$

方格Ⅲ　$V^- = \frac{20 \times 20}{4}(0.19+0.53+0.05+0.40) = 117.00 \text{ m}^3$

$\qquad V^+ = 0$

方格Ⅳ　$V^- = \frac{20 \times 20}{4}(0.53+0.93+0.40+0.84) = 270.00 \text{ m}^3$

$\qquad V^+ = 0$

方格Ⅴ　$V^+ = \frac{20 \times 20}{4}(0.65+0.30+0.97+0.71) = 263.00 \text{ m}^3$

$\qquad V^- = 0$

方格Ⅵ　$V^- = (\frac{x_{87} x_{813}}{2}) \cdot \frac{\sum h}{3} = \frac{2.86 \times 2.04}{2} \times \frac{0.05+0+0}{3} = 0.05 \text{ m}^3$

$\qquad V^+ = (a^2 - \frac{x_{87} x_{813}}{2}) \frac{\sum h}{5}$

$\qquad = (20^2 - \frac{2.86 \times 2.04}{2}) \times \frac{0.30+0.71+0.44+0+0}{5} = 115.15 \text{ m}^3$

方格Ⅶ　$V^- = (\frac{x_{813}+x_{914}}{2}) a \cdot \frac{\sum h}{4} = \frac{2.04+17.39}{2} \times 20 \times \frac{0.05+0.40+0+0}{4}$

$\qquad = 21.86 \text{ m}^3$

$\qquad V^+ = (\frac{x_{138}+x_{149}}{2}) a \cdot \frac{\sum h}{4} = \frac{17.96+2.61}{2} \times 20 \times \frac{0.44+0.06+0+0}{4}$

$\qquad = 25.71 \text{ m}^3$

方格Ⅷ  $V^- = (a^2 - \dfrac{x_{149}x_{1415}}{2}) \dfrac{\sum h}{5} = (20^2 - \dfrac{2.61 \times 2.73}{2}) \times \dfrac{0.40+0.84+0.38+0+0}{5}$
$= 128.45 \text{ m}^3$

$$V^+ = \dfrac{x_{149}x_{1415}}{2} \cdot \dfrac{\sum h}{3} = \dfrac{2.61 \times 2.73}{2} \times \dfrac{0.06+0+0}{3} = 0.07 \text{ m}^3$$

(4)方格土方量汇总

方格网的总填方量为

$$\sum V^+ = 136.00 + 15.23 + 263.00 + 115.15 + 25.71 + 0.07 = 555.16 \text{ m}^3;$$

方格网的总挖方量为

$$\sum V^- = 12.58 + 117.00 + 270.00 + 0.05 + 21.86 + 128.45 = 549.94 \text{ m}^3;$$

为了维持土体的稳定,场地的边坡不管是挖方区还是填方区,均需做成相应的边坡。

### 1.2.2 基坑(槽)土方量计算

**1.边坡坡度与边坡系数**

土方的边坡系数 $m$ 用坡底宽 $b$ 与坡高 $h$ (基础开挖深度)之比表示,即

$$m = \dfrac{b}{h} \tag{1-18}$$

工程中土方边坡常常用边坡坡度来表示,边坡坡度以 $h$ 与 $b$ 之比表示(图 1-10),即

$$边坡坡度 = 1 : m = 1 : \dfrac{b}{h} = \dfrac{h}{b} \tag{1-19}$$

图 1-10 土方边坡

**2.计算基坑(槽)土方量**

基坑(槽)土方量可按立体几何中的拟柱体体积公式计算(图 1-11),即

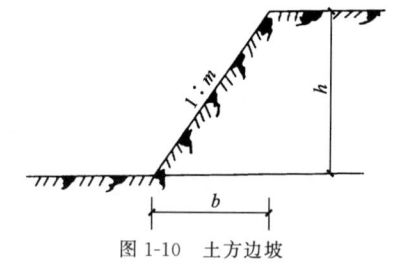

$$V = \dfrac{H}{6}(A_1 + 4A_0 + A_2) \tag{1-20}$$

式中 $H$——基坑(槽)深度,m;

$A_1$、$A_2$——基坑(槽)上、下底面面积,$\text{m}^2$;

$A_0$——基坑(槽)中截面面积,$\text{m}^2$。

**注意**:$A_0$ 一般情况下不等于 $A_1$、$A_2$ 之和的一半,而应按侧面几何图形的边长计算出中位线的长度,然后再计算中截面面积 $A_0$。

基槽和路堤管沟的土方量计算:当沿长度方向其断面形状或断面面积显著不一致时,可以按断面形状相近或断面面积相差不大的原则,沿长度方向分段后,用同样方法计算各分段土方量(图 1-12)。最后将各段土方量相加即得总土方量 $V_总$,即

$$V_i = \dfrac{L_i}{6}(A_1 + 4A_0 + A_2) \tag{1-21}$$

式中 $V_i$——第 $i$ 段的土方量,$\text{m}^3$;

$L_i$——第 $i$ 段的长度,m。

故

$$V_总 = \sum V_i \tag{1-22}$$

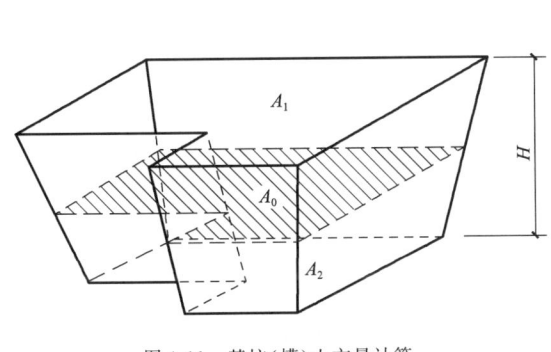

图 1-11 基坑(槽)土方量计算

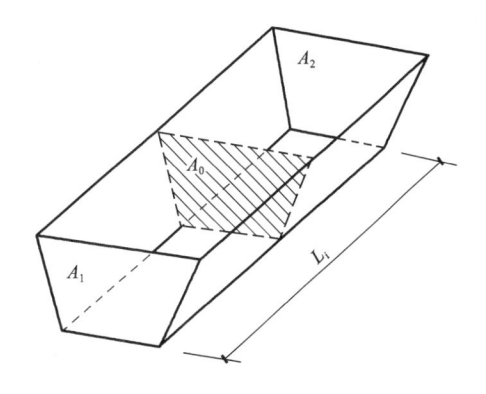

图 1-12 基槽分段施工

### 1.2.3 土方调配

土方量计算完成后,即可进行土方调配。土方调配的目的是使工程中土方总运输量最小或土方施工费用最低。这就必须对场地土方的利用、堆弃和填土之间的关系进行综合协调处理,制订优化方案,确定挖、填方区土方的调配方向、数量和运输距离,以利于缩短工期和节约工程成本。

**1. 土方调配的原则**

(1)应力求达到挖、填方平衡,就近调配。但有时仅局限于一个场地范围内的挖填平衡难以满足上述原则,即可根据场地和周围地形条件,考虑在填方区周围弃土或在挖方区周围借土。

(2)应考虑近期施工与后期利用相结合的原则。可以分期分批施工时,先期工程的土方余土应结合后期工程的需要,考虑可以利用的数量先选择堆放位置,力求为后期工程创造良好的工作面和施工条件,避免重复挖、填。

(3)应考虑分区与全场相结合的原则。分区土方的调配必须配合全场性的土方调配进行。

(4)合理布置挖、填方分区线,选择恰当的调配方向、运输线路,使土方机械和运输车辆的性能得到充分发挥。

(5)"移挖作填"既要考虑经济运距问题,也要综合考虑弃方和借方的占地、赔偿青苗损失及对农业生产的影响等。有的工程,虽然运距超出一些,运输费用可能高一些,但如能少占地、少影响农业生产,这样对该地区发展来说未必是不经济的。

(6)还应尽可能与大型地下建筑物的施工相结合。如大型建筑物位于填土区时,为了避免重复挖运和场地混乱,应将部分填方区予以保留,待基础施工之后再进行填土。

总之,进行土方调配必须根据现场具体情况、周围环境、相关技术资料、工期要求、施工机械与运输方案等综合考虑,反复比较,确定出经济合理的调配方案。在方案制订时,在可能条件下宜将弃土场平整为可耕地,防止乱弃乱堆,堵塞河流,损害农田。

**2. 土方调配区的划分**

进行土方调配时首先要划分土方调配区,划分时注意以下几点:

(1)与场地平面图上计算土方量时的方格网相协调,方格网图中能够清楚看到挖填区的分界线(零线),再结合地形及运输条件,在挖方区和填方区适当划分若干调配区,可以较方便地计算出各调配区的土方量。

(2)调配区的划分应与建筑物的位置协调,满足工程分期分批的施工要求,尽量使近期施工与后期利用相结合。

(3)当土方运距较大且可根据附近地形考虑场地以外的借土或弃土时,每一个借土区或弃土区均可以作为一个独立的土方调配区。

(4)土方调配区的大小应能满足土方施工主导机械的施工要求,并使运输车辆的功效得到充分发挥。

## 1.3 土方工程施工准备与辅助工作

### 1.3.1 施工准备

土方开挖前需要完成场地清理、排除地面水、测量放线及修筑临时设施等工作。

1. 场地清理

场地清理包括清理地面、地下各种障碍物。如拆除房屋、古墓,拆迁或改建通信、电力设施、上下水管线等工作。此项工作由业主委托相关单位完成。

2. 排除地面水

场地内低洼地区积水和雨水必须排除。地面水的排除一般采用排水沟、截水沟、挡水土坝等措施。

场地应尽量利用自然地形设置排水沟,使水直接排至场外或流向低洼处,再用水泵抽走。主排水沟最好设置在施工区域边缘或道路两旁,其横断面和纵向坡度应根据最大流量确定。一般排水沟横断面不小于 0.5 m×0.5 m,纵向坡度不小于 3‰。排水沟应注意清理,保持畅通。

3. 测量放线

测量放线是指根据已定位的外墙轴线交点桩(角桩),详细测设出建筑物各轴线的中心桩,然后根据中心桩用白灰撒出基槽开挖边界线。

4. 修筑临时设施

修筑好临时道路及供水、供电等临时设施,做好材料、机具及土方机械的进场工作。

### 1.3.2 土方边坡与支护

在基坑(槽)开挖中,要求基坑(槽)土壁稳定,土壁的稳定性主要靠土体颗粒间内摩擦阻力和内聚力保持平衡,一旦土体受到外力而失去平衡,坑壁就会坍塌。为防止基坑(槽)塌方,保证施工安全,在基础或管沟开挖深度超过一定深度时,边沿应放出足够边坡。当场地受限无法放坡时,则应设置基坑(槽)支护结构等有效的防护措施。

1. 土方边坡

(1)边坡形式

为使土壁稳定,基坑(槽)及土方的挖、填方边沿应做成一定形状的边坡,这样可以靠土的自稳保证土壁稳定。边坡形式如图 1-13 所示。边坡的形式和大小应根据不同土质、开挖深度、施工工期、地下水位深位、坡顶荷载等因素而定。

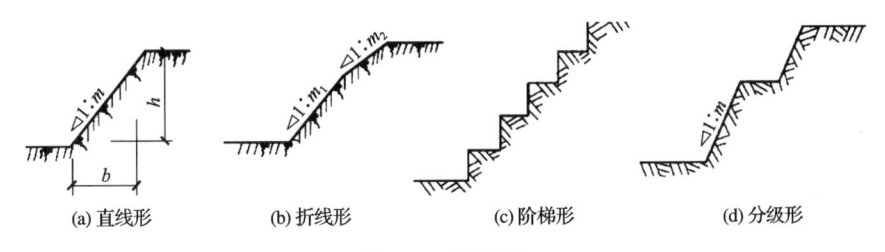

(a) 直线形　　　(b) 折线形　　　(c) 阶梯形　　　(d) 分级形

图 1-13　边坡形式

(2) 影响边坡塌方的因素

边坡在一定条件下，局部或一定范围内沿某一滑动面向下或向外移动而丧失其稳定性，这就是边坡失稳现象。一般情况下，边坡失去稳定发生滑动可归结为土体内抗剪强度降低或剪应力增加两个方面。

具体来说，影响边坡塌方的主要因素有：气候影响使土质松软；雨水或地下水浸入而产生润滑作用；饱和水的细砂、粉砂因振动而液化；边坡上面增加荷载（静、动），尤其是行车等较大动荷载；土体中含水量增加；土体竖向裂缝中的水（地下水）产生侧向静水压力等。因此，在土方施工中要预估可能出现的情况，做好防护措施，特别是及时排水并防止坡顶荷载增加。

(3) 边坡放坡要求

有关施工规范规定，当基础土质均匀且地下水位低于基坑（槽）底面标高时，可不放坡也不设支撑，但是挖方深度不宜超过表 1-6 的规定。

表 1-6　　　　　　　　　　不设边坡和支撑的挖方深度

| 项　次 | 土质情况 | 挖土深度限值/m |
|---|---|---|
| 1 | 密实、中密的砂土和碎石土类 | 1.00 |
| 2 | 硬塑、可塑的轻亚黏土及亚黏土 | 1.25 |
| 3 | 硬塑、可塑的黏土和碎石土类 | 1.50 |
| 4 | 坚硬的黏土 | 2.00 |

地质条件良好，土质均匀、挖土深度在规范允许值内的临时性挖方的边坡应按表 1-7 的规定施工。此外，规范还对开挖深度在 5 m 内的基坑（槽）边坡坡度做了相应规定。在施工时，应根据实际情况对照相应规范设置边坡。

表 1-7　　　　　　　　　　　临时性挖方边坡值

| 土的类别 | | 边坡（高∶宽） |
|---|---|---|
| 砂土（不包含细砂、粉土） | | 1∶1.25～1∶1.50 |
| 一般性黏土 | 硬 | 1∶0.75～1∶1.00 |
| | 硬、塑 | 1∶1.00～1∶1.25 |
| | 软 | 1∶0.50 或更缓 |
| 碎石类土 | 充填坚硬、硬塑性黏土 | 1∶0.50～1∶1.00 |
| | 充填砂土 | 1∶1.00～1∶1.50 |

注：① 当设计有要求时，应符合设计要求。
　　② 如采用降水或其他加固措施，可不受本表限制，但应计算复核。
　　③ 开挖深度，软土不应超过 4 m，硬土不应超过 8 m。

(4)边坡防护

当基坑(槽)裸露时间较长时,为防止边坡土因失水过多而松散,或因地面水冲刷而产生滑坡,应采取坡面保护措施。常用的坡面保护方法如下:

①薄膜覆盖法 在已开挖的边坡上铺设塑料薄膜,在坡顶、坡脚处用编织袋装土(砂)压边,并在坡脚处设置排水沟。此方法可用于防止雨水对边坡冲刷引起的塌方。

②堆砌土(砂)袋护坡 当各种土质有可能发生滑移失稳时,可采用装土(砂)的编织袋(或草袋)堆置于坡脚或坡面,加强边坡抗滑能力,提高边坡稳定性。

③浆砌片石(砖、石)护坡 当基坑(槽)高度不大、坡度较大时,可用浆砌砖、石压坡护面。

另外还有挂网喷浆、钢丝网混凝土护面等防护方法。

2.建筑基坑支护要求

《建筑地基基础工程施工质量验收标准》(GB 50202—2018)中规定,土方开挖的顺序、方法必须与设计工况一致,并遵循"开槽支撑,先撑后挖,分层开挖,严禁超挖"的原则,因此当深基坑开挖采用放坡,而无法保证施工安全或现场无放坡条件时,一般根据基坑侧壁安全等级采用支护结构临时支挡,以保证基坑的土壁稳定。

建筑基坑支护是指为保证地下结构设施及周边环境的安全,对基坑侧壁及周边环境采取的支挡、加固与保护措施。建筑基坑支护结构设计应根据表1-8选用相应的侧壁安全等级及重要性系数,也可根据建筑基坑侧壁的安全等级参照表1-9选择。

表1-8 建筑基坑侧壁安全等级及重要性系数

| 安全等级 | 破坏后果 | $\gamma_0$ |
| --- | --- | --- |
| 一级 | 支护结构破坏、土体失稳或过大变形对基坑周边环境及地下结构施工影响很严重 | 1.1 |
| 二级 | 支护结构破坏、土体失稳或过大变形对基坑周边环境及地下结构施工影响一般 | 1.0 |
| 三级 | 支护结构破坏、土体失稳或过大变形对基坑周边环境及地下结构施工影响不严重 | 0.9 |

注:$\gamma_0$为重要性系数。有特殊要求的建筑基坑侧壁安全等级可根据具体情况另行确定。

表1-9 基坑支护结构选型参考表

| 支护结构形式 | 适用条件 |
| --- | --- |
| 排桩或地下连续墙 | 适用于基坑侧壁安全等级为一、二、三级<br>悬壁式结构在软土场地中不宜大于5 m<br>当地下水位高于基坑底面时,宜采用降水、排桩加止水帷幕或地下连续墙 |
| 水泥土墙 | 适用于基坑侧壁安全等级为二、三级<br>水泥土桩施工范围内地基土承载力不宜大于150 kPa<br>基坑深度不宜大于5 m |
| 土钉墙 | 适用于基坑侧壁安全等级为二、三级的非软土场<br>当地下水位高于基坑底面时,宜采取降水或止水措施<br>基坑深度不宜大于12 m |
| 放坡 | 适用于基坑侧壁安全等级为三级<br>施工场地应满足放坡条件<br>可独立或与上述其他结构形式结合作用<br>当地下水位高于坡脚时,宜采取降水措施 |

注:根据具体情况的条件,采用上述某一支护结构形式或其组合。

基坑支护结构选择应根据上述基本要求,综合考虑基坑实际开挖深度、基坑平面形状尺寸、工程地质和水文条件、施工作业设备、邻近建筑物的重要程度、地下管线的限制要求、工程造价等因素,比较后优选确定。

3.浅基坑(槽)支护

在基坑(槽)施工中,若土质与周边环境允许,放坡开挖较为经济,但不允许放坡开挖或按规定放坡所增加的土方量过大,则需要设置土壁支护。对宽度不大、深5 m以内的浅沟(槽),一般宜设置简单的横撑式支撑,其形式需要根据实际开挖深度、土质条件、地下水位、施工时间、施工季节和当地气象条件、施工方法与相邻建(构)筑物情况进行选择。

横撑式支撑根据挡土板的不同分为水平挡土板和垂直挡土板两类。水平挡土板的布置分为间断式、断续式和连续式三种;垂直挡土板的布置分为断续式和连续式两种。基坑(槽)、管沟的支撑方法及适用条件见表1-10。

表1-10　　　　　　　　基坑(槽)、管沟的支撑方法及适用条件

| 支撑形式 | 简　图 | 支撑方法及适用条件 |
| --- | --- | --- |
| 间断式水平支撑 | | 两侧挡土板水平放置,用横撑和木楔顶紧,挖一层土,支顶一层。<br>适用于能保持立壁的干土或天然湿度的黏土类土,地下水很少,深度在2 m以内 |
| 断续式水平支撑 | | 挡土板水平放置,中间留出间隔,并在两侧同时对称立竖方木,再用工具式或木横撑上、下顶紧。<br>适用于能保持立壁的干土或天然湿度的黏土类土,地下水很少,深度在3 m以内 |
| 连续式水平支撑 | | 挡土板水平连续放置,不留间隔,两侧同时对称立竖方木,上、下各顶一根撑木,端头加木楔顶紧。<br>适用于较松散的干土或天然湿度的黏土类土,地下水很少,深度为3~5 m |

续表

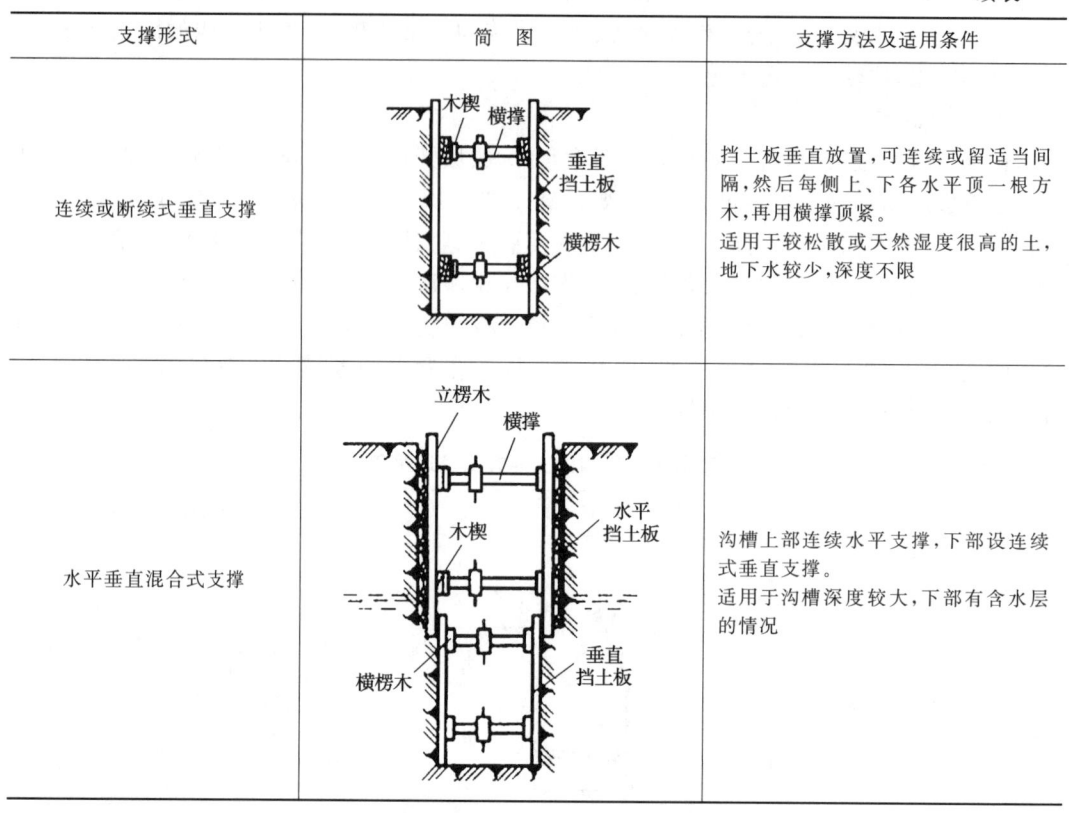

| 支撑形式 | 简 图 | 支撑方法及适用条件 |
|---|---|---|
| 连续或断续式垂直支撑 | | 挡土板垂直放置,可连续或留适当间隔,然后每侧上、下各水平顶一根方木,再用横撑顶紧。<br>适用于较松散或天然湿度很高的土,地下水较少,深度不限 |
| 水平垂直混合式支撑 | | 沟槽上部连续水平支撑,下部设连续式垂直支撑。<br>适用于沟槽深度较大,下部有含水层的情况 |

对宽度较大、深度不大的浅基坑(槽),其支撑(护)形式常用的有斜柱支撑、拉锚支撑、短桩横隔板支撑和临时挡土墙支撑等。各种支撑的支撑方法及适用条件见表 1-11。

表 1-11　　　　　　各种支撑的支撑方法及适用条件

| 支撑形式 | 简 图 | 支撑方法及适用条件 |
|---|---|---|
| 斜柱支撑 | | 水平挡土板钉在桩内侧,柱桩外侧用斜撑支顶,斜撑底端支在短桩上,在挡土板内侧回填土。<br>适用于开挖较大型、深度不大的基坑(槽)或使用机械挖土的情况 |
| 拉锚支撑 | | 水平挡土板支在桩内侧,柱桩一端打入土中,另一端用拉杆与锚桩拉紧,在挡土板内侧回填土。<br>适用于开挖较大型、深度不大的基坑(槽)或使用机械挖土,不能安设横撑的情况 |

4.深基坑支护

深基坑支护受周边环境、土层结构、工程地质、水文情况、基坑形状、基坑安全等级、开挖深度、降水方法、施工设备条件和工期要求,以及技术经济效果等因素的影响,制订方案时应综合全面考虑。深基坑支护虽为临时性辅助结构,但对保证工程顺利进行、临近地基和已有建(构)筑物安全影响极大。深基坑支护方法有水泥土搅拌桩支护、灌注排桩支护、钢板桩支护、土层锚杆支护、土钉墙和地下连续墙支护等形式,这些支护方法也可根据现场实际情况组合使用。

(1)水泥土搅拌桩支护

水泥土搅拌桩支护是通过沉入地下的设备将喷入水泥浆与软土强制拌和,使软土硬结成整体并具有足够强度的水泥加固土。这种桩是依靠自重和刚度进行支挡周围土体和保护坑壁稳定的。

按施工机具和方法不同,水泥土搅拌桩支护结构分为深层搅拌桩、旋喷桩和粉喷桩。

深层搅拌桩的施工工艺为:深层搅拌机就位→预搅下沉→喷浆搅拌提升→重复搅拌下沉→重复搅拌提升直至孔口,如图1-14所示。为了提高水泥土墙的刚性,也有的在水泥土搅拌桩内插入H型钢或粗钢筋,使之成为既能受力又能抗渗的支护结构,可用于较深(8~10 m)的基坑支护,水泥掺入比为20%,这种桩称为劲性水泥土搅拌桩或加筋水泥土搅拌桩。

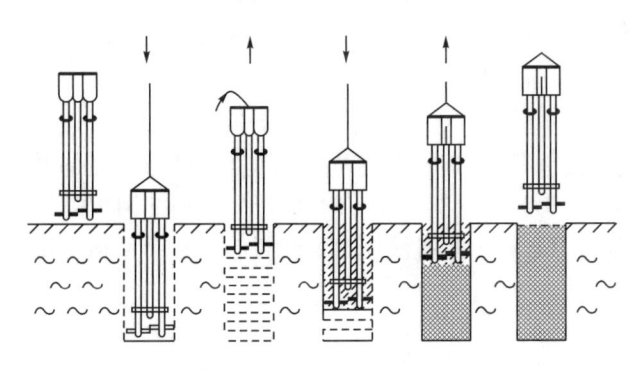

图1-14 深层搅拌桩施工工艺

旋喷桩是指采用专用钻机,把带有特殊喷嘴的注浆管钻至预定位置后,将高压水泥浆液向四周高速喷入土体,并随钻头旋转和提升切削土层,使其掺和均匀,固结后形成的桩墙。

粉喷桩是指采用粉喷桩机成孔,用压缩空气将粉体输送至桩头,雾状喷入土中,经钻头叶片旋转搅拌混合而成的桩。

(2)灌注排桩支护

灌注排桩支护是在基坑周围用钻机钻孔、吊钢筋笼,现场灌注混凝土成桩,形成排桩进行挡土支护。桩的排列形式有间隔式、双排式和连接式等,其平面布置形式如图1-15所示。一般桩体顶部设联系梁连成整体共同工作。

灌注排桩支护具有桩刚度较大,抗弯强度高,施工设备简单,需要工作场地不大,噪声低、振动小、费用较低等优点。它适用于黏土、开挖面积较大、深度大于6 m的基坑,以及在不允许邻近建筑物有较大下沉、位移时采用。此法一般在土质较好时可用于悬臂7~10 m的情况;若在顶部设拉杆,中部设锚杆,可用于3~4层地下室开挖的支护。

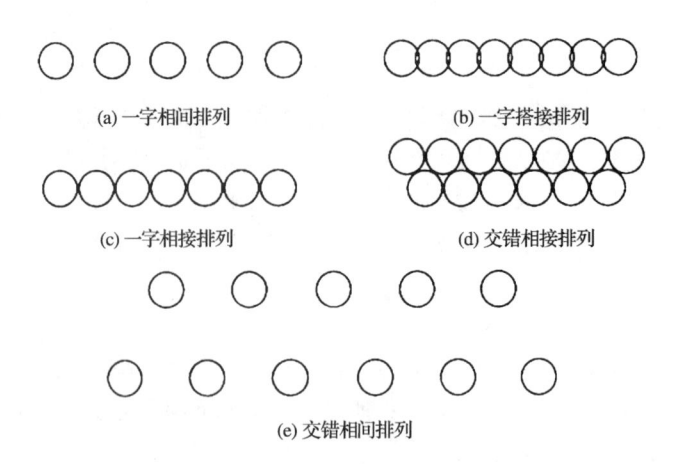

(a) 一字相间排列
(b) 一字搭接排列
(c) 一字相接排列
(d) 交错相接排列
(e) 交错相间排列

图 1-15 灌注排桩的平面布置形式

对深度较大而面积不大、地基土质较差的基坑,为使围护排桩受力合理和受力后变形小,常在基坑内沿围护排桩竖向设置一定支撑点,组成内支撑式基坑支护体系,以减小排桩的无支撑长度,提高侧向刚度,减小变形。排桩内支撑支护具有受力合理、安全可靠、易于控制围护排桩墙的变形等特点,但内支撑的设置给基坑内挖土和地下室结构的施工带来不便。这种支撑体系适用于各种不宜设置锚杆的松软土层及软土地基支护。

排桩内支撑结构体系一般由挡土结构和支撑结构组成,二者构成一个整体,共同抵挡外力的作用。内支撑结构如图 1-16 所示。

(3) 钢板桩支护

钢板桩支护是指用一种特制的带锁口或钳口的钢板(图 1-17),相互连接打入土层中,构成一道连续的板墙,主要作为深基坑开挖的临时挡土、挡水围护结构。钢板桩支护打设方便、承载力高,主要适用于软弱土基和地下水位较高的深基坑工程。这种支护需用大量特制钢材,一次性投资较高。

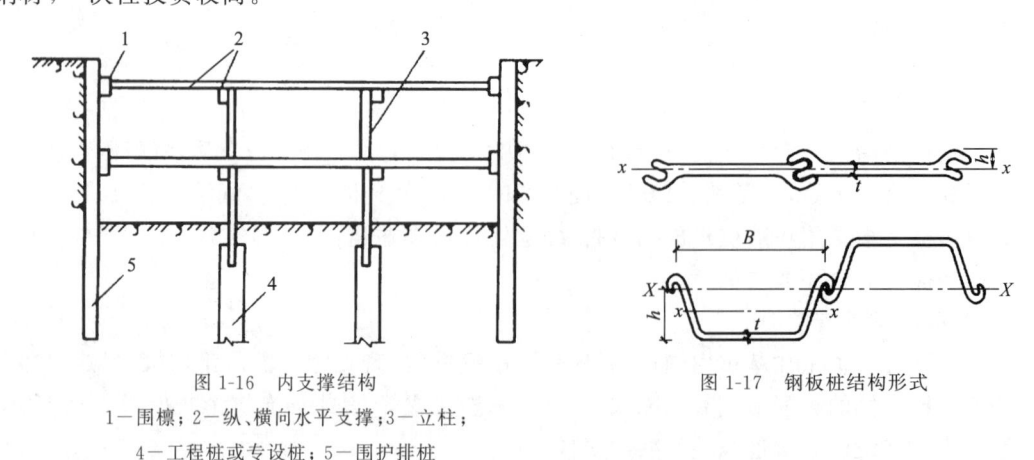

图 1-16 内支撑结构
1—围檩;2—纵、横向水平支撑;3—立柱;
4—工程桩或专设桩;5—围护排桩

图 1-17 钢板桩结构形式

①钢板桩支护形式 常用的钢板桩支护的断面形式有平板形、Z 形和波浪形。

钢板桩支护由钢板挡墙系统和拉锚、锚杆、内支撑等支撑系统构成,其形式有悬臂式板桩和有锚板桩。悬臂式板桩易产生较大变形,一般用于深度较小的基坑,悬臂长度在软土层中不大于 5 m;有锚板桩可提高板桩的支护和抗变形能力。

②钢板桩打设　板桩施工时要正确选择打桩方法,以便使打设后的板桩墙有足够的刚度和良好的挡水性能。钢板桩打设常采用以下方法:

● 单独打入法是指从板桩墙一角开始逐根打入,直至打桩工程结束。其优点是钢板桩打设时不需要辅助支架,施工简便,打设速度快;缺点是易使钢板桩的一侧倾斜,且误差积累后不容易纠正,平整度难于控制。这种打法只适于对钢板桩墙质量要求一般,钢板桩长度不大于10 m的情况。

● 围檩插桩法是指在桩的轴线两侧先安装围檩,将钢板桩依次锁口咬合并全部插入两侧围檩间(图1-18)。其作用是:插入钢板桩时起垂直支撑作用,保证位置准确;施打过程中起导向作用,保证板桩的垂直度。具体做法是先对四个角板桩施打,封闭合拢后,再逐块将板桩打到设计标高的要求。其优点是板桩安装质量高,但施工速度较慢,费用也较高。

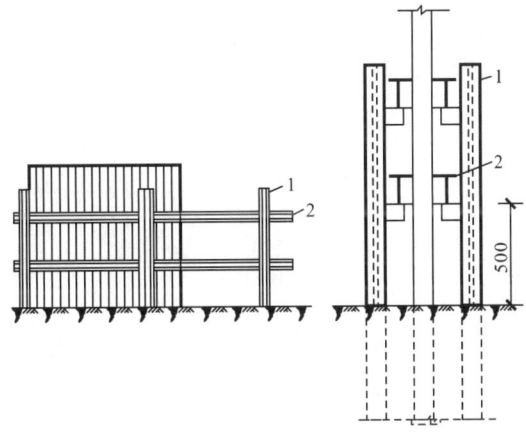

图1-18　双层围檩插桩法
1—围檩桩;2—围檩

● 分段复打法是指安装一侧围檩,先将两端钢板桩打入土中,在保证位置、方向和垂直度后,用电焊固定在围檩上,起样板和导向作用;然后将其他板桩按顺序以1/2或1/3板桩高度逐块打入。

③钢板桩拔除　基坑回填后一般要拔出钢板桩,以重复使用。对拔桩后留下的桩孔,必须及时进行回填处理,通常是用砂子灌入板桩孔内使之密实。

**(4)土层锚杆支护**

土层锚杆支护是将设置在钻孔内、端部伸入到稳定土层中的钢筋或钢绞线与孔内注浆体锚固在土层中,组成的受拉杆体。钢筋或钢绞线一端伸入稳定土层中,另一端与支护结构相连接。锚杆端部的侧压力通过拉杆传给稳定土层,以达到控制基坑支护的变形、保持基坑土体和坑外建筑物稳定的目的。

微课1

喷锚支护工程

①土层锚杆的分类　土层锚杆有一般灌浆锚杆、扩孔灌浆锚杆、压力灌浆锚杆、预应力锚杆等多种形式。

②土层锚杆的构造　土层锚杆由锚头(锚具、承压板、横梁和台座)、拉杆和锚固体组成。如图1-19所示,锚杆以主动滑动面为分界线,分为锚固段(有效锚固长度)和非锚固段(自由长度)。锚杆长度应符合以下规定:锚杆非锚固段长度不宜小于5 m,并应超过潜在滑裂面

1.5 m;锚固段长度不宜小于 4 m;锚杆杆体下料长度应为锚杆非锚固段、锚固段及外露长度之和,外露长度必须满足台座、腰梁尺寸及张拉作业要求。

③锚杆布置规定　锚杆上、下排垂直间距不宜小于 2.0 m,水平间距不宜小于 1.5 m;锚杆锚固体上覆土层厚度不宜小于 4.0 m;锚杆倾角宜为 15°～25°,且不应大于 45°。

④定位支架的布置　沿锚杆轴线方向每隔 1.5～2.0 m 宜设置一个定位支架;锚杆锚固体宜采用水泥浆或水泥砂浆,其强度等级不宜低于 M10。

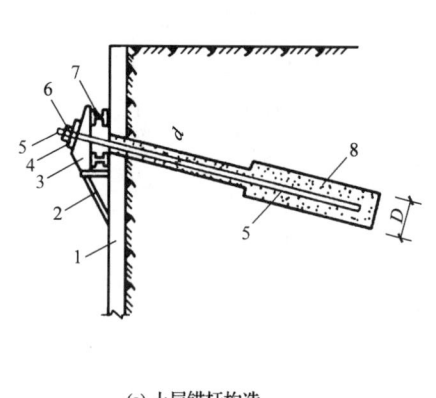

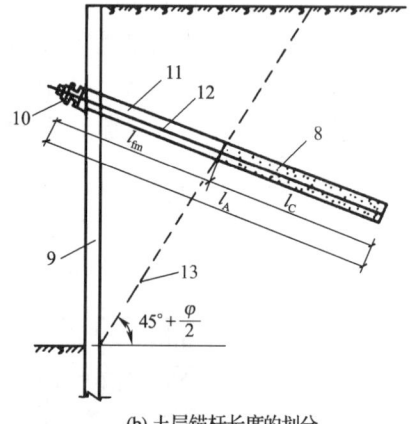

图 1-19　土层锚杆

1、9—挡土灌注桩(支护);2—支架;3—台座;4—承压垫板;5、12—拉杆;6—紧固器;7—横梁;8—锚固体;10—锚杆头部;11—锚孔;13—主动土压破裂面;$l_A$—锚杆长度;$l_{fm}$—非锚固段长度;$l_C$—锚固段长度

⑤土层锚杆施工　土层锚杆施工工艺为:定位→钻孔→安放拉杆→注浆→(张拉)锚固。当土质较好时,可采用单层锚杆;当基坑深度较大、土质较差时,需要设置多层锚杆。

施工中,锚杆钻孔水平方向孔距在垂直方向的误差不宜大于 100 mm,偏斜度不应大于 3‰。注浆分一次注浆法和二次注浆法。一次注浆法宜选用水灰比为 0.38～0.45 的水泥砂浆,或水灰比为 0.45～0.50 的水泥浆。二次注浆法宜选用水灰比为 0.45～0.55 的水泥浆,用压力注浆机将灰浆注入孔中。预应力锚杆的张拉应在锚固段的混凝土强度大于 +15 MPa,并达到混凝土设计强度的 75% 后进行。张拉控制应力不应大于拉杆强度标准值的 75%。锚杆张拉顺序应考虑对邻近锚杆的影响。

### 1.3.3　排水与降水

雨期施工时,地面水会流入基坑(槽)内。在开挖时,土的含水层被切断,地下水也会渗入。为防止出现边坡失稳、基坑流砂、坑底隆起或管涌、地基承载力下降等现象,必须结合周围环境对施工现场的排水系统做出周密方案,做到场地排水通畅,无积水。土方施工排水包括排除地面水和降低地下水位。降低地下水位按施工方法不同又分为明排水法和井点降水法。

1.排除地面水

排除地面水一般采取设置排水沟、防洪沟、截水沟、挡水堤等方法,并应尽量利用自然地形和原有的排水系统。

主排水沟最好设置在施工区域或道路的两旁,其横断面和纵向坡度根据最大流量确定。

一般排水沟的横断面不小于 0.5 m×0.5 m,纵向坡度根据地形确定,一般坡度不小于 3‰。在山坡地区施工时,应在较高一面的坡上,先做好截水沟,阻止山坡水流入施工现场。在低洼地区施工时,除开挖排水沟外,必要时还需要修筑土堤,以防止场外水流入施工场地。出水口应结合场地总体排水规划,尽可能设置在远离建筑物或构筑物的低洼之处,并保证排水通畅。

2.明排水法

明排水法是指在基坑逐层开挖过程中,沿每层坑底四周或中央设置排水沟和集水井的方法。基坑内的水经排水沟流向集水井,通过水泵将集水井内积水抽走,直到基坑回填,排水过程结束(图 1-20)。明排水法施工简单、经济,对周围环境影响小,可用于降水深度较小且上层为粗粒土层或渗水量小的黏土层降水。

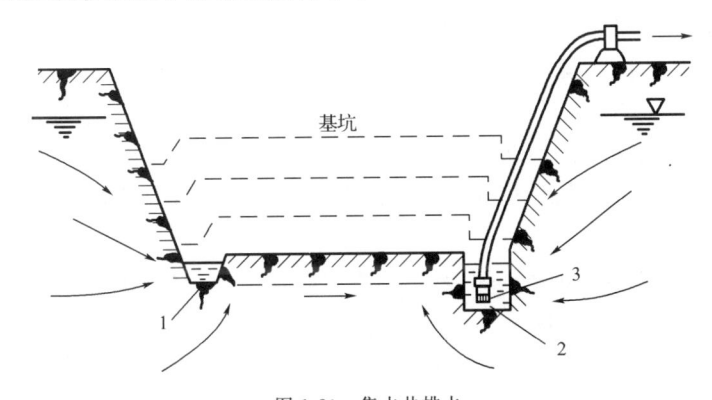

图 1-20 集水井排水
1—排水沟;2—集水井;3—水泵

(1)明排水法施工

明排水法施工包括基础开挖、设置排水沟和集水井、选用水泵和现场安装设备、抽水及设备拆除等施工过程。排水沟、集水井随基础开挖逐层设置,并设置在拟建建筑基础边净距 0.4 m 以外,井底需要铺设 0.3 m 左右的碎石滤水层,以免抽水时将泥砂抽走,并可防止井底土被扰动。

排水沟边缘距边坡坡脚不应小于 0.3 m;在基坑四角或每隔 30～40 m 应设一个集水井;排水沟底面应比挖土面低 0.3～0.4 m,集水井底面应比沟底面低 0.5 m 以上;排水沟纵向坡度宜控制在 2‰～3‰;沟、井截面根据排水量确定。

明排水法一般用于面积及降水深度较小且土层中无细砂、粉砂的情况;若降水深度较大,土层为细砂、粉砂或在软土地区施工时,明排水法易引起流砂、塌方等现象,应尽量采用井点降水法。无论采用哪种方法,降水工作应持续到基础施工完毕且回填土后结束。

(2)流砂现象的产生

明排水法的设备简单且排水方便,但当开挖深度大、地下水位较高、土质不好时,用明排水法降水挖至地下水水位以下时,有时坑底面的土颗粒会形成流动状态,随地下水一起涌入基坑,这种现象称为流砂现象。发生流砂现象时,土完全丧失承载能力,使施工条件恶化,难以达到开挖设计深度,严重时会造成边坡塌方及附近建筑物下沉、倾斜和倒塌。因此,流砂现象对土方施工和附近建筑物有很大危害。

①流砂现象产生的原因 流砂现象的产生是水在土中渗流所产生的动水压力对土体作用的结果。动水压力是流动的地下水对土颗粒产生的压力,用 $G_D$ 表示,它与单位土体阻力

$T$ 是作用力与反作用力的关系。动水压力 $G_D$ 的大小与水力坡度成正比,即水位差 $h_1-h_2$ 越大,$G_D$ 越大;而渗流路线 $l$ 越长,$G_D$ 越小。动水压力的作用方向与水流方向相同。

当水流在水位差的作用下对土颗粒产生向上的动水压力时,动水压力使土粒受到水的浮力。如果动水压力大于或等于土的浮重度,即 $G_D \geq \gamma'_w$ 时,土颗粒处于悬浮状态,土的抗剪强度等于零,土颗粒能随着渗流的水一起流动,也就出现了流砂现象。

②防治流砂的方法 在基坑开挖中,防治流砂的原则是"治流砂必先治水",主要途径有消除、减小和平衡动水压力,改变水的渗流路线。其具体方法包括:

● 抢挖法 即组织分段抢挖,使挖土速度超过冒砂速度,挖到标高后立即铺竹筏或芦席,并抛大石块以平衡动水压力,压住流砂,此法可解决轻微流砂现象。

● 打板桩法 将板桩打入坑底下面一定深度,增大地下水从坑外流入坑内的渗流距离,以减小水力坡度,从而减小动水压力,防止流砂现象的产生。

● 水下挖土法 不排水施工,使坑内水压力与地下水压力平衡,消除动水压力,从而防止流砂产生。此法在沉井挖土下沉过程中常用。

● 地下连续墙法 在基坑周围先浇筑一道混凝土或钢筋混凝土的连续墙,以支撑土墙、截水并防止流砂现象的产生。

● 枯水期施工法 选择在枯水期施工,因为此时地下水位低,坑内、外水位差小,水压力减小,从而可预防和减轻流砂现象。

上述施工方法都有一定的局限,应用范围狭窄。而采用井点降水法降低地下水位,可改变动水压力方向,增大土颗粒间的压力,是一种有效防止流沙现象产生的方法,下面将着重介绍。

3. 井点降水法

井点降水也称人工降低地下水位,即在基坑开挖前,预先在拟挖基坑的四周埋设一定数量的井点管,利用抽水设备从中不间断抽水,使地下水位降至坑底以下,然后开挖基坑、进行基础施工和土方回填,待基础工程全部施工完毕后,撤除人工降水装置。这样可使动水压力方向向下,所挖的土始终保持干燥状态,从根本上防止流砂现象的发生,提高土的强度和密实度,改善施工条件。因此,井点降水法不仅是一种降水方法,也是一种地基加固方法。采用井点降水法,可适当改陡边坡以减小挖土量,但在降水过程中,基坑附近的地基土会有一定的沉降,施工时应加以注意。

井点降水法中的井点类型分为轻型井点、喷射井点、电渗井点、管井井点及深井井点等。各类方法的选用,视土的渗透系数、降低水位的深度、工程特点、设备及经济技术比较等具体条件参照表 1-12 选用。其中以轻型井点采用较广,下面将予以重点介绍。

表 1-12　　　　　　　　各类井点降水法的适用范围及方法原理

| 井点类型 | 渗透系数/ $(cm \cdot s^{-1})$ | 可能降低的水位深度/m | 方法原理 |
| --- | --- | --- | --- |
| 轻型井点、多级轻型井点 | $10^{-5} \sim 10^{-2}$（砂土、黏土） | 3～6<br>6～12 | 在工程外围竖向埋设一系列井点管深入含水层内,井点管的上端通过弯连管与集水总管连接,集水总管再与真空泵和离心泵相连,启动真空泵,使井点系统形成真空,井点周围形成一个真空区,真空区砂井向上、向外扩展一定范围,地下水便在真空泵吸力作用下,使井点附近的地下水通过砂井、滤水管被强制吸入井点管和集水总管,排除空气后,由离心泵的排水管排出,使井点附近的地下水位得以降低 |

续表

| 井点类型 | 渗透系数/$(cm \cdot s^{-1})$ | 可能降低的水位深度/m | 方法原理 |
|---|---|---|---|
| 喷射井点 | $10^{-6} \sim 10^{-3}$（粉砂、淤泥质土、粉质黏土） | 8～20 | 在井点内部装设特制的喷射器，用高压水泵或空气压缩机通过井点管中的内管向喷射器输入高压水（喷水井点）或压缩空气（喷气井点），形成水气射流，将地下水经井点外管与内管之间的间隙抽出排走 |
| 电渗井点 | $<10^{-6}$ | 宜配合其他形式降水使用 | 利用黏土中的电渗现象和电泳特性，使黏土空隙中的水流动加快，起到一定的疏干作用，从而使软土地基的排水效率得到提高 |
| 深井井点 | $\geq 10^{-5}$（砂类土） | $>10$ | 在深基坑的周围埋设深于基底的井管，使地下水通过设置在井管内的潜水泵抽出，使其水位低于坑底 |

(1) 轻型井点降水

轻型井点降水（图1-21）是沿基坑（槽）的四周或一侧以一定距离埋设一定数量的井点管，井点管上端有弯连管与集水总管相连，下端与滤水管连接，并利用抽水设备不间断地将渗流进井点管的水抽出，使地下水位降至坑底以下。

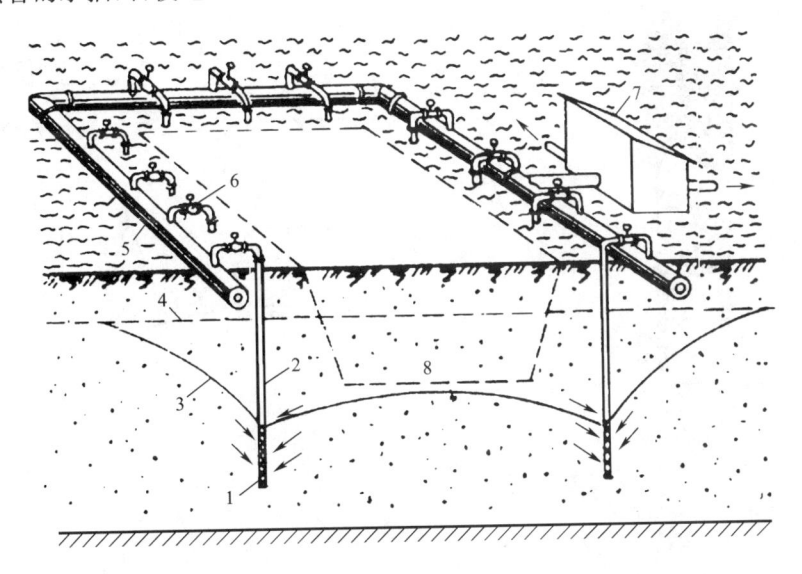

图1-21 轻型井点降水
1—井点管；2—滤水管；3—降低后地下水位线；4—原有地下水位线；
5—总管；6—弯连管；7—水泵房；8—基坑轮廓线

①轻型井点降水设备　该设备由管路系统和抽水设备组成。管路系统包括滤水管、井点管、弯连管及总管等。井点管常用直径为38 mm或51 mm的无缝钢管，长为5～7 m，可整根或分节组成。井点管上端用弯连管与总管相连，下端与滤管用螺丝套头连接。滤水管是井点管的进水设备，通常采用长1.0～1.5 m的无缝钢管，直径与井点管相同，管壁钻有直径为12～19 mm的呈星状排列的滤孔，滤孔面积为滤管表面积的20%～25%。骨架管外面包以两层孔径不同的铜丝布或塑料布滤网。为使流水畅通，在骨架管与滤网之间用塑料管或梯形钢丝隔开，塑料管沿骨架管绕成螺旋形。滤网外面再绕一层8号粗金属保护网，滤

水管下端为一锥形铸铁头,滤水管构造如图 1-22 所示。集水总管用直径为 100~127 mm 的无缝钢管,每段长 4 m,其上装有与井点管连接的接头,间距为 0.8 m、1.0 m 或 1.2 m。

②井点布置　轻型井点降水的井点布置要根据基坑平面形状及尺寸、基坑的深度、土质、地下水位高低及地下水流向、降水深度要求等因素确定。其布置内容包括平面布置和高程布置。

• 平面布置　当基坑宽度小于 6 m、降水深度不超过 5 m 时,可采用单排线状井点布置,布置在地下水上游一侧,两端延伸长度不小于基坑的宽度(图 1-23)。当基坑宽度大于 6 m 或土质不良时,宜采用双排线状井点布置。

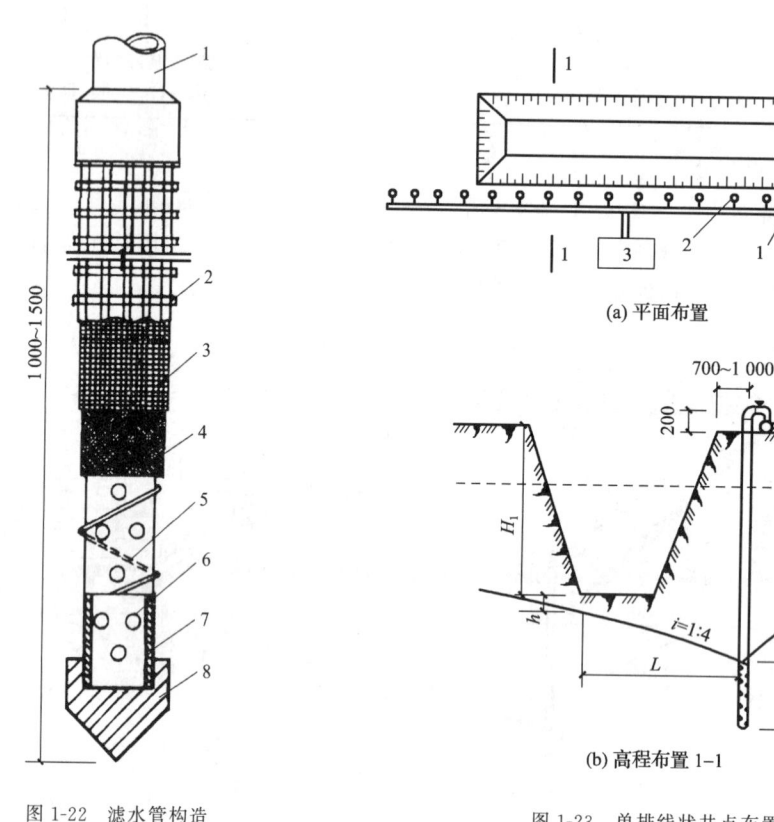

图 1-22　滤水管构造
1—井点管;2—粗钢丝保护网;3—粗滤网;4—细滤网;
5—缠绕的塑料管;6—管壁上的小孔;7—钢管;8—铸铁头

图 1-23　单排线状井点布置
1—总管;2—井点管;3—抽水设备

当基坑面积较大时,宜采用环形井点布置(图 1-24),井点管距离基坑 0.7~1.0 m,以防井点系统漏气。抽水井间距一般为 0.8~1.5 m,在地下水补给方向和环形井点四角应适当加密。

当采用多套抽水设备时,井点系统应分段,各段长度应大致相等。分段地点宜选择在基坑转弯处,以减少总管弯头数量,提高水泵抽吸能力。水泵宜设置在各段总管中部,使泵两边水流平衡。分段处应设阀门或将总管断开,以免管内水流紊乱,影响抽水效果。

• 高程布置　轻型井点的降水深度一般以不超过 6 m 为宜(图 1-24),井点管需要埋置深度 $H_A$(不含滤水管)的计算公式为

$$H_A \geqslant H_1 + h + iL \tag{1-23}$$

(a) 平面布置  (b) 高程布置 1-1

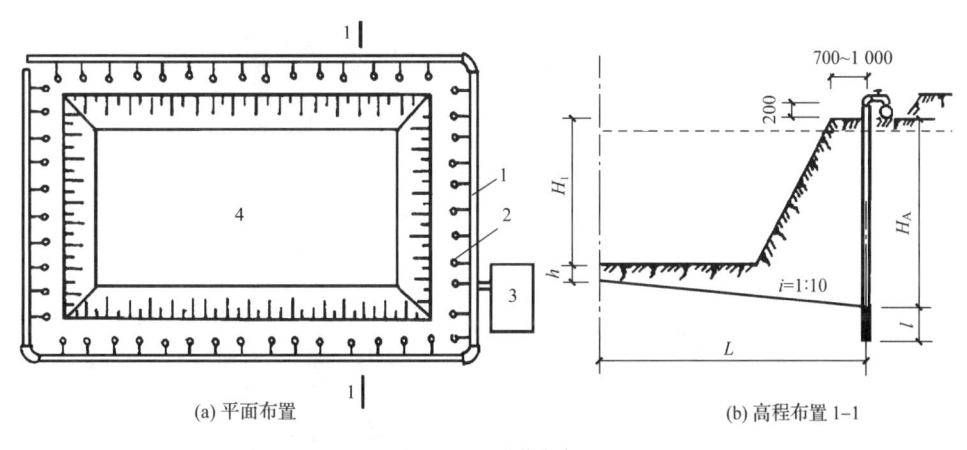

图 1-24 环形井点布置
1—总管；2—井点管；3—抽水设备；4—基坑

式中 $H_A$——井点管埋置深度，m；
$H_1$——总管底面至基坑底面的距离，m；
$h$——基坑底面至降低后的地下水位线的距离，一般取 0.5～1.0 m；
$i$——水力坡度，单排线状井点为 1/4，环型井点为 1/10；
$L$——井点管距基坑中心的水平距离（单排井点为井点管至基坑另一边的水平距离），m。

当根据式(1-23)算出的 $H_A$ 值大于 6 m 时，可降低井点管的埋设面以适应降水深度要求，通常井点管露出地面 0.2～0.3 m，而滤水管必须埋在含水层内。为了充分利用抽水能力，总管的布置标高宜接近地下水位线，可先下挖部分土方，总管应具有 0.25%～0.50% 的坡度（坡向水泵房）。

③轻型井点施工 施工工艺：放线定位→挖井点沟槽→铺设总管→冲孔→安装井点管、灌填砂砾滤料、上部填黏土密封→用弯连管将井点管与总管接通→安装抽水设备与总管连通→安装集水箱和排水管→开动真空泵排气、再开动离心水泵试抽→抽水。

井点管的埋设常用冲孔埋设法，这种方法分为冲孔和埋管两个过程（图 1-25）。冲孔时先用起重设备将冲管吊起并插在井点的位置上，然后开动高压水泵，将土冲松，冲管边冲边沉。冲管应始终保持垂直、上下孔一致。冲孔直径一般为 300 mm，以便保证管壁有一定厚度的砂滤层。冲孔深度应比滤管底深 0.5～1.0 m，以防拔出时部分土回落填塞滤管。

冲孔完成后拔出冲管，立即插入井点管，并在井点管与孔壁之间迅速填灌砂滤层，以防孔壁塌土。砂滤层所用的砂一般为洁净的中粗砂，充填高度至少要达到滤管顶以上 1.0～1.5 m，以保证水流畅通。砂滤层灌好后，在地面以下 1.0 m 范围内应用黏土封口，以防止漏气。正常情况下，当灌填砂滤料时，井点管口应有泥浆水冒出；如果没有泥浆水冒出，应从井点管口向管内灌清水，测定管内水位下渗快慢情况，如下渗很快，表明滤水管质量良好。

井点系统埋设完后应立即进行抽水试验，检查抽水设备是否正常，管路系统有无漏气。如发现漏气和漏水现象应及时处理，如发现"死井"（井点管被泥砂堵塞），应用高压水反复冲洗或拔出重新沉入埋设。

轻型井点使用时，一般应连续抽水。若中途停抽，则滤网易堵塞，地下水将回升，会引起边坡坍塌等事故。

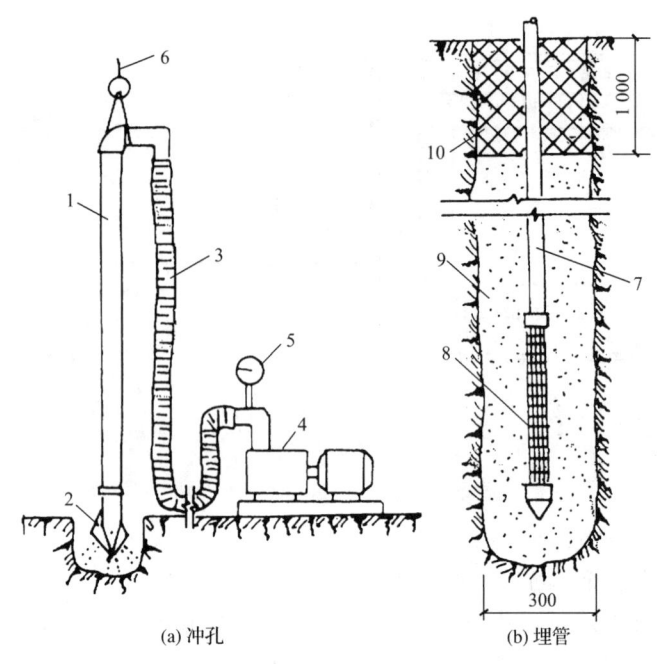

图 1-25 冲孔埋设法

1—冲管；2—冲嘴；3—胶皮管；4—高压水泵；5—压力表；
6—起重机吊钩；7—井点管；8—滤水管；9—填砂；10—黏土封口

④防止地面沉降措施 轻型井点降水漏斗的影响半径可达百米甚至数百米，且会导致周围土壤固结而引起地面沉陷。特别是在弱透水层和压缩性大的黏土层中降水时，由于地下水流造成的地下水位下降、地基自重应力增大和土层压缩等原因，会产生较大的地面沉降，使周围建筑物、地下管线下沉或房屋开裂。因此，在建筑物附近进行井点降水时，在做好监测工作的同时还必须阻止建筑物下地下水的流失。工程主要采取措施有：

● 在降水区域和原有建筑物、地下管线之间的土层中设置一道固体抗渗屏幕（如水泥搅拌桩、灌注桩加压密注浆桩、旋喷桩、地下连续墙），利用止水帷幕减少或切断坑外地下水的涌入，大大减小对周围环境的影响。

● 在场地外缘设置回灌系统也是有效的方法。回灌系统包括井点回灌和砂沟砂井回灌两种形式。井点回灌是在抽水井点设置线外 4～5 m 处，以间距 3～5 m 插入注水管，将井点中抽取的水经过沉淀后用压力注入管内，形成一道水墙，以防止土体过量脱水，而基坑内仍可保持干燥。砂沟砂井回灌是在降水井点与被保护的建（构）筑物之间设置砂井并作为回灌砂井，沿砂井布置一道砂沟，将降水井点抽出的水适时、适量地排入砂沟，再经砂井回灌到地下，实践证明亦能收到良好的效果。

(2) 喷射井点降水

当基坑开挖较深或降水深度超过 6 m 时，必须使用多级轻型井点，这样会增大基坑的挖土量、延长工期并增加设备数量，不够经济。当降水深度超过 6 m 时，土层渗透系数为 0.1～2.0 m/d 的弱透水层采用喷射井点降水比较合适，其降水深度可达 20 m。

①喷射井点的主要设备 喷射井点根据其工作时使用的喷射介质的不同，分为喷水井点和喷气井点两种。其主要设备由喷射井点管、高压水泵（或空气压缩机）和管路系统组成。如图 1-26 所示，喷射井点管分为内管和外管两部分，内管下端装有喷射器并与滤管相接。

喷射器由喷嘴、混合管、扩散管等组成。为防止因停电、机械故障或操作不当而突然停止工作时的倒流现象,在滤管芯管下端设一逆止球阀。喷射井点正常工作时,喷射器产生真空,滤管芯管内出现负压,钢球浮起,地下水从逆止阀座中间的孔进入井管。当井管出现故障真空消失时,钢球下沉堵住逆止球阀座孔,阻止工作水进入土层。高压水泵用 6SH6 型或 5050S78 型高压水泵(流量为 140~150 m³/h,管扬程为 78 m)或多级高压水泵(流量为 50~80 m³/h,压力为 0.7~0.8 MPa)1~2 台,每台可带动 25~30 根喷射井点管。

管路系统包括进水、排水总管(直径为 150 mm,每套长 60 m)、接头、阀门、水表、溢流管、调压管等管件、零件及仪表。常用喷射井点管的直径为 38、50、63、100、150 mm。

②喷射井点布置  喷射井点管的布置、井点管的埋设方法和要求与轻型井点基本相同。当基坑面积较大时,采用环形布置;当基坑宽度小于 10 m 时,采用单排线形布置;当基坑宽度大于 10 m 时,采用

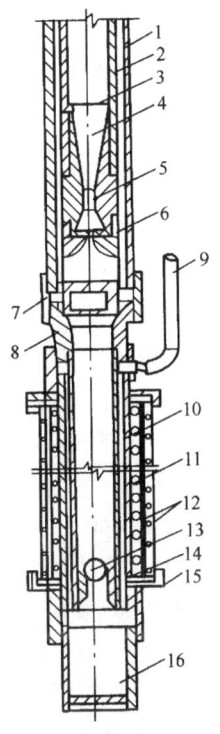

图 1-26 喷射井点管构造
1—外管;2—内管;3—喷射器;4—扩散管;
5—混合管;6—喷嘴;7—缩节;8—连接座;
9—真空测定管;10—滤管芯管;11—滤管有孔套管;
12—滤管外缠滤网及保护网;13—逆止球阀;
14—逆止阀座;15—护套;16—沉泥管

双排布置。喷射井点管的间距一般为 2~3 m;采用环形布置,进出口(道路)处的井点间距为 5~7 m。冲孔直径为 400~600 mm,深度比滤管底深 1 m 以上。

(3)电渗井点降水

在饱和黏土中,特别是在淤泥和淤泥质黏土中,由于土的渗透系数很小,所以宜采用电渗井点降水。它是利用黏土中的电渗现象和电泳特性,使黏土空隙中的水流动加快,起到一定的疏导作用,从而使降水效率得到提高。这种方法除有一般井点降水的优点外,电渗井点还可用于渗透系数 $K$ 很小(0.002~0.100 m/d)的黏土和淤泥中。通过同时与电渗一起产生的电泳作用,能使阳极周围土体加密,防止黏土颗粒淤塞井点管的过滤网,保证井点正常抽水。本法与轻型井点或喷射井点结合使用,效果较好。另外,和轻型井点相比它所增加的费用甚微。

(4)管井井点降水

管井井点由滤水井点管、吸水管和抽水机械等组成。管井井点设备较为简单,排水量大,降水较深,较轻型井点具有更大的降水效果,可代替多组轻型井点作用。管井井点适用于渗透系数较大、地下水丰富的土层、砂层或用集水井排水法易造成土粒大量流失,引起边坡塌方及用轻型井点难以满足要求的场合。但管井井点属于重力排水范畴,吸程高度受到一定限制,要求渗透系数 $K$ 较大(2.0~20.0 m/d),降水深度仅为 3~5 m。

## 1.4 土方工程的机械化施工

### 1.4.1 常用施工机械

在土方工程的开挖、运输、填筑、压实等施工过程中,应尽可能采用机械化和先进的作业方法,以减轻繁重的体力劳动,加快施工进度,提高生产率。

土方工程施工机械的种类很多,常用的有推土机、铲运机、挖土机、装载机、自卸汽车和碾压夯实机械等。施工中应合理选择土方机械,充分发挥机械效能,并使各种机械在施工中配合协调,加快施工进度。

(1)推土机

推土机由拖拉机和推土铲刀组成,如图1-27所示。按行走方式不同,推土机可分为履带式和轮胎式两种;按铲刀操作机构的不同,推土机又可分为索式和液压式两种。索式推土机的铲刀借其自重切土,在硬土中切入深度较小;液压式推土机由液压操纵,能使铲刀强制切入土中,切入深度较大,且铲刀可以调整推土板的角度,工作时具有更大的灵活性。

推土机能够独立完成挖土、运土和卸土工作。施工时具有操纵灵活、运转方便、工作面小、功率大、行驶快等特点。多用于场地清理、平整和基坑(槽)的回填,推土机适合开挖深度和筑高在1.5 m内的基坑(槽)、路基、堤坝作业,以及配合铲运机、挖土机的工作。此外,将其铲刀卸下后,还能牵引其他无动力施工机械。

推土机可推挖一类至三类土,经济运距在100 m以内,效率最高运距为30~60 m。推土机的生产率主要决定于推土铲刀推移土的体积及切土、推土、回程等工作的循环时间。为了提高生产率,施工中常采取下坡推土、并列推土、多刀送土和槽形推土等作业方法来提高推土效率,缩短推土时间和减少土的散失。

图1-27 推土机
1—拖拉机;2—推土铲刀

①下坡推土法 推土机顺坡向下切土与推运,借助于机械本身的重力作用,增大切土深度和运土数量,可提高台班产量,缩短推土时间,但坡度不宜超过15°,以免后退时爬坡困难,如图1-28(a)所示。下坡推土法适用于半挖半填地区推土丘及回填沟、渠使用。

②并列推土法 平整面积较大的场地时,用两台或三台推土机并列作业,如图1-28(b)所示,铲刀相距15~30 cm,可减少土的散失,提高生产率。一般采用两机并列推土可增加堆土量15%~30%,采用三机并列推土可增加推土量30%~40%。平均运距不宜超过75 m,也不宜小于20 m。

③多刀送土法 在硬质土中,切土深度不大,可将土先堆积在一处,然后集中推送到卸土区。这样可以有效提高推土效率,缩短运土时间,但堆积距离不宜大于30 m,推土高度以2 m内为宜。

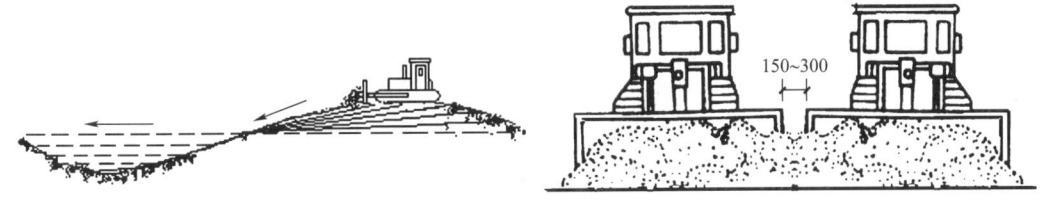

(a) 下坡推土法  (b) 并列推土法

图 1-28 推土机的推土方法

④槽形推土法 推土机在一条作业线上重复切土和推土,使地面逐渐形成一条浅槽,在槽中推运土可减少土的散失,可增加 10%～30% 的推土量。槽的深度以 1 m 左右为宜,土埂宽约 50 cm。当推出多条槽后,再将土梗推入槽中运出。当推土层较厚、运距较远时,采用此法较为适宜,如图 1-29 所示。

(2) 铲运机

①铲运机的技术性能和特点 铲运机是一种能够单独完成铲土、装土、运土、卸土、压实的土方机械。按行走方式不同,铲运机可分为自行式铲运机(图 1-30)和拖式铲运机(图1-31)两种;按铲斗操纵系统不同,铲运机可分为液压式和钢丝绳式两种。

图 1-29 槽型推土法

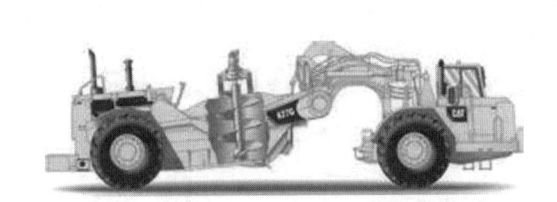

图 1-30 自行式铲运机

图 1-31 拖式铲运机

铲运机操作简便灵活,行驶快,对行驶道路要求较低,可直接对一类至三类土进行铲运。它的主要工作装置是铲斗。铲斗前有一个能开启的斗门和切土刀片。切土时,斗门打开,铲斗下降,刀片切入土中。铲运机前进时,被切下的土挤入铲斗中,铲斗装满土后,提起铲斗,放下斗门,将土运至卸土地点。

拖式铲运机的适宜运距在 800 m 以内,运距为 200～350 m 时效率最高,自行式铲运机适于长距离作业,经济运距为 800～1 500 m。铲运机常用于坡度 20°以内的大面积土方平整,开挖大型基坑、管沟、河渠和路堑,填筑路基、堤坝等,不适于在砾石层、冻土及沼泽地带使用。铲运机开挖坚硬土需要推土机助铲。

②铲运机开行路线 在选定铲运机后其生产率还取决于机械的开行路线。为提高铲运效率,可根据现场情况选择合理的开行路线和施工方法。在施工中,根据挖、填区的分布情况不同,铲运机的开行路线一般有以下几种:

● 环形路线：当施工地段较短、地形起伏不大时，采用小环形路线[图 1-32(a)、图 1-32(b)]，这种路线每循环一次完成一次铲土和卸土。当挖填交替且挖填之间的距离较短时，可采用大环形路线[图 1-32(c)]，这种路线每循环一次能完成多次铲土和运土，从而减小铲运机的转弯次数，提高工作效率。另外，施工时应常调换方向，以避免机械行驶部分的单侧磨损。

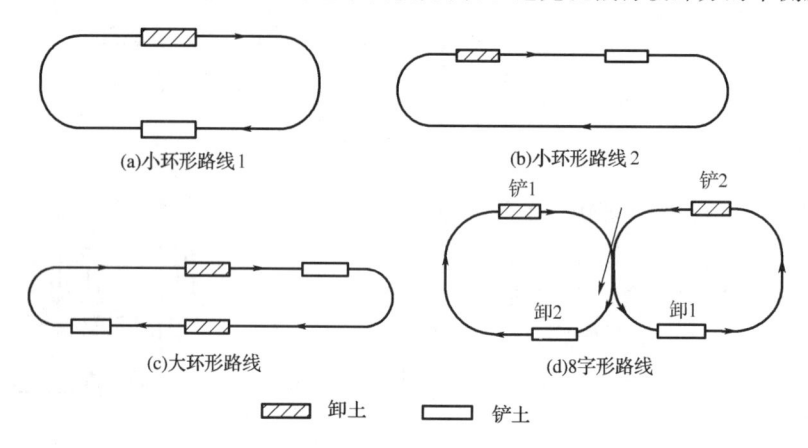

图 1-32 铲运机的开行路线

● 8 字形路线：当地势起伏较大、施工地段较长时，可采用 8 字形路线[图 1-32(d)]，这种开行路线每循环一次完成两次铲土和卸土，减小了转弯次数和运距，因此节约了运行时间，提高了生产率。这种运行方式在同一循环中两次转运方向不同，还可以避免机械行驶部分的单侧磨损。

(3) 挖土机

挖土机(又称挖掘机)是基坑(槽)开挖的常用机械，当施工高度较大、土方量较多时，可配自卸汽车进行土方运输。单斗挖土机按其工作装置和工作方式不同可分为正铲、反铲、拉铲和抓铲挖土机四种(图 1-33)；按行走方式不同可分为履带式和轮胎式挖土机两种；按操纵机构不同可分为机械式和液压式挖土机两种。由于液压式挖土机具有很大优越性，因此应用较为普遍。

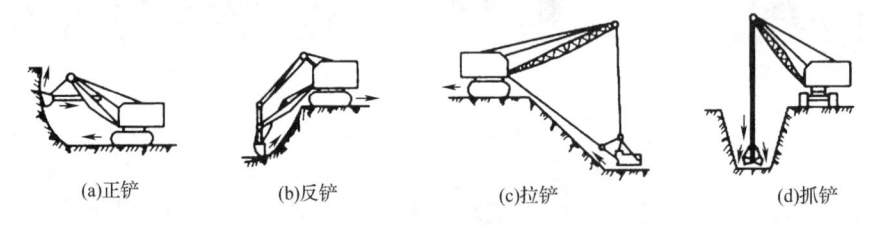

图 1-33 单斗挖土机

① 正铲挖土机 一般仅用于开挖停机面以上的土，其挖掘力大，效率高，适用于含水量不大于 27% 的一类至四类土。它可直接往自卸汽车上装土，进行土的外运工作。其作业特点是"前进向上，强制切土"。由于挖掘面在停机面的前上方，所以正铲挖土机适用于开挖大型、低地下水位且排水通畅的基坑以及土丘等。

根据挖土机的开挖路线与运输机械相对位置不同，正铲挖土机的作业方式主要有侧向装土法和后方装土法。侧向装土法是挖土机沿前进方向挖土，运输机械停在侧面装土[图 1-34(a)]。由于该方法卸土动臂回转角度小，运输机械行驶方便，生产率高，应用较广。后方装土法是挖土机沿前进方向挖土，运输机械停在挖土机后面装土[图 1-34(b)]。这时卸土动臂回转角度大,装车时间长,生产率低,且运输车辆需要倒车,故只用于开挖工作面狭小且较深的基坑。

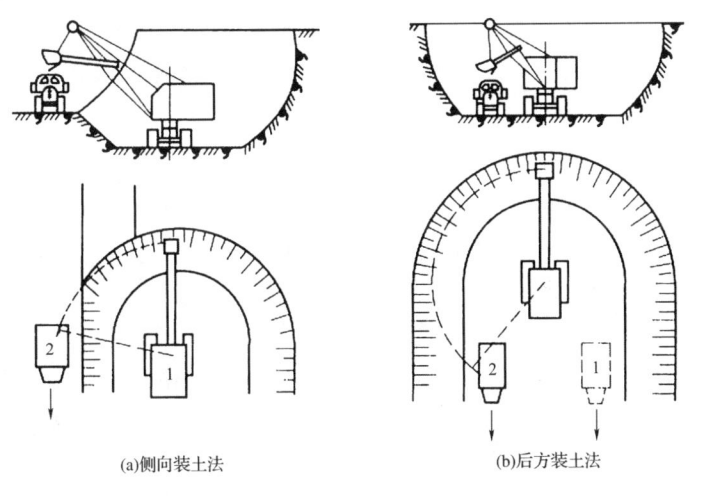

(a)侧向装土法　　(b)后方装土法

图 1-34　正铲挖土机的作业方式
1—正铲挖土机；2—自卸汽车

② 反铲挖土机　适用开挖停机面以下的一类至三类的砂土和黏土,作业特点是"后退向下,强制切土"。主要用于开挖基坑(槽)或管沟;亦可用于地下水位较高处的土方开挖,经济合理的挖土深度为 3~5 m。挖土时可与自卸汽车配合,也可以就近弃土。其作业方式有沟端开挖与沟侧开挖两种。

沟端开挖是挖土机停在沟端,向后倒退着挖土,汽车停在两旁装土[图 1-35(a)]。

沟侧开挖是挖土机沿沟槽一侧直线移动,边走边挖,将土弃于距基槽较远处。此法一般在挖土宽度和深度较小、无法采用沟端开挖或挖土不需要运走时采用[图 1-35(b)]。

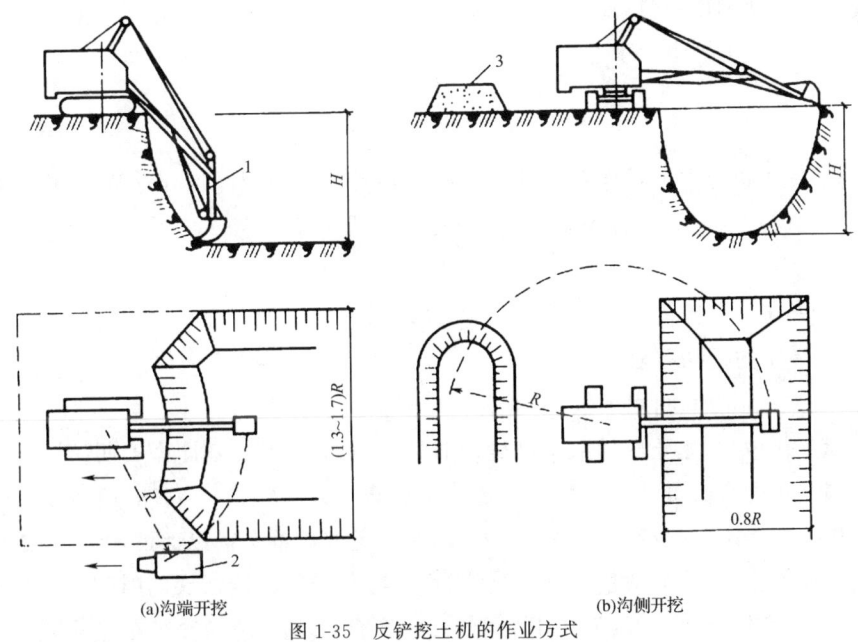

(a)沟端开挖　　(b)沟侧开挖

图 1-35　反铲挖土机的作业方式
1—反铲挖土机；2—自卸汽车；3—弃土堆

③拉铲挖土机 拉铲挖土机[图1-33(c)]施工时,依靠土斗自重及拉索拉力切土。它适用于开挖停机面以下的一类至三类土。作业特点是"后退向下,自重切土"。它的开挖深度和半径较大,常用于较大基坑(槽)、沟槽、大型场地平整和挖取水下泥土的施工。工作时一般直接弃土于附近。拉铲挖土机的作业方式与反铲挖土机的作业方式相同,有沟端开挖和沟侧开挖两种。

④抓铲挖土机 抓铲挖土机[图1-33(d)]是在挖土机臂端用钢丝绳吊装一个抓斗。其作业特点是"直上直下,自重切土"。抓铲挖土机的挖掘力较小,能开挖停机面以下的一类至二类土。适用于开挖较松软的土,特别是在窄而深的基坑(槽)、深井采用抓铲效果较好;抓铲挖土机还可用于疏通旧有渠道以及挖取水中淤泥,或用于装卸碎石、矿渣等松散材料。

(4)挖土机与自卸汽车配套计算

土方工程中,挖土机挖出的土方需要运土车辆及时运走,因此为达到各种配套机械的配合协调,充分发挥其效能,在施工前应确定出各种机械的数量。现以挖土机配以自卸汽车为例说明机械配套的计算方法。

①挖土机数量的确定 挖土机数量 $N$ 应根据土方量大小、工期长短、经济效果计算,即

$$N = \frac{Q}{p} \cdot \frac{1}{TCK} \tag{1-24}$$

式中 $N$——挖土机数量,台;

$Q$——挖土总量,$m^3$;

$p$——挖土机生产率,$m^3$/台班;

$T$——工期,工日;

$C$——每天工作班数;

$K$——时间利用系数,$K=0.8\sim0.9$。

式(1-24)中挖土机生产率 $p$ 可查定额确定,也可计算得出,即

$$p = \frac{8 \times 3\ 600}{t} \cdot q \cdot \frac{K_C}{K_S} \cdot K_B \tag{1-25}$$

式中 $t$——挖土机每次循环作业的延续时间,即开挖一斗的时间,s,对 $W_1$-100 型正铲挖土机为 25~40 s,对 $W_1$-100 型拉铲挖土机为 45~60 s;

$q$——挖土机斗容量,$m^3$;

$K_C$——土斗的充盈系数,可取 0.8~1.1;

$K_S$——土的最初可松性系数;

$K_B$——工作时间利用系数,一般为 0.7~0.9。

在实际工作中,当挖土机的数量已确定时,也可按式(1-24)来计算工期($T$)。

②自卸汽车配合数量计算 为了使挖土机械充分发挥生产能力,应使运土车辆的载重量与挖土机的每斗土重保持一定的倍数关系,并有足够数量车辆以保证挖土机械连续工作。从挖土机方面考虑,汽车的载重量越大越好,可以减少等待车辆调头的时间。从车辆方面考虑,载重量小的车辆台班费低,但使用数量多;载重量大,则台班费高但数量可减小。最合适的车辆载重量应使土方施工单价为最低,可以通过核算确定。一般情况下,汽车的载重量以

每斗土量的 3～5 倍为宜。自卸汽车的数量应保证挖土机能连续工作,其计算公式为

$$N' = \frac{T_s}{t_1} \tag{1-26}$$

式中　$N'$——自卸汽车的数量,台;

　　　$T_s$——自卸汽车每一次工作循环的延续时间,min;

　　　$t_1$——自卸汽车每次装车时间,min。

$$t_1 = nt \tag{1-27}$$

式中　$n$——自卸汽车每车装土次数。

$$n = \frac{Q_1}{q \cdot (K_C/K_S) \cdot \gamma} \tag{1-28}$$

式中　$q$、$K_C$、$K_S$——与式(1-28)相同;

　　　$\gamma$——土的容重,一般取 1.7 t/m³;

　　　$Q_1$——自卸汽车载重量,t。

### 1.4.2　基坑开挖方式

基坑开挖前,应在平整好的拟建场地进行房屋定位和标高引测,确定挖土边线和放线工作,然后根据基坑开挖深度、土质好坏、支护结构设计、降排水要求及季节性变化等不同情况,确定开挖方案。土方开挖应遵循"开槽支撑,先撑后挖,分层开挖,严禁超挖"的原则。基坑(槽)开挖分为人工开挖和机械开挖两种方法,对于大型基坑应优先考虑选用机械化施工。

对于浅基坑(槽),如土质均匀且具有正常含水量,而施工工期又较短,则在一定深度内(表 1-6)可垂直开挖,不需要支撑。如基坑(槽)较深,则应根据设计规定,设置支撑或放边坡,挖土一般分层分段平均往下开挖,并应连续施工,尽快完成。每挖一定深度和长度,应检查和做好通直修边工作,随时控制纠正。挖出的土除预留一部分用于回填外,不得在场地内任意堆放,应把多余的土运到弃土地区,以免妨碍施工。

## 1.5　土方的填筑与压实

### 1.5.1　土料的选择和填筑要求

1.土料的选择

填方土料应符合设计要求,当无设计要求时应符合下列规定:

①碎石类土、爆破石渣(粒径不大于每层铺土厚度的 2/3)、砂土可用作表层以下的填料。

②含水量符合压实要求的黏土可用作各层填料。

③淤泥和淤泥质土一般不能用作填料,但在软土或沼泽地,经过处理含水量符合压实要求后,可用于填方中的次要部位。冻土、膨胀土也不应作为填方土料。

④对含有大量有机物、水溶性硫酸盐含量大于 5% 的土,仅可用于无压实要求的填土,因为地下水会逐渐溶解硫酸盐形成孔洞,影响土的密实度。

**2. 填筑要求**

填土应分层进行,每层按规定的厚度填筑、压实,经检验合格后,再填筑上层。土方填筑最好用原土回填,不能将各种土混杂在一起填筑。如果采用不同类的土,应把透水性较大的土层置于透水性较小的土层下面。若不得已在透水性较小的土层上填筑透水性较大的土,必须将两层结合面做成中央高、四周低的弧面排水坡度或设置盲沟,以免填土内形成水囊。

墙柱基础两侧及中心土的回填,应在基础墙或混凝土有足够强度并经验收合格后方可进行。回填应在基础两侧对称同时进行,两侧回填高差要控制,以免把墙挤歪。深、浅两基坑(槽)相连,应先填夯深基础,填至浅基坑标高时,再与浅基坑一起填夯。

若遇管道等设施,为防止管道中心偏移及管子损坏,应用人工先在管子周围填土夯实,两侧同时进行,直到高出管顶50 cm后,在不损坏管道的前提下方可采用机械夯实,但不宜用振动辗压夯实。压实填土的施工缝应错开搭接,在施工缝的搭接处应适当增加压实遍数。当填方位于倾斜的地面时,应先将基底斜坡挖成阶梯状,阶梯宽度不小于1 m,然后分层回填,以防填土侧向移动。

回填土每层夯实后,应按规范规定进行环刀取样,测出土的干密度,达到要求后再铺上一层土。填土全部完成后,应进行表面拉线找平,凡高出允许偏差的地方应依线铲平,低于规定高程的地方应补填夯实。

基坑(槽)的回填应连续进行尽快完成。施工中应防止雨水流入,若遇雨淋浸泡,应及时排除积水,晒干后再进行施工,尽量避免在冬期施工。若在冬期施工,要严格控制土的含水量和虚铺厚度(一般减小20%~25%)。

### 1.5.2 填土与压实的方法

**1. 填土的方法**

填土的方法分为人工填土与机械填土两种。

(1) 人工填土

用手推车送土,用铁锹、耙、锄等工具进行回填。填土应从场地最低部分开始,由一端向另一端自下而上分层铺填。每层虚铺厚度,用人工木夯夯实时不大于20 cm,用打夯机械夯实时不大于25 cm。

(2) 机械填土

①推土机填土  填土应由下而上分层铺填,每层虚铺厚度不宜大于30 cm。大坡度堆填土不得居高临下、不分层次、一次堆填。推土机运土回填时,可采用分堆集中、一次运送的方法,分段距离为10~15 m。土方推至填方部位时,提起一次铲刀,向前行驶0.5~1.0 m,利用推土机后退时将土刮平。用推土机来回行驶进行碾压,履带应重叠宽度的一半。

②铲运机填土  铺填土区段长度不宜小于20 m,宽度不宜小于8 m。铺土应分层进行,每次铺土厚度不大于30~50 cm(视压实机械而定),每层铺土后,利用空车返回时将地表面刮平。

③汽车填土  自卸汽车卸土需要配以推土机推土、摊平。每层铺土厚度不大于30~50 cm(视压实机械而定)。可利用汽车行驶作部分压实工作,行车路线必须均匀分布于填土层上。

2.填土与压实的影响因素

影响填土与压实质量的主要因素有：压实功（压实遍数）、土的含水量及每层铺土厚度。

（1）压实功

压实机械在填土压实中所做的功简称压实功。填土压实后的密度与压实机械在其上所做的压实功有一定的关系，如图1-36所示。

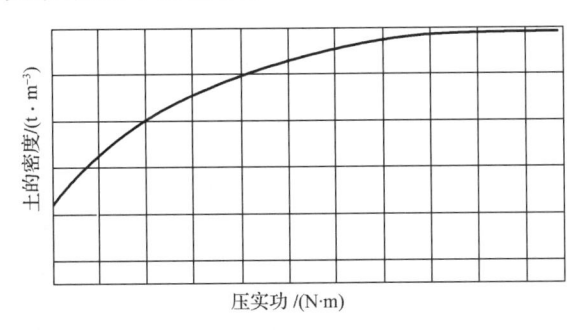

图1-36　土的密度与压实功的关系

在土的含水量一定的情况下，当开始压实时，土的密度急剧增加，待到接近土的最大密度时，压实功虽然增加许多，但土的密度没有多大变化。因此，在实际施工时，应根据土的种类、压实密度要求和压实机械来决定填土压实的遍数。当压实松土时，如用重碾直接滚压，起伏过于强烈，效率降低，所以先用轻碾（压实功小）压实，再用重碾碾压，则可取得较好的压实效果。

（2）土的含水量

在同一压实功条件下，填土的含水量对压实质量有显著影响。较为干燥的土颗粒之间比较疏松，土体孔隙大多互相连通，水少而气多。在一定的压实功作用下，虽然土体孔隙中气体易被排出，但水膜润滑作用不明显，压实功不易克服土颗粒间引力，土颗粒不易相对移动，因而不易压实。当含水量超过一定限度时，土体孔隙中出现了自由水，且无法排出，压实功部分被自由水抵消，减小了有效作用，压实效果依然会降低。当土的含水量适当时，土颗粒间引力缩小，水又起了润滑作用，压实功比较容易使土颗粒移动，压实效果好。不同种类的土壤都有其最佳含水量，土在这种含水量条件下，使用同样压实功进行压实，所得到土密度最大时的含水量称为最佳含水量。土的最佳含水量和最大干密度的关系如图1-37所示，具体数值可参考表1-2。工地简单检验黏土含水量的方法一般是以"手握成团落地开花"为适宜。

土的最佳含水量和最大干密度由击实试验确定。一般砂土的最佳含水量为8%～12%，粉土为16%～22%，粉质黏土为18%～21%，黏土为19%～23%。施工中，土料的含水量与其最佳含水量之差可控制在2%～4%范围内（使用振动碾压时，可控制在2%～6%）。

为了保证填土在压实过程中处于最佳含水量状态，当含水量过大时，应采取翻松、晾干、风干、换土回填、掺入干土或其他吸水材料等措施；如土料过干，则应预先洒水润湿，补充水量。

(3) 铺土厚度

土在压实功的作用下,其应力随土层深度的增大而减小(图1-38)。其影响深度与压实机械、土的性质和含水量有关。在压实过程中,表层土的密度大,随着深度的增加而逐渐减小。覆土厚度应小于压实机械压土时的作用深度,不宜过厚;如果过薄,机械的总压实遍数也要增加。因此,最佳铺土厚度可使土方压实而机械的功耗最少。填土施工时的每层铺土厚度及压实遍数可参见表1-13。

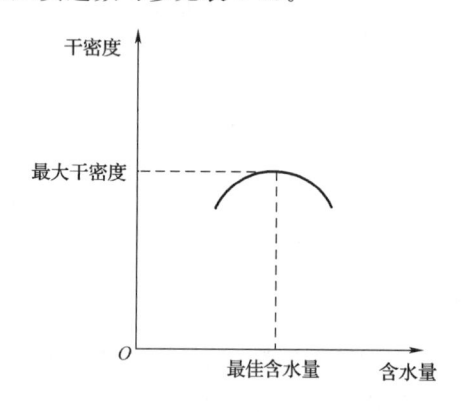

图 1-37　土的最佳含水量与最大干密度的关系　　图 1-38　压实作用下土的应力沿深度的变化

表 1-13　　　　填土施工时的每层铺土厚度及压实遍数

| 压实机械 | 每层铺土厚度/mm | 每层压实遍数/遍 |
| --- | --- | --- |
| 平碾 | 250～300 | 6～8 |
| 振动压实机 | 250～350 | 3～4 |
| 柴油打夯机 | 200～250 | 3～4 |
| 人工打夯 | <200 | 3～4 |

为了保证压实质量,提高压实机械的生产率,重要工程应根据土质和所选用的压实机械在施工现场进行压实试验,以确定达到规定密实度所需要的压实遍数、铺土厚度及最佳含水量。

3. 压实的方法

压实施工有人工夯实和机械压实。人工夯实使用60～80 kg的木夯或铁、石夯,施工时,一夯压半夯,按次序进行。每层铺土厚度在200 mm以下,每层夯实遍数为3～4遍。此法适用于小面积砂土或黏土的夯实,主要用于碾压机械无法到达的坑边坑角的夯实。

现代施工中主要采用机械压实,具体方法有:碾压法、机械夯实法和振动压实法。平整场地等大面积填土采用碾压法,较小面积施工采用机械夯实法和振动压实法。

(1) 碾压法

碾压法是指利用碾压机械滚轮的压力压实土壤,使之达到所需要的密实度。常用的碾压机械主要有平碾(压路机)、羊足碾和气胎碾。

①平碾　平碾是最常见的压路机,又称光碾压路机,是一种以内燃机为动力的自行式压路机,轮的质量为3～15 t,按质量等级分为轻型(3～6 t)、中型(6～10 t)、重型(10～15 t)三

种,适用于砂土、碎粒石料和黏土。一般每层铺土厚度为 250~300 mm,每层压实遍数为 6~8 遍。

平碾碾压的特点是:单位压力小,表面土层易压成光滑硬壳,土层碾压上紧下松,底部不易压实,碾压质量不均匀,不利于上、下土层之间的接合,易出现剪切裂缝,对防渗不利。

②羊足碾　羊足碾(图1-39)的碾压滚筒外设交错排列的羊足,滚筒分为钢铁空心、装砂、注水三种,侧面设有加载孔,加载大小根据设计确定。羊足的长度随碾滚质量的增加而增加,一般为碾滚直径的 1/7~1/6。重型羊足碾可达 30 t。羊足碾的羊足插入土中,不仅使羊足底部的土料得到压实,并且使羊足侧向的土料受到挤压,同时有利于上、下土层的接合。压实过程中羊足对表层土的翻松,省去了刨毛工序从而达到均匀压实的效果,提高了填方的整体性和抗渗性。这种碾压方法不适用于砂砾料的土层压实,因为砂砾料在压实过程中羊足从行进的后面由土中拔出时,会将压实的砂土翻松,产生侧向滑移,因此达不到应有的压实效果。

图 1-39　羊足碾

③气胎碾　气胎碾又称轮胎压路机(图1-40),分为单轴(一排轮胎)和双轴(两排轮胎)两种。它主要由装载荷重的金属车厢和装在轴上的气胎轮组成。它既是行使轮,也是碾压轮。气胎碾的轮胎具有弹性,压实土料时,气胎与土体同时变形,随着土体压实密度的增大,气胎变形相应也增大,气胎与土体的接触面积也随之增大,并且始终能保持较为均匀的压实效果。与刚性碾相比,气胎碾不仅对土体的接触压力分布均匀,而且作用时间长、压实效果好、压实土层厚度大、生产率高。因此,它可以适应要求不同单位压力的各类土壤的压实。为避免气胎损坏,停工时要用千斤顶将金属车厢支托起来,并把气胎的气放掉。

图 1-40　气胎碾(轮胎压路机)

利用碾压法填方时,铺土应均匀一致,碾压遍数一样,碾压方向应从填土两侧逐步压向中心,每次碾压应有 150~200 mm 的重叠宽度,防止漏压。机械的行驶速度不宜过快,一般平碾控制在 2 km/h,羊足碾控制在 3 km/h,否则会影响压实效果。

(2)机械夯实法

机械夯实法是利用冲击力来夯实土壤。夯实机械有重锤、内燃夯土机、蛙式打夯机[图 1-41(a)]和电动立夯机[图 1-41(b)]等。夯锤是借助于起重机悬挂一个重锤进行夯土的夯实机械,适用于夯实砂土、湿陷性黄土、杂填土以及含有石块的填土。

小型打夯机由于体积小、质量轻、构造简单、机动灵活、实用、操纵方便、夯击能量大,夯实工效较高,在建筑工程中较为常用。打夯机有冲击式和振动式之分,常用的有蛙式打夯机、内燃打夯机、电动立夯机等。它适用于黏性较低的土(砂土、粉土、粉质黏土),多用于基槽、管沟及各种零星分散、边角部位填方的夯实,以及配合压路机对无法碾压之处的夯实。

(a)蛙式打夯机　　　　(b)电动立夯机

图 1-41　蛙式打夯机与电动立夯机

(3)振动压实法

振动压实法是采用振动压实机压实土层,使土颗粒发生相对位移而达到密实。施工时每层铺土厚度宜为 250~350 mm,每层压实遍数为 3~4 遍。适用于振实非黏土。若使用振动碾进行碾压,借助于振动设备可使土受到振动和碾压两种作用,碾压效率高,适用于大面积填方工程。

无论哪一种压实方法,都要求每一次碾压夯实幅宽要有至少 100 mm 的搭接。若采用分层夯实且气候较干燥,则应在上一层虚土铺摊之前将下层填土表面适当喷水湿润,以增加土层之间的亲和程度。对密实要求不高的大面积填方,如缺乏碾压机械,可采用推土机、拖拉机或铲运机结合行驶、推(运)土来压实。对已回填松散的特厚土层,可根据回填厚度和设计对密实度的要求采用重锤夯实或强夯等机具来夯实。

### 复习思考题

1. 土方工程施工的土按什么进行分类?
2. 什么是土的可松性?对土方施工有何影响?
3. 场地平整设计标高的确定方法和步骤有哪些?
4. 土方边坡坡度是什么?

5. 简述边坡塌方的因素。
6. 常用的坡面保护有哪些方法?
7. 基坑土方开挖的原则是什么?
8. 浅基坑(槽)支护有哪些方式?
9. 深基坑支护有哪些方式?
10. 什么叫流砂现象?分析流砂形成的原因。
11. 防治流砂的途径和方法有哪些?
12. 试述轻型井点系统的组成及设备。
13. 试述轻型井点施工工艺流程。
14. 简述井点管埋设方法。
15. 土方开挖的施工机械有哪些?
16. 哪些方法可提高推土机生产效率?
17. 挖土机有哪几种类型?正铲挖土机开挖方式有哪几种?
18. 土方填筑压实时,土料的选择有哪些要求?
19. 简述填土压实的影响因素。

---

**资料小卡片**

人类很早就采用土石方筑成用于栖息的坑穴来抵御风雨和寒冷。早在战国时期黄河上已修建了较大规模的堤防。大家所熟知的大禹治水也多涉及土方工程。土石方施工过去长期是靠人力完成。20世纪50年代初期,机械化施工水平较低,在十三陵水库修建时,创下了十万大军施工的日最高纪录;而在改革开放以来,随着施工机械装备水平不断提高,目前土方工程多实现了机械化施工。如三峡大坝、小浪底水库等工程中,人力投入大幅度降低,施工速度显著提高。另外,我国还研制出用于水下土方填筑的"天鲲号"重型自航绞吸船,挖泥速度达20 000 $m^3$/h,相当于100多辆重载卡车的运载量,一天就能挖掘近500 000 $m^3$的泥沙,仅半年就填出5个人工岛。由此说明,通过技术创新、科技创新可根本改变施工方法和施工速度,甚至完成过去无法想象的工程。

# 模块 2 地基处理与桩基础

## 2.1 地基处理及加固

任何建筑物都必须有可靠的地基和基础。建筑物的全部重量（包括各种荷载）最终将通过基础传给地基，所以对某些地基的处理及加固就成为基础工程施工中一项重要内容。在施工过程中如发现地基土质过软或过硬，不符合设计要求，应本着使建筑物各部位沉降量趋于一致以减小地基不均匀沉降的原则对地基进行处理。

建筑物对地基的基本要求是：不论是天然地基还是人工地基，均应保证其有足够的强度和稳定性，在荷载作用下地基土不发生剪切破坏或丧失稳定性；不产生过大的沉降或不均匀的沉降变形，以确保建筑物的正常使用。

地基处理是指为提高地基承载力，改善其变形性质或渗透性质而采取的人工处理地基的方法。地基处理除应满足工程设计要求外，还应做到因地制宜、就地取材、保护环境和节约资源等。

地基处理是涉及面广、影响因素多、技术复杂的工程技术问题，涉及地基土强度与稳定性、地基的压缩与变形、水文地质条件、软弱下卧层、动力荷载作用下的液化、失稳和震陷等问题。必须根据不同情况采取不同处理方法。常用人工地基处理方法有换填法、强夯法、重锤夯实法、振冲法、砂桩挤密法、深层搅拌法、堆载预压法、注浆法（化学加固）等。

### 2.1.1 换填地基

当建筑物基础的持力层较软弱不能满足上部荷载对地基的要求时，常采用换填法来处理软弱地基。先将基础下一定范围内承载力低的软土层挖去，然后回填强度较大的砂、碎石或灰土等，并夯至密实。换填法可有效处理某些荷载不大的建筑物的地基问题，例如，一般的三、四层房屋，路堤，油罐和水闸等的地基。换填法按回填材料不同可分为砂地基、碎（砂）石地基、灰土地基等。

1. 砂地基和碎（砂）石地基

砂地基和碎（砂）石地基是将基础下一定范围内的土层挖去，然后用强度较大的砂或碎石等回填，并经分层夯实至密实，以起到提高地基承载力、减小沉降、加速软弱土层的排水固结、防止冻胀和消除膨胀土的胀缩等作用。该地基具有施工工艺简单、工期短、造价低等优点。适用于处理透水性强的软弱黏土地基，但不宜用于湿陷性黄土地基和不透水的黏土地基，以免聚水而引起地基下沉和承载力降低。

(1) 材料要求

砂地基和碎（砂）石地基所用材料宜采用颗粒级配良好、质地坚硬的中砂、粗砂、砾砂、碎（卵）石、石屑或其他工业废粒料。在缺少中砂、粗砂和砾砂的地区可采用细砂，但宜同时掺入一定数量的碎（卵）石，掺入量应满足含石量不大于50%。砂石料中不得含有草根、垃圾等有机杂物，含泥量不应超过5%，兼作排水地基时，含泥量不宜超过3%，碎（卵）石最大粒径不宜大于50 mm。

(2) 构造要求

砂地基和碎（砂）石地基的厚度一般根据地基底面土的自重应力与附加应力之和不大于同一标高处软弱土层的容许承载力确定。地基厚度一般不宜大于3 m，也不宜小于0.5 m。地基宽度除要满足应力扩散的要求外，还要根据地基侧面土容许承载力来确定，以防止地基土向两边挤出。关于宽度的计算，目前还缺乏可靠的理论方法，在实践中经常按照经验数据（考虑地基两侧土的性质）或按经验方法确定。一般情况下，地基宽度应沿基础两边各放出200～300 mm，如果侧面地基土的土质较差，还要适当增大。

(3) 施工要点

① 铺筑地基前应验槽，将基底表面浮土、淤泥等杂物清除干净，边坡必须稳定，防止塌方。基坑（槽）两侧附近如有孔洞、沟、井和墓穴等，应在换填地基前加以处理。

② 砂和碎（砂）石地基底面宜铺设在同一标高上。深度不同时应按先深后浅的次序进行。分层铺筑时，接头应做成斜坡或阶梯形搭接，每层错开0.5～1.0 m，搭接处应夯压密实。

③ 人工级配的砂、石材料应按级配拌和均匀，再进行铺填捣实。

④ 换土地基应分层铺筑、分层夯（压）实，每层铺筑厚度不宜超过表2-1规定的数值。施工时应对下层的密实度检验合格后，方可进行上层施工。

表2-1　　　　　　　　砂和砂石地基每层铺筑厚度及最佳含水量

| 压实方法 | 每层铺筑厚度/mm | 施工时最佳含水量/% | 施工说明 | 备注 |
| --- | --- | --- | --- | --- |
| 平振法 | 200～300 | 15～20 | 用平板式振捣器往复振捣 | 不适用于干细砂或含泥量较大的砂铺筑的砂地基 |
| 插振法 | 振捣器插入深度 | 饱和 | 用插入式振捣器；插入点间距离可根据机械振幅大小决定；不应插至下卧黏土层；插入振捣完毕后所留的孔洞，应用砂填实 | 不适用于细砂或含泥量较大的砂铺筑的砂地基 |
| 水撼法 | 250 | 饱和 | 注水高度应超过每次铺筑面层；用钢叉摇撼振实，插入点间距离为100 mm；钢叉分四齿，齿的间距为80 mm，长度为300 mm | — |
| 夯实法 | 50～200 | 8～12 | 用木夯或机械夯；木夯重40 kg，落距为400～500 mm；一夯压半夯，全面夯实 | — |
| 碾压法 | 50～350 | 8～12 | 2～6 t压路机往复碾压 | 适用于大面积施工的砂和砂石地基 |

注：在地下水位以下的地基，其最下层的铺筑厚度可比上表层增加500 mm。

⑤在地下水位高于基坑(槽)底面施工时,应采取排水或降低地下水位的措施,使基坑(槽)保持无积水状态。

⑥冬期施工时,不得采用夹有冰块的砂石作为地基,并应采取措施防止砂石内水分冻结。

(4)质量检查

①环刀取样法 用容积不小于200 cm³的环刀压入垫层的每层2/3深处取样,测定其干密度,以不小于通过试验所确定的该砂料在中密状态时的干密度数值为合格。若系砂石地基,可在地基中设置纯砂检验点,在相同的试验条件下,用环刀测其干密度。

②贯入测定法 检验时先将垫层表面的砂刮去30 mm左右,再用贯入仪、钢筋或钢叉等以贯入度大小来定性地检验砂垫层的质量,以不大于通过相关试验所确定的贯入度为合格。

2.灰土地基

灰土地基是将基础底面下一定范围内的软弱土层挖去,用按一定体积比配合的石灰和黏土拌和均匀,在最佳含水量情况下分层回填夯实或压实而成。该地基具有一定的强度、水稳定性和抗渗性,施工工艺简单,取材容易,费用较低。适用于处理1~4 m厚的软弱土层。

(1)材料要求

灰土地基的土料宜采用就地挖出的黏土及塑性指数大于4的粉土,但不得含有有机杂质或使用耕植土。使用前土料应过筛,其粒径不得大于15 mm。

用作灰土地基的熟石灰应过筛,粒径不得大于5 mm,并不得夹有未熟化的生石灰块,也不得含有过多的水分。灰土的配合比一般为2∶8或3∶7(石灰∶土)。

(2)构造要求

灰土地基厚度的确定原则同砂地基。灰土地基宽度一般为灰土顶面基础砌体宽度加2.5倍灰土厚度之和。

(3)施工要点

①施工前先验槽,清除松土,发现局部有软弱土层或孔洞时应及时挖除,用灰土分层回填夯实。

②施工时,应将灰土拌和均匀,颜色一致,并适当控制其含水量。现场检验方法是用手将灰土紧握成团,两指轻捏能碎为宜,当土料水分过多或不足时,应晾干或洒水润湿。灰土拌好后应及时铺好夯实,不得隔日夯打。

③铺灰应分段分层夯筑,每层最大虚铺厚度应按所用的夯实机具参照表2-2选用。每层灰土夯打的遍数,应根据设计要求的干密度在现场试验确定。

表2-2　　　　　　　　　　灰土每层最大虚铺厚度

| 夯实机具种类 | 质量/t | 厚度/mm | 备注 |
| --- | --- | --- | --- |
| 石夯、木夯 | 0.04~0.08 | 200~250 | 人力送夯,落距为400~500 mm,每夯搭接半夯 |
| 轻型夯实机械 | 0.12~0.4 | 200~250 | 蛙式打夯机或柴油打夯机 |
| 压路机 | 6~10 | 200~300 | 双轮 |

④灰土分段施工时,不得在墙角、柱基及承重窗间墙下接缝。上、下两层灰土的接缝距离不得小于500 mm,接缝处的灰土应夯实。

⑤在地下水位以下的基坑(槽)内施工时,应采取排水措施。夯实后的灰土,在三天内不得受水浸泡。灰土地基打完后应及时进行基础施工和回填土,否则要做临时遮盖,防止日晒雨淋。刚打完毕或尚未夯实的灰土,如遭受雨淋浸泡,则应将积水及松软灰土除去并补填夯实,被浸湿的灰土应在晾干后再夯打密实。

⑥冬期施工时,不得采用冻土或夹有冻土的土料,并应采取有效的防冻措施。

(4)质量检查

灰土地基的质量检查,宜用环刀取样测定其干密度。质量标准可按压实系数 $\lambda_c$ 鉴定,一般为 0.93～0.95。压实系数 $\lambda_c$ 为土在施工时实际达到的干密度 $\rho_d$ 与室内采用击实试验得到的最大干密度 $\rho_{dmax}$ 之比。

### 2.1.2 强夯地基

强夯地基是用起重机械将重锤(一般为 8～30 t)吊起,从高处(一般为 6～30 m)自由落下,给地基以冲击力和振动,从而提高地基土的强度并降低其压缩性的一种地基加固方法。该法具有效果好、速度快、节省材料、施工简便等优点,但施工时噪声和振动大,适用于碎石土、砂土、黏土、湿陷性黄土及填土地基等的加固处理。

1.机具设备

(1)起重机械

起重机械宜选用起重能力为 150 kN 以上的履带式起重机。当直接用钢丝绳悬吊夯锤时,起重机械的起重能力应大于锤重的 3～4 倍;当采用自动脱钩装置时,起重机械的起重能力应大于 1.5 倍锤重。

(2)夯锤

夯锤可用钢材制作,或用钢板为外壳,内部焊接钢筋骨架后浇筑 C30 混凝土制成。夯锤底面有圆形和方形两种,圆形不易旋转,定位方便,稳定性和重合性好,应用较广。夯锤底面积取决于表层土质,对砂土一般为 3～4 $m^2$,黏土或淤泥质土不宜小于 6 $m^2$。夯锤中宜设置若干个上下贯通的气孔,以减小夯击时的空气阻力。

(3)脱钩装置

脱钩装置应具有足够的强度,且施工灵活。工地常用的自制自动脱钩器由吊环、耳板、销环、吊钩等组成,由钢板焊接制成。

2.施工要点

①强夯施工前,应进行地基勘察和试夯。通过对试夯前后试验结果的对比分析,确定正式施工时的技术参数。

②强夯前应平整场地,周围挖好排水沟,按夯击点布置测量放线、确定夯位。地下水位较高时,应在表面铺 0.5～2.0 m 中(粗)砂或砂石,以确保机械通行和施工,又可便于强夯产生的孔隙水压力消散。

③强夯施工须按试验确定的技术参数进行。一般以各个夯击点的夯击数或下沉量控制。夯击时,落锤应保持平稳、夯位准确,如错位或坑底倾斜过大,宜用砂土将坑底整平,方可进行下一次夯击。

④每夯击一遍后,应测量场地平均下沉量,然后用土将夯坑填平再进行下一遍夯击。最后一遍场地平均下沉量必须符合要求。

⑤强夯施工最好在干旱季节进行,如遇雨天,场地积水必须及时排除。冬期施工时,应将冻土击碎。

⑥应对每一个夯击点的夯击能量、夯击次数和每次下沉量等做好详细的现场记录。

3.质量检查

强夯地基应检查施工记录及各项技术参数,并应在夯击过的场地选点进行检验。一般可采用标准贯入、静力触探或轻便触探等方法,符合试验确定的指标时,即合格。

### 2.1.3 重锤夯实地基

重锤夯实是用起重机械将夯锤提升到一定高度后,利用自由下落时的冲击能来夯实地基土表面,使其形成一层较为均匀的硬壳层,从而使地基得到加固。与强夯地基相比,重锤夯实地基所用重锤质量小、提升高度低,加固机理有所区别。该法施工简便,费用较低,但布点较密,夯击遍数多,施工期相对较长;同时,夯击能量小,孔隙水难以消散,加固深度有限;当土的含水量稍高时,易夯成橡皮土,处理较困难。该法适用于处理地下水位以上稍湿的黏土、砂土、湿陷性黄土、杂填土和分层填土地基。当夯击振动对邻近的建筑物、设备以及施工中的砌体工程或浇筑混凝土等产生有害影响时,或地下水位高于有效夯实深度以及在有效深度内存在软黏土层时,不宜采用该法。

1.机具设备

(1)起重机械

起重机械可采用履带式起重机、打桩机、龙门式起重机等。当采用自动脱钩装置(器)时,其起重能力应大于锤重的 1.5 倍;当直接用钢丝绳悬吊夯锤时,应大于锤重的 3 倍。

(2)夯锤

夯锤形状宜采用截头圆锥体,可用 C20 钢筋混凝土制作,其底部可填充废铁并设置钢底板以使重心降低。锤重宜为 1.5~3.0 t,底面直径为 1.0~1.5 m,落距一般为 2.5~4.5 m,锤底面单位静压力宜为 15~20 kPa。吊钩宜采用半自动脱钩器,以减小吊索磨损和机械振动。

2.施工要点

①施工前应在现场进行试夯,选定夯锤质量、底面直径和落距,以便确定最后下沉量及相应的夯击遍数和总下沉量。最后下沉量是指最后两击平均每击土面的下沉量,对黏土和湿陷性黄土取 10~20 mm,对砂土取 5~10 mm。通过试夯可确定夯实遍数,一般应试夯 6~10 遍,施工时可适当增加 1~2 遍。

②采用重锤夯实分层填土地基时,每层的虚铺厚度以相当于锤底直径为宜,夯击遍数由试夯确定,试夯层数不宜少于 2 层。

③基坑(槽)的夯实范围应大于基础底面,每边应比设计宽度加宽 0.3 m 以上,以便于底面边角夯打密实。基坑(槽)边坡应适当放缓。夯实前坑(槽)底面应高出设计标高,预留土层的厚度可为试夯时的总下沉量再加 50~100 mm。

④夯实时地基土的含水量应控制在最佳含水量范围内。如土的表层含水量过高,可采用铺撒吸水材料(如干土、碎砖、生石灰等)或换土等措施;如土的表层含水量过低,应适当洒水,加水后待全部渗入土中,一昼夜后方可夯打。

⑤在大面积基坑或条形基槽内夯击时,应按一夯挨一夯顺序进行[图 2-1(a)]。在每次

循环中同一夯位应连夯两遍,下次循环夯位应与前一循环错开 1/2 锤底直径,落锤应平稳,夯位应准确。在独立柱基基坑内夯击时,可采用先周边后中间[图 2-1(b)]或先外后里的跳打法[图 2-1(c)]进行。基坑(槽)底面标高不同时,按先深后浅的顺序逐层夯实。

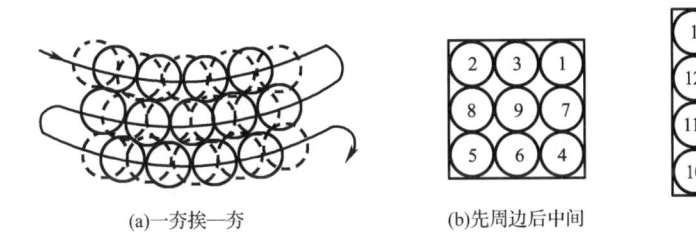

图 2-1 夯打顺序

⑥夯实完后,应将基坑(槽)表面修整至设计标高。冬期施工时,若基坑挖好后不能立即夯实,应采取防冻措施,必须确保地基在不冻结状态下进行夯击,否则应将冻土层挖去或将土层融化。

3.质量检查

重锤夯实后应做施工记录,除应符合试夯最后下沉量的规定外,还应检查基坑(槽)表面总下沉量,以不小于试夯总下沉量的 90% 为合格;也可采用在地基上选点夯击检查最后下沉量。夯击检查点数:独立基础每个不少于 1 处,基槽每 20 m 不少于 1 处,整片地基每 50 m² 不少于 1 处。检查后如质量不合格,应进行补夯,直至合格为止。

### 2.1.4 振冲地基

振冲地基又称振冲桩复合地基,是以起重机吊起振冲器,启动潜水电动机带动偏心振动块,使振冲器产生高频振动,同时开动水泵,通过喷嘴喷射高压水流成孔,然后分批填以砂石骨料形成一根根桩体,桩体与原地基构成复合地基,以提高地基的承载力,减小地基的沉降量和沉降差的一种加固方法。该法具有技术可靠,机具设备简单,操作技术易于掌握,施工简便,节省三材,加固速度快,地基承载力高等特点。

振冲地基按加固机理和效果不同,可分为振冲置换法和振冲密实法两类。前者适用于不排水、抗剪强度小于 20 kPa 的黏土、粉土、饱和黄土及人工填土等地基,后者适用于砂土和粉土等地基,不加填料的振冲密实法仅适用于处理黏土颗粒含量小于 10% 的粗砂、中砂地基。

1.机具设备

①振冲器宜采用带潜水电动机的振冲器,其功率、振动力、振动频率等参数可按加固的孔径、达到的土体密实度选用。

②起重机械的起重能力和提升高度均应符合施工和安全要求,起重能力一般为 80~150 kN。

③水泵及供水管道的供水压力宜大于 0.5 MPa,供水量宜大于 20 m³/h。

④加料设备可采用翻斗车、手推车或皮带运输机等,运输能力须符合施工要求。

⑤控制设备的控制电流操作台应附有 150 A 以上容量的电流表(或自动记录电流计)、500 V 电压表等。

**2. 施工要点**

①施工前应先在现场进行振冲试验,以确定成孔合适的水压、水量、成孔速度、填料方法、达到土体密实时的密实电流、填料量和留振时间。

②振冲前应按设计图确定冲孔中心位置并编号。

③启动水泵和振冲器,水压可用 400~600 kPa,水量可用 200~400 L/min,使振冲器以 1~2 m/min 的速度徐徐沉入土中。每沉入 0.5~1.0 m,宜留振 5~10 s 进行扩孔,待孔内泥浆溢出后再继续沉入。当下沉达到设计深度时,振冲器应在孔底适当停留并减小射水压力,以便排除泥浆进行清孔。成孔也可采用将振冲器以 1~2 m/min 的速度连续沉至设计深度以上 0.3~0.5 m 时,将振冲器往上提到孔口,再同法沉至孔底。如此往复 1~2 次,使孔内泥浆变稀,排泥清孔 1~2 min 后,将振冲器提出孔口。

④填料和振密的方法一般采用成孔后,将振冲器提出孔口,从孔口往下填料,然后再下降振冲器至填料中进行振密(图 2-2),待密实电流达到规定的数值,将振冲器提出孔口。如此自下而上反复进行直至孔口,成桩操作即告完成。

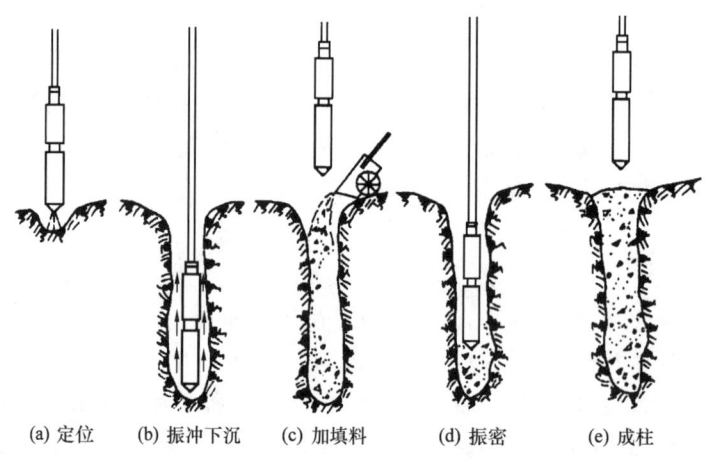

(a) 定位　(b) 振冲下沉　(c) 加填料　(d) 振密　(e) 成桩

图 2-2　振冲法制桩施工工艺

⑤振冲桩施工时桩顶部约 1 m 范围内的桩体密实度难以保证,一般应予挖除另做地基,或用振动碾压使之压实。

⑥冬期施工应将表层冻土破碎后成孔。每班施工完毕后应将供水管和振冲器水管内的积水排净,以免冻结影响施工。

**3. 质量检查**

①振冲成孔中心与设计定位中心偏差不得大于 100 mm,完成后的桩位偏差不得大于桩孔直径的 20%。

②振冲效果应在砂土地基完工半个月或黏土地基完工一个月后方可检验。可采用载荷试验、标准贯入、静力触探等方法来检验桩的承载力,以不小于设计要求的数值为合格。如在地震区进行抗液化加固地基,还应进行现场孔隙水压力试验。

### 2.1.5　砂桩地基

砂桩地基是采用类似沉管灌注桩的机械和方法,通过冲击和振动,把砂挤入土中而成的。这种方法经济、简单且有效。对于砂土地基,可通过振动或冲击的挤密作用,使地基达到密实,从而提高地基承载力,降低孔隙比,减小建筑物沉降,提高砂基抵抗振动液化的能力。对于黏土地基,可起到置换和排水砂井的作用,加速土的固结,形成置换桩与固结后软黏土的复合地基,显著提高地基抗剪强度。这种桩适用于挤密松散砂土、素填土和杂填土等地基。对于饱和软黏土地基,由于其渗透性较小,抗剪强度较低,灵敏度又较大,要使砂桩本身挤密并使地基土密实往往较困难,反而会破坏土的天然结构,使抗剪强度降低,因而对这类工程要慎重对待。

### 2.1.6 水泥土搅拌桩地基

水泥土搅拌桩地基是利用水泥、石灰等材料作为固化剂,通过特制的深层搅拌机械,在地基深处就地将软土和固化剂(浆液或粉体)强制搅拌,利用固化剂和软土之间所产生的一系列物理、化学反应,使软土硬结成具有一定强度的优质地基。该法具有无振动、无噪声、无污染、无侧向挤压,对邻近建筑物影响很小,且施工期较短,造价低廉,效益显著等特点。适用于加固较深较厚的淤泥、淤泥质土、粉土和含水量较高且地基承载力不大于 120 kPa 的黏土地基,对超软土效果更为显著。多用于墙下条形基础、大面积堆料厂房地基,在深基坑(槽)开挖时用于防止坑壁及边坡塌滑、坑底隆起以及地下防渗墙等工程。

### 2.1.7 预压地基

预压地基是在建筑物或构筑物建造前,先在拟建场地上施加或分级施加与其相当的荷载,使土体中孔隙水排出,孔隙体积变小,土体密实,以提高地基承载力和稳定性。堆载预压法的处理深度一般可达 10 m 左右,真空预压法可达 15 m 左右,如图 2-3 所示。该法具有使用材料、机具方法简单,操作方便等优点。但堆载预压需要一定时间,对深厚的饱和软土,排水固结所需时间很长,同时需要大量堆载材料。适用于各类软弱地基,包括天然沉积土层或人工冲填土层沉降要求较低的地基。

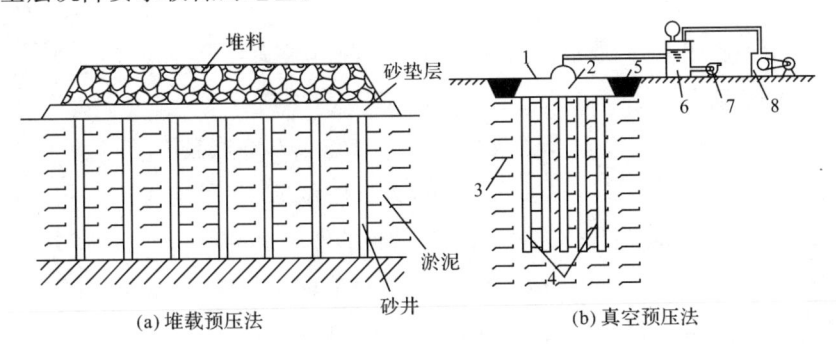

图 2-3 预压法处理地基
1—橡胶布;2—砂垫层;3—淤泥;4—砂井;5—黏土;6—集水箱;7—抽水泵;8—真空泵

### 2.1.8 注浆地基

高压喷射注浆就是利用钻机把带有喷嘴的注浆管钻进土层预定深度后,将水泥浆(或硅酸钠)通过压浆泵、灌浆管均匀地注入土体中,以填充、渗透和挤密等方式,驱走岩石裂隙中或土颗粒间的水分和气体,并填充其位置,硬化后将岩土胶结成一个整体,形成一个强度大、压缩性低、抗渗性高和稳定性良好的新岩土体,从而使地基得到加固,可防止或减小渗透和不均匀的沉降,在建筑工程中应用较为广泛。按照注浆使用材料的不同,注浆地基主要分为水泥注浆和硅化注浆。硅化注浆的主要材料是硅酸盐(水玻璃)和其他高分子材料。该法具有设备工艺简单、加固效果好、可提高地基强度、消除土的湿陷性、降低压缩性等特点。适用于局部加固新建或已建的建筑物基础、稳定边坡以及防渗帷幕等,也适用于湿陷性黄土地基;对于黏土、素填土、地下水位以下的黄土地基也可采用,但长期受酸性污水浸蚀的地基不宜采用。

## 2.2 桩基础工程

天然地基上的浅基础沉降量过大或基础稳定性不能满足建筑物的要求时,常采用桩基础,它由桩和桩顶的承台组成,属于深基础的形式之一。

①按桩的受力情况不同,桩基础可分为摩擦型桩和端承型桩。摩擦型桩是指桩顶荷载全部由桩侧摩擦力或主要由桩侧摩擦力和桩端的阻力共同承担;端承型桩是由桩的下端阻力承担全部或主要荷载,桩尖插入岩层或硬土层。

②按桩的施工方法不同,桩基础可分为预制桩和灌注桩。预制桩是在构件预制厂或施工现场制作,施工时用沉桩设备将其沉入土中;灌注桩是在施工现场的桩位上用机械或人工成孔,然后在孔内灌注混凝土、钢筋混凝土而成。

③按成桩方式不同,桩基础可分为挤土桩、非挤土桩和部分挤土桩。

### 2.2.1 预制桩施工

1. 概述

预制桩是指预制成形后,通过锤击、振动打入、静压或旋入等方式沉入土中而成的桩基础。

预制桩的截面形状有实心方形桩截面(图2-4)、空心方形桩截面[图2-5(b)]、圆形管桩截面[图2-5(c)]等多种。空心方形桩和圆形管桩均为预应力桩,空心方形桩的截面边长≥350 mm;圆形管桩的外径≥300 mm。普通实心方形桩截面边长≥200 mm,一般为250~550 mm;工厂预制时每节桩长≤12 m;现场预制时桩长可达到25~30 m。若设计桩长超过每节桩长,则须接桩。

预制桩的特点是制作方便,桩身质量易于得到保证,截面形状、尺寸和桩长可根据需要在一定范围内选择,桩尖可进入坚硬土层或强风化岩层。预制桩的耐久性好,耐腐蚀性强,承载力高。但预制桩的自重大,用钢量多,需大功率打桩机械,桩体不易穿透坚硬地层。

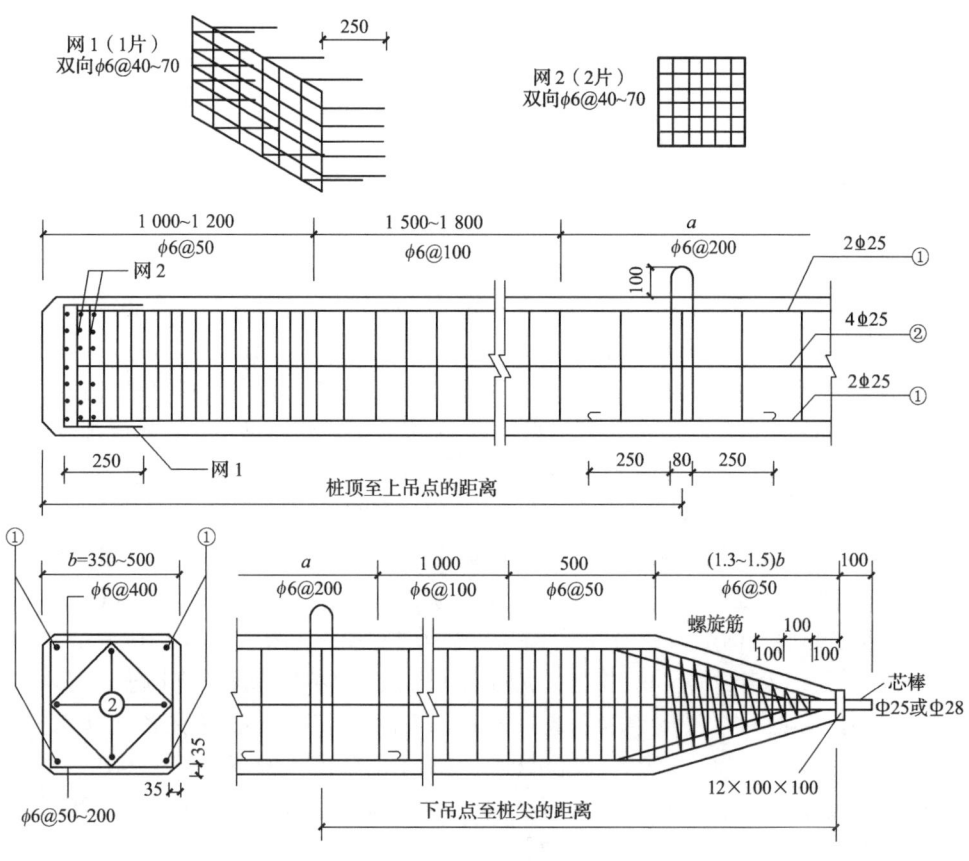

图 2-4 实心方形桩截面

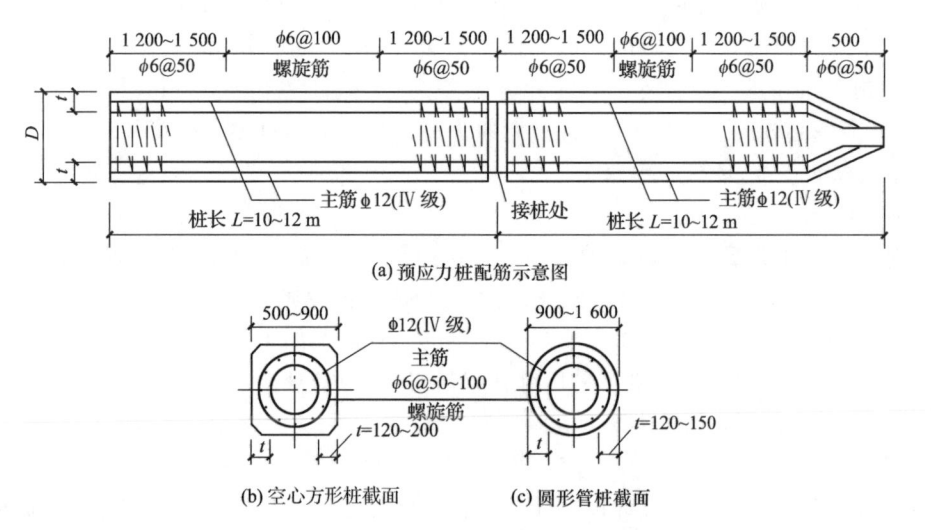

图 2-5 预应力桩示意图

(a) 预应力桩配筋示意图
(b) 空心方形桩截面
(c) 圆形管桩截面

## 2.预制桩的制作

### (1)制作程序

预制桩可以在工厂或施工现场预制。一般桩长≤12 m时多在预制厂生产,采用蒸汽养护;桩长在30 m以下时则在施工现场预制,采用自然养护。制作工艺流程:现场布置→场地平整→场地地坪混凝土浇筑→支模→绑扎钢筋、安装吊环→浇筑混凝土→养护至30%设计强度后拆模→支上层模板、涂刷隔离剂→重叠制作第二层桩→养护至70%设计强度后起吊→达到100%设计强度后运输→堆放→沉桩。

(2)制作方法

预制桩的制作方法多采用重叠法,重叠层数应根据地面承载力和吊装要求而定,一般不宜超过四层。

预制时可采用木模板或钢模,模板应支在坚实、平整的场地上,立模时必须保证桩身及桩尖形状、尺寸和相互位置正确。

桩主筋应通至桩顶钢筋网之下,并与钢筋网焊接在一起,以承受和传递打桩时的冲击力;为保证顺利沉桩,桩尖处主筋应与一根 $\phi22$ 或 $\phi25$ 的粗钢筋焊接,箍筋应加密;桩尖处可将主筋合拢焊在桩尖辅助钢筋上,在密实砂和碎石类土中,可在桩尖处包以钢板桩靴,加强桩尖。打入桩桩顶 $(2\sim3)d$ 的箍筋应加密,并设置钢筋网片,如图2-4所示。主筋的接长宜用闪光对焊或气压焊,在桩的同一截面内,焊接接头的横截面面积不得超过主筋的横截面面积的50%,相邻两根主筋接头截面距离 $\geqslant 35d$ ($d$ 为主筋直径),且不小于500 mm。主筋根据桩断面大小及吊装验算确定,一般为4~8根,直径为12~25 mm,不宜小于14 mm,箍筋直径为6~8 mm,间距不大于200 mm;预制桩纵向钢筋混凝土保护层厚度不宜小于30 mm。

钢筋混凝土实心预制桩所用的混凝土强度等级不宜低于C30。采用静压法沉桩时,可适当降低,但不宜低于C20,预应力混凝土桩的混凝土的强度等级不宜低于C40。浇筑时应由桩顶向桩尖连续进行,严禁中断,以确保桩顶混凝土密实。浇筑完毕后,覆盖洒水养护不应少于7 d,且应自然养护一个月。

(3)质量要求

预制桩的制作质量应符合下列规定:桩的表面应平整,颜色均匀,掉角深度<10 mm,蜂窝面积小于总面积的0.5%;混凝土收缩产生的裂缝深度<20 mm,宽度<0.25 mm,横向裂缝不超过边长的一半;桩几何尺寸的允许偏差为:横截面边长±5 mm,桩顶对角线差<10 mm,桩尖中心线偏差<10 mm,桩身弯曲矢高<1‰桩长,桩顶平整度<2 mm。

3.预制桩的起吊、运输和堆放

(1)起吊

预制桩混凝土强度达到设计值的70%后方可起吊。起吊时,吊点位置应符合设计规定,即当吊点≤3个时,其位置根据桩身正、负弯矩相等的原则确定;当吊点>3个时,其位置按反力相等的原则确定。预制桩常见吊点位置的设置情况如图2-6所示。

若桩上吊点处未设吊环,则可采用绑扎起吊,吊索与桩身接触处应加衬垫。起吊时应平稳提升,避免桩身摇晃、受撞击和振动。

(2)运输

预制桩混凝土强度达到设计值的100%后方可运输。一般情况下,宜根据沉桩进度随打随运,以减少桩的二次搬运。当现场制作桩的运距不大时,可在桩下垫以滚筒,用卷扬机拖动运输;当运距较大时,可采用平板拖车运输;严禁在场地上以直接拖拉桩体方式代替装车运输。

### (3)堆放

桩堆放时,地面必须平整、坚实,垫木位置应与吊点保持在同一横断面平面上,各层垫木应上下对齐,堆放层数不宜超过四层。

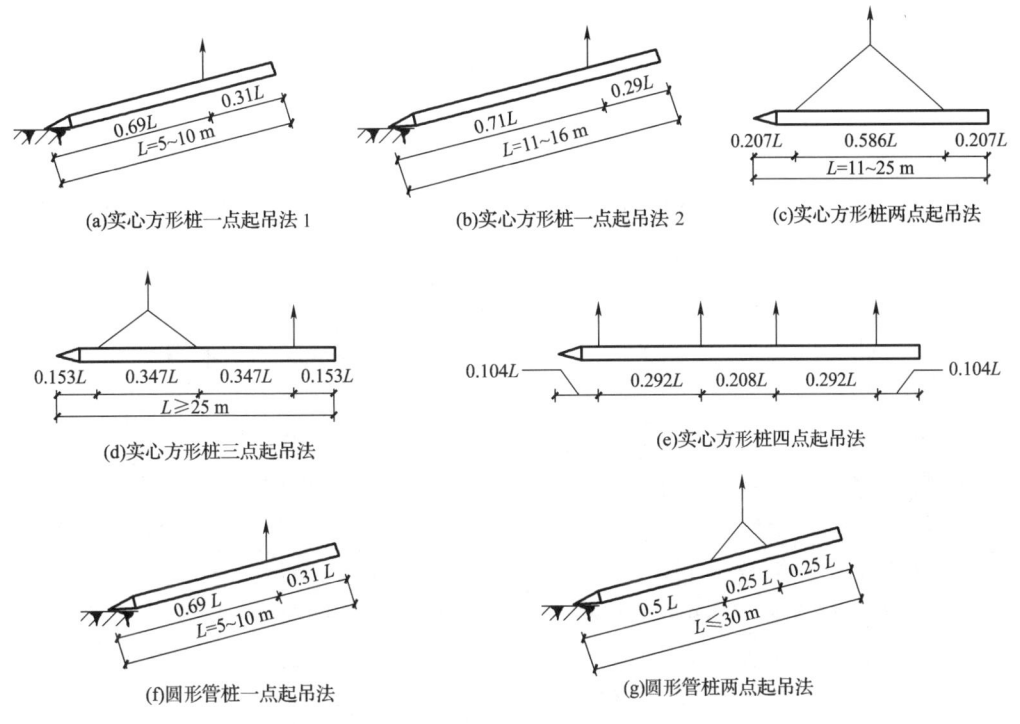

(a)实心方形桩一点起吊法1

(b)实心方形桩一点起吊法2

(c)实心方形桩两点起吊法

(d)实心方形桩三点起吊法

(e)实心方形桩四点起吊法

(f)圆形管桩一点起吊法

(g)圆形管桩两点起吊法

图 2-6 预制桩常见吊点位置

### 4.预制桩的沉桩

预制桩的沉桩方法主要有打、压、振、冲、旋等,分别是锤击沉桩法、静力压桩法、振动沉桩法、水冲沉桩法和旋入沉桩法。

#### (1)锤击沉桩法

锤击沉桩法也称打入桩法,是指利用桩锤下落产生的冲击能量克服土对桩的阻力,将桩沉入土中。锤击沉桩法是预制桩最常用的沉桩方法。该法施工速度快,机械化程度高,适用范围广。但施工时有挤土、噪声和振动现象,使得在市区和夜间施工受到限制。

①打桩设备 打桩设备主要包括桩锤、桩架和动力设备三部分。

● 桩锤:常见的桩锤有落锤、单动汽锤、双动汽锤、柴油锤等。

落锤:落锤由生铁铸成,一般重 5~20 kN。工作时利用人力或卷扬机拉起落锤,然后使其自由下落,利用锤自重产生的冲击力夯击桩顶,逐渐将桩打入土中。落锤适用于在一般土层和含有砾石的土层中打细长尺寸的预制桩。落锤构造简单,使用方便,可调节落距,但打桩速度慢(6~20 次/min),生产率低。

单动汽锤:单动汽锤的冲击体是气缸,动力是蒸汽或压缩空气。其工作原理是利用蒸汽或压缩空气推动气缸升起,到达顶端位置,排出气体,气缸即自由下落打击桩顶,如图 2-7 所示。单动汽锤的冲击力大,打桩速度快(60~80 次/min),锤重一般为 15~150 kN,适用于在各种土层中打各种桩。

双动汽锤:双动汽锤的冲击体是活塞杆,动力仍是蒸汽或压缩空气,活塞杆上下均可进气和排气。工作时双动汽锤需固定在桩顶上,蒸汽或压缩空气进入活塞杆下部,推动活塞杆上升到顶端位置后,活塞杆上部进气,下部排气,依靠活塞杆自重和上部气压的推力,共同打击桩顶,如图 2-8 所示。双动汽锤的冲击力更大,打桩速度更快(100~120 次/min),锤重一般为 6~60 kN,适用于在各种土层中打各种桩,也可用于打设斜桩和钢板桩。

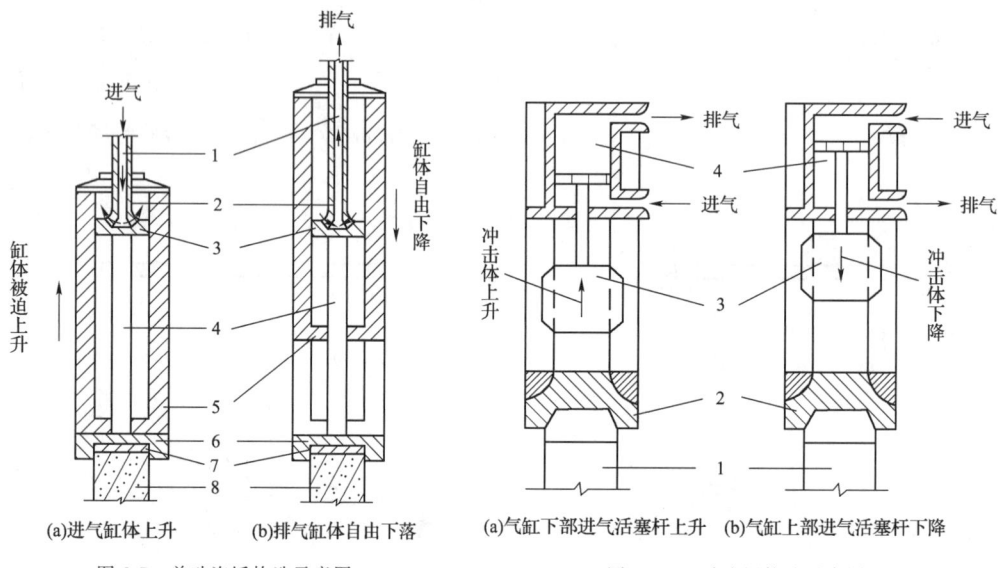

图 2-7 单动汽锤构造示意图
1—上导杆进/排气管;2—活塞上导杆;3—活塞;
4—活塞下导杆;5—缸体;6—桩帽;7—桩垫;8—桩体

图 2-8 双动汽锤构造示意图
1—桩体;2—垫座;3—冲击体;4—蒸气缸

柴油锤:分为导杆式、活塞式和管式三类。柴油锤的冲击体是上下运动的气缸,当气缸下降打桩时,气缸中的空气受压,温度升高,同时将轻质柴油喷入气缸燃烧,所形成的压力将使气缸上抛,然后气缸再自由下落打击桩顶,如此反复,如图 2-9 所示。柴油锤重一般为 2~150 kN,体积小,冲击能量大,打桩速度适中(40~80 次/min),机动性强。适用于在一般土层中打各种桩。但打桩时振动大、噪声大,且不适于在软土中打设。

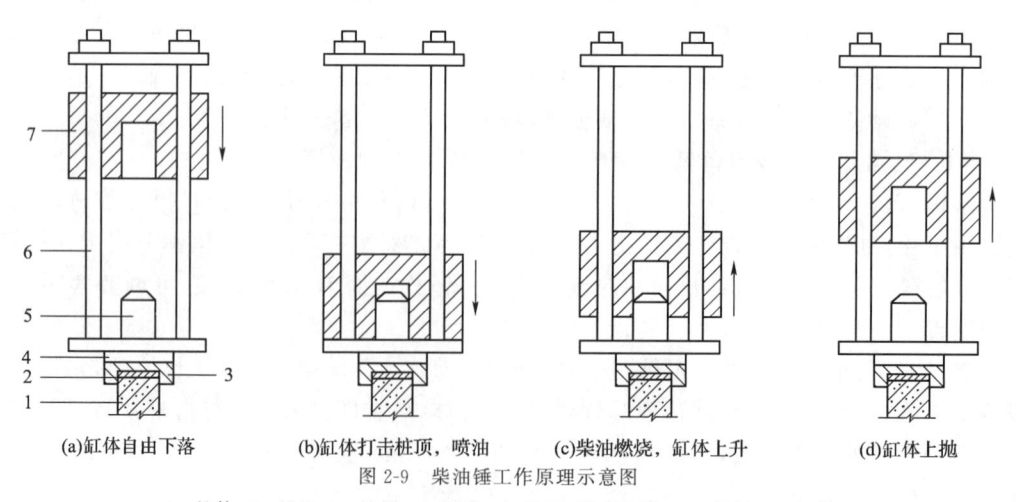

图 2-9 柴油锤工作原理示意图
1—桩体;2—桩垫;3—桩帽;4—锤底;5—活塞(带喷油嘴);6—导杆;7—缸体

以上四种桩锤中,落锤打桩速度慢,生产率低。单动汽锤和双动汽锤均属蒸汽锤,须配备空压机或锅炉,且须安装管道,生产准备时间较长,设备机动性差。而柴油锤一般自带机架,设备简单,机动性强,打桩速度较快,故柴油锤应用最普遍。

● 桩架 桩架是打桩时用于起重和导向的设备,其作用是吊桩就位、起吊桩锤和支撑桩身,在打桩过程中引导锤和桩的方向,移动桩位。桩架高度应为桩长、桩锤高度、桩帽厚度、滑轮组高度的总和,再加 1~2 m 作为吊桩锤时的伸缩余量。

常见的桩架有滚筒式桩架、多功能桩架和履带式桩架三种。

滚筒式桩架:滚筒式桩架依靠两根钢滚筒在枕木上滚动,如图 2-10 所示。其优点是结构简单、制作方便,但转动不灵活,操作人员多。

多功能桩架:多功能桩架机动性大,适应性强,在水平方向可做 360°旋转,导杆能水平微调和前后倾斜打斜桩,底座下装有铁轮,可在轨道上行走,如图 2-11 所示。

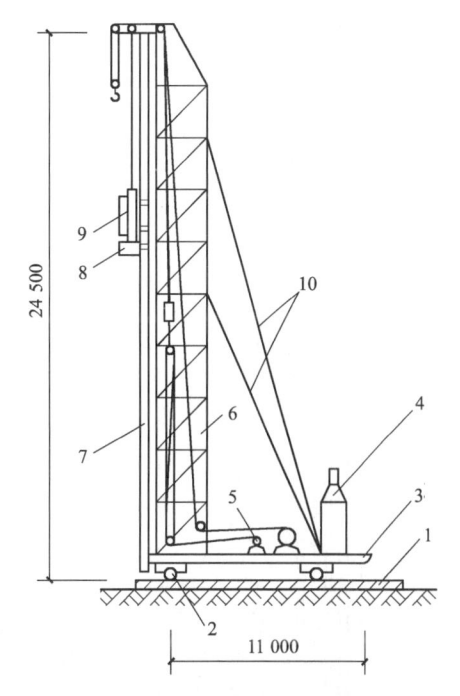

图 2-10 滚筒式桩架示意图
1—枕木;2—钢滚筒;3—底座;4—锅炉;5—卷扬机;
6—桩架;7—龙门架;8—桩帽;9—蒸汽锤;10—牵绳

(a)示意图

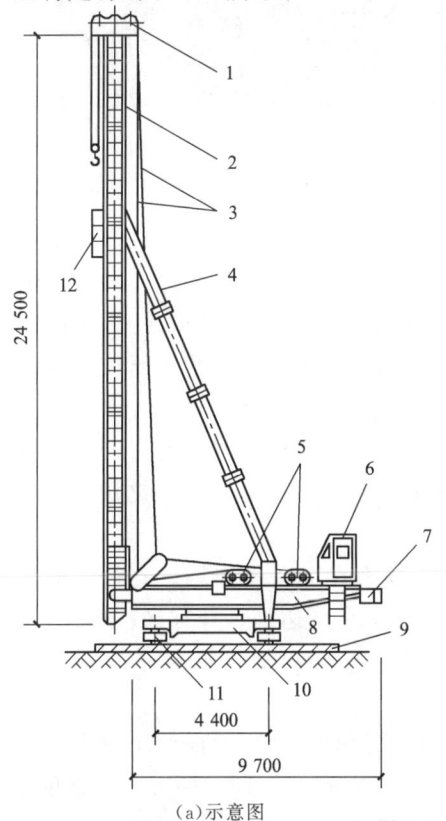

(b)实物图

1—顶部滑轮组;2—导杆;3—锤和桩起吊用钢丝绳;4—斜撑;
5—锤和桩起吊用卷扬机;6—司机室;7—配重;8—回转平台;
9—枕木;10—底盘;11—钢轨道;12—桩锤和桩帽

图 2-11 多功能桩架示意图及实物图

履带式桩架:履带式桩架以普通履带式起重机为主机,增加导杆和斜撑组成,导杆由起重机吊起,两者应连接牢固,如图 2-12 所示。与多功能桩架相比,履带式桩架移位更灵活,因此目前应用最广泛。

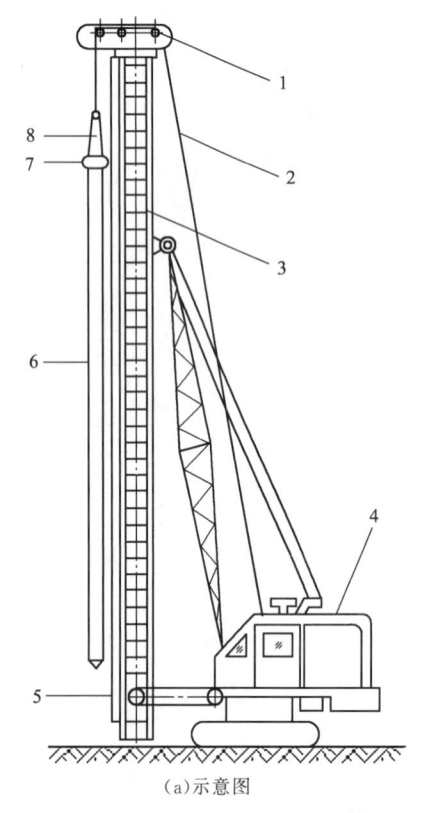

(a)示意图　　　　　　　　　　　　(b)实物图

图 2-12　履带式桩架示意图及实物图
1—顶部滑轮组;2—锤和桩起吊用钢丝绳;3—导杆;
4—履带式起重机;5—龙门架;6—桩体;7—桩帽;8—桩锤

②打桩前的准备工作

● 准备场地　打桩前应查明场地的工程地质和水文地质条件,清除现场妨碍施工的高空和地下障碍物,并平整场地。场地地基承载力必须满足桩机作业要求。若土质较软可在地表铺设碎石垫层,以提高地表强度。场地排水应保持通畅。

● 定位放线　根据桩基平面设计图,将桩基轴线和桩位准确测设在地面上。为控制桩顶水平标高,应在施工现场附近不受沉桩影响的地方设置水准点,作为水准测量之用。水准点一般不超过 2 个。

● 确定打桩顺序　打入式预制桩属于挤土桩,桩对土体有横向挤密作用。先打入的桩可能因此产生偏移桩位、被垂直挤出等现象;而后打入的桩又难以达到设计标高。因此,施打群桩前,应根据桩的直径、桩距等因素正确选择打桩顺序。常见的打桩顺序如图 2-13 所示。

当桩布置较密,即桩距 $S \leqslant 4$ 倍方桩边长或桩径时,可采用自场地中间向两个方向或向四周对称施打的方法,如图 2-13(a)和图 2-13(b)所示。当桩布置较稀,即桩距 $S > 4$ 倍方桩边长或桩径时,打桩顺序对桩的打设影响不大,一般可采用从两侧同时向中间施打,或从一侧开始沿单一方向逐排施打,或分段施打等方法进行,如图 2-13(c)～图 2-13(e)所示。若建筑场地一侧毗邻已有建筑物,应自毗邻建筑物一侧向另一方向施打。若桩的规格、承台埋深和桩长不同,则宜按先大后小、先深后浅、先长后短的顺序施打。

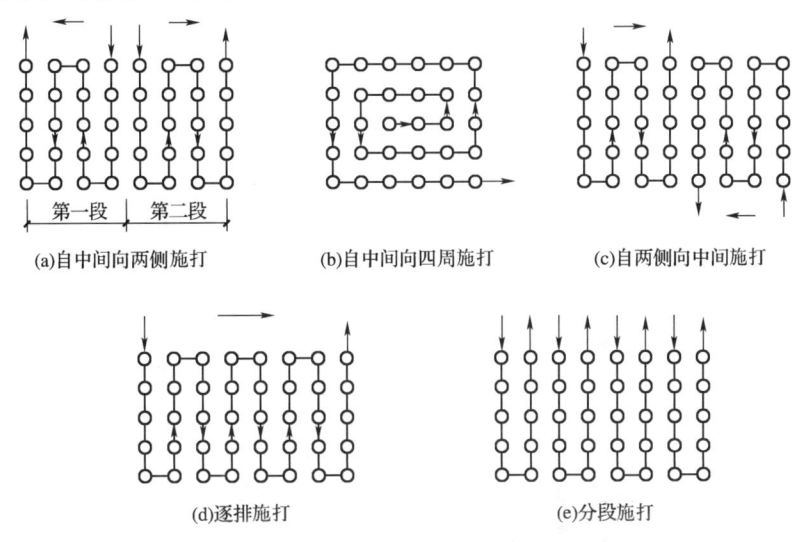

(a)自中间向两侧施打　　(b)自中间向四周施打　　(c)自两侧向中间施打

(d)逐排施打　　(e)分段施打

图 2-13　常见的打桩顺序

③沉桩工艺　沉桩工艺包括吊桩就位、打桩和接桩。

● 吊桩就位　将打桩机移至设计桩位处,桩体运至桩架下,利用桩架上的滑轮组,通过卷扬机把桩吊成垂直状态,再送入桩架上的龙门架导管内,扶正桩身,使桩尖准确对准桩位。桩就位后,在桩顶放上草垫、废麻袋等,以形成弹性衬垫,然后在桩顶套上钢制桩帽。桩帽上放垫木,降下桩锤压住桩帽。在锤和桩的重力作用下,桩会沉入土中一定深度,待下沉停止,再进行检验,以保证桩锤底面、桩帽和桩顶水平,桩锤、桩帽和桩身在同一条直线上。

● 打桩　打桩时应遵循"重锤低击"原则。桩开始打入时,桩锤落距宜小,一般小于 1 m,以便使桩能正常沉入土中,待桩入土一定深度、桩体不易发生偏移时,可适当增加桩锤落距,并逐渐提高到设计值,再连续锤击。

打入桩停止锤击的控制原则(或称沉桩深度的控制原则)是:摩擦型桩以桩端设计标高为控制、贯入度(指平均每击桩的下沉量)为参考;端承型桩以贯入度为控制、桩端设计标高为参考。当贯入度已达到而桩端设计标高未达到设计值时,应继续锤击 3 阵,按每阵 10 击的贯入度不大于设计规定值为准。施工控制贯入度应通过实验与有关单位协商确定。

需注意的是,建筑工程中的桩基多为低承台形式,承台需埋入地面一定深度,所以桩体一般均须打入地面以下。此时可采用送桩进行,送桩可用钢筋混凝土或钢材制作,长度应视桩顶标高而定。

● 接桩　当设计桩长过长时,由于受桩架和运输机械限制,通常先将桩分节预制,再逐节沉桩,然后将各节桩连接起来。桩的连接方法有焊接、法兰连接和硫黄胶泥锚接三种,前两种适用于各类土层,而硫黄胶泥锚接则适用于软土层,且接头承载力较低。

焊接法接桩节点构造如图 2-14 所示。当下节桩打至桩顶离地面 1 m 左右时,吊起上节桩开始接桩施工,上桩垂直对准下桩后,下落上节桩,经检查位置正确后,再在两对角处同时对称施焊,且应保证焊缝连续饱满。

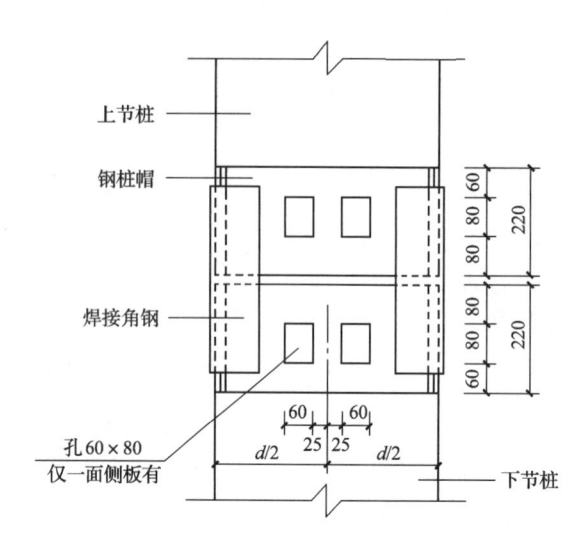

图 2-14 焊接法接桩节点构造示意图

法兰连接法接桩节点构造如图 2-15 所示。上、下节桩间通过法兰盘用螺栓连接起来,接桩速度快,一般用于预应力钢筋混凝土管桩。

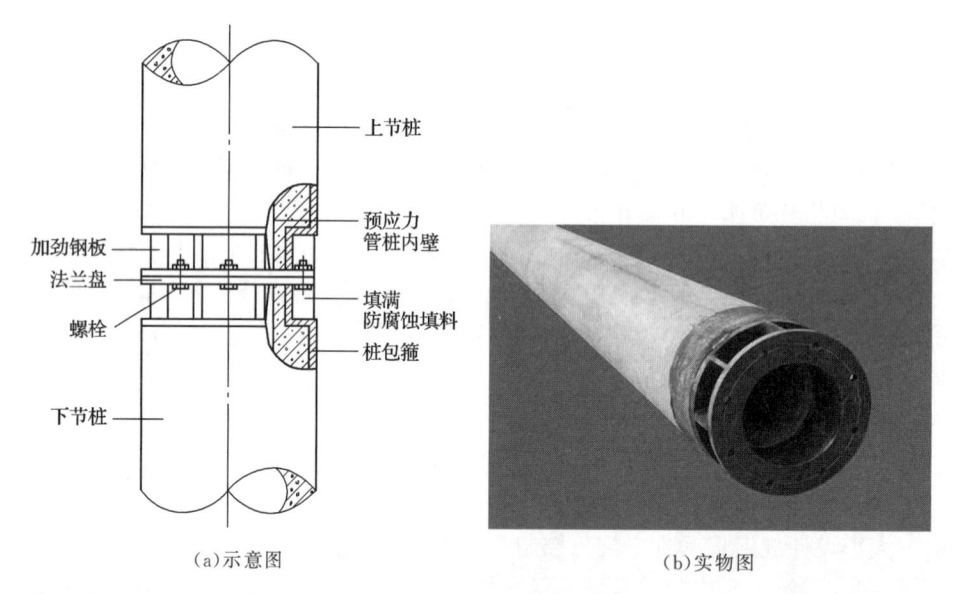

(a)示意图　　(b)实物图

图 2-15 法兰连接法接桩节点构造

硫黄胶泥锚接法接桩节点构造如图 2-16 所示。上节桩下端伸出四根锚筋;下节桩顶上预留有四个锚筋孔,孔壁呈螺纹形,孔径为锚筋直径的 2.5 倍。硫黄胶泥是一种热塑冷硬性胶结材料,由硫黄、水泥或石墨粉填充材料、砂和聚硫橡胶按一定比例配置而成。接桩时,先将上节桩对准下节桩,下落上节桩,使锚筋插入锚筋孔内,并结合紧密。再上提上节桩 200 mm,然后将熔化的硫黄胶泥注满锚筋孔内和接头平面上,上、下节桩对接,待硫黄胶泥冷却后,停歇 17 min 以上,即可沉桩施工。

(a)上节桩　　　(b)下节桩

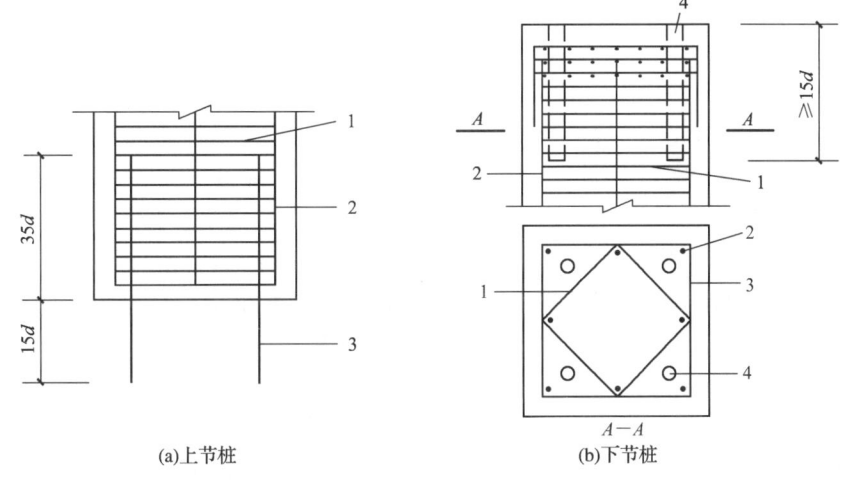

图 2-16　硫黄胶泥锚接法接桩节点构造
1—桩箍筋；2—桩主筋；3—锚筋(直径 $d$)；4—锚筋孔(孔径为 2.5$d$)

(2)静力压桩法

静力压桩法是在软土地基上,利用机械或液压静力压桩机的自重及配重,产生无振动的静压力,将预制桩沉入土中的沉桩工艺。其优点是施工时无噪声、无振动、无空气污染,且静力压桩施工对桩身产生的应力小,可减少桩体钢筋用量,降低了工程成本。缺点是只适用于软土地基,若软土地基中存在厚度大于 2 m 的中密以上砂层时,也不宜采用静力压桩法。

机械静力压桩机(图 2-17)通过安置在压桩机底盘上的卷扬机、钢丝绳和压梁,将整个桩机的质量反作用于桩顶,使桩克服入土时的阻力而下沉。

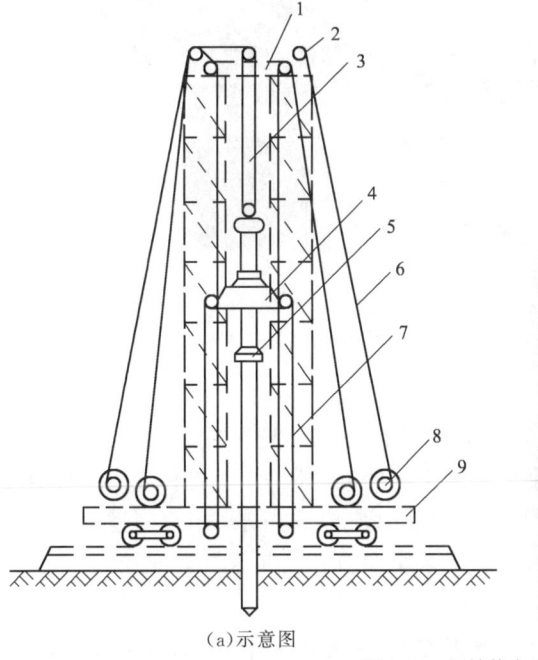

(a)示意图　　　(b)实物图

图 2-17　机械静力压桩机示意图及实物图
1—桩架顶梁；2—导向滑轮；3—提升滑轮组；4—压梁；5—桩帽；6—钢丝绳；
7—压桩滑轮组；8—卷扬机；9—底盘

液压静力压桩机由液压起重机、液压夹持与压桩机构、短船行走及回转机构、液压系统、电控系统及压重等部分组成。压桩时,先通过液压起重机将预制桩吊入液压夹持机构内,调整桩垂直,用液压夹持与压桩机构夹紧,然后借助于液压系统将其连同预制桩一起压入土中。静力压桩的工艺流程:场地清理→测量定位→桩机就位→吊桩插桩→桩尖对中、调直→压桩→接桩→再压桩→停止压桩→送桩或截桩。

(3)振动沉桩法

振动沉桩法借助于固定在桩头上的振动沉桩机产生高频振动,使桩周土体产生液化,从而减小桩侧与土体间的摩阻力,再靠振动桩锤和桩体自重将桩沉入土中。

振动沉桩机由电动机、弹簧支撑、偏心振动块和桩帽等组成,如图2-18所示。振动桩锤内的偏心振动块分左、右对称两组,其旋转速度相同、方向相反。工作时,偏心振动块旋转产生离心力的水平分力相互抵消,而垂直分力相互叠加,形成垂直方向上的上下振动力。由于桩头与振动桩锤通过桩帽刚性连接在一起,桩体也沿垂直方向产生上下振动而沉桩。

振动沉桩法适用于松砂、粉质黏土、黄土和软土,不宜用于岩石、砾石和密实的黏土层,也不适于打设斜桩。

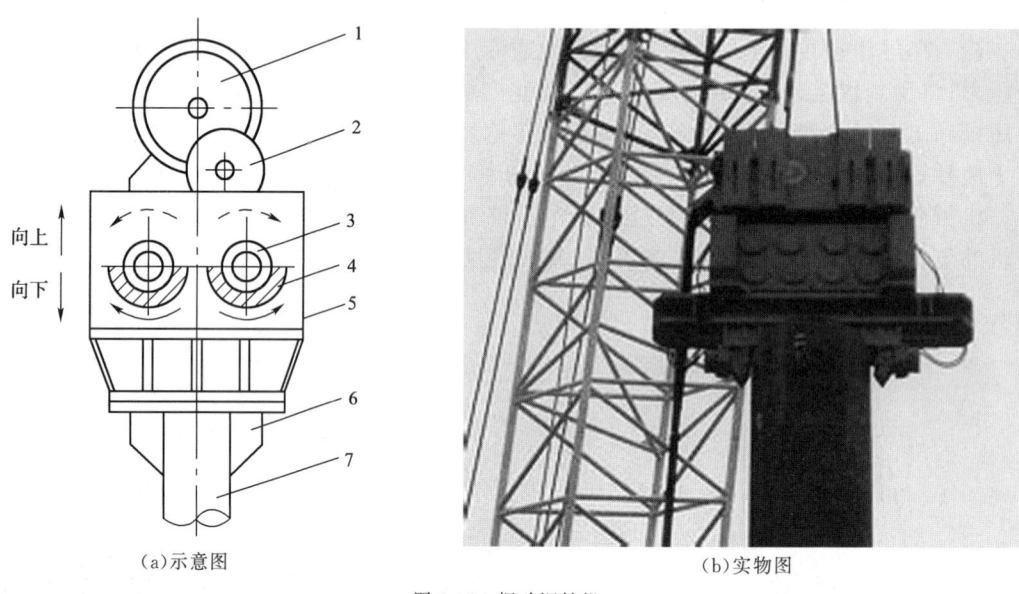

(a)示意图　　(b)实物图

图2-18　振动沉桩机

1—电动机;2—减速箱;3—转动轴;4—偏心振动块;5—箱体;6—桩帽;7—桩体

(4)水冲沉桩法

水冲沉桩法一般与锤击沉桩法联合使用。它借助于安装在桩身底部的射水管,通过高压水泵产生高压水流冲刷桩尖下土壤,从而减小桩身与土体间的摩阻力,使桩体在自重或锤击作用下,沉入土中。施工时,当桩体下落到最后1~2 m时应停止射水,并改用锤击打至设计标高。水冲沉桩法适用于砂土和碎石土层,不能用于粗卵石和极坚硬的黏土层。

5.钢管桩施工

钢桩材料强度高、承载力大,运输、断桩和接桩均很方便,因此虽耗钢量大、成本高,但仍被广泛使用。常见的钢桩有钢管桩、H型钢桩和钢轨桩等,其中钢管桩使用较普遍。

钢管桩一般由无缝钢管制成。为运输方便,分节长度通常≤15 m,当设计桩长过长须接桩时,宜用焊接的方法,焊接应对称进行,且应采用多层焊,各层焊缝接头应错开。运输钢管桩时,应防止桩体受撞击而损坏,钢管两端应设保护圈。钢管桩的堆放层数要求是:直径为 900 mm 放置三层;直径为 600 mm 放置四层;直径为 400 mm 放置五层。

钢管桩沉桩可采用锤击、振动、静力压桩和水冲等法,其施工工艺流程为:钢桩制作→场地清理→测设桩位→桩机就位→吊桩插桩→桩尖对中、调直→压桩→接桩→再压桩→停止压桩→送桩或截桩→质量检验。

### 2.2.2 灌注桩施工

**1.概述**

灌注桩是指直接在施工现场采用机械或人工等方法成孔,孔内放置钢筋笼(也可不放置),再灌注混凝土所形成的桩基础。根据成孔方法不同,灌注桩一般分为钻孔灌注桩、沉管灌注桩和人工挖孔灌注桩三类。其中钻孔灌注桩又分为干作业成孔灌注桩和泥浆护壁成孔灌注桩。常见灌注桩成孔方法和适用范围见表 2-3。

表 2-3  常见灌注桩成孔方法和适用范围

| 类型 | | 成孔方法 | 适用范围 |
|---|---|---|---|
| 钻孔灌注桩 | 干作业成孔 | 螺旋钻 | 地下水位以上的黏土、粉土、填土、中等密实以上的砂土风化岩层 |
| | | 钻孔扩底 | |
| | | 机动洛阳铲(人工) | |
| | 泥浆护壁成孔 | 冲抓 | 地下水位以下的碎石土、砂土、黏土、粉土、强风化岩、软质与硬质岩 |
| | | 冲击 | 地下水位以下的各类土层及风化岩、软质岩 |
| | | 回转钻(正/反循环) | 地下水位以下的碎石土、砂土、黏土、粉土、强风化岩、软质与硬质岩 |
| | | 潜水钻 | 地下水位以下的黏土、粉土、淤泥、淤泥质土、砂土、强风化岩、软质岩 |
| 沉管灌注桩 | | 锤击 | 黏土、粉土、淤泥质土、砂土及填土 |
| | | 振动 | |
| 人工挖孔灌注桩 | | 人工成孔 | 同干作业成孔灌注桩 |

**2.灌注桩施工准备与一般施工规定**

(1)施工准备

灌注桩施工前应拆除场地内地下构筑物,迁移高架电线和地下管线;桩基础施工用的临时设施,如供水、供电、道路、排水、临时房屋等,必须在施工前准备就绪;施工场地应进行平整处理;基桩轴线的控制点和水准基点应设置在不受施工影响的地方。

(2)一般施工规定

①成孔　成孔设备就位后必须平正、稳固,确保在施工中不发生倾斜、移动。为准确控制成孔深度,在桩架或桩管上设置控制深度的标尺,以便在施工中进行观测记录。

灌注桩成孔深度的控制标准与桩型有关。对于摩擦型桩以设计桩长控制成孔深度；端承摩擦型桩必须保证设计桩长及桩端进入持力层深度；采用锤击沉管法成孔时，桩管入土控制深度以桩端标高为主，以贯入度控制为辅。对于端承型桩，采用钻(冲)、挖掘成孔时，必须保证桩孔进入设计持力层；采用锤击沉管法成孔时，沉管控制深度以贯入度为主，以桩端持力层设计标高控制为辅。

为核对地质资料，检验设备、工艺以及技术要求是否适宜，桩在施工前宜进行试成孔。

灌注桩成孔施工的允许偏差应满足有关要求。

②钢筋笼制作与安放　钢筋笼制作应符合下列要求：

钢筋经除锈、调直和下料后，先在加劲筋上布置好主筋间距，将主筋与加劲筋焊接，再焊接箍筋，形成笼体。为便于加工、吊桩和运输，钢筋笼制作长度不宜超过 8 m，否则应分段制作。两端钢筋笼连接宜采用焊接。

主筋净距必须大于混凝土石子粒径 3 倍以上。主筋不宜设弯钩，根据施工要求设置的弯钩不得向内圆伸露，以免妨碍导管施工。钢筋笼内径应比导管接头处外径大 100 mm 以上。

为防止钢筋笼在搬运、吊桩和安放时变形，可每隔 2.0～2.5 m 设置一道加劲筋，加劲筋宜设置在主筋外侧。

混凝土灌注桩钢筋笼质量检验标准应符合有关规定。

钢筋笼制作好后，在运输、吊桩过程中，可沿轴线方向于钢筋笼外侧或内侧安设铁、木支柱，以防止钢筋扭曲变形。笼体吊放入孔时，应对准孔位垂直、缓慢地放入，避免碰撞孔壁，钢筋笼就位后，应立即采取措施固定好位置。钢筋笼主筋保护层的允许偏差：水下灌注混凝土桩为 ±20 mm；非水下灌注混凝土桩为 ±10 mm。

③混凝土灌注　灌注桩的混凝土强度等级不应低于设计要求。所用粗骨料可选用碎石或卵石，其最大粒径不宜大于 50 mm，并不得大于钢筋间距最小净距的 1/3；对于素混凝土桩，不得大于桩径的 1/4，并不宜大于 70 mm。细骨料应选用洁净的中、粗砂。混凝土坍落度的要求是：水下灌注时宜为 160～220 mm；干作业时宜为 70～100 mm。

混凝土灌注的方法有多种，当水下灌注时宜用导管法；孔内无水或渗水量很小时宜用串管法；当孔内无水或孔内虽有水但能疏干时宜用短护筒直接投料法；当大直径桩混凝土灌注时宜用混凝土泵进行。

为控制灌注质量，桩身混凝土必须留有试块，直径大于 1 m 的桩，每根桩应有 1 组试块，且每个浇筑台班不得少于 1 组，每组 3 件。混凝土灌注充盈系数(桩身实际灌注混凝土体积与按设计桩身计算体积之比)必须大于 1。灌注后的桩顶标高应适当超过桩顶设计标高。

3. 干作业成孔灌注桩

(1) 螺旋钻孔机

干作业成孔灌注桩是指在地下水位以上干土层中钻孔后形成的灌注桩。成孔用机械主要有螺旋钻孔机和机动洛阳铲挖孔机，在此主要介绍螺旋钻孔机。

螺旋钻孔机由动力箱(内设电动机)、滑轮组、螺旋钻杆、龙门导架及钻头等组成，如图 2-19 所示。常用钻头类型有平底钻头、耙式钻头、筒式钻头和锥底钻头四种，如图 2-20 所示。钻头适用条件见表 2-4。

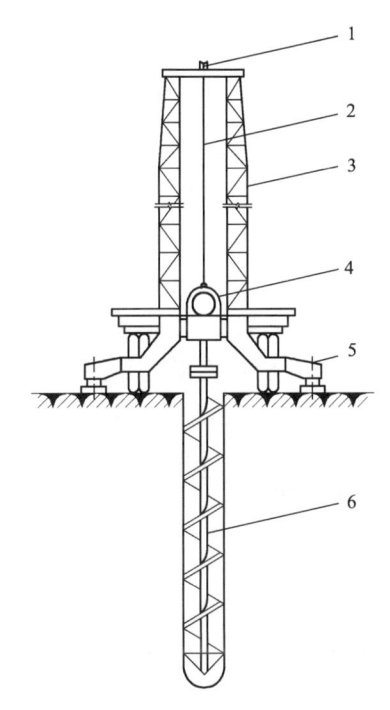

图 2-19　螺旋钻孔机
1—导向滑轮；2—钢丝绳；3—龙门导架；
4—动力箱；5—千斤顶支腿；6—螺旋钻杆

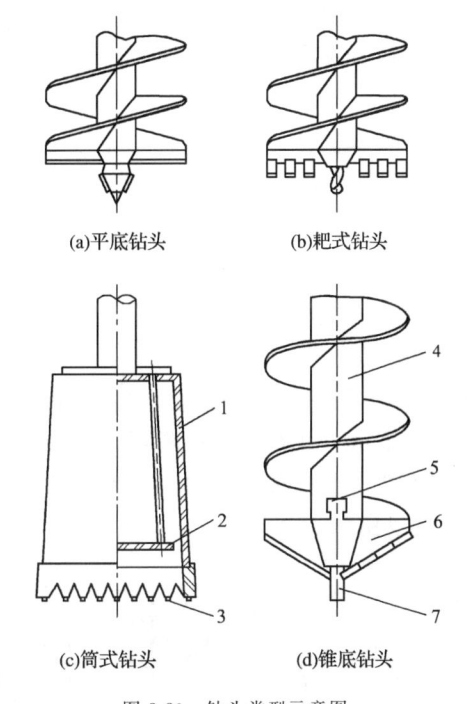

图 2-20　钻头类型示意图
1—筒体；2—推土盘；3—八角硬质合金钻头；
4—螺旋钻杆；5—钻头接头；6—切削刀；7—导向尖

表 2-4　钻头适用条件

| 钻头类型 | 平底钻头 | 耙式钻头 | 筒式钻头 | 锥底钻头 |
| --- | --- | --- | --- | --- |
| 适用条件 | 松散土层 | 杂填土 | 黏土 | 混凝土、石块等硬物 |

钻机工作原理是动力箱带动螺旋钻杆旋转，钻头向下切削土层，切下的土块自动沿螺旋钻杆上的螺旋叶片上升，土块涌出孔外后成孔。

(2)干作业成孔灌注桩施工

①施工程序　干作业成孔灌注桩的施工程序是：场地清理→测设桩位→钻机就位→取土成孔→成孔质量检校→清除孔底沉渣→安放钢筋笼→安置孔口护孔漏斗→浇筑混凝土→拔出漏斗成桩。

②施工质量控制　钻杆应保持垂直稳固，位置正确，防止因钻杆晃动引起孔径扩大；钻进速度应根据电流值变化及时调整；钻进过程中，应随时注意清理孔口积土，遇到地下水、塌孔、缩孔等异常情况时，应及时处理；成孔达到设计深度后，孔口应予以保护，并按相关规定验收；浇筑混凝土前，应先放置孔口护孔漏斗，随后放置钢筋笼并测量孔内虚土厚度。浇筑桩顶以下 5 m 范围内混凝土时，应随浇随振动，每次浇筑高度≤1.5 m。

4.泥浆护壁成孔灌注桩

(1)施工程序

泥浆护壁成孔灌注桩是由钻孔设备在设计桩位处钻孔。钻孔过程中，为防止孔壁坍塌，向孔内注入泥浆护壁；孔内土屑与护壁泥浆混合后，通过泥浆的循环流动，被携带出孔外成孔；钻孔达到设计深度后，清除孔底泥渣，然后安放钢筋笼，在泥浆下灌注混凝土而成桩。

其施工程序是:场地清理→测设桩位→埋设护筒→桩机就位→设置泥浆池制备泥浆→钻机成孔→泥浆循环流动清渣→清孔→安放钢筋笼→灌注水下混凝土→拔出护筒。

(2)埋设护筒

护筒是埋置在钻孔口处的圆筒,一般采用厚为4～8 mm的钢板制作,其内径应大于钻头直径。回转钻机成孔时,宜大于100 mm;冲击钻机成孔时,宜大于200 mm,以便于钻头升降。护筒的作用是:保证钻机能沿着桩位垂直方向工作;提高孔内泥浆水位高度,以防塌孔;保护孔口。

护筒的埋设位置应准确、稳定,护筒中心与桩位中心偏差不得大于50 mm;护筒顶部宜开设1～2个溢浆孔,以便多余泥浆溢出流回泥浆池;护筒的埋置深度在黏土中不宜小于1.0 m,在砂土中不宜小于1.5 m;为保证筒内泥浆面水头,护筒顶应露出地面0.4～0.6 m。为平衡土中地下水对孔壁产生的侧压力,护筒内泥浆面应高出地下水位面1.0 m以上,在受水位涨落影响时,泥浆面应高出地下水位面1.5 m以上。泥浆相对密度应控制在1.1～1.15。如图2-21所示。

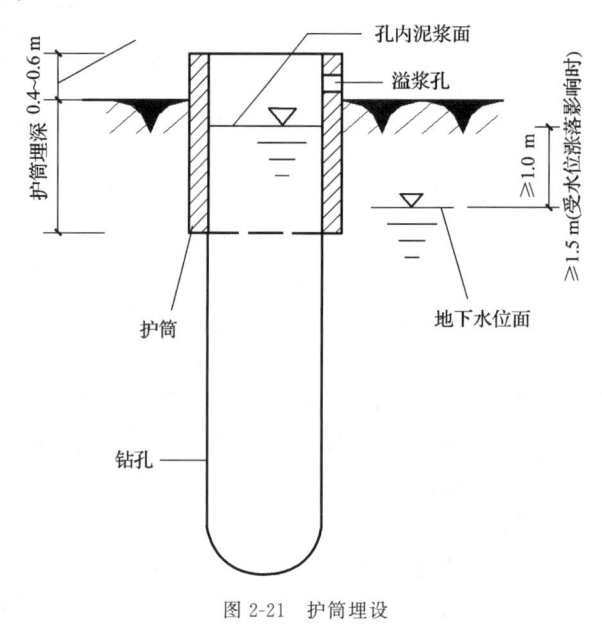

图2-21 护筒埋设

(3)泥浆制备

制备泥浆可采用两种方法:黏土中成孔时,可于孔中直接注入清水,钻机钻削下来的土屑与清水混合后,即可自行造浆;其他土层中成孔时,应以高塑性黏土或膨胀土为原料,在桩孔外泥浆池中用水调制。

泥浆的作用是将孔内不同深度土层中的孔隙渗填密实,使孔内漏水降低到最低程度,保证孔内维持较稳定的液体压力,以防塌孔。泥浆循环排土时,还起到携渣、冷却和润滑钻头、减小钻进阻力的作用。

(4)成孔及成孔质量控制

泥浆护壁成孔灌注桩有潜水钻机成孔、回转钻机成孔、冲击钻机成孔和冲抓钻机成孔等多种方式,在此主要介绍潜水钻机成孔和冲击钻机成孔。

①潜水钻机成孔　潜水钻机由潜水电钻、钻头、钻杆、桩架、卷扬机等组成,如图2-22所

示。潜水电钻将防水电动机和齿轮减速器安置在具有绝缘及密封装置的钢制外壳内。它是潜水钻机的主要工作部分,与钻头紧密连接在一起,因此两者能共同潜入水下工作。常用钻头多为笼式钻头(图2-23),当遇孤石或旧基础钻进时,可用筒式钻头[图2-20(c)]。

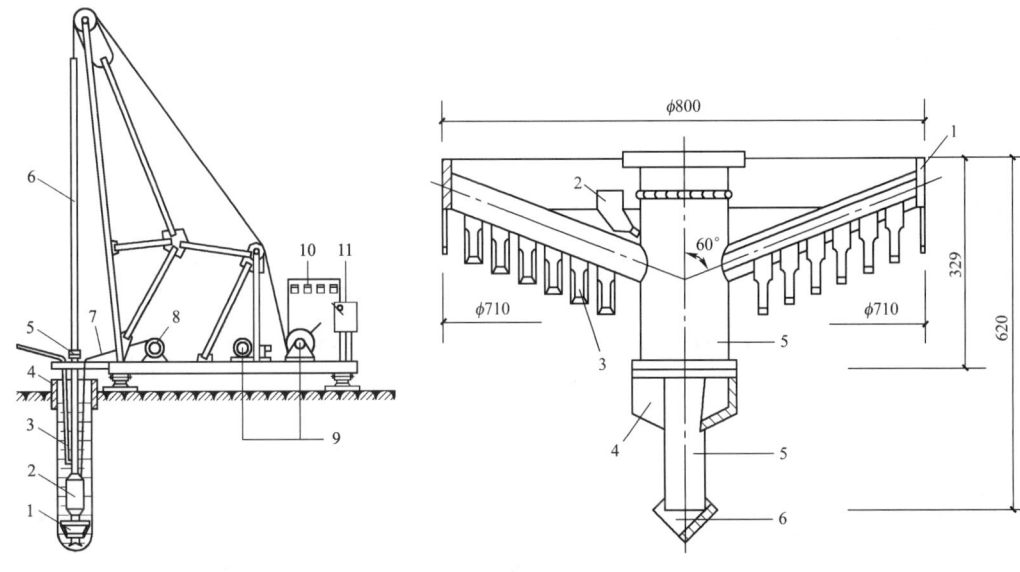

图 2-22 潜水钻机

1—钻头;2—潜水电钻;3—水管;4—护筒;5—支点;
6—钻杆;7—电缆线;8—电缆盘;9—卷扬机;
10—电流、电压表;11—启动开关

图 2-23 笼式钻头($\phi$800,潜水钻用)

1—护圈;2—钩爪;3—腋爪;4—小爪;5—岩芯管;6—钻尖

潜水钻机成孔利用潜水电钻和钻头共同组成的专用钻具,潜进注有护壁泥浆的孔内作业,钻削下来的土屑通过泥浆的循环流动,被带出孔外而成孔。钻进时,先将钻具与钢丝绳通过钻杆连接,借助于卷扬机吊起钻具对准护筒中心,钻具下放至土面后,先开始空转,待注入护壁泥浆后,再向下钻进,直至达到设计深度而成孔。

钻削下来的土屑混合进护壁泥浆后,通过泥浆循环流动被带出孔外。泥浆循环流动方式有正循环和反循环两种。

● 正循环排泥法　如图 2-24(a)所示,当设在泥浆池中的潜水泥浆泵将泥浆和清水从位于钻机中心的送水管射向钻头后,下放钻杆至土面钻进,钻削下的土屑被钻头切碎,与泥浆混合在一起,待钻至设计深度后,潜水电钻停转,但泥浆泵仍继续工作。因此,泥浆携带土屑不断溢出孔外,流向沉淀池,土屑沉淀后,多余泥浆再溢向泥浆池,形成排泥正循环过程。孔内泥浆相对密度达到 1.1~1.15 后,方可停泵提升钻机,然后钻机迅速移位,再进行下道工序。

● 反循环排泥法　如图 2-24(b)所示,排泥浆用砂石泵与潜水电钻连接在一起。钻进时先向孔中注入泥浆,采用正循环钻孔;当钻杆下降至砂石泵叶轮位于孔口以下时,启动砂石泵,将钻削下的土屑通过排渣胶管排至沉淀池;土屑沉淀后,多余泥浆溢向泥浆池,形成排泥反循环过程。

潜水钻机钻孔至设计深度后,即可关闭潜水电钻,但砂石泵仍需要继续排泥,直至孔内泥浆相对密度达到 1.1~1.15 为止。与正循环排泥法相比,反循环排泥法不需要借助于钻头将土屑切碎搅拌成泥浆,而直接通过砂石泵排土,因此钻孔效率更高。对孔深大于 30 m 的端承型桩,宜采用反循环排泥法。

(a)正循环排泥法　　　　　　　　　　　　　　(b)反循环排泥法

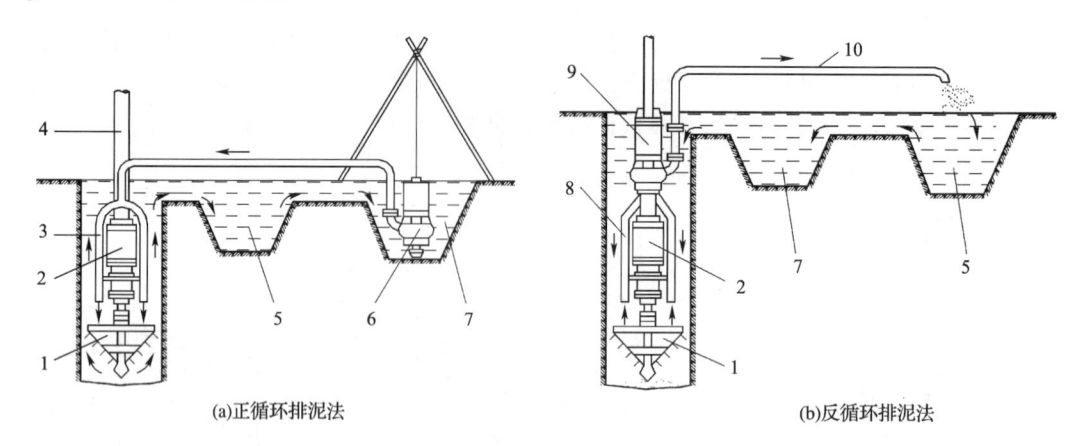

图 2-24　循环排渣方式

1—钻头；2—潜水电钻；3—送水管；4—钻杆；5—沉淀池；6—潜水泥浆泵；
7—泥浆池；8—抽渣管；9—砂石泵；10—排渣胶管

②冲击钻机成孔　冲击钻机成孔是将带刃口的重型钻头提升到一定高度,然后使其自由下落,通过下落时的冲击力来破碎岩层或冲挤土层,再排出泥渣成孔。冲击钻机如图 2-25 所示。

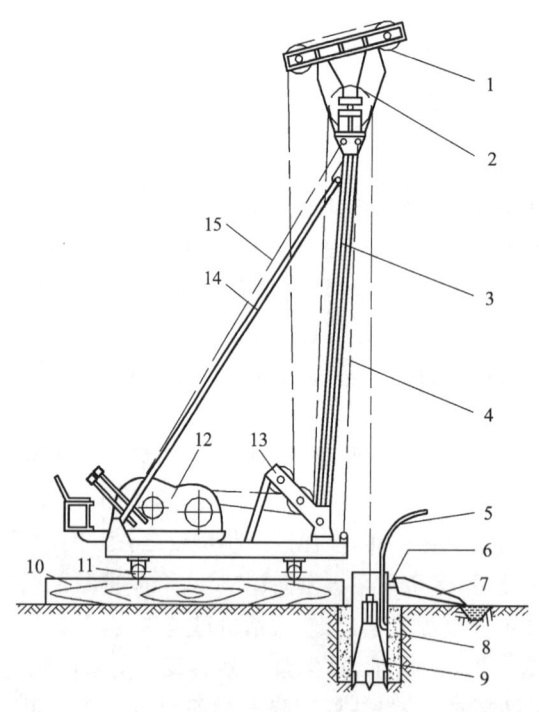

图 2-25　冲击钻机

1—副滑轮；2—主滑轮；3—主杆；4—前拉索；5—供浆管；6—溢流口；7—泥浆渡槽；8—护筒回填土；
9—钻头；10—垫木；11—钢管；12—卷扬机；13—导向轮；14—斜撑；15—后拉索

冲击钻机成孔时,应低锤密击。如表土为淤泥、细砂等软弱土层,可铺加黏土块夹小片石反复冲击造壁；孔内泥浆面应保持稳定,且每钻进 4～5 m 深度应验孔一次。进入基岩后,应低锤冲击或间断冲击,如发现偏孔,应回填片石至偏孔上方 300～500 mm 处,然后重新冲孔,每钻进 100～500 mm 应清孔取样一次。

冲击钻机在不同土层、岩层中钻进时，冲击能量（冲程）和泥浆的选用应符合表 2-5 的规定。

表 2-5　　　　　　　　　　　　冲击成孔冲程和泥浆的选用

| 适用土层 | 冲程和泥浆的选用 |
| --- | --- |
| 在护筒刃脚以下 2 m 以内 | 小冲程 1 m 左右，泥浆相对密度为 1.2～1.5，软弱土层投入黏土块夹小片石 |
| 黏土层 | 中、小冲程 1～2 m，泵入清水或稀泥浆，经常清理钻头上的泥块 |
| 粉砂或中粗砂层 | 中冲程 2～3 m，泥浆相对密度为 1.2～1.5，投入黏土块，勤冲，勤出渣 |
| 砂卵石层 | 中、高冲程 2～4 m，泥浆相对密度为 1.3 左右，勤出渣 |
| 软弱土层或塌孔回填重钻 | 小冲程反复冲击，加黏土块夹小片石，泥浆相对密度为 1.3 左右，勤出渣 |

（5）清孔

当钻孔达到设计深度后，应及时进行孔底清理。清孔目的是清除孔底沉渣和淤泥，控制循环泥浆的相对密度，为水下混凝土灌注创造条件。

清孔时，对利用黏土自行造浆的钻孔，当钻孔达到设计深度后，可使钻机空转不钻进，同时射水，待孔底沉渣磨成泥浆后，再通过泥浆循环流动排出孔外；对在孔外泥浆池中制备泥浆的钻孔，宜采用泥浆循环清孔。清孔后，孔底 500 mm 以内泥浆的相对密度应小于 1.25，含砂率≤8%。孔底残留沉渣厚度应符合下列规定：端承型桩≤50mm；摩擦端承桩、端承摩擦桩≤100 mm；摩擦型桩≤300 mm。

桩位清孔符合要求后，应立即吊放钢筋笼，再灌注混凝土。

（6）灌注水下混凝土

①混凝土配合比　泥浆护壁成孔灌注桩混凝土灌注是在泥浆中进行的，故也称为水下混凝土灌注。水下混凝土必须具备良好的和易性，配合比宜通过试验确定，坍落度应控制在 180～220 mm。其中，水泥用量≥360 kg/m³，粗骨料最大粒径＜40 mm，细骨料宜采用中粗砂。为改善和易性及延长凝固时间，水下混凝土可掺入减水剂、缓凝剂和早强剂等外加剂。

②主要机具　水下混凝土灌注的主要机具有导管、漏斗和隔水栓。水下混凝土灌注如图 2-26 所示。

灌注混凝土用导管一般由无缝钢管制成，壁厚≥3 mm，直径宜为 200～250 mm，直径制作偏差不应超过 2 mm。导管的分节长度视工艺要求确定，底管长度不宜小于 4 m，两导管接头宜采用法兰或双螺纹方扣快速接头，接头连接要求紧密，不得漏浆、漏水。导管上方一般设有漏斗。漏斗可用厚度为 4～6 mm 的钢板制作。隔水栓为设在导管内阻隔泥浆和混凝土直接接触的构件。隔水栓常用混凝土制作，呈圆柱状，直径比导管内径小 20 mm，高度比直径大 50 mm，顶部采用橡胶垫圈密封，如图 2-27 所示。

③混凝土灌注　混凝土灌注前，将安装好的导管吊入桩孔内，导管顶部应高出泥浆面，且于顶部连接好漏斗；导管底部至孔底距离为 0.3～0.5 m，管内安设隔水栓，通过细钢丝悬吊在导管下口。灌注混凝土时，在漏斗中贮藏足够数量的混凝土，剪断隔水栓提吊钢丝后，混凝土在自重作用下同隔水栓一起冲出导管下口，并将导管底部埋入混凝土内，埋入深度应控制在 0.8 m 以上。然后连续灌注混凝土，并不断提升导管和拆除导管，提升速度不宜过快，应保证导管底部位于混凝土面以下 2～6 m，以免断桩。当灌注接近桩顶部位时，应控制最后一次灌注量，使得桩顶灌注标高高出设计标高 0.5～0.8 m，以保证凿除桩顶部泛浆层后桩顶标高能达到其设计值。凿桩头后，还必须保证暴露的桩顶混凝土强度达到其设计值。

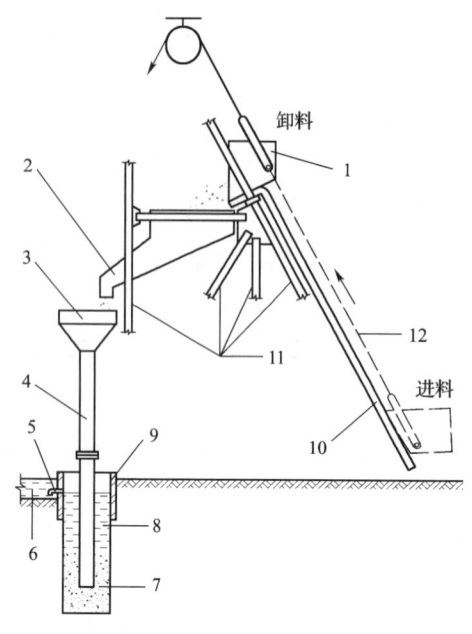

图 2-26 水下混凝土灌注示意图

1—进料斗;2—贮料斗;3—漏斗;4—导管;5—护筒溢浆孔;
6—泥浆池;7—混凝土;8—泥浆;9—护筒;10—滑道;
11—桩架;12—进料斗上行轨迹

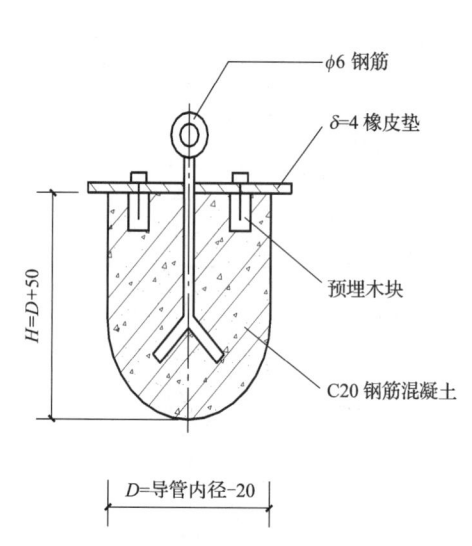

图 2-27 混凝土隔水栓示意图

### 5.沉管灌注桩

沉管灌注桩按施工方法不同可分为锤击沉管灌注桩和振动沉管灌注桩两种。沉管灌注桩是利用锤击打桩法或振动打桩法,将带有活瓣桩尖或预制混凝土桩尖的钢管沉入土中,管内放入钢筋笼(也可不放),然后边灌注混凝土边锤击或振动拔管而成。施工程序是:桩机就位→沉入钢管→放钢筋笼→灌注混凝土→拔出钢管成桩。

(1)锤击沉管灌注桩

①施工机械设备　锤击沉管灌注桩利用落锤、蒸汽锤或柴油锤将钢管打入土中成孔,如图2-28所示。其施工机械设备包括桩架、由无缝钢管制成的桩管、桩锤、活瓣桩尖或预制钢筋混凝土桩尖等。

②施工工艺　锤击沉管灌注桩的施工方法一般有单打法和复打法。

●单打法　先将桩机就位,利用卷扬机吊起桩管,垂直套入预先埋设在桩位上的预制钢筋混凝土桩尖上(采用活瓣桩尖时,需要将活瓣合拢),借助于桩管自重将桩尖垂直压入土中一

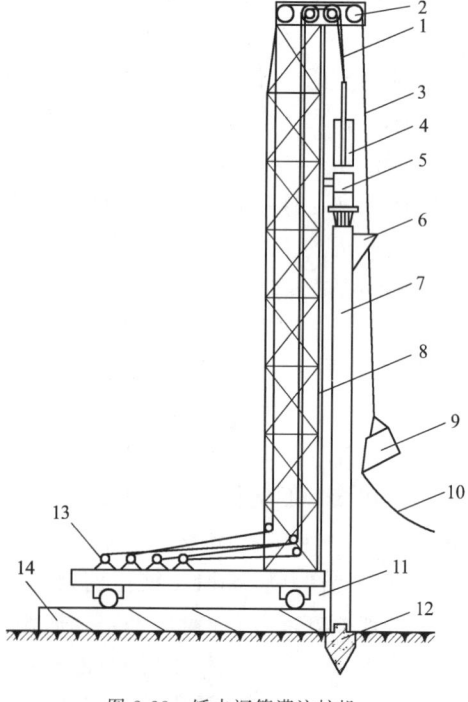

图 2-28 锤击沉管灌注桩机

1—桩锤钢丝绳;2—滑轮组;3—吊斗钢丝绳;4—桩锤;
5—桩帽;6—混凝土漏斗;7—桩管;8—桩架;
9—混凝土吊斗;10—回绳;11—行驶钢管;12—桩尖;
13—卷扬机;14—枕木

定深度。预制桩尖与桩管接口处应垫以稻草绳或麻绳垫圈,以防地下水渗入桩管。检查桩管、桩锤和桩架是否处于同一垂线上,在桩管垂直度偏差≤5%后,即可于桩管顶部安设桩帽,起锤沉管。锤击时,宜先低锤轻击,观察桩管无偏差后,方进入正式施打,直至将桩管沉至设计标高或要求的贯入度。

桩管沉至设计标高后,应先检查桩管内有无泥浆和水进入,并确保桩尖未被桩管卡住,然后立即灌注混凝土。桩身配置钢筋时,第一次灌注混凝土应浇至钢筋笼底标高处,而后放置钢筋笼灌注混凝土。当混凝土灌满桩管后,即可上拔桩管,一边拔管,一边锤击混凝土。拔管速度应均匀,对一般土层以 1 m/min 为宜;在软弱土层和软硬土层交界处宜控制在 0.3~0.8 m/min。桩锤击打频率:单动汽锤≥50 次/min;落锤≥40 次/min。在拔管过程中,应继续向桩管内灌注混凝土,保持管内混凝土量略高于地面,直至桩管全部拔出地面为止。

● 复打法　单打法施工的沉管灌注桩有时易出现颈缩和断桩现象。颈缩是指桩身某部位进土,致使桩身截面缩小;断桩常见于地面下 1~3 m 内软硬土层交界处,由打邻桩使土侧向外挤造成。因此,为保证成桩质量,常采用复打法扩大沉管灌注桩桩径,并可提高桩的承载力。

复打法施工是在单打法施工完毕并拔出桩管后,清除粘在桩管外壁上和桩孔周围的泥土,立即在原桩位上再次埋设桩尖,进行第二次沉管,使第一次灌注的混凝土向四周挤压扩大桩径,然后灌注混凝土,拔管成桩。施工中应注意前、后两次沉管轴线应重合,复打法施工必须在第一次灌注的混凝土初凝之前完成。

③质量控制　对桩中心距小于 4 倍桩径的群桩基础,应提出保证相邻桩桩身质量的技术措施。预制桩尖加工质量和埋设位置应符合设计要求,桩管和桩尖间要有良好的密封性。混凝土灌注充盈系数≥1.0;对充盈系数小于 1.0 的桩,宜全长复打,对可能的断桩和颈缩桩,应采用局部复打。成桩后,桩身混凝土顶面标高≥500 mm。全长复打桩的入土深度宜接近原桩长,局部复打深度应超过断桩或颈缩区 1 m 以上。桩身配有钢筋时,混凝土坍落度宜为 80~100 mm;素混凝土坍落度宜为 60~80 mm。

(2)振动沉管灌注桩

①施工机械设备　振动沉管灌注桩是采用激振器或振动冲击锤将桩管沉入土中成孔而成的灌注桩。其施工机械设备如图 2-29 所示。

②施工方法　振动沉管灌注桩的施工方法有单振法、反插法和复振法三种。

● 单振法　单振法施工宜采用预制桩

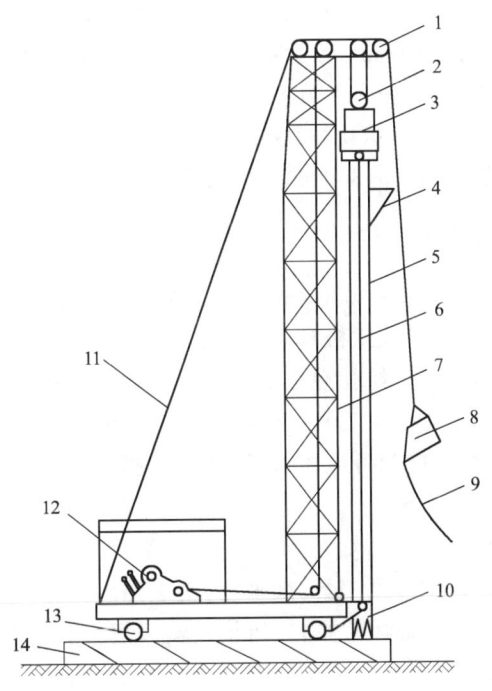

图 2-29　振动沉管灌注桩机
1—导向滑轮;2—滑轮组;3—激振器;4—混凝土漏斗;
5—桩管;6—加压钢丝绳;7—桩架;8—混凝土料斗;
9—回绳;10—桩尖;11—缆风绳;12—卷扬机;
13—钢管;14—枕木

尖,施工方法与锤击沉管灌注桩单打法基本相同。施工时,先将振动桩机就位,埋设好桩尖,起吊桩管并缓慢下沉,利用桩管自重将桩尖压入土中,当桩管垂直度偏差经检验≤5%后,即可启动激振器沉管。桩管沉至设计深度后,便停止振动,立即灌注混凝土,混凝土灌注需要连续进行。当混凝土灌满桩管时,先启动激振器5~10 s,然后开始拔管,应边振动边拔管。拔管速度,一般土层中宜为1.2~1.5 m/min,软弱土层中宜控制在0.6~0.8 m/min。拔管过程中,每拔起0.5~1.0 m,应停5~10 s,但保持振动,如此反复进行,直至桩管全部拔出地面。

● 反插法  反插法施工的沉管方法与单振法相同,在桩管灌满混凝土后,也应先振动后拔管,但拔管速度应小于0.5 m/min,且每拔起0.5~1.0 m,需要向下反插0.3~0.5 m,拔管过程中,应分段添加混凝土,保持管内混凝土面始终不低于地面或高于地下水位1.0~1.5 m,如此反复进行,直至桩管全部拔出地面成桩。

● 复振法  复振法与锤击沉管灌注桩的复打法相同。

振动沉管灌注桩的质量控制方法也与锤击沉管灌注桩相同。

6. 人工挖孔灌注桩

人工挖孔灌注桩是指在设计桩位处采用人工挖掘方法进行成孔,然后安放钢筋笼、灌注混凝土所形成的桩。其施工特点是设备简单;成孔作业时无噪声和振动,无挤土现象;施工速度快,可同时开挖若干桩孔;挖孔时,可直接观察土层变化情况,孔底沉渣清除彻底,施工质量可靠;但施工时人工消耗量大,安全操作条件差。

人工挖孔灌注桩的构造如图2-30所示。通常桩内径$d \geqslant 800$ mm,以便人工挖土。桩底扩大端尺寸应满足$D \leqslant 3d, \frac{D-d}{2}:h=0.33~0.5, h_1 \geqslant (D-d)/4, h_2=(0.10~0.15)D$的要求。

(1)施工机具

人工挖孔灌注桩施工机具比较简单,主要有:

①挖土工具:铁锹、镐、钢钎和铁锤;当挖掘岩石时,还应配备风镐、风钻和爆破材料。

②出土工具:电动葫芦或手摇辘轳、提土桶及三脚支架。

③降水工具:潜水泵,用于抽出桩孔内积水。

④通风工具:鼓风机及输风管,用于向桩孔中输送新鲜空气。

此外,还应配有照明灯、对讲机、电铃及护壁模板等。

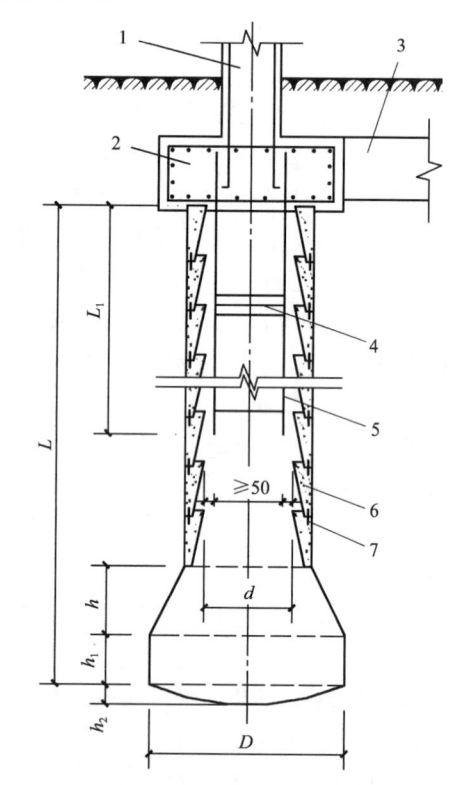

图2-30 人工挖孔灌注桩的构造
1—柱;2—承台;3—地梁;4—箍筋;5—主筋;
6—护壁;7—护壁插筋;$L_1$—钢筋笼长度;
$L$—桩长

(2)施工工艺

人工挖孔灌注桩施工时,为确保挖孔安全,必须采取支护措施防止土壁坍塌。支护方法有:现浇混凝土护壁、喷射混凝土护壁、砖护壁和钢套管护壁等多种。下面以应用较广的现浇混凝土护壁为例,介绍人工挖孔灌注桩的施工工艺。

①按设计图纸测设桩位、放线。

②开挖桩孔土方 采取人工分段开挖的形式,每段高度取决于土壁保持直立状态而不坍塌的能力,一般取 0.5~1 m 为一施工段,开挖直径为设计桩芯直径 $d$ 加 2 倍护壁厚度。一般地,现浇混凝土护壁厚度 $\geqslant \left(\dfrac{d}{10}+5\right)$ cm,且有 1∶0.1 的坡度。

③支设护壁模板 模板高度取决于开挖桩孔土方施工段高度,一般为 1 m,由 4~8 块活动钢模板或木模板组合而成。

④在模板顶部安设操作平台 操作平台可用由角钢和钢板制成的两个半圆形合在一起形成,置于护壁模板顶部,用以临时放置料具和浇筑护壁混凝土。

⑤浇筑护壁混凝土 护壁混凝土起着防止孔壁坍塌和防水的双重作用,因此混凝土应捣实。通常第一节护壁顶面应比场地高 150~200 mm,壁厚上端比下端宽 100~150 mm。上、下节护壁的搭接长度 $\geqslant$ 50 mm。

⑥拆除模板进行下段施工 护壁混凝土在常温下经 24 h 养护(强度达到 1.0 MPa)后,可拆除模板,开挖下一段桩孔土方。开挖过程中,应保证桩孔中心线的平面位置偏差 $\leqslant$ 20 mm,偏差经吊放锤球等方法检验合格后,再支设模板,浇筑混凝土,如此反复进行。桩孔挖至设计深度后,还应检查孔底土质是否符合设计要求,然后将孔底挖成扩大头,清除孔底沉渣。

⑦吊放钢筋笼、浇筑桩身混凝土 桩孔内渗水量不大时,应用潜水泵抽取孔内积水,然后立即浇筑混凝土,混凝土宜通过溜槽下落,在高度超过 3 m 时,应用串筒,串筒末端离孔底高度不宜大于 2 m。若桩孔内渗水量过大,积水不易排干,则应用导管法浇筑水下混凝土。当混凝土灌至钢筋笼底部设计标高后,开始吊放钢筋笼,再继续浇筑桩身混凝土而成桩。

### 2.2.3 灌注桩检测与验收

1. 成孔垂直度检测

成孔垂直度检测一般采用钻杆测斜法、测锤(球)法及测斜仪等方法。

钻杆测斜法是将带有钻头的钻杆放入孔内到底,在孔口处的钻杆上装一个与孔径或护筒内径一致的导向环,使钻杆保持在桩孔中心线位置上。然后将带有扶正圈的钻孔测斜仪下入钻杆内,分点测斜,检查桩孔偏斜情况。

测锤(球)法是在孔口沿钻孔直径方向设标尺,标尺中点与桩孔中心吻合,将锤球系于测绳上,量出滑轮到标尺的中心距离。将锤球慢慢送入孔底,待测绳静止不动后,读出测绳在标尺上的偏距,由此求出孔斜值。该方法的测量精度较低。

2. 孔径检测

孔径检测一般采用声波孔壁测定仪、井径仪和摄影(像)法等进行。

(1) 声波孔壁测定仪

声波孔壁测定仪可以用来检测成孔形状和垂直度。它由声波发生器、发射和接收探头、放大器、记录仪和提升机构组成。

声波发生器的主要部件是振荡器,振荡器产生一定频率的电脉冲,经放大后由发射探头转换为声波,多数仪器振荡频率是可调的,取得各种频率的声波以满足不同的检测要求。

放大器把接收探头传来的电信号进行放大、整形和显示,显示用时标记时或数字显示,也可以与计算机连接,把信号输入计算机进行谱分析或进一步计算处理,或者通过记录仪绘制波形图。

图 2-31 所示为声波孔壁测定仪,把探头固定在方形底盘四个角上,底盘是钢制的,通过两个定滑轮、钢丝绳和提升机构连接,两个定滑轮通过对钢丝绳的约束作用以及底盘的自重,使探头在下降或提升过程中不会扭转,稳定探头方位。

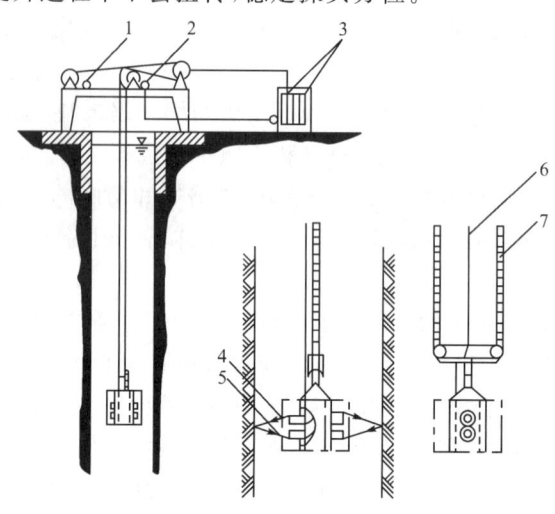

图 2-31 声波孔壁测定仪
1—电动机;2—走纸速度控制器;3—记录仪;4—发射探头;5—接收探头;6—电缆;7—钢丝绳

钻孔孔形检测时安装八个探头,底盘四个角各安装一个发射探头和一个接收探头,可以同时测定正交两个方向形状。

探头由无级变速电动卷扬机提升或下降,它和热敏刻痕记录仪的走纸速度是同步的,或成比例调节,所以探头每提升或下降一次,可以自动在记录纸上连续绘出孔壁形状和偏斜度(图2-32),当探头上升到孔口或下降到孔底时,自动停机装置可防止电缆和钢丝绳被拉断。

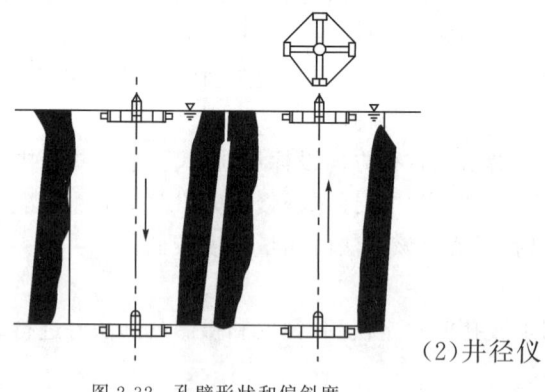

图 2-32 孔壁形状和偏斜度

## (2) 井径仪

井径仪由测头、放大器和记录仪三部分组成[图 2-33(a)],它可以检测直径为 0.08~0.6 m、深数百米的孔,当把测量腿加大后,最大可检测直径 1.2 m 的孔。

测头属于机械式[图 2-33(b)],在测头放入测孔之前,四条测量腿合拢并用弹簧锁住,测头放入孔内,靠测头本身自重往孔底一墩,四条测量腿像自动伞一样立刻张开。测头往上提升时,由于弹簧力作用,腿端部紧贴孔壁,随着孔壁凹凸不平状态相应张开或收拢,带动密封筒内的活塞杆上下移动,从而使四组串联滑动电阻来回滑动,把电阻变化变为电压变化,信号经放大后,可用数字显示或记录仪记录,显示的电压值和孔径建立关系。当用静电影响记录仪记录时,可自动绘出孔壁形状。

井径仪四条测量腿靠弹簧弹力张开,如果孔壁是软弱土层,应注意勿使测量腿端插入土中而引起检测误差。

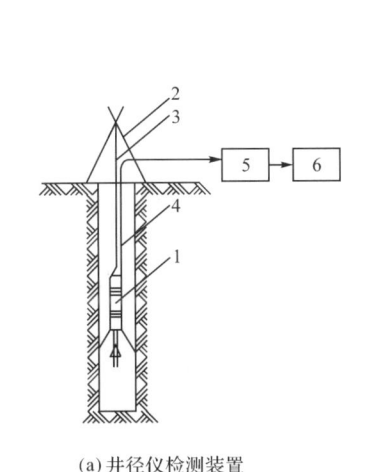

(a) 井径仪检测装置

1—测头;2—三脚架;3—钢丝绳;
4—电缆;5—放大器;6—记录仪

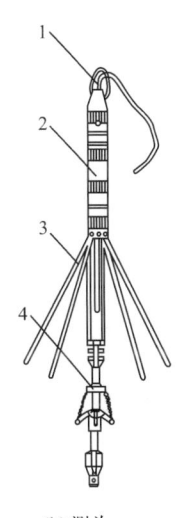

(b) 测头

1—电缆;2—密封筒;3—测量腿;4—锁腿装置

图 2-33 井径仪

(3) 摄影(像)法

摄影(像)法是采用影像技术观察、记录孔径的实际情况,一般只适用于孔内无水的条件。

3. 孔底沉渣厚度检测

对于泥浆护壁成孔灌注桩,假如灌注混凝土之前,孔底沉渣太厚,不仅会影响桩端承载力的正常发挥,而且也会影响桩侧阻力的正常发挥,从而大大降低桩的承载能力。因此,《建筑桩基技术规范》(JGJ 94—2008)规定,泥浆护壁成孔灌注桩在浇筑混凝土前,孔底沉渣厚度应满足以下要求:

端承型桩≤50 mm;摩擦型桩≤100 mm;抗拔、抗水平力桩≤300 mm。

目前孔底沉渣厚度检测方法还不够成熟,以下介绍几种工程中使用的方法。

(1) 垂球法

垂球法为工程中最常用的简单测定孔底沉渣厚度的方法。一般根据孔深、泥浆相对密度,采用质量为1~3 kg 的钢、铁、铜制锥、台、桩体垂球,顶端系上测绳,把球慢慢沉入孔内,凭人的手感判断沉渣顶面位置,其施工孔深和量测孔深之差即沉渣厚度。测量要点是每次测定后必须立即复核测绳长度,以消除由于垂球或浸水引起的测绳伸缩产生的测量误差。

### (2)电容法

电容法测定沉渣厚度的原理是当金属两极板间距和尺寸固定不变时,其电容量和介质的电解率成正比,水、泥浆和沉渣等介质的电解率有较明显差异,从而由电解率的变化量测定沉渣厚度。

电容法沉渣测定仪由测头、放大器、蜂鸣器和电动机驱动电源等组成(图2-34)。测头装有电容极板和小型电动机,电动机带动偏心轮可以产生水平振动。一旦测头电容极板接触到沉渣表面,蜂鸣器发出响声,同时面板上的红灯亮,当依靠测头重不能继续沉入沉渣深处时,可开启电动机使水平激振器产生振动,把测头沉入更深部位。沉渣厚度是施工孔深和电容突然减小时的孔深之差。

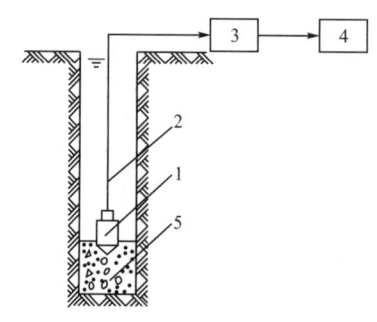

图2-34 电容法沉渣测定仪
1—测头;2—电缆;3—电动机驱动电源;
4—指示器;5—沉渣

### (3)声呐法

声呐法测定沉渣厚度的原理是声波在传播中遇到不同界面而产生反射。同一个测头具有发射和接收声波的功能,声波遇到沉渣表面时,部分声波被反射回来由探头接收,发射声波与接收声波的时间差为$t_1$,部分声波穿过沉渣厚度直达孔底原状土后产生第二次反射,得到第二个反射时间差$t_2$,则沉渣厚度为

$$H = \frac{t_2 - t_1}{2} C \tag{2-1}$$

式中 $H$——沉渣厚度,m;

$C$——沉渣声波波速,m/s;

$t_1$、$t_2$——时间差,s。

### 4.桩基础检验

建筑桩基础施工结束且满足强度要求后,要进行工程桩检测。工程桩通常情况下进行单桩承载力(破损试验)和桩身完整性(非破损试验)检测。

### (1)单桩承载力检测

单桩承载力检测按桩的受力不同可分为单桩竖向抗压静载试验和单桩竖向抗拔静载试验,按检测方法不同可分为静载法和高应变法。

静载法是在桩顶部逐级施加竖向压力、竖向上拔力或水平推力,观测桩顶部随时间产生的沉降、上拔位移或水平位移,以确定相应的单桩竖向抗压承载力、单桩竖向抗拔承载力或单桩水平承载力的试验方法。一般工程中仅进行抗压静载试验,测试方法如图2-35所示。

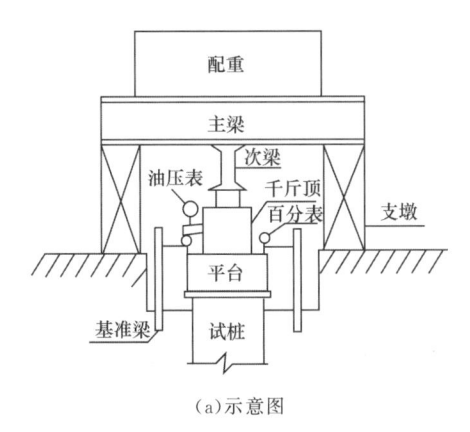

(a)示意图　　　　　　　　　　　(b)现场测试图

图 2-35　单桩竖向抗压静载试验

高应变法是用瞬态激振,使桩土发生相对迁移,利用波动理论揭示桩土体系在接近极限阶段时的工作性能,评价桩身质量,分析桩的极限承载力。测试方法如图 2-36 所示。

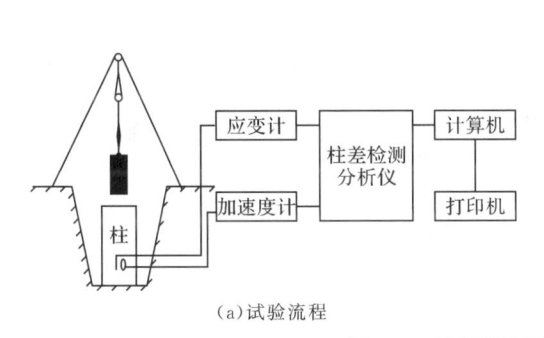

(a)试验流程　　　　　　　　　　(b)现场实物图

图 2-36　桩基础高应变法试验

(2)桩身完整性检测

桩身完整性检测通常采用低应变法。低应变法是利用低能量的瞬态或稳态激振,使桩在弹性范围内作低幅振动,利用振动和波动理论判断桩身缺陷。测试方法如图 2-37 所示。

图 2-37　桩基础低应变法试验

高应变法与低应变法的根本区别在于高应变法考虑了桩周土的弹塑性响应,而低应变法仅使桩周土完全处于弹性范围内。直接测定桩的极限承载力,一般必须具备桩与桩周土之间产生足够的相对位移这一条件,从而可以获知桩在工程中所具备的安全度。据此观点,高应变法可以直接测定桩的极限承载力,而低应变法是测不到桩的极限承载力的。

### 复习思考题

1. 建筑物对地基的基本要求是什么？
2. 地基处理的目的是什么？
3. 地基处理方法一般有哪几种？
4. 换填法的材料要求及施工要点有哪些？
5. 简述灰土垫层的适用情况与施工要点。
6. 简述砂石垫层的适用情况与施工要点。
7. 简述强夯的地基加固机理。
8. 钢筋混凝土预制桩在起吊、运输和堆放过程中各有什么要求？
9. 钢筋混凝土预制桩沉桩方法有哪些？
10. 打桩对周围环境有什么影响？如何防止？
11. 打桩顺序有哪些？如何确定打桩顺序？
12. 摩擦型桩和端承型桩受力上有何区别？施工中应如何控制？
13. 接桩方法有哪些？各适用于什么情况？
14. 静力压桩有何特点？适用范围如何？施工时应注意哪些问题？
15. 简述灌注桩的施工方法。
16. 灌注桩施工时护筒的作用是什么？埋设时有哪些要求？
17. 泥浆作用是什么？
18. 沉管成孔灌注桩的成孔方法有哪些？
19. 人工挖孔桩有什么特点？施工中应注意哪些问题？
20. 灌注桩基础检测包括哪方面内容？如何进行检测？

---

**资料小卡片**

人类发展与建筑息息相关，没有建筑就没有工厂、商场、学校、住宅等，也就不可能形成城市，而地基的条件又决定了建筑寿命和建筑形式等。如果人类只选取符合建设要求的天然地基作为建筑的首选要素，那么城市发展和规模将受到制约，大量的土地将出现闲置。通过科学的地基处理方式和合理的基础形式，可将过去不宜建设的天然地基得到充分利用。在洼地、滩涂、沙漠上建设出开发区或新城区，扩大城市发展规模。由此说明，科学技术是人类发展和经济发展的重要推动力。

# 模块 3 砌体工程

## 3.1 砌体工程基本知识

砌体工程具有几千年的应用历史,随着建筑材料和结构的变化,随着施工方法的不断创新,其仍在普遍应用。砌体工程由砂浆制备、搭设脚手架、材料及机具的运输及砖石砌筑等施工过程组合而成。

微课5

砌体结构工程

### 3.1.1 砌筑砂浆

砌筑砂浆包括水泥砂浆、混合砂浆和石灰砂浆等。水泥砂浆和混合砂浆宜用于砌筑潮湿环境以及强度要求较高的砌体,对于湿土中砌筑一般采用水泥砂浆,因为水泥是水硬性胶凝材料,能在潮湿的环境中结硬,增长强度。石灰砂浆宜砌筑干燥环境砌体和干土中的基础以及强度要求不高的砌体,因为石灰是气硬性胶凝材料,在干燥的环境中能吸收空气中的二氧化碳结硬;反之,在潮湿的环境中,石灰膏不但难以结硬,还会出现溶解流散的现象。

在一般情况下,基础砌筑采用 M5 水泥砂浆;基础以上的墙采用 M2.5 或 M5 混合砂浆;砖拱、砖柱及钢筋砖过梁等采用 M5、M10 水泥砂浆;楼层较低或临时性建筑一般采用石灰砂浆。具体要求仍由设计决定。

砂浆的拌制除砂浆用量很少外可用人工拌制,一般采用出料容积为 200 L 或 350 L 砂浆搅拌机进行拌制,砂浆搅拌机可选用活门卸料式、倾翻卸料式、立式等,要求搅拌均匀。搅拌时间从投料完算起,应符合下列规定:

(1)水泥砂浆和水泥混合砂浆不得少于 120 s。

(2)水泥粉煤灰砂浆和掺用外加剂的砂浆不得少于 180 s。

(3)掺液体增塑剂的砂浆,应先将水泥、砂干拌混合均匀后,将混有增塑剂的拌和水倒入干混砂浆中继续搅拌;掺固体增塑剂的砂浆,应先将水泥、砂和增塑剂干拌混合均匀后,将拌和水倒入其中继续搅拌。从加水开始,搅拌时间不得少于 210 s。

(4)预拌砂浆及加气混凝土砌块专用砂浆的搅拌时间应符合有关技术标准或产品说明。

现场搅拌的砂浆应随拌随用,拌制后的砂浆应在 3 h 内使用完毕;当施工期间最高气温超过 30 ℃时,应在 2 h 内使用完毕。对掺用缓凝剂的砂浆,其使用时间可根据其缓凝时间的试验结果确定。

砂浆拌成后使用时,应盛入贮灰槽中。若砂浆出现泌水现象,应在砌筑前再次拌和,待恢复流动性后方可使用。砂浆的稠度(流动性)根据墙体材料的不同和气候条件而定,见表 3-1。

表 3-1　　砂浆的稠度

| 砌体种类 | 砂浆稠度/mm |
|---|---|
| 烧结普通砖砌体 | 70～90 |
| 混凝土实心砖、混凝土多孔砖砌体<br>普通混凝土小型空心砌块砌体<br>蒸压灰砂砖砌体<br>蒸压粉煤灰砖砌体 | 50～70 |
| 烧结多孔砖、空心砖砌体<br>轻骨料小型空心砌块砌体<br>蒸压加气混凝土砌块砌体 | 60～80 |
| 石砌体 | 30～50 |

### 3.1.2　砖

砖主要有普通黏土砖、煤渣砖、烧结多孔砖、烧结空心砖、蒸压灰砂空心砖。

(1)常见的普通黏土砖尺寸为 240 mm×115 mm×53 mm,配砖尺寸为 175 mm×115 mm×53 mm。抗压强度分为 MU30、MU25、MU20、MU15、MU10 五个等级。

(2)煤渣砖尺寸为 240 mm×115 mm×53 mm。抗压强度分为 MU20、MU10 和 MU7.5 三个等级。

(3)烧结多孔砖尺寸为 290 mm×240(190) mm×180 mm 和 175 mm×140 (115) mm×90 mm。抗压强度分为 MU30、MU25、MU20、MU15、MU10 五个等级。

(4)烧结空心砖在与砂浆的接合面上设有增加结合力的深度在 1 mm 以上的凹线槽。其尺寸为 290 mm×190(140) mm×90 mm 和 240 mm×180(175) mm×115 mm。烧结空心砖根据密度分为 800、900、1 100kg/m$^3$ 三个级别。

(5)蒸压灰砂空心砖是以石灰、砂为主要原料,经坯料制备、压制成形、蒸压养护而制成的孔洞率大于 15％的空心砖。蒸压灰砂空心砖的孔洞采用圆形或其他孔形,根据其抗压强度可分为 MU25、MU20、MU15、MU10、MU7.5 五个等级。

### 3.1.3　砌筑用脚手架

砌筑用脚手架是为砌筑现场安全防护、工人操作、材料堆置而搭设的支架。工人在砌筑时,适宜的砌筑高度为 0.6 m,这时劳动生产率最高。砌筑到一定高度,若不搭设脚手架,则砌筑工作就无法进行。考虑工作效率及施工组织等因素,每次搭设脚手架高度确定为1.2 m左右,称"一步架"高度,又称砖墙的可砌高度。

对砌筑用脚手架的基本要求是:

(1)脚手架要具有适当的宽度(或面积)、步架高度、离墙距离,能满足工人操作、材料堆放和运输需要;脚手架的宽度一般为 2 m 左右,最小不得小于 1.5 m。

(2)脚手架要具有足够的强度、刚度和稳定性,在施工荷载和自重作用下,不变形、不倾斜、不摇晃,确保施工人员人身安全。

(3)脚手架应与垂直运输设施、楼层高度、步架高度相适应,保证满足垂直运输转入水平运输的需要。

(4)力求构造简单,装拆方便,能多次周转使用。

(5)要因地制宜,就地取材,尽量节约架子用料。

脚手架搭设必须保证安全,符合高空作业的要求。对脚手架的绑扎、护身栏杆、挡脚板、安全网等应按有关规定执行。具体种类和搭设方法可见第5章相关内容。

### 3.1.4 材料及机具的运输

砌体工程所用的材料量很大,不但要把所用材料运输至砌筑部位,而且还要运输施工工具、脚手架和预制构件。材料及机具的运输主要包括垂直运输设备、水平运输设备。

1. 垂直运输设备

目前使用的垂直运输设备主要有:井字架、龙门架、施工电梯、独杆提升机及葫芦式起重机或其他小型起重机具的物料提升设施等。

(1)井字架

井字架(图3-1)是施工中最常使用的,也是最为简便的垂直运输设施。它的稳定性好、运输量大、安全可靠。除用型钢或钢管制成定型井字架之外,还可采用脚手架搭设,多为单孔井字架,井字架内设吊盘,起重量在3 t以内,起升高度达60 m以上,设缆风绳以保持井字架稳定。缆风绳一般采用钢丝绳,数量为6~12根,最低不少于4根,与地面的夹角一般为30°~45°。若角度过大,则会对井字架产生较大的轴向压力。井字架可视需要设置悬臂杆,其起重量一般为0.5~1.5 t,工作幅度可达10 m。

(2)龙门架

龙门架是由两根立杆及天轮梁(横梁)等构成的门式架,如图3-2所示。在龙门架上装有定滑轮及导向滑轮、吊盘(上料平台)、安全装置以及起重索、缆风绳、卷扬机等,组成一个完整的垂直运输体系。龙门架的立杆是由三根钢管或一根钢管与两根角钢、三根圆钢经焊接组成断面为等边三角形的格构架,其刚度好,不易变形,但稳定性较差。由于龙门架构造简单、制作容易、用料少、装拆方便,一般适用于10层以下的房屋建筑;当用于超过10层的高层建筑施工时,必须采取附墙方式固定,成为无缆风绳高层物料提升架,并可在顶部设液压顶升构造,实现井架或塔架标准节的自升接高。

(3)施工电梯(施工升降机)

施工电梯是高层建筑施工中主要的垂直运输设备。它附着在建筑结构内部的预留空间或外墙上,随着建筑物的升高而升高,起升高度可达200 m以上(国外施工电梯的最高起升高度已达645 m)。

多数施工电梯为人货两用,少数为货用。施工电梯按其传动方式分为齿轮齿条式、钢丝绳式和混合式三种。齿轮齿条式电梯又有单箱(笼)式和双箱(笼)式,并装有安全限速装置,适于20层以上建筑工程使用;钢丝绳式电梯为单箱(笼)式电梯,无限速装置,轻巧灵便,适于20层以下建筑工程使用。

常用垂直运输设备的总体情况见表3-2。

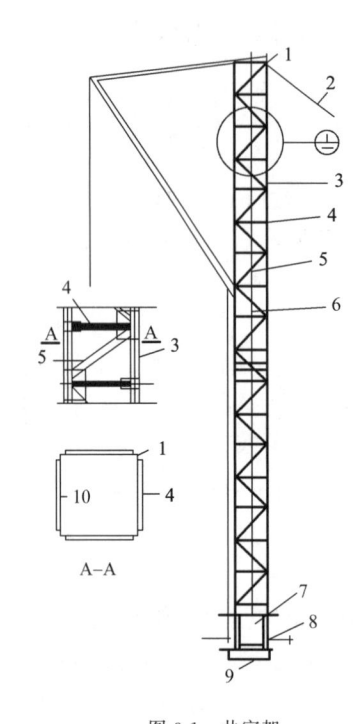

图 3-1　井字架

1—天轮；2—缆风绳；3—立柱；4—平撑；5—斜撑；
6—钢丝绳；7—吊盘；8—地轮；9—垫木；10—导轨

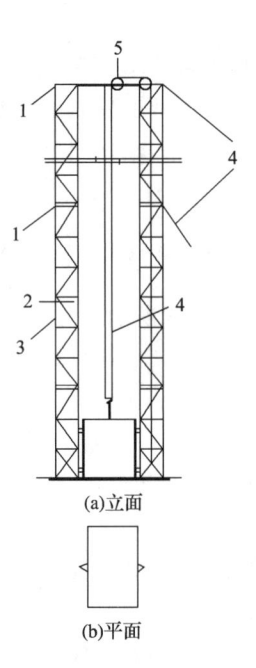

图 3-2　龙门架

1—缆风绳；2—吊盘停车安全装置；
3—立杆；4—钢丝绳；5—天轮梁

表 3-2　　常用垂直运输设备的总体情况

| 序号 | 设备(施)名称 | 形　式 | 安装方式 | 工作方式 | 起重能力 | 提升高度 |
|---|---|---|---|---|---|---|
| 1 | 塔式起重机 | 整装式 | 行走固定 | 在不同工作幅度内形成作业覆盖区 | 60～10 000 kN·m | 80 m 内 |
|  |  | 自升式 | 附着固定 |  |  | 250 m 内 |
|  |  | 附着式 | 装于天井道内、附着爬升 |  | 3 500 kN·m | 一般在 300 m 内 |
| 2 | 施工电梯 | 单箱式、双箱式、笼带斗式 | 附着固定 | 吊笼升降 | 一般在 2 t 以内 | 一般在 100 m 内 |
| 3 | 井字架 | 定型钢管搭设 | 缆风固定 | 吊盘升降 | 3 t 以内 | 60 m 以内 |
|  |  | 定型 | 附着固定 |  |  | 可达 200 m 以上 |
|  |  | 钢管搭设 |  |  |  | 100 m 以内 |
| 4 | 龙门架 | 装配式 | 缆风固定 | 吊盘升降 | 2 t 以内 | 50 m 以内 |
|  |  |  | 附着固定 |  |  | 100 m 以内 |
| 5 | 独杆提升机 | 定型 | 缆风固定 | 吊盘升降 | 1 t 以内 | 一般在 25 m 内 |
| 6 | 墙头吊 | 定型 | 固定在结构上 | 吊盘升降 | 0.5 t 以内 | 高度视配绳和吊物稳定性而定 |

2.水平运输设备

砌体工程的水平运输设备使用最多的是手推车和灰浆车，对于水平距离比较远的建筑工程材料，一般采用斗容积为 0.4 m$^3$ 的机动翻斗车来运输，以保证砌体工程对材料的需求。

### 3.1.5 砌体工程施工相关知识

(1)有关砖的术语

对于普通砖来说,最大的面称为大面,最狭长的面称为条面,最短的面称为丁面。砌砖时,条面朝向操作者的称为顺砖,丁面朝向操作者的称为丁砖。大面朝下的砖称为卧砖或眠砖,条面朝下的砖称为侧砖或斗砖,丁面朝下的砖称为立砖。

在砌筑时有时要砍砖,3/4 砖长的非整砖称为七分头,1/2 砖长的非整砖称为半砖,1/4 砖长的非整砖称为二寸头。

(2)皮

砌体工程中,一层砖称为一皮。

(3)清水墙

清水墙是指墙面不加其他覆盖装饰面层,只进行勾缝处理,保持砖本身质地的一种作法。

(4)混水墙

混水墙是指墙体砌成之后,墙面需要进行装饰处理才能满足使用要求的墙体。混水墙和清水墙两种砌体的施工工艺方法差不多,但清水墙的技术要求及质量要求比较高。

(5)通缝

通缝是砌体中上、下皮块材搭接长度小于规定数值的竖向灰缝。如当砖砌体上、下层砖的搭砌长度小于 25 mm 时、混凝土小型空心砌块砌体搭砌长度小于 90 mm 时,称之为通缝。《砌体结构工程施工质量验收规范》(GB 50203—2011)规定,通缝长度不得超过一定数值。

(6)透明缝

透明缝是砌体中相邻块体间的水平缝、竖缝砌筑砂浆不饱满,且彼此未紧密接触而造成沿墙体厚度通透的缝。

(7)瞎缝

瞎缝是砌体中相邻块体间无砌筑砂浆,又彼此接触的水平缝或竖向缝。

(8)假缝

假缝是为掩盖砌体灰缝内在质量缺陷,砌筑砌体时仅在靠近砌体表面处抹有砂浆,而内部无砂浆的竖向灰缝。

(9)配筋砌体工程

配筋砌体工程是由配置钢筋的砌体作为建筑物主要受力构件的结构工程。配筋砌体工程包括配筋砖砌体、砖砌体和钢筋混凝土面层或钢筋砂浆面层的组合砌体、砖砌体和钢筋混凝土构造柱组合墙、配筋砌块砌体工程等。

(10)芯柱

芯柱是在砌块内部空腔中插入竖向钢筋并浇灌混凝土后形成砌体内部的钢筋混凝土小柱。

(11)皮数杆

皮数杆是控制每皮块体砌筑时的竖向尺寸以及各构件标高的标志杆。

必须指出的是,施工时应该全面控制各种影响质量的因素。砌体强度不是仅与砌块强度或砂浆强度有关,而是砌块强度、砂浆强度、水平灰缝砂浆饱满度、砌体平整度和垂直度、水平灰缝厚度等多种因素共同作用的结果。因此,施工时应按照《砌体结构工程施工规范》(GB 50924—2014)施工,按照《砌体工程施工质量验收规范》(GB 50203—2011)进行验收。

## 3.2 基础施工

### 3.2.1 垫层施工

为了使基础与地基有较好的接触面,把基础承受的建筑结构荷载能够均匀地传递给地基,常在基础的底部采用不同的材料做垫层。常用垫层材料有灰土、碎砖(或碎石、卵石)三合土、水泥砂浆、C10 以下的混凝土等。

垫层施工前,会同设计、建设、监理、质检等部门一起对基槽进行验槽,检查基槽的位置、尺寸、标高是否符合要求,边坡是否稳定。基底标高允许偏差为-50 mm;基槽长度、宽度(由设计轴线向两边测量)允许偏差为+200 mm、-50 mm。如发现基槽被雨雪或地下水浸软,必须将浸软的土层挖去或夯填厚 100 mm 左右的碎石或卵石,使基底坚实。

1. 灰土垫层施工

灰土是用熟石灰粉和黏土按照 3∶7 或 2∶8 的比例配制而成。灰土作为基础垫层有着几千年的历史,夯实后坚固耐用,成本低廉。灰土垫层施工的步骤如下:

①基底夯 1~2 遍,保证基底坚实。

②将熟石灰粉和黏土分别过筛后按比例拌和。要求比例准确,拌和均匀,水分适中。拌和工作最好能提前进行,以便石灰有时间充分反应。

③灰土应分层进行夯实,每层厚度多采用 150 mm,其虚铺厚度大多为 200~300 mm,夯实数遍,直至达到设计要求。当灰土垫层分段施工时,接缝应避开墙角、柱墩及承重的窗间墙下,层与层之间接缝应相互错开,间距不得小于 500 mm。

④灰土垫层施工完成后,就立即进行墙基的施工并迅速回填,以防止灰土早期浸水。

2. 碎砖三合土垫层施工

碎砖三合土垫层是用石灰、粗砂和碎砖按 1∶2∶4 或 1∶3∶6 比例配制拌和而成。碎砖应干净均匀,粒径以 30~50 mm 为宜,将这三种材料加水拌和均匀后铲入基槽中,铺平、分层夯实。虚铺厚度每层为 220 mm,打夯至少 3 遍,使厚度为 150 mm 左右,夯实平整后,在上面铺一层粗砂,以利于基础的弹线工作。

3. 水泥砂浆及混凝土垫层施工

水泥砂浆及混凝土垫层一般采用 M5 水泥砂浆或 C10 混凝土,摊铺厚度为 100 mm,即可作为垫层使用,又可作为墙下防潮层使用。

### 3.2.2 砖基础砌筑

砖基础一般砌成阶梯形,称为大放脚,有等高式和间隔式两种。等高式砖基础是每二皮一收,每边各收 1/4 砖长,每一阶都是 120 mm 高,即基础的高度与基础挑出的宽度之比为 1.5~2.0。间隔式高砖基础的第一阶是二皮一收,第二阶是一皮一收,即第一阶是 120 mm 高,第二阶是 60 mm 高,这样间隔进行,每边也是各收 1/4 砖长,基础的高度与基础挑出的宽度之比等于 1.5,如图 3-3 所示。

(a) 等高式　　　(b) 间隔式

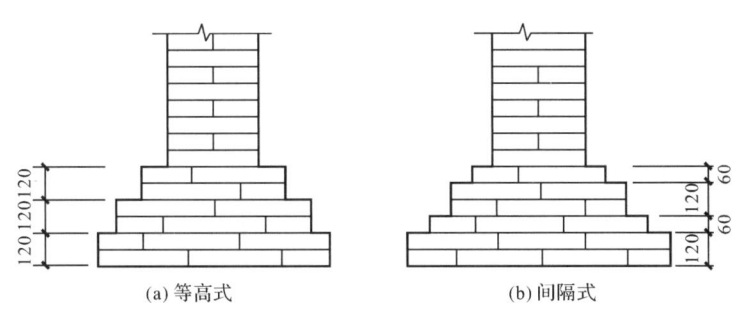

图 3-3　砖基础砌筑形式

## 3.3　砖砌体施工

### 3.3.1　准备工作

1. 砖的准备

砖要按规定及时进场,砖的品种、规格、强度等级和外观必须符合设计要求,规格一致,并按设计要求进行验收。若无出厂证明或合格证,则要送材料试验室进行鉴定。

砌筑烧结普通砖、烧结多孔砖、蒸压灰砂砖、蒸压粉煤灰砖砌体时,砖应提前1~2天适度湿润,严禁采用干砖或处于吸水饱和状态的砖砌筑,以免在砌筑时因干砖吸收砂浆中的水分,使砂浆的流动性降低,并影响砌体的砂浆饱满度。但也不能将砖浇得过湿,过湿使砖不能吸收砂浆中多余的水分,而影响砂浆的密实性、强度和黏结力,从而产生落地灰和砖块滑动现象。砌筑普通混凝土小型空心砌块砌体不需要浇水湿润,如遇天气干燥炎热,宜在砌筑前对其喷水湿润;对轻骨料混凝土小砌块,应提前浇水湿润。

2. 砂浆的准备

砂浆需要按设计要求先向材料试验部门提出试验砂浆配合比申请单,通过试配确定砂浆配合比,以便施工时使用。试配时应采用工程中实际使用的材料,当砌筑砂浆的组分材料有变更时,其配合比应重新确定。水泥砂浆拌和物的密度不宜小于1 900 kg/m³;水泥混合砂浆拌和物的密度不宜小于1 800 kg/m³。水泥砂浆中水泥用量不应小于200 kg/m³;水泥混合砂浆中水泥和掺和料总量宜为300~350 kg/m³。

3. 机具的准备

砌筑前,必须按施工组织设计所确定的垂直运输机械和其他施工机具组织进场并做好机械设备的安装工作,搭设好搅拌棚,安设好搅拌机;同时,准备好脚手工具和砌筑工具,如贮灰槽、铲刀、砍斧、皮数杆、托线板等。

### 3.3.2　砖砌体施工

1. 砖砌体的组砌原则

为了使砖砌体形成牢固的整体,保证结构的稳定性、安全性、耐久性,要求在砌筑时上下错缝,内外搭砌。

① 砖砌体组砌必须错缝搭砌,要求上、下皮砖的搭接长度不小于1/4砖长(约60 mm)。

② 严格控制灰缝厚度,若水平灰缝过厚,可使砌体产生浮滑,对砌体结构不利,产生掉灰

(落地灰),造成浪费;若水平灰缝过薄,砂浆不饱满,使砌体的黏结力不够,同样对砌体整体性不利。将水平和垂直灰缝控制在 8~12 mm,一般灰缝厚度取 10 mm。

③纵、横墙交接处应同时砌筑,以保证墙体的整体性。当不能同时砌筑时,应按规定在先砌的砌体上留出接茬(俗称留茬),后砌的砌体要镶入接茬内(俗称咬茬)。

2.砖砌体的组砌形式

砖砌体的组砌形式主要由墙体厚度决定,目前我国墙体厚度主要有:120 mm 砖墙(半砖墙)、180 mm 砖墙(3/4 砖墙)、240 mm 砖墙(一砖墙)、370 mm 砖墙(一砖半墙)、490 mm 砖墙(两砖墙)等。墙体厚度也决定着砖的组砌形式。依其墙面的组砌形式不同,普通砖砌体的组砌形式如图 3-4 所示。

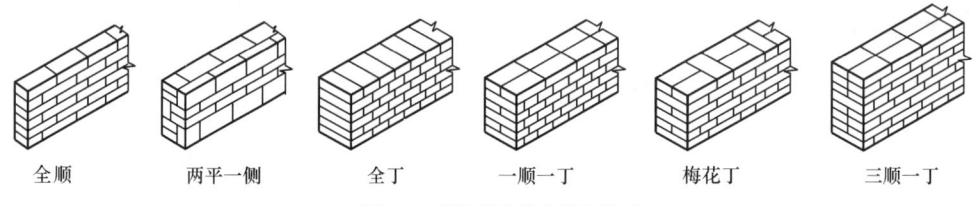

全顺　　　两平一侧　　　全丁　　　一顺一丁　　　梅花丁　　　三顺一丁

图 3-4　普通砖砌体的组砌形式

(1)全顺

全顺砌筑是指每皮砖全部用顺砖砌筑,两皮间竖缝搭接 1/2 砖长。这种组砌方法仅用于 120 mm 砖墙(半砖墙),非承重的隔墙。

(2)两平一侧

两平一侧砌筑是在两皮砌筑的顺砖旁砌一块侧砖,将平砌砖和侧砌砖里外互换,即可组成两平一侧的砌体。这种组砌方法比较费工,但省料,墙体的抗震性能较差,这种砌筑方法仅用于 180 mm 砖墙(3/4 砖墙),作为分隔房间的间壁内墙或者是加保温层的外墙。

(3)全丁

全丁砌筑是全部用丁砖砌筑,上、下皮竖缝相互错开 1/4 砖长。这种砌筑方法仅用于圆形砌体(圆形的建筑物、构筑物),适合砌一砖厚(240 mm)的墙,如水池、烟囱、水塔等墙身。一般采用外圆放宽竖缝、内圆缩小竖缝的方法来形成圆弧。

(4)一顺一丁(满丁满条)

一顺一丁砌筑是一皮顺砖与一皮丁砖间隔砌成,上、下皮竖缝都错开 1/4 砖长。这种组砌方法各皮间上、下错缝,内处搭接,搭接牢靠,砖砌体整体性好;易于操作,变化小;砌砖时容易控制墙面横平竖直。由于上、下皮都要错开 1/4 砖长,在墙的转角、丁字接头、门窗洞口等处都要砍砖;竖缝不易对齐,易出现游丁走缝等问题。这种砌筑方法主要适用于 370 mm 砖墙(一砖半墙)、490 mm 砖墙(两砖墙)。

(5)梅花丁(俗称沙包丁、十字式)

梅花丁砌筑是在同一皮砖层内一块顺砖一块丁砖间隔砌筑(转角处不受此限),上、下两皮间竖缝错开 1/4 砖长,丁砖在四块顺砖中间形成梅花形。主要适合砌 240mm 砖墙(一砖墙)。这种组砌方法内、外竖缝每皮都能错开,故受压时整体性能好,竖缝都相互错开 1/4 砖长,外形整齐美观,对清水墙尤为重要,特别是当砖的规格出现差异时,竖缝易控制。但在施工中由于丁、顺砖交替砌筑,操作时容易搞混,故砌筑费工,效率低。

(6)三顺一丁

三顺一丁砌筑是由三皮顺砖与一皮丁砖相互交替组砌而成,上、下皮顺砖搭接长度为1/2砖长,顺砖与丁砖的搭接长度为1/4砖长。同时要求檐墙与山墙的丁砖层不要同一皮,以利于搭接。一般情况下,在砌第一皮砖时为丁砖,主要用于240 mm砖墙(一砖墙)、承重的内横墙。这种组砌方法省工,同时在墙内的转角、丁字与十字接头、门窗洞口砍砖较少,可提高工作效率。但对工人技术要求高,由于在墙面上露出条面较多,丁面少,顺砖层不易砌平,而且容易向外挤出,所以影响了反面墙面(是指操作人员的外侧面)的平整度。

3.砖砌体施工工艺

首先确定砖砌体的组砌形式,然后进行砌筑。砖砌体施工工艺是:抄平放线→摆砖样搁底(试摆)→立皮数杆→盘角(把大角)→挂线砌筑→楼层的标高控制及各楼层轴线引测→勾缝、清理。

(1)抄平放线

砌筑前应在墙基础上对建筑物标高进行抄平,以保证建筑物各层标高的正确。根据龙门板(或龙门桩)上的轴线弹出墙身线及门窗洞口的位置线,先放出墙的轴线,再根据轴线放出砌墙的轮廓线,以作为砌筑时的控制依据。

(2)摆砖样搁底(试摆)

按照基底尺寸线和确定的组砌方式,不用砂浆,按门、窗洞口分段,在此长度内把砖整个干摆一层。摆砖时应使每层砖的排列和垂直灰缝宽度均匀;通过调整垂直灰缝宽度的方法,避免砍砖,提高砌体的整体性和生产率。摆砖后,用砂浆把干摆的砖组砌起来,称为搁底。

(3)立皮数杆

皮数杆上画有每皮砖和灰缝厚度以及门窗洞口、过梁、楼板、楼层高度等位置,用来控制墙体各部构件的标高,并保证水平灰缝均匀、平整。皮数杆的画法是从进场的各批次砖中随机抽取10块砖样,摞起来,量出砖垛的总厚度,取其平均值作为砖层厚度的依据,再加上灰缝厚度,就可以画出砖灰层的皮数。皮数杆常用截面为50 mm×70 mm的木方做成。

皮数杆一般立在墙的转角处、内纵横墙交接处、楼梯间及洞口多的地方,并每隔10～15 m立一根,防止拉线过长产生挠度。立皮数杆时,要用水准仪定出室内地坪标高±0.000的位置,使每层皮数杆上的±0.000与房屋室内地坪的±0.000位置相吻合。

(4)盘角(把大角)

墙角是两面墙横平竖直的关键部位,从开始砌筑时就必须认真对待,要求由有一定砌筑经验的工人进行。其做法是,在摆砖后先盘砌5皮大角,要求找平、吊直、跟皮数杆灰缝。砌大角要用平直、方整的块砖,用七分头搭接错缝进行砌筑,使墙角处竖缝错开。为了使大角砌得垂直,开始砌筑的几皮砖一定要用线锤与托线板将它校直,以此作为以后砌筑时向上引直的依据。标高与皮数控制要与皮数杆相符。

(5)挂线砌筑

在砖砌体的砌筑中,为了保证墙面的水平灰缝平直,必须挂线砌筑。盘角5皮砖完成后,(每次砌筑高度不超过5皮砖),就要进行挂线,以便砌筑墙的中间部分墙体。在皮数杆之间拉线,对于240 mm(一砖墙)砖墙,应单面挂线;对于370 mm(一砖半墙)以上砖墙,应双面挂线,挂线时两端必须将线拉紧。线挂好后,在墙角处用别棍(小木棍)别住,防止线陷入灰缝中去。在砌筑过程中,经常检查有无砖顶线或小线中部塌腰地方,为防止顶线和塌腰,需要在中间设腰线砖。

(6)楼层的标高控制及各楼层轴线引测

各层墙体的轴线应重合,轴线位移必须在允许范围内。为满足这一要求,在底层施工时,根据龙门板上标注的轴线将墙体轴线引测到房屋的外墙基面上。为防止轴线桩丢失给工作带来不便,所以要做引桩。二层以上的轴线用经纬仪由引桩向上引。

各楼层的标高除用皮数杆控制外,还可以用在室内弹出水平线的方法控制。在底层砌到一定高度后,在各墙的墙角引测出标高的控制点,相邻两墙角的控制点间用墨线弹出水平线,控制点高度一般为 300 mm 或 500 mm(称 30 线或 50 线),弹线要避开水平灰缝,用来控制底层过梁、圈梁及楼板的标高。第二层墙体砌到一定高度后,先从底层水平线用钢尺往上量取第二层水平线的第一个标高点,以该标志为准,用水准仪定出各墙面的标高点,将各标高点弹线连接,即第二层的水平线,以此控制第二层的各标高。

(7)勾缝、清理

勾缝是清水墙施工的最后一道工序,勾缝要求深浅一致、颜色均匀、黏结牢固、压实抹光、清晰美观。勾缝根据所用材料不同可分为原浆勾缝和加浆勾缝两种。原浆勾缝直接用砌筑砂浆勾缝;加浆勾缝用 1∶1~1∶1.5 水泥砂浆勾缝,砂为细砂,水泥采用 32.5 级的普通水泥,稠度为 40~50 mm,因砂浆用量不多,故一般采用人工拌制。

勾缝形式有平缝、斜缝、凹缝和凸缝等,如图 3-5 所示。常用的是凹缝和平缝,深度一般凹进墙面 4~5 mm,勾缝的顺序是从上而下,先勾横缝,后勾竖缝,在勾缝前一天将墙面浇水浸透,以利于砂浆的黏结。一段墙勾完以后要用笤帚把墙面清扫干净。

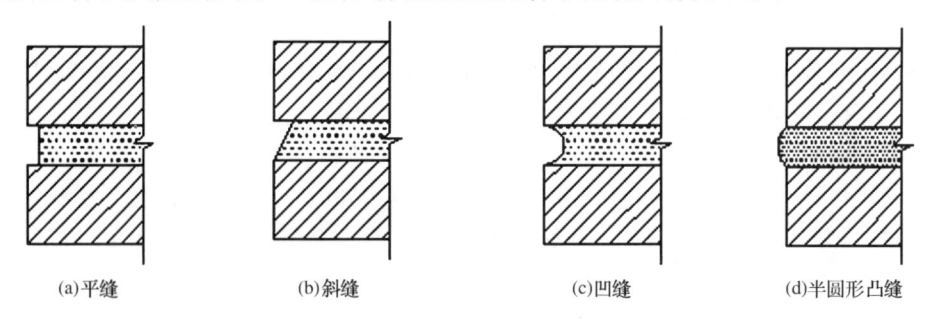

(a)平缝　　(b)斜缝　　(c)凹缝　　(d)半圆形凸缝

图 3-5　勾缝形式

4.砖砌体的质量要求与保证措施

(1)砖和砂浆

砖的等级越高,砌体的抗压强度也越高。同样,砂浆等级越高,砖和砂浆横向变形的差异越小,砌体强度也会越高。需要说明的是,通过过分提高砂浆的强度等级来提高砌体强度的方法是不经济的。实践表明:当砂浆的等级较高时,砖砌体的强度虽然也随着砂浆强度有所提高,但提高比例是很小的。因此,砂浆的等级一般不宜超过砖的等级,提高砌体强度和耐久性的关键,主要在于砖的尺寸准确、表面平整、规格一致、砂浆和易性好,更重要的是精心施工,确保质量。

(2)施工操作

施工操作对砖砌体工程质量影响较大,也体现着施工管理水平和技术水平。砖砌体工程总的质量要求是:横平竖直、砂浆饱满、组砌得当、接茬可靠。

①横平竖直：灰缝平直且对齐，厚度均匀，控制在 10 mm 左右，每两层砖的结合面必须水平，砌筑时严格按照皮数杆拉线，随时检查，做到"三线一吊、五线一靠"。

②砂浆饱满：水平灰缝的砂浆必须饱满，以保证传力均匀和使砖块紧密连接；竖向灰缝必须垂直对齐，对不齐而错位的称为游丁走缝，影响外观质量。竖缝的砂浆饱满能避免透风、漏水且保温性能好。

砖砌体的砂浆饱满度采用百格网法检查，百格网与一块砖尺寸相同，要求砂浆饱满度≥80%。砂浆是否饱满与砌筑的铺灰方法、砂浆的和易性以及砖的湿润程度有关。因此，在施工中采取如下措施：采用和易性、保水性好的砂浆，因水泥砂浆保水性及和易性较差，砌筑时不易铺开摊平，故采用混合砂浆；砌砖操作采用"三一砌筑法"，即一铲灰、一块砖、一挤揉，操作时把灰浆铺在墙上，略微推开摊平（铺灰长度为一块砖），然后将砖按砌在砂浆面上，并稍用力挤一点砂浆在顶头竖缝，称为碰头灰，再揉一揉，随手刮去挤出的砂浆。

③组砌得当：砖砌体是由砖块组砌而成的，为了保证砌体有一定的强度和稳定性，各种砌体必须按照一定的组合形式砌筑。基本原则是砖块间错缝搭砌，不能有过长的通天缝（砌体内外），尽量减少砍砖，利于提高生产率，门窗位置要正。根据经验，最常用的组砌形式有一顺一丁、三顺一丁等。

④接茬可靠：接茬就是先砌和后砌的砌体之间的接合，接茬合理与否对建筑物的质量有很大的影响，直接影响到建筑物的整体性，特别是在地震区显得尤为重要。

外墙的转角处及内纵横墙之间的墙体连接，在砌筑时是非常关键的部位，应同时砌筑，严禁无任何措施的内、外墙分砌施工。对不能同时砌筑或因施工组织等原因需要留置的临时间断处，应按照规定在先砌的砌体上留出接茬（俗称留茬），后砌的砌体要镶入接茬内（俗称咬茬）。

留茬方式有斜茬和直茬两种，如图 3-6 所示。

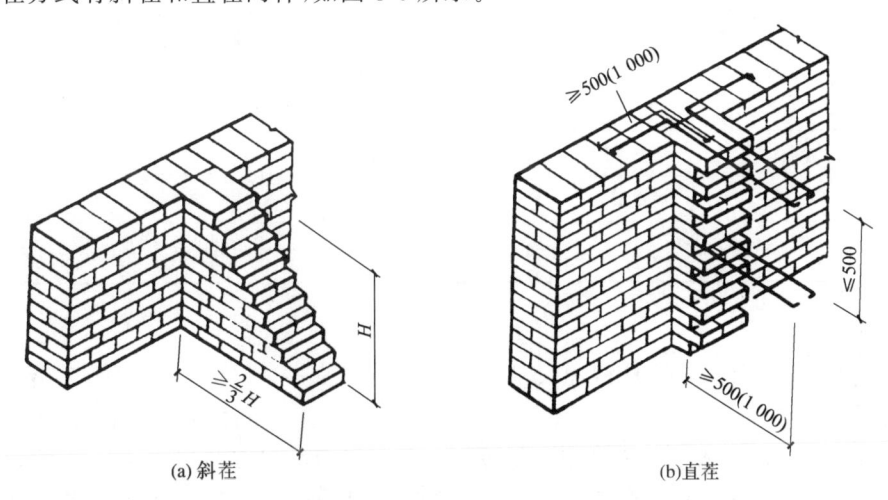

图 3-6 两种留茬方式
(a) 斜茬　(b) 直茬

斜茬又称踏步茬，对不能同时砌筑而又必须留置的临时间断处应砌成斜茬，因先砌和后砌的砌体接合面砂浆饱满，砌筑后不影响建筑物的整体性，所以尽量留斜茬。斜茬的水平投影长度不应小于墙高度的 2/3，如图 3-6(a) 所示。

直茬必须留置成阳茬。非抗震设防及抗震设防烈度为 6 度、7 度地区的临时间断处，当不能留斜槎时,除转角处外,可留直槎;因先砌和后砌的砌体接合面砂浆不饱满,影响建筑物的整体性,所以在留槎处应加设拉结钢筋;沿墙高每隔 500 mm(约 8 皮砖)设一道,埋入墙内长度从留槎处算起,每边不小于 500 mm;对抗震设防烈度为 6 度、7 度的地区不应小于 1 000 mm;钢筋端部加 90°或 180°弯钩,其数量以每 120 mm 厚墙(半砖墙)为基础,放置 1ϕ6 拉结钢筋,240 mm 厚墙(一砖墙)放置 2ϕ6 拉结钢筋,370 mm 墙(一砖半墙)放置 3ϕ6 拉结钢筋,如图 3-6(b)所示。

(3)砖砌体的允许偏差

烧结普通砖砌体的位置及垂直度允许偏差应符合表 3-3。

表 3-3　　　　　　烧结普通砖砌体的位置及垂直度允许偏差

| 项次 | 项目 | | 允许偏差/mm | 检查方法 |
|---|---|---|---|---|
| 1 | 轴线位置偏移 | | 10 | 用经纬仪和尺检查或用其他测量仪器检查 |
| 2 | 垂直度 | 每层 | 5 | 用 2 m 托线板检查 |
| | | 全高 ≤10m | 10 | 用经纬仪、吊线和尺检查或用其他测量仪器检查 |
| | | >10m | 20 | |

普通砖砌体的一般尺寸允许偏差应符合表 3-4。

表 3-4　　　　　　普通砖砌体一般尺寸允许偏差

| 项次 | 项目 | | 允许偏差/mm | 检查方法 |
|---|---|---|---|---|
| 1 | 基础顶面和楼面标高 | | ±15 | 用水准仪和尺检查 |
| 2 | 表面平整度 | 清水墙、柱 | 5 | 用 2 m 靠尺和楔形塞尺检查 |
| | | 混水墙壁 | 8 | |
| 3 | 门窗洞口高、宽(后塞口) | | ±10 | 用尺检查 |
| 4 | 外墙上、下窗口偏移 | | 20 | 以底层窗口为准,用经纬仪或吊线检查 |
| 5 | 水平灰缝平直度 | 清水墙 | 7 | 拉 10 m 线和尺检查 |
| | | 混水墙 | 10 | |
| 6 | 清水墙游丁走缝 | | 20 | 吊线和尺检查,以每层第一批砖为准 |

5.构造柱施工

设有构造柱的墙体,构造柱截面尺寸不应小于 240 mm×180 mm,钢筋采用 HPB235 级钢筋,竖向受力钢筋一般采用 4 根,直径为 12 mm。箍筋的直径为 4～6 mm,其间距不宜大于 250 mm。砖墙与构造柱应沿墙高每隔 500 mm 设置 2 根直径为 6 mm 的水平拉结钢筋,拉结筋两边伸入墙内不应小于 1 m。拉结钢筋穿过构造柱部位与受力钢筋绑牢。当墙上门窗洞边到构造柱边的长度小于 1 m 时,拉结钢筋伸到洞口边为止。在外墙转角处,如纵横墙均为一砖半墙,则水平拉结钢筋应用 3 根。图 3-7 是砖墙转角及 T 字交接处构造柱水平拉结钢筋的布置。

(a)转角处　　(b)T字接头处

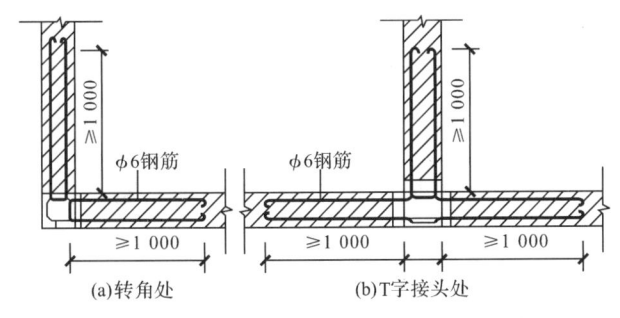

图 3-7　砖墙转角及 T 字交接处构造柱水平拉结钢筋布置

当设计烈度为 7 度时,砖墙与构造柱相接处,砖墙可砌成直边。当设计烈度为 8 度、9 度时,砖墙与构造柱相接处,砖墙应砌成马牙槎,每个马牙槎沿高度方向的尺寸不宜超过 300 mm(或 5 皮砖高);每个马牙槎退进应大于 60 mm。每个楼层面开始,马牙槎应先退槎后进槎(图3-8)。在构造柱和圈梁相交的节点处应适当加密构造的箍筋,加密范围从圈梁上、下边算起均不应小于层高的 1/6 或 450 mm,箍筋间距不宜大于 100 mm。

构造柱的施工顺序是:绑扎钢筋→砌砖墙→支模板→浇捣混凝土。

在浇筑构造柱混凝土前,清理模板内的砂浆残块、砖渣等杂物,必须将砖墙和模板浇水润湿(钢模板面不浇水,刷隔离剂)。混凝土坍落度一般以 50～70 mm 为宜。构造柱混凝土应在砌体达到一定强度后分段浇筑,每段高度不宜大于 1.8 m,或每个楼层分两次浇筑。在施工条件较好并能确保浇捣密实时,也可每一楼层进行一次浇筑。宜采用插入式振动器分层捣实。必须在该层构造柱混凝土浇捣完毕后,才能进行上一层的施工。

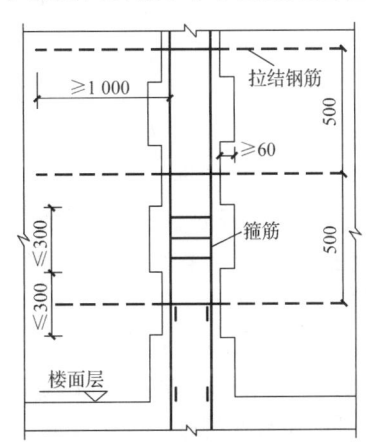

图 3-8　砖墙与构造柱连接处构造

## 3.4　中小砌块施工

近年来我国进行了墙体材料改革,能够利用工业废渣或天然材料制作成各种中小型砌块,替代黏土砖,用于建筑结构的墙体。砌块建筑具有适应性强,能满足使用功能的要求,劳动生产率高,成本低,并可利用工业废料处理城市废料等优点,适用于框架结构的填充墙。

砌块种类、规格较多,按砌块使用的材料不同,分为普通混凝土小型空心砌块、轻骨料混凝土小型空心砌块、粉煤灰硅酸盐砌块、页岩陶粒混凝土空心砌块、加气混凝土砌块等。

普通混凝土小型空心砌块按其强度分为 MU3.5、MU5、MU7.5、MU10、MU15、MU20 六个强度等级,主规格尺寸为 390 mm×190 mm×190 mm,有两个方形孔,最小外壁厚应不小于 30 mm,最小肋厚应不小于 25 mm,空心率应不小于 25%。

轻骨料混凝土小型空心砌块以水泥、轻骨料、砂等预制而成。按其强度分为 MU1.5、MU2.5、MU3.5、MU5、MU7.5、MU10 六个强度等级,主规格尺寸为 390 mm×190 mm×190 mm,按其孔的排数有单排孔、双排孔、三排孔和四排孔四类。

粉煤灰硅酸盐砌块以粉煤灰、石灰、石膏和轻骨料为原料,加水搅拌、振动成形、蒸汽养护而成的密实砌块。主规格砌块尺寸为 880 mm×380 mm×240 mm、880 mm×430 mm×240 mm,砌块端面留有灌浆槽,坐浆面宜设抗剪槽。按其强度分为 MU10、MU13 两个强度等级。

中型砌块是指块高在 380～940 mm,质量在 0.5 t 以内,能用小型、轻便的吊装工具运输的砌块。而块高在 190～380 mm 的称为小型砌块。在工程中,小型砌块用得比较多。

### 3.4.1 砌块安装前的准备工作

砌块在砌筑安装前,需要做好材料、砌块堆放与运输和编制砌块排列图等准备工作,最后确定砌块安装方案等工作。

1. 材料准备

根据设计要求准备好所用砌块,如规格、型号、模数、强度等级等,了解最大砌块的单块质量,以确定砌块的运输方式。当砌块模数不能符合设计尺寸的要求时,应准备普通砖来调整。水泥、砂子、掺和料、拉结钢筋等按要求准备。

2. 砌块的堆放与运输

(1) 砌块的堆放

砌块的堆放应按规格、型号分别堆放在平整、坚实的地基上,利于排水,便于砌块的装卸和搬运,并考虑操作地点和砌块的安装顺序,尽可能减少二次搬运。小型砌块应上、下皮交错叠放,堆放高度不宜超过 1.6 m。

(2) 砌块的运输

砌块数量多,但质量不大,一般采用小型起重机械吊装,砌块运输多采用井架进行垂直运输,用台灵架进行安装。对于较大的工程,采用轻型塔吊进行垂直和水平运输。

3. 编制砌块排列图

砌块排列图是根据建筑施工图上门、窗洞口大小、层高尺寸、砌块错缝、搭接的构造要求和灰缝大小确定的。砌块的规格、型号应符合一定的模数。应合理地确定砌块规格,其规格越少越好,其大小还要考虑施工时便于搬运和吊装等。在排列时,以主规格砌块为主,不足一块时可以用副规格砌块替代,尽量做到不镶砖。砌块排列图按上述要求把各种规格的砌块排列出来,同规格砌块为同一编码,有镶砖的地方在砌块排列图上画出来,主要以立面图表示,每面墙绘制一张砌块排列图,如图 3-9 所示。

在墙体上大量使用的主要规格砌块称为主规格砌块,与它搭配使用的砌块称为副规格砌块。为了使砌块合理排列,加快

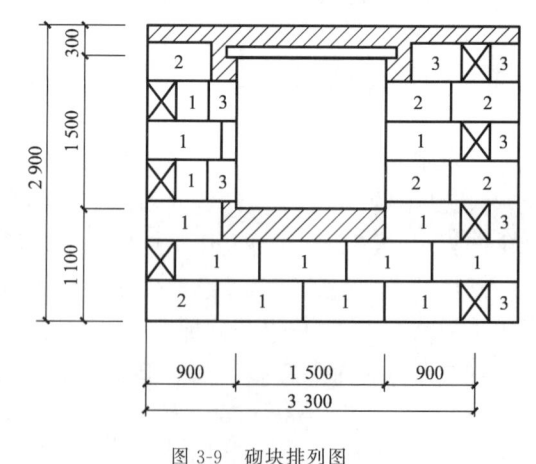

图 3-9 砌块排列图
1—主规格砌块;2、3—副规格砌块

施工进度,在施工前应编制砌块排列图,施工时按砌块排列图施工。设计若无规定时,砌块排列图应按下列要求编制:

(1)尽量采用主规格砌块,主规格砌块量多,副规格砌块量少。

(2)砌块必须错缝搭砌,搭砌长度应为砌块长度的 1/2 或不得小于块高的 1/3。

(3)错缝与搭接小于 150 mm 时,应在每皮砌块水平缝处采用 2φ6 钢筋或 φ4 的钢筋网片连接加固,加强筋长度不应小于 500 mm。

(4)局部必须镶砖时,应尽量少镶砖,镶砖时采取分散、对称布置。

### 3.4.2 砌块施工工艺

砌块施工的主要工序是:铺灰→吊砌块就位→校正→灌缝→镶砖。

1. 铺灰

砌块施工所用的砂浆应具有较好的和易性,以保证铺灰均匀,砂浆饱满,砂浆层厚度控制在 15 mm,砂浆稠度控制在 70~80 mm,宜采用混合砂浆,强度等级不低于 M2.5。水平灰缝铺设平整,铺设长度较砌块稍长些(≤5 m),宽度宜缩进墙面约 5 mm。竖缝灌浆应在校正好以后及时进行。

2. 吊砌块就位

吊砌块的顺序一般先外墙后内墙,先远后近,从下到上按流水分段进行安砌。安砌时,先安装转角砌块(俗称定位砌块),再安装中间砌块,砌块应逐皮均匀地安装,不应集中安装一处。吊装时应直起直落,下落速度要慢,在离安装位置 300 mm 左右时,对准位置徐徐下落,使其稳妥地引放在铺好的砂浆层上。

3. 校正

校正时一般将墙两端的定位砌块用垂球和托线板校正垂直度,用拉准线或水平尺的方法校正水平度。校正时可用人力轻微推动砌块或用撬杠拨正,质量在 150 kg 以下的砌块可用木槌敲击偏高处。较大的偏差应抬起后重新安放,同时将原铺砂浆铲除后重新铺设。

4. 灌缝

在砌完两块以上的砌块并校正平直后应进行灌竖缝。竖缝应用内外临时夹板夹住灌砂浆,用竹片插捣或铁棒捣实。灌缝要密实,当竖缝宽度>20 mm 时,应采用细石混凝土灌缝,其强度应不小于 C20。完成一段墙体的砌筑以后,随即进行水平和垂直缝的勒缝(原浆勾缝)。此后,砌块一般不准撬动,以防止破坏砂浆的黏结力。

5. 镶砖

镶砖主要用于较大的竖缝和过梁找平等。镶砌砖的强度等级,应不低于砌块的强度等级,一般不宜低于 MU10,砖应平砌,任何情况下不得斜砌或竖砌。镶砖用的砂浆与砌块相同,灰缝厚度控制在 6~15 mm,镶砖与砌块间的竖缝控制在 15 mm。两砌块中间竖缝不足 145 mm 时不应镶砖,应用细石混凝土灌注。

## 3.5 填充墙砌体施工

填充墙是框架、框剪结构或钢结构中用于围护或隔断的墙体,目前高层建筑中填充墙施工非常普遍。填充墙砌体施工顺序一般是先结构,后填充,最好从顶层向下层砌筑,防止结构因墙体重力作用产生的变形量向下传递而造成下层先砌筑的墙体产生裂缝。如果工期太紧,填充墙砌体施工必须由底层逐步向顶层进行,则墙顶的连接处理需要待全部砌体完成后,从上层向下层施工。

### 3.5.1 填充墙砌筑用块材

**1. 烧结空心砖**

烧结空心砖是以黏土、页岩、煤矸石、粉煤灰为主要原料经焙烧而成的孔洞率≥35%、孔的尺寸大而数量少的砖。其孔洞垂直于顶面，砌筑时要求孔洞方向与承压面平行。因为它的孔洞大，强度低，所以主要用于砌筑非承重墙体或框架结构的填充墙。

**2. 蒸压加气混凝土砌块**

蒸压加气混凝土砌块是以钙质材料（水泥、石灰等）、硅质材料（砂、矿渣、粉煤灰等）以及加气剂等，经配料、搅拌、浇筑、发气、切割和蒸压养护而成的多孔硅酸盐砌块。蒸压加气混凝土砌块的规格较多，砌块质量轻，表观密度约为黏土砖的1/3，具有保温、隔热、隔音性能好、抗震性强、耐火性好、易于加工、施工方便等特点，是应用较多的轻质墙体材料之一。适用于低层建筑的承重墙、多层建筑的间隔墙和高层框架结构的填充墙，也可用于一般工业建筑的围护墙。在无可靠的防护措施时，该类砌块不得用于水中、高湿度和有侵蚀介质的环境中，也不得用于建筑物的基础和温度长期高于80 ℃的建筑部位。

### 3.5.2 填充墙砌体的组砌方式和构造要求

**1. 填充墙砌体的组砌方式**

填充墙砌体的组砌方式只有全顺一种，即各皮砌块均为顺砌，上、下皮竖缝相互错开1/2砌块长。

**2. 填充墙底部与结构的连接**

用轻骨料混凝土小型空心砌块或蒸压加气混凝土砌块砌筑墙体时，墙底部应砌烧结普通砖、多孔砖、普通混凝土小型空心砌块或现浇混凝土坎台等，其高度不宜小于150 mm。

**3. 填充墙顶部与结构的连接**

填充墙砌至接近梁、板底时，应留一定空隙，待填充墙砌筑完并应至少间隔14 d后，再将空隙补砌挤紧。具体做法见图3-10。

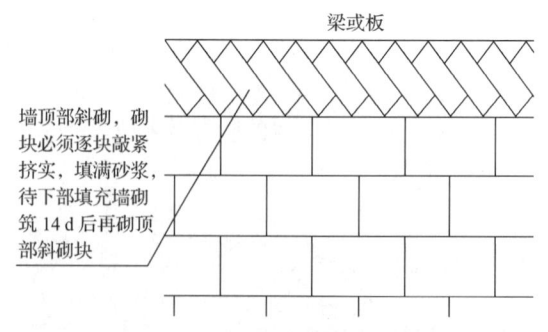

图3-10 填充墙顶部与结构的连接示意图

**4. 填充墙两端与结构的连接**

填充墙应与框架柱或剪力墙进行锚固，锚固拉结钢筋的规格、数量、间距、长度应符合设计要求。一般可采用在构件上预埋铁件加焊拉结钢筋或植筋的方法。植筋是在混凝土构件上按需要钻一定深度和直径的孔，然后用专用结构胶将拉结钢筋粘于孔洞中的方法。前者在混凝土浇筑施工时预埋铁件移位或遗漏会给填充墙施工带来麻烦,为了施工方便,目前常采用植筋的方式,效果较好。

此外,当墙长或相邻横墙之间的距离大于2倍墙高时,应在墙中设置构造柱,构造柱间距不大于2倍墙高;当墙长大于墙高且端部无柱时,应在墙端设置构造柱;当墙高大于4 m时,应在墙中设置现浇梁带,现浇梁带间距不大于4 m。

5. 填充墙与门窗洞口的连接

由于填充墙与门窗洞口直接连接不易达到要求,特别是门窗较大时,施工中通常采用在洞口两侧做混凝土构造柱、预埋混凝土预制块或镶砖的方法。填充墙在窗台顶面应做成混凝土压顶,以保证门窗洞口与填充墙的可靠连接。

6. 填充墙砌体的构造要求

(1)填充墙砌体填充平面位置不得随意更改。应根据建筑施工图按要求预留墙体插筋。

(2)填充墙砌体应沿框架柱(包括构造柱)或钢筋混凝土墙全高每隔500 mm设置2$\phi$6拉筋,拉筋伸入填充墙砌体内的长度不小于填充墙长的1/5,且不小于700 mm。

(3)当因填充墙砌体转角部位底部无梁而未设置构造柱时,应沿墙高每隔500 mm设置转角拉筋。

(4)填充墙砌体内的构造柱一般不在各楼层结构平面图中画出,一律按以下原则设置:

①填充墙砌体长度大于层高的2倍时,宜设置钢筋混凝土构造柱。

②外墙及楼梯墙转角处,一般填充墙砌体转角无混凝土墙柱处,设置构造柱。

③填充墙砌体端部无翼墙或混凝土柱(墙)时在端部增设构造柱。构造柱尺寸:墙宽×240,纵向钢筋为4$\phi$12,箍筋为$\phi$6@200,但两端加密。

④填充墙砌体与柱的连接构造如图3-11所示。

(5)填充墙砌体长度>5 m时,墙体填充顶部与梁板应有可靠连接。

(6)填充墙砌体高度大于4 m时,墙体半高处或门洞上皮设与柱连接且沿全墙贯通的钢筋混凝土水平圈梁,圈梁高为200 mm,宽同墙宽,配筋为4$\phi$12、$\phi$6@200。若水平圈梁遇过梁,则兼做过梁并按过梁增配钢筋,柱(墙)施工时,应在相应位置预留4$\phi$12与圈梁纵向钢筋相连。

(7)填充墙砌体不砌至梁、板底时,墙顶必须增设一道通长圈梁。圈梁高为200 mm、宽同墙宽,配筋为4$\phi$12、$\phi$6@200。

(8)填充墙砌体内的构造柱应先砌墙后浇混凝土,施工主体结构时,应在上、下楼层梁的相应位置预留相同直径和数量的插筋与构造柱纵向钢筋相连。

(9)框架柱(或构造柱)边砖墙垛长度不大于120 mm时,可采用素混凝土整浇。

(10)填充墙砌体内门窗洞口顶部无梁时,均按设计要求设置钢筋混凝土过梁。

(11)在填充墙砌体与混凝土构件周边接缝处,应固定设置镀锌钢丝网,其宽度不小于200 mm。

(12)墙体开设管线槽时应使用开槽机,严禁敲击成槽。管线埋设后,小孔和小槽用水泥砂浆填补,大孔和大槽用细石混凝土填满。

(13)在底层和顶层的外墙窗台处,应设置通长的水平现浇混凝土窗台梁;同时,应在混凝土墙与柱相应位置预留钢筋,以便钢筋搭接或焊接。

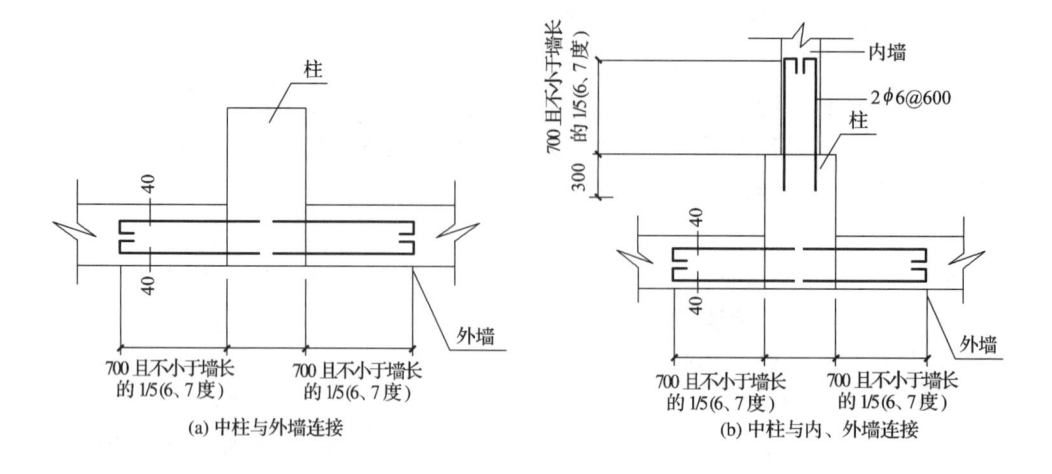

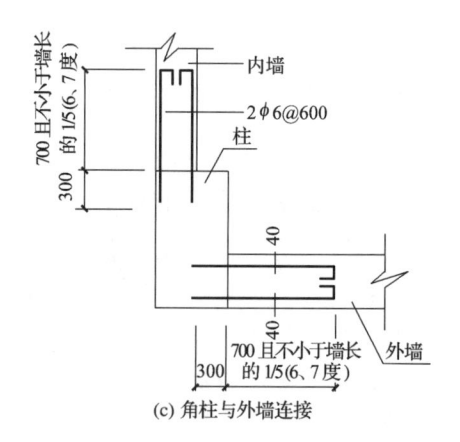

图 3-11 填充墙砌体与柱的连接构造

### 3.5.3 填充墙砌体工程的施工要点

(1)为有效控制砌体收缩裂缝和保证砌体强度,蒸压加气混凝土砌块、轻骨料混凝土小型空心砌块砌筑时,其产品龄期应超过 28 d。

(2)在空心砖、蒸压加气混凝土砌块和轻骨料混凝土小型空心砌块等的运输、装卸过程中,严禁抛掷和倾倒。进场后应按品种、规格分别堆放整齐,堆置高度不宜超过 2 m。加气混凝土砌块应防止雨淋。

(3)填充墙砌筑前,块材应提前 2 d 浇水湿润,以达到适当的含水率:空心砖宜为 10%~15%,轻骨料混凝土小型空心砌块宜为 5%~8%。蒸压加气混凝土砌块砌筑时,应向砌筑面适量浇水,含水率宜控制在小于 15%(粉煤灰加气混凝土砌块的含水率宜小于 20%)。

(4)蒸压加气混凝土砌块砌体和轻骨料混凝土小型空心砌块砌体不应与其他块材混砌。但对于因构造需要的墙底部、墙顶部、局部门窗洞口处,可酌情采用其他块材补砌。

## 3.6 砌体工程安全技术

在操作之前必须检查操作环境是否符合安全要求,道路是否畅通,机具是否完好牢固,安全设施和防护用品是否安全,检查符合要求后方可施工。

检查脚手架是否符合安全操作规程的要求,在大风、雨雪后,应对脚手架进行详细检查,如发现有立杆沉陷或悬空、立杆弯曲、扣件松动、架子歪斜、横向支撑和剪刀撑变形等情况,应及时纠正处理;高于建筑物四周的钢脚手架、钢垂直运输架在雷雨季节要安设避雷装置。采用里脚手架砌砖时,在一层以上或高度超过 4 m 时,必须搭设宽度不小于 3 m 的安全网,采用外脚手架应设护身栏杆和挡脚板方可砌筑。在脚手架上堆放的砖,必须堆得平直整齐,高度不得超过 3 皮侧砖,灰槽牢靠,在架子上堆料不得超过规定荷载,同一块脚手板上的操作人员不应超过 2 人,不准用不稳固的工具或物体在脚手板面垫高操作,更不准在未经过加固的情况下,在一层脚手架随意叠加一层。

高空施工时,不得在脚手架上奔跑或多人挤在一起,以防脚手架负重过度而发生意外。砖墙上禁止走动,以免影响质量和发生危险。

砌体工程是土木工程中最古老的工种工程之一,已有上千年的历史。如我国的万里长城体现了中国古代人民智慧的结晶,也是中华民族的象征;还有现存众多的古城墙、宫殿和庙宇都是由砌体构成。传统砌体生产要消耗大量黏土,耕地受到破坏,从而影响人类可持续发展,但建设工程的发展不得以牺牲生态文明为代价。为了保护环境,守住"土地红线",在砌块生产材料方面进行更新,现多采用了工业副产品(如粉煤灰、矿渣等),并可促使循环经济的发展,同时在满足建设工程需求条件下,生态环境和土地资源得到保护。

在同一垂直面内上下交叉作业时,必须设置安全隔板,下方施工人员必须戴安全帽。人工垂直往上或往下(基坑)传递砖石时,要搭递砖梯子,架子的站人板宽度应不小于 600 mm。

### 复习思考题

1. 砌筑砂浆的种类分哪几种?分别用于什么部位?
2. 砌筑砂浆的搅拌时间如何确定?采用何种搅拌方法?
3. 解释通缝、透明缝、瞎缝和假缝的概念。
4. 常见的砖砌体的组砌形式有哪几种?分别用于何种墙体?
5. 砖砌体的组砌原则包括哪些内容?
6. 砖墙砌体的施工工艺是什么?各有什么要求?
7. 皮数杆在施工中的作用是什么?
8. 砖墙砌体的质量要求是什么?如何检查砂浆饱满度?
9. 砖墙砌体若不可能同时砌筑时,应按规定在先砌的砌体上留出接槎,留槎形式有几种?有什么要求?
10. 填充墙的施工应该注意什么?
11. 简述中小砌块的特点、种类及适用范围。
12. 编制砌块排列图需满足哪些要求?
13. 砌块砌体的施工工艺是什么?应满足哪些要求?
14. 填充墙砌体的组砌方式和构造要求有哪些?

# 模块 4 钢筋混凝土工程

## 4.1 概述

钢筋混凝土工程施工由模板工程、钢筋工程和混凝土工程三部分组成。其中模板工程包括模板设计、选配、安装、拆除等工序；钢筋工程包括钢筋加工、安装等；混凝土工程包括混凝土配比设计、搅拌、运输、浇筑、养护、表面修补等。

近年来钢筋混凝土施工技术发展迅速，采用了新工艺和新技术，如模板工程中的组合模具、滑升模板、台模、爬模等新型模具也获得了广泛的使用。钢筋工程机械化、自动化施工水平正逐步提高，如数字程控调直剪切机、光电控制电焊机、钢筋配料电算程序等新技术已开始采用。混凝土工程已普遍实现机械化，混凝土生产已实现配料、称量、搅拌、运输自动化；出现了混凝土泵送、水下浇筑、高频振动、免振混凝土、太阳能养护等新技术。

## 4.2 模板工程

### 4.2.1 种类和构造

模板是使混凝土结构和构件按设计的几何尺寸成形的模型板。一般模板工程要经过模板设计、模板安装以及模板拆除三个过程。模板系统包括模板系统和支撑系统两大部分。此外，尚需要适量的紧固连接件。模板系统与混凝土直接接触，需要保证构件尺寸正确。支撑系统则起到支撑模板的作用，应保证位置正确和足够的承载能力。模板工程必须满足下列要求：

(1) 保证结构和构件的形状、位置、尺寸准确。
(2) 具有足够的强度、刚度和稳定性。
(3) 构造简单、装拆方便，便于钢筋绑扎与安装，有利于混凝土的浇筑与养护。
(4) 接缝严密，不得漏浆。
(5) 用料经济，能多次周转使用，降低成本。

模板按所用的材料不同分为木模板、钢木模板、胶合板模板、钢竹模板、钢模板、塑料板、玻璃钢模板、铝合金模板等。

### 4.2.2 组合模板与工具式支撑件

组合模板也称为定型组合钢模板，这种模板重复使用率高，周转使用次数可达 100 次以上,但一次投资费用大。组合模板由平面模板、阳角模板、阴角模板、连接角模及连接配件组成,如图 4-1 所示。它可以拼成不同尺寸、不同形状的模板,以适应基础、柱、梁、板、墙施工的需要。组合模板尺寸适中,轻便灵活,装拆方便,既适用于人工装拆,又可预先拼成大模板、台模等,然后用起重机吊运安装。

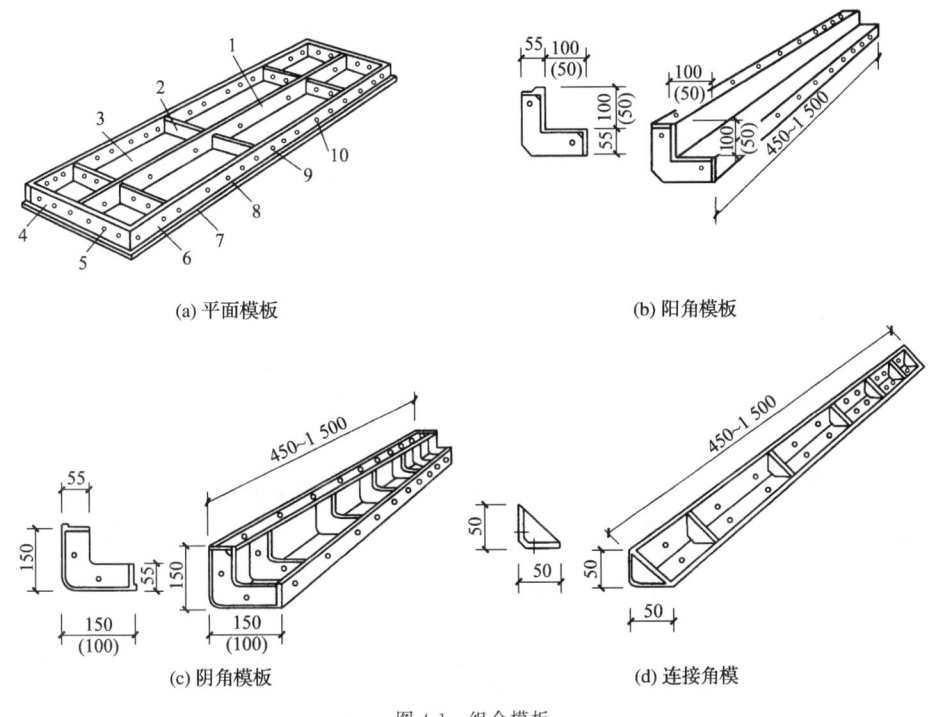

(a) 平面模板

(b) 阳角模板

(c) 阴角模板

(d) 连接角模

图 4-1 组合模板
1—中纵肋;2—中横肋;3—面板;4—横肋;5—插销孔;
6—纵肋;7—凸棱;8—凸毂;9—U形卡孔;10—钉子孔

1. 组合模板

常用的组合模板有钢定型模板和钢木定型模板等。在这里主要介绍钢定型模板。

(1) 钢定型模板的组成

钢定型模板由边框、面板和纵、横肋组成。面板由厚度为 2.5~3.0 mm 薄钢板压轧成形。面板的宽度以 100 mm 为基础规格,按 50 mm 晋级;长度以 450 mm 为基础规格,按 150 mm 晋级。边框及纵、横肋为 55 mm×2.8 mm 的扁钢,边框开有圆孔。常用组合模板规格见表 4-1。

表 4-1　　　　　　　　　　常用组合模板规格　　　　　　　　　　mm

| 名　称 | 宽　度 | 长　度 | 肋　高 |
| --- | --- | --- | --- |
| 平面模板(P) | 600、550、500、450、400、350、300、250、150、100 | 1 800、1 500、1 200、900、750、600、450 | 55 |
| 阴角模板(E) | 150×150、100×150 | | |
| 阳角模板(Y) | 100×100、50×50 | | |
| 连接角模(J) | 50×50 | | |

用表 4-1 中的板块可以组合拼成长度和宽度方向上以 50 mm 晋级的各种尺寸。钢定型模板配板设计中,遇有不合 50 mm 晋级的模数尺寸,空隙部分可用木模填补。

(2)钢定型模板连接配件

钢定型模板连接配件包括 U 形卡、L 形插销、紧固螺栓、钩头螺栓、对拉螺栓等,如图 4-2 所示。

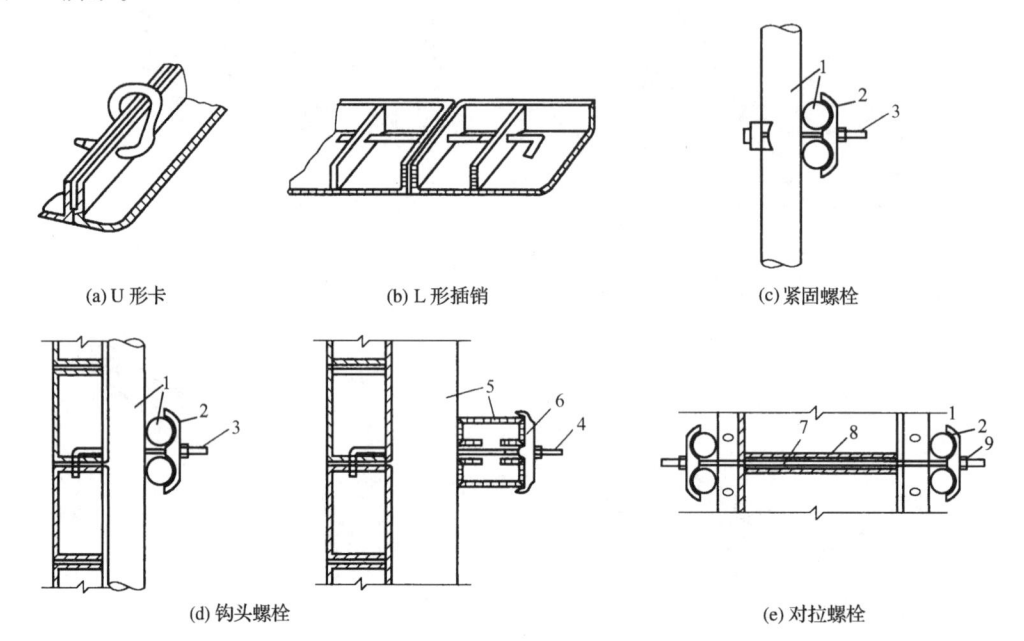

(a) U 形卡　　(b) L 形插销　　(c) 紧固螺栓

(d) 钩头螺栓　　(e) 对拉螺栓

图 4-2　钢定型模板连接配件

1—圆钢管钢楞;2—3 形扣件;3—钩头螺栓;4—内卷边槽钢楞;5—蝶形扣件;
6—紧固螺栓;7—对拉螺栓;8—塑料套管;9—螺母

U 形卡用于钢定型模板与钢定型模板间的拼接,其安装间距一般不大于 300 mm,即每隔一孔卡插一个,安装方向一顺一倒相互错开,如图 4-2(a)所示。

L 形插销用于两个钢定型模板端肋与端肋的连接,将 L 形插销插入钢定型模板端部横肋的插销孔内,如图 4-2(b)所示。当需要将钢定型模板拼接成大块模板时,除了用 U 形卡及 L 形插销外,在钢定型模板外侧要用钢楞(圆形钢管、矩形钢管、内卷边槽钢等)加固,钢楞与钢定型模板间用钩头螺栓及 3 形扣件、蝶形扣件连接。浇筑钢筋混凝土墙体时,墙体两侧模板间用对拉螺栓连接,对拉螺栓截面应保证能安全承受混凝土的侧压力,如图 4-2(c)～图 4-2(e)所示。

2.工具式支撑件

组合模板的工具式支撑件包括钢管卡具及角钢柱箍、钢管支柱、钢桁架、钢楞、斜撑等。

(1)钢管卡具及角钢柱箍

钢管卡具适用于矩形梁,用于固定侧模板,如图 4-3 所示。钢管卡具可用于把侧模板固定在底模板上,此时钢管卡具安装在梁下部;钢管卡具也可用于梁侧模板上口的卡固定位,此时钢管卡具安装在梁上方。

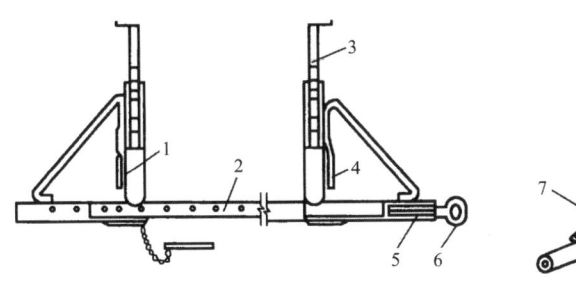

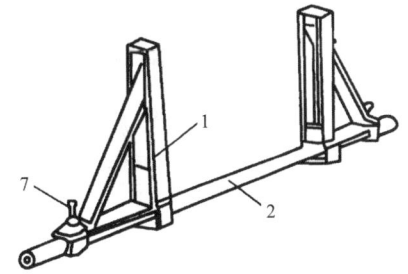

(a)钢管型梁卡具　　　　　　(b)扁钢和圆钢管组合梁卡具

图 4-3　钢管卡具

1—三脚架；2—底座；3—调节杆；4—插销；5—调节螺栓；6—钢筋环；7—固定螺栓

柱模板四周设角钢柱箍。角钢柱箍由两根互相焊成直角的角钢组成，用螺母拉紧；也可用扁钢或槽钢制成其他形式的柱箍，如图 4-4 所示。

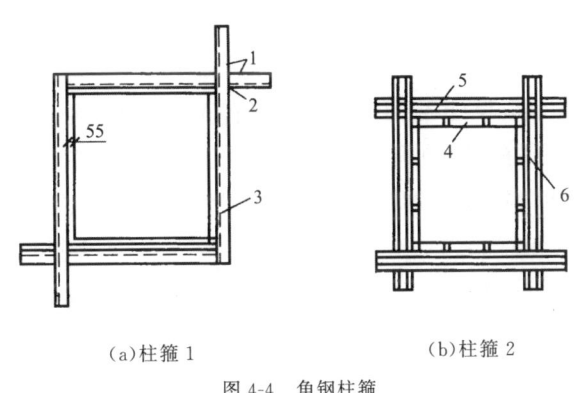

(a)柱箍 1　　　　　　(b)柱箍 2

图 4-4　角钢柱箍

1—插销；2—限位器；3—夹板；4—模板；5—角钢；6—槽钢

(2)钢管支柱

钢管支柱由内、外两节钢管组成，可以伸缩以调节支柱高度。在内、外钢管上每隔100 mm 钻一个 $\phi 14$ 销孔，调整好高度以后用 $\phi 12$ 销子固定。支座底部垫木板，100 mm 以内的高度调整可在垫板处加木楔调整，如图 4-5 所示。也可在钢管支柱下端装调节螺杆，用以调节100 mm 以内高度。

(3)钢桁架

钢桁架可取代梁模板下的立柱，根据跨度、荷载不同，可用角钢或钢管制成，也可制成两个半榀，再拼装成整榀钢桁架，每根梁下边设一组(两榀)钢桁架(图 4-6)。当梁的跨度较大时，中间加支柱。

图 4-5　钢管支柱

(a) 半榀钢桁架

(b) 拼成后的整榀钢桁架

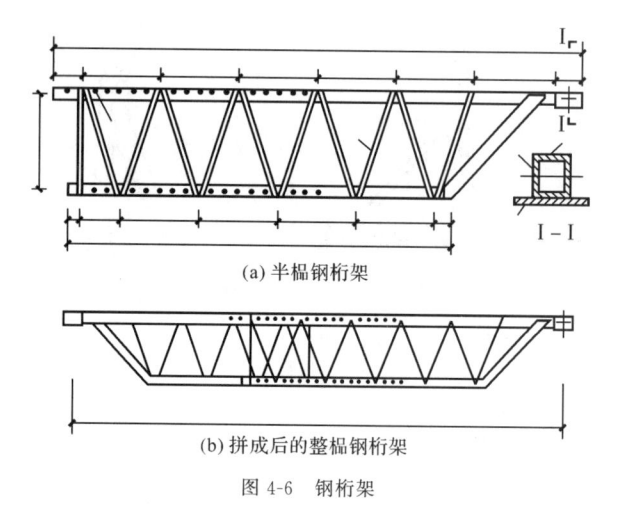

图 4-6　钢桁架

### 4.2.3　木模板

木模板一般预先加工成基本组件（拼板），然后在现场进行拼装（图 4-7）。板条厚度一般为 25～50 mm，宽度不宜超过 200 mm（工具式模板件不超过 150 mm），以保证在干缩时缝隙均匀，浇水后易于密缝，受潮后不易翘曲，梁底的拼板要加厚至 40～50 mm。拼条间距取决于所浇筑混凝土的侧压力和板条厚度，一般为 400～500 mm。

**1. 基础模板**

基础模板主要有阶梯形、锥形和条形，如图 4-8 所示。

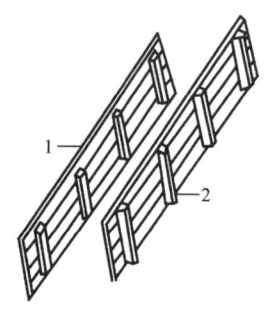

图 4-7　木模板
1—板条；2—拼条

(a) 阶梯形基础模板　　(b) 锥形基础模板　　(c) 条形基础模板

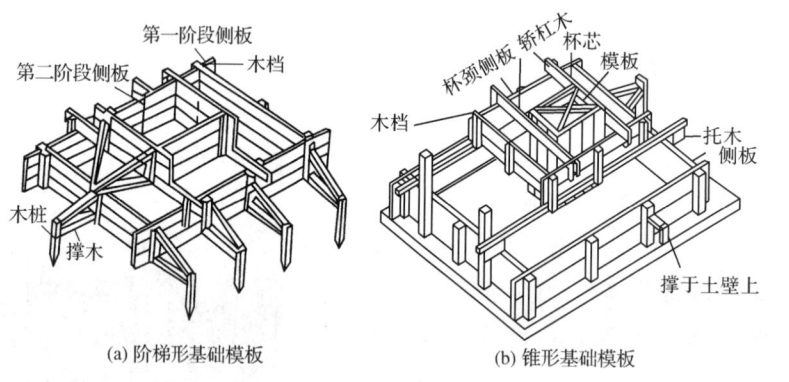

图 4-8　基础模板

**2. 柱模板**

柱模板由内、外拼板组成（图 4-9），内拼板夹在两片相对的外拼板之内。为承受混凝土侧压力，拼板外要设柱箍，其间距与混凝土侧压力、拼板厚度有关，通常上稀下密，间距为 500～700 mm。柱模板底部设有固定在混凝土上的木框，用以固定柱模板的位置。

柱模板上部根据需要可开设与梁模板连接的梁缺口，底部开设清理

微课7

柱钢模板工程

孔,沿高度每隔约 2 m 开有浇筑孔。对于独立柱模板,四周应加设支撑,以免混凝土浇筑时产生倾斜。

3.梁模板和楼板模板

梁模板由底模板和侧模板组成。底模板承受垂直荷载,一般下面有支柱(顶撑)或桁架承托。支柱多为伸缩式,可调节高度,底部应支撑在坚实的地面或楼面上,下垫木楔。如地面松软,底部应垫木板,加大支撑面。在多层建筑中,应使上、下层的支柱在同一条竖向直线上;否则要采取措施保证上层支柱的荷载能传到下层支柱上。支柱间应用水平和斜向拉杆拉牢,增强整体稳定性。当层间高度大于 5 m 时,宜用桁架支撑或多层支架支撑。

侧模板承受混凝土侧压力,为防止侧向变形,底部用夹紧条夹住,顶部可由支撑楼板模板的格栅顶住,或用斜撑支牢。

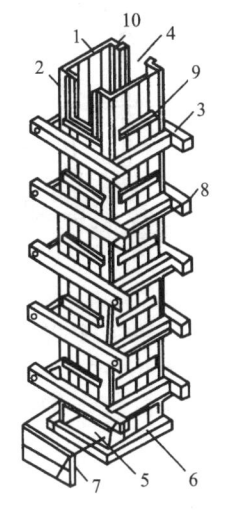

图 4-9 柱模板
1—内拼板;2—外拼板;3—柱箍;4—梁缺口;
5—清理孔;6—木框;7—盖板;8—拉紧螺栓;
9—拼条;10—三角木条

楼板模板多用定型模板或胶合板,放置在格栅上。梁模板和楼板模板如图 4-10 所示。

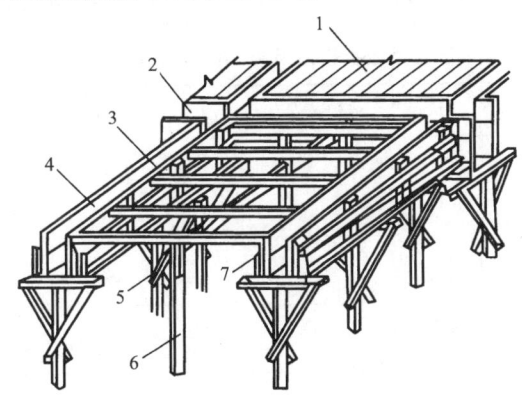

图 4-10 梁模板和楼板模板
1—楼板模板;2—侧模板;3—格栅;4—横楞;5—夹条;6—次肋;7—支撑

现浇钢筋混凝土梁板,当跨度不小于 4 m 时模板应起拱;当设计无具体要求时,起供高度宜为全跨长的 1‰~3‰。

4.楼梯模板

楼梯模板的构造与楼板模板相似,不同点是楼梯模板要倾斜支设,且要形成踏步;踏步模板分为底板及梯步两部分;平台、平台梁的模板同前,如图 4-11 所示。

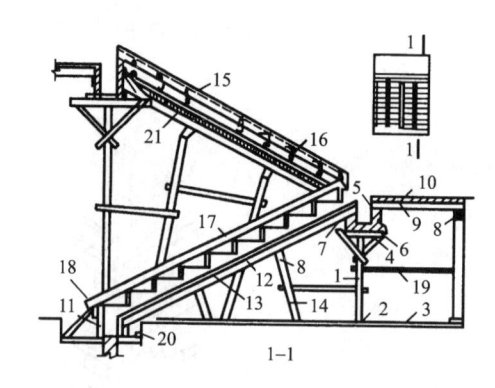

图 4-11 楼梯模板
1—支柱;2—木楔;3—垫板;4—平台梁底板;5—侧板;6—夹板;7—托板;8—牵杠;
9—木楞;10—平台底板;11—楼梯基础侧板;12—斜木楞;13—楼梯底板;14—斜向支柱;
15—外帮板;16—横向木档;17—反三角板;18—踏步侧板;19—拉杆;20—木桩;21—平台梁模板

### 4.2.4 模板拆除

模板的拆除日期取决于结构的性质、模板的用途和混凝土的硬化速度。及时拆模可提高模板的周转速度,为后续工作创造条件。如过早拆模,未达到一定强度的混凝土承受荷载会产生变形,甚至会造成质量事故。

**1.模板拆除的规定**

(1)对非承重模板(如侧板),应保证混凝土表面及棱角不因拆除模板而受损坏时,方可拆除。

(2)对承重模板,应在与结构同条件养护的试块达到表 4-2 规定的强度时,方可拆除。

表 4-2　　　　　承重模板拆模时所需要的混凝土强度

| 项次 | 结构类型 | 结构跨度/m | 混凝土强度(按标准百分率计)/% |
|---|---|---|---|
| 1 | 板 | ≤2<br>>2 且 ≤8<br>>8 | 50<br>75<br>100 |
| 2 | 梁、拱、壳 | ≤8<br>>8 | 75<br>100 |
| 3 | 悬臂梁构件 | ≤2<br>>2 | 75<br>100 |

(3)拆除模板过程中,当发现混凝土有结构安全的质量问题时,应暂停拆除。经过处理后,方可继续拆除。

(4)已拆除模板和支撑系统的结构,应在混凝土强度达到设计强度后才允许承受全部计算荷载。当承受施工荷载大于计算荷载时,必须经过核算,加设临时支撑。

**2.模板拆除的施工要求**

(1)拆模时不要用力过猛,拆下的模板要及时清运、整理、堆放。

(2)拆除顺序及安全措施应按施工方案执行。拆模程序一般应是后支的先拆,先拆除非承重部分,后拆除承重部分。一般是谁安装谁拆除。重大复杂模板的拆除应提前制订拆模方案。

（3）拆除框架结构模板的顺序，首先是柱模板，然后是楼板底板、侧模板，最后底模板。拆除跨度较大的梁下支柱时，应先从跨中开始，分别拆向两端。

（4）楼板模板支柱的拆除，应按下列要求进行：上层楼板正在浇筑混凝土时，下一层楼板模板支柱不得拆除，再下一层楼板模板的支柱，仅可拆除一部分；跨度 4 m 及 4 m 以上的梁下均应保留支柱，其间距不得大于 3 m。

（5）拆模时应避免混凝土表面或模板受到损坏，避免模板落下伤人。

## 4.3 钢筋工程

### 4.3.1 钢筋的种类和钢筋型号的标志方法

1.钢筋的种类

（1）按外形分类

①光圆钢筋　光圆钢筋即光面圆钢筋，由于表面光滑，故又称光面钢筋。

②带肋钢筋　表面有突起部分的圆形钢筋称为带肋钢筋，它的肋纹形式有月牙形、螺纹形、人字形。钢筋表面带有两条纵肋和沿长度方向均匀分布的横肋。横肋的纵截面呈月牙形，且与纵肋不相交的钢筋称为月牙形钢筋。横肋的纵截面高度相等，且与纵肋相交的钢筋，称为等高肋钢筋，有螺旋纹和人字纹两种。

Ⅰ级（HPB235）钢筋表面都是光圆的，Ⅱ级（HRB335）、Ⅲ级（HRB400）钢筋表面都是变形的（轧制成人字形）；Ⅳ级钢筋表面有一部分做成光圆的，有一部分做成变形的（轧制成螺旋形及月牙形）。

（2）按钢筋直径分类

①钢丝　$d=3\sim 5$ mm。

②细钢筋　$d=6\sim 12$ mm。对于直径小于 12 mm 的钢丝或细钢筋，出厂时，一般做成盘圆状，使用时需要调直。

③粗钢筋　$d>12$ mm。对于直径大于 12 mm 的粗钢筋，为了便于运输，出厂时一般做成直条状，每根 6～12 m，如需要特长钢筋，可同厂方协议。

（3）按化学成分分类

①碳素钢钢筋　由碳素钢轧制而成。根据国家标准《碳素结构钢》（GB 700—2006）的规定，普通碳素结构钢按照厂方供应的保证条件分为下列三类：

甲类钢——保证机械性能的，用符号 A 表示。

乙类钢——保证化学成分的，用符号 B 表示。

特类钢——既保证机械性能又保证化学成分的，用符号 C 表示。

钢号越大，碳的质量分数越高，强度及硬度也越高，但塑性、韧性、冷弯及焊接性等均越低。

②普通低合金钢钢筋　普通低合金钢钢筋是在低碳钢和中碳钢的成分中加入少量元素（硅、锰、钛、稀土等）制成的钢筋。普通低合金钢钢筋的主要优点是强度高，综合性能好，用钢量比碳素钢少 20% 左右。常用的普通低合金钢钢筋有 20 锰硅、25 锰硅、40 硅锰钒等

品种。

(4)按生产工艺分类

①热轧钢筋　由轧钢厂经过热轧成材,一般钢筋直径为 5～40 mm,分为直条和盘条两种形式。

热轧钢筋按强度高低(以屈服强度表示)分为四个强度等级,即Ⅰ级(HPB235)钢筋、Ⅱ级(HRB335)钢筋、Ⅲ级(HRB400)钢筋和Ⅳ级钢筋。热轧钢筋的强度等级见表 4-3。

表 4-3　　　　　　　　　　热轧钢筋的强度等级

| 外　形 | 强度等级 | 屈服强度/(N·mm$^{-2}$) | 强度等级代号 |
| --- | --- | --- | --- |
| 光　圆 | Ⅰ | 235 | R235 |
| 带　肋 | Ⅱ | 335 | RL335 |
|  | Ⅲ | 400 | RL400 |
|  | Ⅳ | 540 | RL540 |

②冷拉钢筋　冷拉钢筋是将热轧钢筋在常温下进行强力拉伸,使其强度提高的一种钢筋。这种冷拉操作都在施工现场进行。

③热处理钢筋　热处理钢筋又称调质钢筋,采用热轧螺纹钢筋经淬火及回火的调质热处理而制成。按其外形不同,又可分为有肋和无肋两种。

④钢丝

● 碳素钢丝采用优质高碳光圆盘条钢筋经冷拔、矫直和回火制成。这种钢丝的强度高,塑性也相对较好。有 $\phi4、\phi5$ 两种,主要以钢丝束的形式作为预应力钢筋。

● 刻痕钢丝是把上述碳素钢丝的表面,经过机械刻痕而制成,只有 $\phi5$ 一种。由于刻痕的影响,其强度比碳素钢丝略低。刻痕可以使它与混凝土或水泥砂浆之间的黏结性能得到一定改善,在工程中只作为预应力钢筋。

● 冷拔低碳钢丝一般是用小直径的低碳光圆钢筋,在施工现场或预制厂用拔丝机经过几次冷拔而成的。它分为甲级和乙级,甲级钢丝的质量要求较严,即要求对钢丝逐盘取样进行检验。

甲级冷拔低碳钢丝主要作为一般民用建筑中小型预应力混凝土构件中的预应力钢筋。

乙级冷拔低碳钢丝质量要求不如甲级严,它只要求进行分批抽样试验,直径为 3～5 mm,强度标准值为 550 N/mm$^2$。乙级冷拔低碳钢丝只能作为中小型钢筋混凝土或预应力混凝土构件中的箍筋和构造钢筋以及焊接网和焊接骨架的钢筋。

● 钢绞线由 7 根圆形截面钢丝经绞捻、热处理而成。由于强度高且与混凝土的黏结性能好,所以多用于大跨度、重荷载的预应力钢筋混凝土结构中。

⑤冷轧扭钢筋　冷轧扭钢筋用低碳盘圆钢筋经专用钢筋冷轧扭机调直、冷轧并冷扭一次成形,呈连续螺旋状,具有规定截面形状和节距。冷轧扭钢筋按其截面形状不同分为两种类型:Ⅰ——矩形截面;Ⅱ——菱形截面。冷轧扭钢筋的直径以"标志直径"表示,指原材料(母材)轧制前的公称直径。标志直径有 6.5、8、10、12、14 mm 五种。

这种钢筋具有较高的强度,而且有足够的塑性,与混凝土黏结性能优异,代替Ⅰ级钢筋可节约钢材约 30%。一般用于预制钢筋混凝土圆孔板、叠合板中的预制薄板以及现浇钢筋混凝土楼板等。

2.钢筋型号的标志方法

目前在表示钢筋型号过程中,一般按照加工工艺、外观形状、粗细(是钢筋还是钢丝)、微观性状(常规者可不标志)、屈服强度、特殊性能(常规者可不标志)的顺序进行标志。相关英语词组如下:

(1)加工工艺:hot rolled(热轧);cold rolled(冷轧);cold drawn(冷拔),remained heat treatment(余热处理)。

(2)外观形状:plain(光洁的);ribbed(带肋的);twist(扭、捲)。

(3)粗细(是钢筋还是钢丝):bars(条状物、钢筋);wire(线、丝)。

(4)微观性状:fine(细的、细晶粒)。

(5)屈服强度:335、400 N/mm² 等。

(6)特殊性能:earthquake resistance(抗震)。

例如:HPB335——热轧光圆钢筋,屈服强度为 335 N/mm²;

HRB400——热轧带肋钢筋,屈服强度为 400 N/mm²;

CRB550——冷轧带肋钢筋,屈服强度为 550 N/mm²;

RRB400——余热处理带肋钢筋,屈服强度为 400 N/mm²;

CTB550——冷轧扭钢筋,屈服强度为 550 N/mm²;

CPW650——冷拔光面钢丝,屈服强度为 650 N/mm²;

HRBF400E——热轧带肋细晶粒抗震钢筋,屈服强度为 400 N/mm²。

### 4.3.2 钢筋的冷加工

钢筋的冷加工包括冷拉和冷拔。在常温下,对钢筋进行冷拉或冷拔,可提高钢筋的屈服强度,从而提高钢筋的强度,但钢筋的塑性降低。

1.钢筋的冷拉

钢筋的冷拉就是在常温下拉伸钢筋,使钢筋的应力超过屈服强度,钢筋产生塑性变形,强度提高。

(1)冷拉的目的

对于普通钢筋混凝土结构的钢筋,冷拉仅是调直、除锈的手段(拉伸过程中钢筋表面锈皮会脱落)。当采用冷拉方法调直钢筋时,冷拉率:HPB235 级钢筋不宜大于 4%;HRB335、HRB400 级钢筋不宜大于 1%。冷拉的另一个目的是提高强度,但在冷拉过程中,也同时完成了调直、除锈工作,此时钢筋的冷拉率为 4%~10%,强度可提高 30% 左右,主要用于预应力钢筋。

(2)冷拉工艺

钢筋的冷拉应力和冷拉率是钢筋冷拉的两个主要参数。钢筋的冷拉率是指钢筋冷拉时由于弹性和塑性变形的总伸长值(称为冷拉的拉长值)与钢筋原长之比,以百分数表示。在一定的限度内,冷拉应力或冷拉率越大,钢筋强度提高越多,但塑性降低也越多。钢筋冷拉后仍应有一定的塑性,同时屈服强度与抗拉强度之间也应保持一定的比例(称为屈强比),使钢筋有一定的强度储备。表 4-4 为冷拉控制应力及最大冷拉率。钢筋的冷拉方法可采用控制冷拉率法和控制应力法两种。

表 4-4　　　　　　　　　　　冷拉控制应力及最大冷拉率

| 项次 | 钢筋级别 | | 冷拉控制应力/MPa | 最大冷拉率/% |
|---|---|---|---|---|
| 1 | HPB235 级 $d \leqslant 12$ | | 280 | 10 |
| 2 | HRB335 级 | $d \leqslant 25$ | 450 | 5.5 |
| | | $d = 28 \sim 40$ | 430 | 5.5 |
| 3 | HRB400 级 $d = 8 \sim 40$ | | 500 | 5 |
| 4 | RRB400 级 $d = 10 \sim 28$ | | 700 | 4 |

①控制冷拉率法　以冷拉率来控制钢筋的冷拉的方法称为控制冷拉率法。冷拉率必须由试验确定。测定当其应力达到表 4-5 中规定的冷拉应力时的冷拉率。取 4 个试件冷拉率的平均值作为该批钢筋实际采用的冷拉率，并应符合表 4-4 的规定。也就是说，实测的 4 个试件冷拉率的平均值必须低于表 4-4 规定的最大冷拉率。控制冷拉率法施工操作简单，但当钢筋材质不匀时，用经试验确定的冷拉率进行冷拉，钢筋实际达到的冷拉应力并不能完全符合表 4-5 的要求，其分散性很大，不能保证冷拉的质量。这种方法的优点是冷拉后钢筋长度整齐划一，便于下料。

表 4-5　　　　　　　　　　　测定冷拉率时钢筋的冷拉应力

| 项次 | 钢筋级别 | | 冷拉应力/MPa |
|---|---|---|---|
| 1 | HPB235 级 $d \leqslant 12$ | | 310 |
| 2 | HRB335 级 | $d \leqslant 25$ | 480 |
| | | $d = 28 \sim 40$ | 460 |
| 3 | HRB400 级 $d = 8 \sim 40$ | | 530 |
| 4 | RRB400 级 $d = 10 \sim 28$ | | 730 |

②控制应力法　这种方法以控制钢筋冷拉应力为主，冷拉应力按表 4-5 中相应级别钢筋的控制应力选用。冷拉时应检查钢筋的冷拉率，不得超过表 4-4 中的最大冷拉率。钢筋冷拉时，如果钢筋已达到规定的控制应力，而冷拉率未超过表 4-4 的最大冷拉率，则认为合格。

(3)冷拉钢筋的质量检验

①分批组织验收，每批由不大于 20 t 的同级别、同直径冷拉钢筋组成。

②钢筋表面不得有裂纹和局部缩颈。当作为预应力钢筋时，应逐根检查。

③从每批冷拉钢筋中抽取两根钢筋，每根取两个试样分别进行拉力和冷弯试验；当有一项试验结果不符合有关规定时，应另取两倍数量的试样，重做各项试验；如仍有一个试样不合格，则该批冷拉钢筋为不合格。

④计算冷拉钢筋的屈服强度和抗拉强度，应采用冷拉前的截面积。

⑤拉力试验包括屈服强度、抗拉强度和伸长率三个指标。

2.钢筋的冷拔

(1)冷拔的原理

钢筋的冷拔是将直径为 6～8 mm 的 HPB235 级光面钢筋在常温下强力拉拔使其通过特制的钨合金拔丝模孔，钢筋轴向被拉伸，径向被压缩，钢筋产生较大的塑性变形，其抗拉强度提高 50%～90%，塑性降低，硬度提高。经过多次强力拉拔的钢筋，称为冷拔低碳钢丝。

甲级冷拔低碳钢丝主要用于中、小型预应力构件中的预应力钢筋,乙级冷拔低碳钢丝可用于焊接网、焊接骨架或用作构造钢筋等。

(2)冷拔工艺

钢筋的冷拔工艺过程:轧头→剥壳→拔丝。轧头在钢筋轧头机上进行,将钢筋端头压细,以便通过拔丝模孔。剥壳是指将钢筋通过配有槽轮的剥壳装置,除去钢筋表面坚硬的氧化铁锈。拔丝是指用强力使钢筋通过润滑剂进入拔丝模孔,通过强力拉拔使大直径的钢筋变为小直径的钢丝,以提高钢筋的强度。拔丝模孔有各种规格,根据钢丝每次拔丝后压缩的直径选用。

### 4.3.3 钢筋的配料与代换

1.钢筋配料

钢筋下料长度计算是钢筋配料的关键。设计图中注明的钢筋尺寸是钢筋的外轮廓尺寸(从钢筋外皮到外皮量得的尺寸),称为钢筋的外包尺寸。在钢筋加工时,也按外包尺寸进行验收。钢筋弯曲后的特点是,在弯曲处内皮收缩、外皮延伸、轴线长度不变,直线钢筋的外包尺寸等于轴线长度;而钢筋弯曲段的外包尺寸大于轴线长度,二者之间存在一个差值,称为量度差值。如果下料长度按外包尺寸的总和来计算,则加工后钢筋尺寸大于设计要求的尺寸,既影响施工,也造成材料的浪费;只有按轴线长度下料加工,才能使钢筋形状尺寸符合设计要求。因此,钢筋下料时,其下料长度应为各段外包尺寸之和,减去量度差值,再加上两端弯钩增长值,即

$$钢筋下料长度 = 各段外包尺寸之和 + 两端弯钩增长值 - 量度差值 \quad (4-1)$$
$$箍筋下料长度 = 箍筋周长 + 箍筋调整值 \quad (4-2)$$

(1)钢筋中间部位弯曲量度差

为计算简便,取量度差近似值如下:当弯 30°时,取 $0.3d$;当弯 45°时,取 $0.5d$;当弯 60°时,取 $0.85d$;当弯 90°时,取 $2d$;当弯 135°时,取 $3d$。

(2)钢筋末端弯钩增长值

钢筋末端弯钩(曲)有 180°、135°及 90°三种,可按下列公式分别计算:

$$当弯 180°时,增长值 = 0.5\pi(D+d) - (0.5D+d) + 平直长度 \quad (4-3)$$
$$当弯 135°时,增长值 = 0.37\pi(D+d) - (0.5D+d) + 平直长度 \quad (4-4)$$
$$当弯 90°时,增长值 = 0.25\pi(D+d) - (0.5D+d) + 平直长度 \quad (4-5)$$

①HPB235 级钢筋末端应做 180°弯钩,在普通混凝土中取其弯弧内直径 $D=2.5d$,平直段长度为 $3d$,故弯钩增长值为 $6.25d$。

②当设计要求钢筋末端需要做 135°弯钩时,HRB335 级、HRB400 级钢筋的弯弧内直径不应小于钢筋直径的 4 倍,弯后平直部分长度应符合设计要求;当钢筋做不大于 90°的弯折时,弯折处的弯弧内直径不应小于钢筋直径的 5 倍。钢筋末端弯钩增长值,当弯 90°时,为 $2d+$平直段长;当弯 135°时,为 $3d+$平直段长。

③除焊接封闭环式箍筋外,箍筋的末端应做弯钩,弯钩形式应符合设计要求。当设计无具体要求时,箍筋弯钩的弯弧内直径除应满足前条的规定外,尚应不小于受力钢筋直径。箍筋弯钩的弯折角度:一般结构,不应小于 90°;有抗震等要求的结构,应为 135°。箍筋弯后平直部分长度:一般结构,不宜小于箍筋直径的 5 倍;有抗震等要求的结构,不应小于箍筋直径

的 10 倍。其末端弯曲增长值仍可按前式计算。

(3)箍筋下料长度计算

目前混凝土结构设计大多有抗震要求,因此箍筋下料长度计算可用外包尺寸或内包两种计算方法,为简化计算,一般先按外包或内包尺寸计算出周长,查表 4-6 后,再加上相应的调整值即可。

表 4-6　　　　　　　　　　　　箍筋下料长度调整值

| 箍筋度量方法 | 箍筋直径/mm |  |  |  |
|---|---|---|---|---|
|  | 4~5 | 6 | 8 | 10~12 |
| 量外包尺寸 | 40 | 50 | 60 | 70 |
| 量内包尺寸 | 80 | 100 | 120 | 150~170 |

**【例 4-1】** 某建筑物第一层有根 $L_1$ 梁,梁的配筋如图 4-12 所示,试制作钢筋配料单(保护层厚度取 25 mm,弯起筋弯起角度为 45°)。

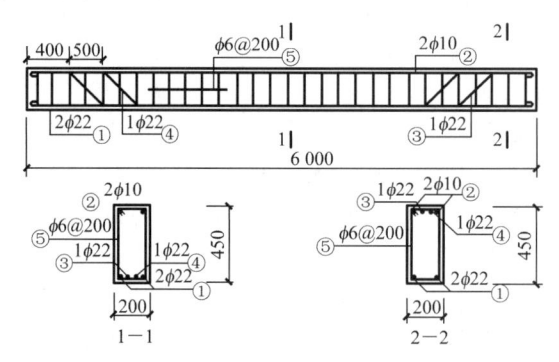

图 4-12　$L_1$ 梁配筋详图

**解**　$L_1$ 梁各钢筋下料长度计算如下:

①号钢筋为 HPB235 级钢筋,两端需要做 180°弯钩,则下料长度为

$$6\ 000 - 2 \times 25 + 2 \times 6.25 \times 22 = 6\ 225 \text{ mm}$$

②号钢筋下料长度为

$$6\ 000 - 2 \times 25 + 2 \times 6.25 \times 10 = 6\ 075 \text{ mm}$$

③号钢筋为弯起钢筋,应分段计算其长度。

端部平直段

$$400 - 25 = 375 \text{ mm}$$

斜段(梁高 $-2$ 倍保护层厚度)$\times 1.41 = (450 - 2 \times 25) \times 1.41 = 564 \text{ mm}$

中间平直段

$$6\ 000 - 2 \times 400 - 2 \times (450 - 2 \times 25) = 4\ 400 \text{ mm}$$

则③号钢筋下料长度为

$$375 \times 2 + 564 \times 2 + 4\ 400 - 4 \times 0.5 \times 22 + 2 \times 6.25 \times 22 = 6\ 509 \text{ mm}$$

④号钢筋为弯起钢筋,应分段计算其长度。

端部平直段

$$400 + 500 - 25 = 875 \text{ mm}$$

斜段
$$(450-2\times25)\times1.41=564 \text{ mm}$$
中间平直段
$$6\,000-2\times(400+500)-2\times(450-2\times25)=3\,400 \text{ mm}$$
则④号钢筋下料长度为
$$875\times2+564\times2+3\,400-4\times0.5\times22+2\times6.25\times22=6\,509 \text{ mm}$$

⑤号钢筋为箍筋,可用三种方法计算,三者之间存在一定的误差,但均可满足工程要求。

方法1：量外包尺寸箍筋调整值为 50 mm,箍筋外包尺寸为
$$宽度=200-2\times25+2\times6=162 \text{ mm}$$
$$高度=450-2\times25+2\times6=412 \text{ mm}$$
则⑤号箍筋的下料长度为
$$(162+412)\times2+50=1\,198 \text{ mm}$$

方法2：量内皮尺寸箍筋调整值为 100 mm,箍筋内皮尺寸为
$$宽度=200-2\times25=150 \text{ mm}$$
$$高度=450-2\times25=400 \text{ mm}$$
则⑤号箍筋的下料长度为
$$(150+400)\times2+100=1\,200 \text{ mm}$$

方法3：按照普通钢筋计算,箍筋外包尺寸为
$$(宽度+高度)\times2=[(200-2\times25+2\times6)+(450-2\times25+2\times6)]\times2=1\,148 \text{ mm}$$
则⑤号箍筋的下料长度为
$$1\,148-3\times2\times6-2\times3\times6+2\times10\times6=1\,196 \text{ mm}$$

箍筋根数为

(构件长-2倍保护层厚度)/箍筋间距+1=$(6\,000-2\times25)/200+1=30.75$ 根

实际下料时取 31 根。

为了加工方便,根据钢筋配料单,每一编号钢筋都做一个钢筋加工牌,钢筋加工完毕将加工牌绑在钢筋上以便识别。钢筋加工牌中注明工程名称、构件编号、钢筋规格、总加工根数、下料长度、钢筋简图及外包尺寸等。

**2. 钢筋代换**

当施工中遇有钢筋的品种或规格与设计要求不符时,可参照以下原则进行钢筋代换：
- 等强度代换：当构件受强度控制时,钢筋可按强度相等原则进行代换。
- 等面积代换：当构件按最小配筋率配筋时,钢筋可按面积相等原则进行代换。
- 当构件受裂缝宽度或挠度控制时,代换后应进行裂缝宽度或挠度验算。

(1) 等强度代换

假如设计图中所用钢筋强度为 $f_{y1}$,钢筋总面积为 $A_{y1}$,代换后钢筋强度为 $f_{y2}$,钢筋总面积为 $A_{y2}$,则应满足

$$f_{y2}A_{y2} \geqslant f_{y1}A_{y1} \tag{4-6}$$

即

$$A_{y2} \geqslant \frac{f_{y1}A_{y1}}{f_{y2}} \tag{4-7}$$

如果将钢筋总面积变换成钢筋直径,则

$$n_2 \geqslant \frac{n_1 d_1^2 f_{y1}}{d_2^2 f_{y2}} \tag{4-8}$$

式中　$d_1$、$d_2$——代换前、后钢筋直径;
　　　$n_1$、$n_2$——代换前、后钢筋根数。

式(4-8)有两种特例:
①当代换钢筋强度相同、直径不同时

$$n_2 \geqslant n_1 \frac{d_1^2}{d_2^2} \tag{4-9}$$

②当代换钢筋直径相同、强度设计值不同时

$$n_2 \geqslant n_1 \frac{f_{y1}}{f_{y2}} \tag{4-10}$$

(2)等面积代换
当构件按最小配筋率控制时,可按照钢筋面积相等的原则代换,即

$$A_{y2} \geqslant A_{y1} \tag{4-11}$$

(3)代换注意事项
钢筋代换时,必须充分了解设计意图和代换材料性能,并严格遵守现行混凝土结构设计规范的各项规定;当钢筋的品种、级别或规格需要变更时,应办理设计变更文件,在征得设计部门同意后,按代换原则进行,并满足以下要求:
①对重要构件(如吊车梁、薄腹梁、桁架下弦等),不宜用光圆钢筋代替变形钢筋。
②钢筋代换后应满足配筋构造规定,如钢筋的最小直径、间距、根数、锚固长度等。
③同一截面内可同时配有不同种类和直径的代换钢筋,但每根钢筋的拉力差不应过大(如同品种钢筋的直径差值一般不大于 5 mm),以免构件受力不匀。
④梁的纵向受力钢筋与弯起钢筋应分别代换,以保证正截面与斜截面强度。
⑤偏心受压构件(如框架柱、有吊车厂房柱、桁架上弦等)或偏心受拉构件进行钢筋代换时,不取整个截面配筋量计算,应按受力面(受压或受拉)分别代换。
⑥钢筋代换后,有时由于受力钢筋直径加大或根数增多而需要增加排数,则构件截面的有效高度减小,截面强度降低。通常可凭经验适当增大钢筋面积,然后再按弯矩相等原则进行截面强度复核。
⑦当构件受裂缝宽度控制时,如以小直径钢筋代换大直径钢筋,强度等级低的钢筋代替强度等级高的钢筋,则可不进行裂缝宽度验算。

### 4.3.4　钢筋的连接

钢筋的连接方法有绑扎搭接、焊接和机械连接。绑扎搭接由于需要较长的搭接长度,浪费钢筋,且连接不可靠,故宜限制使用。焊接的方法较多,成本较低,质量可靠,宜优先选用。机械连接属无明火作业,设备简单,节约能源,可全天候施工,连接可靠,技术易于掌握。

1.绑扎搭接
绑扎搭接的基本要求:同一构件中相邻纵向受力钢筋的绑扎搭接接头宜相互错开。绑扎搭接接头中钢筋的横向净距不应小于钢筋直径,且不应小于 25 mm。

钢筋绑扎搭接接头连接区段的长度为 $1.3l_1$ ($l_1$ 为搭接长度),凡搭接接头中点位于该连接区段长度内的搭接接头均属于同一连接区段。同一连接区段内,纵向钢筋搭接接头面积百分率为该区段内有搭接接头的纵向受力钢筋截面面积与全部纵向受力钢筋截面面积的比值(图 4-13)。同一连接区段内,纵向受拉钢筋搭接接头面积百分率应符合设计要求。

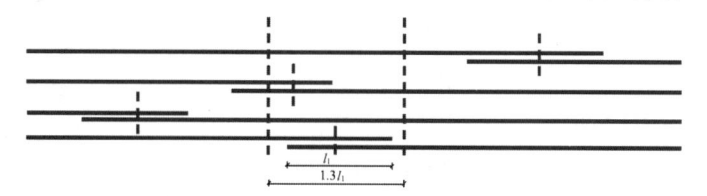

图 4-13 钢筋绑扎搭接接头连接区段及接头面积百分率

需要注意的是,图 4-13 所示的搭接接头同一连接区段内的搭接钢筋为两根,各钢筋直径相同时,接头面积百分率为 50%。

纵向受拉钢筋绑扎搭接接头的最小搭接长度应符合表 4-7 的规定。受压钢筋绑扎搭接接头的搭接长度,应取受拉钢筋绑扎搭接接头搭接长度的 70%。

表 4-7 纵向受拉钢筋绑扎搭接接头的最小搭接长度

| 钢筋类型 | | 混凝土强度等级 | | | |
| --- | --- | --- | --- | --- | --- |
| | | C15 | C20~25 | C40~45 | ≥C40 |
| 光圆钢筋 | HPB235 级 | 45d | 35d | 40d | 25d |
| 带肋钢筋 | HRB335 级 | 55d | 45d | 35d | 40d |
| | HRB400 级、RRB400 级 | — | 55d | 40d | 45d |

注:两根直径不同钢筋的搭接长度,以较细钢筋的直径计算。

在梁、柱类构件的纵向受力钢筋搭接长度范围内,应按设计或构造要求配置箍筋。

2.焊接

钢筋焊接质量与钢材的可焊性、焊接工艺与操作水平有关。钢材的可焊性受钢材所含化学元素种类及含量影响很大,含碳、锰量增加,则可焊性差;含适量的钛,可改善可焊性。焊接工艺与操作水平也影响焊接质量。即使是可焊性差的钢材,若焊接工艺适宜,也可获得良好的焊接质量。常用的焊接方法有闪光对焊、电阻点焊、电弧焊、电渣压力焊、埋弧压力焊、气压焊等。

微课12

钢筋焊接

(1)闪光对焊

闪光对焊广泛用于焊接直径为 10~40 mm 的 HPB235、HRB335、HRB400 级热轧钢筋和直径为 10~25 mm 的 RRB400 级余热处理钢筋及预应力钢筋与螺丝端杆的焊接。

①焊接原理 利用低电压、强电流在钢筋接头处产生高温使钢筋熔化,施加压力顶锻,使两根钢筋焊接在一起,形成对焊接头。图 4-14 所示为对焊机。对焊机一般由机架、导向机构、动夹具、固定夹具、送进机构、夹紧机构、支座(顶座)、变压器、控制系统等组成。

②焊接工艺 根据钢筋的品种、直径和选用的对焊机功率不同,闪光对焊分为连续闪光焊、预热闪光焊和闪光-预热-闪光焊三种工艺。对可焊性差的钢筋,采取焊后通电热处理的方法,以改善对焊接头的塑性。

- 连续闪光焊的工艺过程为：先将钢筋夹入对焊机的两极中，闭合电源，然后使两根钢筋端面轻微接触。此时由于钢筋端部表面不平，接触面很小，电流通过时电流密度和电阻很大，接触点很快熔化，产生金属蒸气飞溅，形成闪光现象。形成闪光后，徐徐移动钢筋，形成连续闪光。当钢筋烧化到规定长度后，接头烧平，闪去杂质和氧化膜，白热熔化时，以一定的压力迅速进行顶锻，使两根钢筋焊牢，形成对焊接头。它适用于直径 25 mm 以下的钢筋。

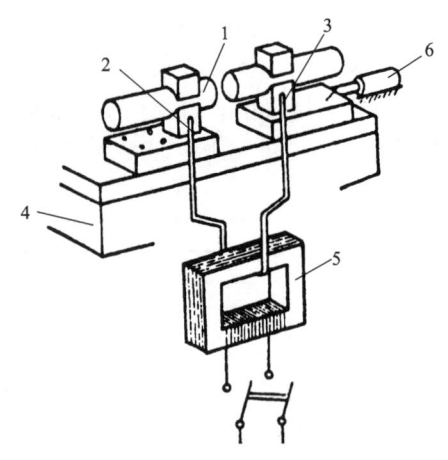

- 预热闪光焊在连续闪光焊前增加一次预热过程，以使钢筋均匀加热，其工艺过程为预热→闪光→顶锻。即先闭合电源，使两根钢筋端面交替轻微接触和分开，发出断续闪光使钢筋预热，当钢筋烧化到规定的预热留量后，连续闪光，最后进行顶锻。它适用于直径 25 mm 以上端部平整的钢筋。

图 4-14 对焊机
1—焊接的钢筋；2—固定电极；3—可动电极；
4—机架；5—变压器；6—送进机构

- 闪光-预热-闪光焊在预热闪光焊前加一次闪光过程，使钢筋端面烧化平整，预热均匀。它适用于直径 25 mm 以上端部不平整的钢筋。

图 4-15 是以上三种钢筋闪光对焊方法的工艺过程图。

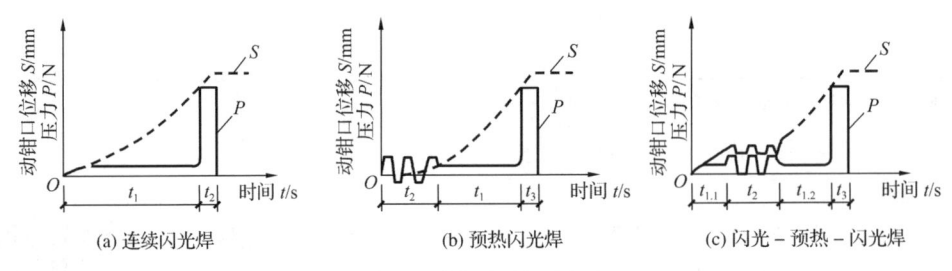

(a) 连续闪光焊　　(b) 预热闪光焊　　(c) 闪光–预热–闪光焊

图 4-15 钢筋闪光对焊工艺过程

- 焊后通电热处理。对于 RRB400 级余热处理钢筋，为改善对焊接头的塑性，在焊后进行通电热处理。焊后通电热处理在对焊机上进行。钢筋对焊完毕，当对焊接头温度降低至 300 ℃以下(呈暗黑色)，松开夹具将电极钳口调至最大距离，重新夹紧。然后进行脉冲式通电加热，钢筋加热至 750~850 ℃(表面呈橘红色)时，通电结束。松开夹具，待钢筋稍冷后取下，在空气中自然冷却。

(2)电阻点焊

当钢筋交叉焊接时，宜采用电阻点焊。焊接时将钢筋的交叉点放入点焊机两极之间，通电使钢筋加热到一定温度后，加压使焊点处钢筋互相压入一定的深度(压入深度为两钢筋中较细者直径的 1/4~2/5)，将焊点焊牢。采用点焊代替绑扎，可以提高工作效率，便于运输。在钢筋骨架和钢筋网成形时优先采用电阻点焊。

(3)电弧焊

电弧焊利用弧焊机使焊条和焊件之间产生高温电弧,熔化焊条和焊件金属,熔化的金属凝固后形成焊接接头。电弧焊广泛用于钢筋的接长、钢筋骨架的焊接、装配式结构钢筋接头焊接及钢筋与钢板、钢板与钢板的焊接等。

电弧焊的主要设备是弧焊机,分为交流弧焊机和直流弧焊机两类。工地常用交流弧焊机。

钢筋电弧焊接头主要有帮条焊、搭接焊和坡口焊三种形式。

①帮条焊 将两根待焊的钢筋对正,使两端头离开2~5 mm,然后用短帮条绑在外侧,在与钢筋接触部分焊接一面或两面,称为帮条焊,如图4-16所示。它分为单面焊缝和双面焊缝。若采用双面焊,接头中应力传递对称、平衡,受力性能好;若采用单面焊,则受力情况差。因此,应尽量可能采用双面焊,而只有在受施工条件限制不能进行双面焊时,才采用单面焊。

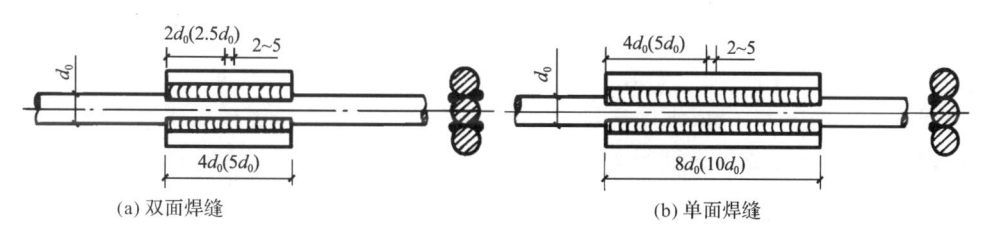

图4-16 帮条焊

帮条焊适用于直径为10~40 mm的HPB235、HRB400级钢筋和直径为10~25 mm的HRB400级余热处理钢筋。

帮条焊宜采用与主筋同级别、同直径的钢筋制作,其焊缝长度:光面钢筋单面焊$L \geq 8d_0$,双面焊$L \geq 4d_0$;变形钢筋单面焊$L \geq 10d_0$;双面焊$L \geq 5d_0$。帮条焊接头与焊缝厚度,不应小于主筋直径的30%,且不小于4 mm;焊缝宽度不小于主筋直径的80%,且不小于10 mm。两主筋端面的间隙为2~5 mm。

②搭接焊 搭接焊是指把钢筋端部弯曲一定角度(使轴线重合)叠合起来,在钢筋接触面上焊接形成焊缝,它分为双面焊缝和单面焊缝,如图4-17所示。适用于焊接直径为10~40 mm的HPB235、HPB335级钢筋。

搭接焊宜采用双面焊缝,不能进行双面焊时,也可采用单面焊。搭接焊的搭接长度及焊缝厚度$s$、焊缝宽度$b$同帮条焊。

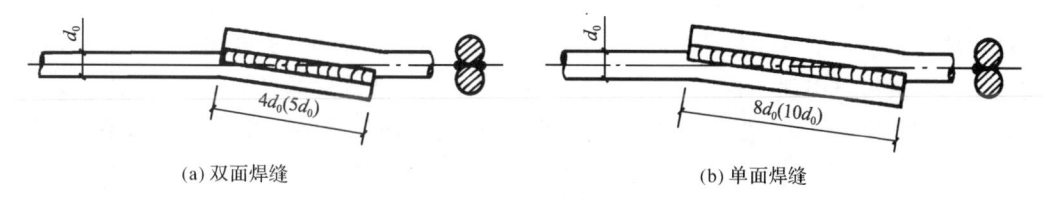

图4-17 搭接焊

③坡口焊 坡口焊又称为剖口焊,分为坡口平焊和坡口立焊两种,如图4-18所示。适用于直径16~40 mm的钢筋;主要用于装配式结构节点的焊接。

(a) 坡口平焊　　　(b) 坡口立焊

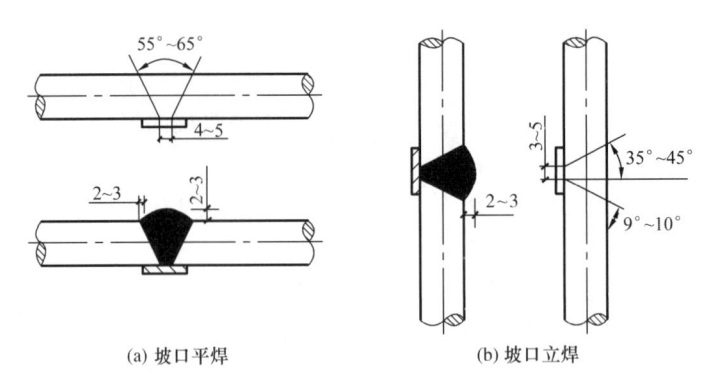

图 4-18　坡口焊

坡口平焊采用 V 形坡口,坡口夹角为 55°～65°,两根钢筋的根部空隙为 3～5 mm,下垫钢板长度为 40～60 mm,厚度为 4～6 mm,钢垫板宽度为钢筋直径加 10 mm。钢筋坡口立焊采用 40°～55°坡口。

(4)电渣压力焊

①焊接原理及适用范围　电渣压力焊利用电流通过渣池所产生的热量来熔化母材,待到一定程度后施加压力,完成钢筋连接。这种焊接方法比电弧焊焊接效率高 5～6 倍,且成本较低,质量易保证。适用于直径为 14～40 mm 的 HPB235、HRB335 级竖向或斜向钢筋的连接。

电渣压力焊可用手动电渣压力焊机或自动压力焊机。

施焊前先将钢筋端部 120 mm 范围内的铁锈、杂质刷净,把钢筋安装于夹具钳口内夹紧,在两根钢筋接头处放一铁丝小球(钢筋端面较平整而焊机功率又较小时采用)或导电剂(钢筋直径较大时采用)。然后,在焊剂盒内装满焊剂。焊剂的作用是使熔渣形成渣池,保护熔化的高温金属,避免发生氧化、氮化作用,以形成良好的钢筋接头。施焊时,接通电源使铁丝小球(或导电剂)、钢筋端部及焊剂相继熔化,形成渣池;维持数秒后,用操纵压杆使钢筋缓缓下降,熔化量达到规定数值(用标尺控制)后,切断电路,用力迅速顶压,挤出金属熔渣和熔化金属,形成坚实的焊接接头。待冷却 1～3 min 后,打开焊剂盒,卸下夹具。

②焊接工艺　电渣压力焊的工艺过程包括引弧、电弧、电渣和挤压过程。

● 引弧过程　可采用直接引弧法或铁丝球引弧法。

直接引弧法是指在通电后迅速将上钢筋提起,使两端头之间的距离为 2～4 mm 引弧。这一过程很短。当钢筋端头夹杂不导电物质或端头过于平滑造成引弧困难时,可以多次把上钢筋移下与下钢筋短接后再提起,达到引弧目的。

铁丝球引弧法是指将铁丝球放在上、下钢筋端头之间,电流通过铁丝球与上、下钢筋端面的接触点形成短路引弧。铁丝球采用 0.5～1.0 mm 退火铁丝,球径不小于 10 mm,球的每一层缠绕方向应相互垂直交叉。当焊接电流较小、钢筋端面较平整或引弧距离不易控制时,宜采用此法。

● 电弧过程　也称造渣过程。靠电弧的高温作用将钢筋端头的凸出部分不断烧化;同时将接口周围的焊剂充分熔化,形成一定深度的渣池。

● 电渣过程　渣池形成一定深度后,将上钢筋缓缓插入渣池中,此时电弧熄灭,进入电渣过程。由于电流直接通过渣池,产生大量的电阻热,使渣池温度升到近 2 000 ℃,将钢筋端头迅速而均匀地熔化。其中,上钢筋端头熔化量比下钢筋大1倍。经熔化后的上钢筋端面呈微凸形,并在钢筋的端面上形成一个由液态向固态转化的过渡薄层。

● 挤压过程　电渣压力焊接头是利用过渡层使钢筋端部产生较大的结合力完成的。因此,在停止供电的瞬间,对钢筋施加挤压力,把焊口部分熔化的金属、熔渣及氧化物等杂质全部挤出结合面。由于挤压时焊口处于熔融状态,所以所需要的挤压力很小。

经过上述四个阶段的焊接过程后,适当冷却方可回收焊剂和卸下焊接夹具,并敲去渣壳;四周焊包应均匀,凸出钢筋表面的高度应不小于 4 mm。

(5)气压焊

气压焊采用氧-乙炔火焰对钢筋接缝处进行加热,使钢筋端部达到高温状态,并施加足够的轴向压力而形成牢固的对焊接头。其工艺过程包括预压、加热与压接过程。钢筋卡好后施加初压力使钢筋端面密贴(间隙不超过 3 mm),再将钢筋端面加热到所需要温度,然后对钢筋轴向加压,使接缝处膨鼓的直径达到母材钢筋直径的1.4倍,变形长度为钢筋直径的1.3～1.5倍;最后停止加热和加压,待焊接点的红色消失后取下夹具。

此方法具有设备简单、焊接质量好、效率高且不需要电源等优点,可用于直径在 40 mm 以下的 HPB235、HRB335 级钢筋的纵向连接。当两钢筋直径不同时,其直径之差不得大于 7 mm,气压焊设备主要有氧-乙炔供气设备、加热器、加压器及钢筋卡具等,如图 4-19 所示。

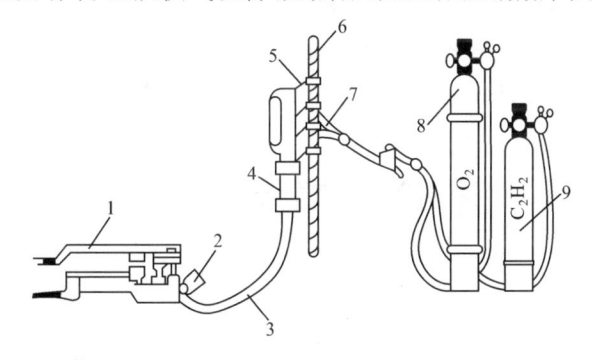

图 4-19　气压焊设备

1—手动液压泵;2—压力表;3—液压胶管 4—活动油缸;5—钢筋卡具;
6—钢筋;7—焊枪;8—氧气瓶;9—乙炔瓶

3.机械连接

钢筋机械连接是指通过连接件的机械咬合作用或钢筋端面的承压作用,将一根钢筋中的力传递至另一根钢筋的连接方法。钢筋机械连接的接头质量稳定可靠,不受钢筋化学成分的影响,人为因素的影响也小;操作简便,施工速度快,且不受气候条件影响;无污染、无火灾隐患,施工安全。在粗直径钢筋连接中,钢筋机械连接方法有广阔的发展前景。

钢筋机械连接常采用钢筋挤压连接、钢筋套管螺纹连接和镦粗直螺纹套筒连接三种形式。

(1)钢筋挤压连接

钢筋挤压连接也称钢筋套筒冷压连接。它将需要连接的变形钢筋插入特制钢套筒内,利用液压驱动的挤压机进行径向或轴向挤压,使钢套筒产生塑性变形,从而使它紧紧咬住变形钢筋实现连接(图 4-20)。钢筋挤压连接的工艺参数主要是压接顺序、压接力和压接道数。压接顺序为从中间逐道向两端压接。压接力要能保证套筒与钢筋紧密咬合,压接力和压接道数取决于钢筋直径、套筒型号和挤压机型号。该连接方法适用于竖向、横向及其他方向的较大直径变形钢筋的连接。与焊接相比,它具有节省电能、不受钢筋可焊性能的影响、不受气候影响、无明火、施工简便和接头可靠度高等特点。

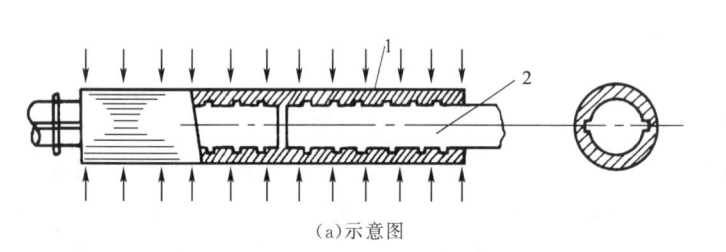

(a)示意图　　　　　　　　　　　　　(b)实物图

图 4-20　钢筋挤压连接
1—钢套筒;2—被连接钢筋

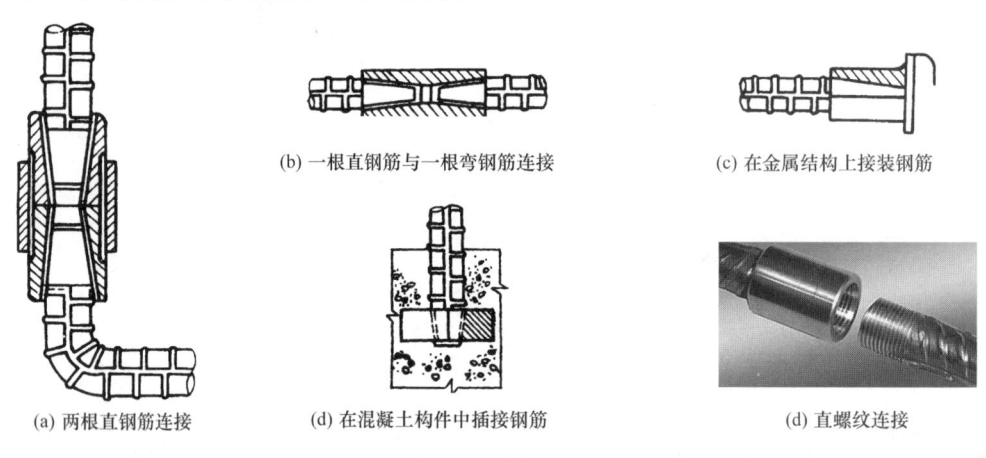

(2)钢筋套管螺纹连接

钢筋套管螺纹连接首先用专用机床加工螺纹,钢筋的对端头也在套丝机上加工与套管匹配的螺纹。连接方法分锥套管螺纹连接和直套管螺纹连接两种形式。连接时,在对螺纹检查无油污和损伤后,用扭矩扳手紧固至规定的扭矩即完成连接,如图 4-21 所示。它施工速度快、不受气候影响、质量稳定、对中性好。

(a) 两根直钢筋连接　　(b) 一根直钢筋与一根弯钢筋连接　　(c) 在金属结构上接装钢筋

(d) 在混凝土构件中插接钢筋　　(d) 直螺纹连接

图 4-21　钢筋套管螺纹连接

(3)镦粗直螺纹套筒连接

工程中,镦粗直螺纹套筒连接又称为等强度连接,是先将钢筋端头镦粗,再切削成直螺纹,然后用直螺纹套筒将钢筋两端拧紧的钢筋连接方法,如图 4-22 所示。镦粗直螺纹钢筋接头的特点是,钢筋端部经冷镦后不仅直径增大,使套丝后丝扣部位横截面积不小于钢筋原截面面积,而且由于冷镦后钢材强度的提高,致使接头部位有很高的强度,断裂不致出现在接头处,因此这种接头的螺纹精度高,接头质量稳定性好,操作简便,连接速度快,成本适中。

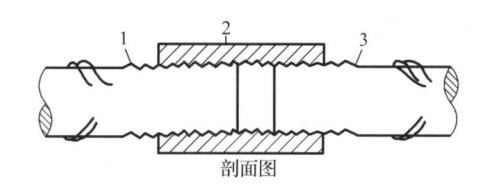

图 4-22 钢筋镦粗直螺纹套筒连接
1—已连接的钢筋；2—直螺纹套筒；3—正在拧入的钢筋

(4) 其他机械连接

近些年来又出现了一种新的连接方式，称为套筒灌浆连接。它将需要连接的钢筋插入内表面有凹凸的套筒，然后向套筒内灌入无收缩的灌浆材料，待灌浆材料硬化后，便可以将钢筋连接在一起。这种连接方法不需要对套筒和钢筋施加外力和热量，钢筋不会产生变形和应力，使用范围广泛，可以用于不同种类、不同直径和不同外形的钢筋连接。它不受环境条件影响，安全可靠，对操作人员无特殊要求。

### 4.3.5 钢筋的绑扎与安装

单根钢筋经过调直、配料、切断、弯曲等加工后，即可成形为钢筋骨架或钢筋网。钢筋成形应优先采用机械和焊接，最好采用整体绑扎现场安装的方法，只有当条件不具备时，才采用现场绑扎成形。

在绑扎和安装钢筋前，首先应熟悉钢筋图，核对钢筋配料单和料牌，根据工程特点、工作量、施工进度、技术水平等，研究与有关工种的配合，确定施工方法。

1. 单根钢筋的接头要求

(1) 绑扎搭接

受力钢筋接头宜设置在受力较小处，在同一根钢筋上不宜设置两个或两个以上接头。接头末端至钢筋弯起点的距离不应小于钢筋直径的 10 倍。

轴心受拉及小偏心受拉杆件（如桁架和拱的拉杆）的纵向受力拉钢筋不得采用绑扎搭接接头。当受拉钢筋的直径 $d>28$ mm 及受压钢筋的直径 $d>32$ mm 时，不宜采用绑扎搭接接头。

同一构件中相邻纵向受力钢筋的绑扎搭接接头宜相互错开。钢筋绑扎搭接接头连接区段的长度为 1.3 倍搭接长度，凡搭接接头中点位于该连接区段长度内的搭接接头均属于同一连接区段。同一连接区段内纵向钢筋搭接接头面积百分率为该区段内有搭接接头的纵向受力钢筋截面面积与全部纵向受力钢筋截面面积的比值，当无具体设计要求时应符合下列规定：

① 对梁类、板类及墙类构件，不宜大于 25%。
② 对柱类构件，不宜大于 50%。
③ 当工程中确实有必要增大接头面积百分率时，对梁类构件，不应大于 50%；其他构件可根据实际情况放宽。

纵向受拉钢筋绑扎搭接接头的搭接长度应根据位于同一连接区段内的钢筋搭接接头面积百分率按下列公式计算

$$l_1 = \zeta l_a$$

式中　$l_1$——纵向受拉钢筋的搭接长度；
　　　$l_n$——纵向受拉钢筋的锚固长度；
　　　$\zeta$——纵向受拉钢筋搭接长度修正系数,按表 4-8 取用。

表 4-8　　　　　　　　　纵向受拉钢筋搭接长度修正系数

| 纵向钢筋搭接接头面积百分率/% | ≤25 | 50 | 100 |
| --- | --- | --- | --- |
| $\zeta$ | 1.2 | 1.4 | 1.6 |

在任何情况下,纵向受拉钢筋绑扎搭接接头的搭接长度均不应小于 300 mm。构件中的纵向受压钢筋,当采用搭接连接时,其受压搭接长度不应小于纵向受拉钢筋搭接长度的 70%,且在任何情况下不应小于 200 mm。

在绑扎接头搭接处,要用 20~22 号铁丝扎牢中心和两端。光面钢筋绑扎接头的末端应做 180°弯钩,弯后平直段长度不应小于 $3d$,但做受压钢筋时可不做弯钩。

在纵向受力钢筋搭接长度范围内应配置箍筋,其直径不应小于搭接钢筋较大直径的 25%。当钢筋受拉时,箍筋间距不应大于搭接钢筋较小直径的 5 倍,且不应大于 100 mm;当钢筋受压时,箍筋间距不应大于搭接钢筋较小直径的 10 倍,且不应大于 200 mm。当受压钢筋直径 $d>25$ mm 时,尚应在搭接接头两个端面外 100 mm 范围内各设置 2 个箍筋。

(2)焊接

纵向受力钢筋的焊接接头应相互错开。钢筋焊接接头连接区段的长度为 $35d$($d$ 为纵向受力钢筋的较大直径)且不小于 500 mm,凡接头中点位于该连接区段长度内的焊接接头均属于同一连接区段。

位于同一连接区段内纵向受力钢筋的焊接接头面积百分率:对纵向受拉钢筋接头,不应大于 50%;对纵向受压钢筋接头,可不受限制。

(3)机械连接

纵向受力钢筋机械连接接头宜相互错开。钢筋机械连接接头连接区段的长度为 $35d$($d$ 为纵向受力钢筋的较大直径),凡接头中点位于该连接区段长度内的机械连接接头均属于同一连接区段。

在受力较大处设置机械连接接头时,位于同一连接区段内的纵向受拉钢筋接头面积百分率不宜大于 50%,纵向受压钢筋接头面积百分率可不受限制。直接承受动力荷载的结构机械连接接头,除应满足设计要求的抗疲劳性能外,位于同一连接区段内的纵向受力钢筋接头面积百分率不应大于 50%。

机械连接接头连接件的混凝土保护层厚度宜满足最小保护层厚度的要求。连接件间的横向净间距不宜小于 25 mm。

2.钢筋绑扎的基本要求

钢筋绑扎应符合《混凝土结构工程施工质量验收规范》(GB 50204—2015)的规定。各类钢筋形式的绑扎应符合下列要求:

(1)钢筋网片

钢筋的交叉点应采用 20~22 号铁丝绑扎,不仅要牢固可靠,且扎丝长度适宜。对于单向板和墙的钢筋网,除靠近外围两行钢筋的交叉点应

微课13

柱钢筋工程

全部扎牢外，中间部分交叉点可间隔交替扎牢；对于双向受力的钢筋和剪力墙钢筋网，所有交叉点应全部绑扎。以上各点绑扎方向应交错地变化，成八字形，以免产生位置偏移。

(2) 梁、柱箍筋

对梁、柱箍筋，除设计有特殊要求（如桁架端部采用斜向箍筋）之外，箍筋应与受力钢筋垂直；箍筋弯钩叠合处应沿受力钢筋方向错开放置，其中梁的箍筋弯钩应放在受压区，即不放在受力钢筋这一面。在连续梁支座处，可将箍筋弯钩放在受拉区（即截面上部），但应绑牢，必要时采用电弧焊点焊加固。

(3) 柱纵筋弯钩朝向

绑扎矩形柱时，角部钢筋弯钩平面应与模板面呈 45°（多边形柱角部钢筋的弯钩平面应位于模板内角的平分线上；圆形柱钢筋的弯钩平面应与模板切平面垂直，即弯钩应朝向圆心）；矩形柱和多边形柱的中间钢筋（不在角部的钢筋）的弯钩平面应与模板面垂直；当柱浇筑截面较小时，弯钩平面与模板面夹角不得小于 15°。

(4) 梁、柱节点处钢筋

在柱与梁、梁与梁以及框架和桁架节点处杆件交汇点，钢筋纵横交错，大部分在同一位置上发生碰撞。遇到这种情况，必须在施工前予以解决。处理原则是受力较大的主要钢筋保持原位，受力较小者避让。各钢筋从外到内的排列顺序是：柱钢筋、主梁钢筋、次梁钢筋。

① 主梁与次梁交叉　对于肋形楼板结构，在板、次梁与主梁交叉处，纵横钢筋密集，在这种情况下，钢筋的安装顺序自下至上应该为：主梁钢筋、次梁钢筋、板钢筋。

② 杆件交叉　框架、桁架的杆件节点是钢筋交叠密集的部位，如果杆件截面高度（或宽度）相同，而按照同样的混凝土保护层厚度取用，两杆件的主筋就会碰触到一起，这时应先对节点处配筋情况详加审核，按上述原则预先提出绑扎方案。

(5) 钢筋位置的固定

为使安装钢筋处于准确位置，不因施工产生移位，应设置相应的支架、垫块加以固定。

① 保护层厚度　受力钢筋的混凝土保护层最小厚度（从钢筋外皮算起）应符合表 4-9 的规定，且不应小于受力钢筋的直径。

表 4-9　　　　　　　受力钢筋的混凝土保护层最小厚度　　　　　　　mm

| 环境类别 | | 板、墙、壳 | | | 梁 | | | 柱 | | |
|---|---|---|---|---|---|---|---|---|---|---|
| | | ≤C20 | C25~C45 | ≥C50 | ≤C20 | C25~C45 | ≥C50 | ≤C20 | C25~C45 | ≥C50 |
| 一 | | 20 | 15 | 15 | 30 | 25 | 25 | 30 | 30 | 30 |
| 二 | a | — | 20 | 20 | — | 30 | 30 | — | 30 | 30 |
| | b | — | 25 | 25 | — | 35 | 30 | — | 35 | 30 |
| 三 | | — | 30 | 30 | — | 40 | 35 | — | 40 | 35 |

注：① 环境类别：一类为室内正常环境；二类 a 为室内潮湿环境、非严寒和非寒冷地区的露天环境、与无侵蚀的水或土壤直接接触的环境；二类 b 为严寒和寒冷地区的露天环境、与无侵蚀的水或土壤直接接触的环境；三类为使用除冰盐的环境、严寒和寒冷地区冬季水位变动的环境、滨海室外环境。

② 基础中纵向受力钢筋的混凝土保护层厚度不应小于 40 mm；当无垫层时不应小于 70 mm。

②保证保护层符合要求的措施　传统的做法是在现场利用水泥砂浆制作出一定厚度的垫块,有时在垫块中穿入铁丝可将垫块固定在竖向钢筋上。目前,垫块是由专业厂家生产的不同规格的成品混凝土垫块或塑料卡环式垫块,直接在现场使用。

## 4.4　混凝土工程

混凝土工程包括混凝土的制备、运输、浇筑捣实和养护等施工过程。各个施工过程既相互联系又相互影响,在混凝土施工过程中除按有关规定控制混凝土原材料质量外,任一施工过程处理不当都会影响混凝土的最终质量。因此,在施工过程中应控制每一个施工环节。

### 4.4.1　混凝土制备

混凝土制备应采用符合质量要求的原材料,按规定的配合比配料,混合料应拌和均匀,以保证结构设计所规定的混凝土强度等级,满足设计提出的特殊要求(如抗冻、抗渗等)和施工和易性要求,并应遵循节约水泥、减轻劳动强度等原则。

**1. 混凝土施工配合比及施工配料**

混凝土的配合比是在实验室根据混凝土的配制强度经过试配和调整而确定的,称为实验室配合比。实验室配合比所用砂、石都是不含水分的,而施工现场的砂、石都有一定的含水率,且含水率大小随气温等条件不断变化。为保证混凝土施工配合比正确,施工中应按砂、石实际含水率对原配合比进行修正。根据施工现场砂、石含水率调整后的配合比称为施工配合比。

**2. 混凝土搅拌**

(1) 搅拌机的选择

混凝土搅拌要求将各种材料拌制成质地均匀、颜色一致、具备一定流动性的混凝土拌和物。搅拌是混凝土施工工艺中很重要的一道工序。搅拌方法分为人工搅拌和机械搅拌。只有在用量较小时允许采用人工搅拌,一般均要求机械搅拌。混凝土搅拌机按其搅拌原理分为自落式和强制式两类,见表 4-10。

表 4-10　　　　　　　　　　混凝土搅拌机的种类

| 自落式 || 强制式 ||||
|---|---|---|---|---|---|
| || 立轴式 ||| 卧轴式<br>(单轴、双轴) |
| 反转出料 | 倾翻出料 | 涡桨式 | 行星式 ||  |
| | | | 定盘式 | 盘转式 | |

自落式搅拌机的搅拌筒内壁焊有弧形叶片,当搅拌筒绕水平轴旋转时,叶片不断将物料提升到一定高度,物料利用重力作用自由落下。由于各物料颗粒下落的时间、速度、落点和滚动距离不同,从而使物料颗粒达到混合的目的。自落式搅拌机宜于搅拌塑性混凝土和低

流动性混凝土。

强制式搅拌机利用运动着的叶片强迫物料颗粒朝环向、径向和竖向各个方向产生运动，使各物料均匀混合。强制式搅拌机的作用比自落式强烈，适用于搅拌干硬性混凝土和轻骨料混凝土。

强制式搅拌机分为立轴式和卧轴式，立轴式又分为涡浆式和行星式。

我国规定混凝土搅拌机以其出料容量($m^3$)×1 000 标定规格，现行混凝土搅拌机的系列为：150、250、350、500、750、1 000、1 500 和 3 000。选择搅拌机时，要根据工程量大小、混凝土的坍落度、骨料尺寸等因素确定，既要满足技术上的要求，也要考虑经济效益和节约能源。

(2)搅拌制度的确定

搅拌制度包括：混凝土的搅拌时间、投料顺序和进料容量。

①搅拌时间　混凝土搅拌时间过短，拌和不均匀，会降低混凝土强度及和易性；时间过长，不仅会影响搅拌机的生产率，而且会使混凝土的和易性降低或产生分层离析现象。搅拌时间与搅拌机的类型、鼓筒尺寸、骨料的品种和粒径以及混凝土的坍落度等有关，混凝土搅拌的最短时间(自全部材料装入搅拌筒中起到卸料为止)，可参照表4-11。

表 4-11　　　　　　　　　混凝土搅拌的最短时间　　　　　　　　　　　　　s

| 混凝土坍落度/mm | 搅拌机 | 搅拌机出料容量/L |  |  |
|---|---|---|---|---|
|  |  | ≤250 | 250~500 | >500 |
| ≤30 | 自落式 | 90 | 120 | 150 |
|  | 强制式 | 60 | 90 | 120 |
| >30 | 自落式 | 90 | 90 | 120 |
|  | 强制式 | 60 | 60 | 90 |

注：掺有外加剂时，搅拌时间应适当延长。

②投料顺序　投料顺序应从提高搅拌质量，减小叶片、衬板的磨损，减小拌和物搅拌筒的黏结，减少水泥飞扬，改善工作条件等方面综合考虑确定。常用方法有：

● 一次投料法。即在上料斗中先装石子，再加水泥和砂，然后一次投入搅拌机。这种投料顺序使水泥夹在石子和砂中间，使水泥不致飞扬，又不致黏在斗底，且水泥砂浆可缩短包裹石子的时间。

● 二次投料法。分为预拌水泥砂浆法和预拌水泥净浆法。预拌水泥砂浆法是先将水泥、砂和水加入搅拌筒内进行充分搅拌，成为均匀的水泥砂浆，再投入石子搅拌成均匀的混凝土。预拌水泥净浆法是将水泥和水充分搅拌成均匀的水泥净浆后，再加入砂和石子搅拌成混凝土。二次投料法搅拌的混凝土与一次投料法相比，混凝土强度提高约15%，在强度相同的情况下，可节约水泥15%~20%。

● 水泥裹砂法。又称为SEC法。采用此法拌制的混凝土称为SEC混凝土，也称为造壳混凝土。其搅拌程序是先加一定量的水，将砂表面的含水量调节到某一规定的数值(一般为15%~25%)后，再将石子加入，与湿砂拌匀，然后将全部水泥投入，使水泥在砂、石表面形成一层低水灰比的水泥浆壳(此过程称为成壳)，最后将剩余的水和外加剂加入，搅拌成混凝土。采用SEC法制备的混凝土与一次投料法相比，强度可提高20%~30%，混凝土不易产生离析现象，泌水少，工作性能好。

③进料容量(干料容量)　进料容量为搅拌前各种材料体积的累积。搅拌时如任意超

载(进料容量超过10%),就会使材料在搅拌筒内无充分的空间进行拌和,影响拌和物的均匀性;如装料过少,则不能充分发挥搅拌机的效率。

(3)混凝土搅拌站

混凝土拌和物在搅拌站集中拌制,可做到自动上料、自动称量、自动出料、集中操作控制,机械化、自动化程度高,劳动强度低,使混凝土质量和经济效果得到提高。为了适应我国建筑市场需要,已普遍建立了混凝土集中搅拌站,推广预拌混凝土(又称商品混凝土),供应半径为15～20 km。

### 4.4.2 混凝土运输

1.混凝土运输要求

在运输过程中,应保持混凝土拌和物的均匀性,避免产生分层离析现象;应以最少的中转次数和时间运至浇筑地点,保证混凝土浇筑时的坍落度满足要求;从搅拌机卸出后到浇筑完毕的延续时间不超过表4-12的规定;运输速度应保证浇筑工作连续进行;运送混凝土的容器应严密,其内壁应平整光洁,不吸水,不漏浆,黏附的混凝土残渣应经常清除。

表4-12　　　　混凝土从搅拌机中卸出后到浇筑完毕的延续时间　　　　min

| 混凝土强度等级 | 浇筑温度/℃ | |
| --- | --- | --- |
| | 不高于25 | 高于25 |
| C30及C30以下 | 120 | 90 |
| C30以上 | 90 | 60 |

注:①掺外加剂或采用快硬水泥拌制混凝土时,应按试验确定。
②轻骨料混凝土的运输、浇筑时间应适当缩短。

2.混凝土运输方式

(1)常用运输方法

混凝土运输方式分为地面运输、垂直运输和楼面运输三种情况。

地面运输情况下,当运距较远时,可采用专用混凝土搅拌运输车或自卸汽车;工地范围内的运输多用载重1 t的小型机动翻斗车,近距离运输也可采用双轮手推车。

混凝土的垂直运输,目前多采用混凝土泵,少量时也可用塔式起重机、井架。其中,混凝土泵和塔式起重机运输可一次完成地面运输、垂直运输和楼面运输,但塔式起重机的运输速度比混凝土泵慢。

(2)混凝土搅拌运输车

混凝土搅拌运输车所搅拌和运输的混凝土匀质性好、进出料速度高、出料残余率低、液压传动系统可靠、操作轻便、外形美观。它还具有回转稳定、性能可靠、操作简便、工作寿命长等优点,无论是混凝土搅拌还是输送,均能确保混凝土的质量。混凝土搅拌运输车广泛用于城建、公路、铁道、水电等部门,是一种理想的、机械化程度高的混凝土搅拌输送设备。

(3)混凝土泵

混凝土泵是一种有效的混凝土运输工具,它以泵为动力,沿管道输送混凝土,可以同时完成水平运输和垂直运输,将混凝土直接运送至浇筑地点。混凝土泵已在我国普遍使用,取得了较好的效果。不同型号的混凝土泵,其排量不同,水平运距和垂直运距也不同。常见的混凝土泵的混凝土排量为 30~90 m³/h,水平运距为 200~500 m,垂直运距为 50~100 m。因此,混凝土泵应与混凝土搅拌站和混凝土搅拌运输车配套使用,且应使混凝土搅拌站的供应能力和混凝土搅拌运输车的运输能力大于混凝土泵的输送能力,以保证混凝土泵能连续工作。

①混凝土泵的工作原理　混凝土泵根据驱动方式分为柱塞式混凝土泵和挤压式混凝土泵。柱塞式混凝土泵根据传动机构不同,又分为机械传动和液压传动两种。如图 4-23 所示为液压柱塞式混凝土泵的工作原理。液压柱塞式混凝土泵主要由料斗、液压缸、液压活塞、混凝土缸、分配阀、Y 形输送管、冲洗设备和动力系统等组成。液压柱塞式混凝土泵工作时,由混凝土搅拌运输车卸出的混凝土倒入料斗,吸入端水平片阀打开,排出端垂直片阀关闭,液压活塞在液压作用下,带动混凝土活塞左移,混凝土在自重及真空力作用下,进入混凝土缸内。然后吸入端水平片阀关闭,排出端垂直片阀打开,液压活塞在液压作用下,带动混凝土活塞右移,混凝土则被压入 Y 形输送管,将混凝土输送到浇筑地点。单缸混凝土泵的出料是脉冲式的,所以一般混凝土泵有两个混凝土缸并列交替进料和出料,通过 Y 形输料管,送入同一管道,使出料较为稳定。

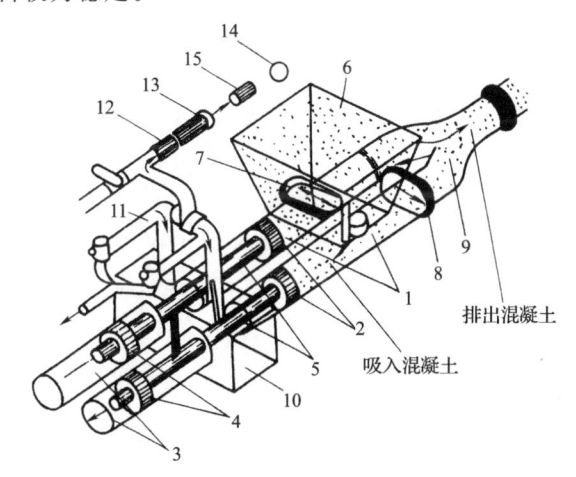

图 4-23　液压柱塞式混凝土泵的工作原理
1—混凝土缸;2—混凝土活塞;3—液压缸;4—液压活塞;5—活塞杆;
6—料斗;7—吸入端水平片阀;8—排出端竖直片阀;9—Y 形输送管;10—水箱;
11—水洗装置换向阀;12—水洗用高压软管;13—水洗法兰;14—海绵球;15—清洗活塞

挤压式混凝土泵的工件原理和挤牙膏的道理一样,在泵体内壁上粘贴一层橡胶垫,借助于做行星运动的滚轮,挤压装有混凝土的胶管,将挤压胶管中的混凝土挤入输送管道中。由于泵体内是密封的,使被滚轮挤压后的挤压胶管内部保持真空状态,能恢复原状,随后又将混凝土从料斗中吸入压送胶管中。如此反复进行,便可连续压送混凝土。挤压式混凝土泵构造简单,使用寿命长,能逆运转,易于排除故障,管道内混凝土压力较小,其输送距离较柱塞式混凝土泵小。

②混凝土泵的种类　混凝土泵按照移动方式分为固定泵和汽车泵,如图 4-24 所示。

固定泵没有自行移动装置,运输时需要汽车拖动,并且在施工过程中由电力驱动。输送混凝土的泵管需要现场安装。一般适用于位置相对固定、经常浇筑和泵送高度较高的工程。

汽车泵又称为混凝土泵车。它是将混凝土泵和泵管(又称布料杆)装在车上,泵管可以伸缩或屈折,末端是一段软管,可将混凝土直接送到浇筑地点。这种泵车布料范围广、机动性好、移动方便,驱动方式是利用汽车本身自带的动力,不需要电力驱动,适用于浇筑次数不多、高度不大的工程。

(a)固定泵　　　　　　　　　　　　(b)汽车泵

图 4-24　混凝土泵

### 4.4.3　混凝土浇筑

混凝土浇筑既要保证混凝土均匀和密实,又要保证结构的整体性、尺寸准确和钢筋、预埋件的位置正确,拆模后混凝土表面要平整、光洁。混凝土工程属于隐蔽工程,浇筑前应对模板、支架、钢筋、预埋件、预埋管线、预留孔洞等进行检查验收,并填写施工记录。

1.浇筑要求

(1)防止离析

浇筑混凝土时,如自由倾落高度过大,粗骨料在重力作用下,克服黏着力后的下落动能大,下落速度较砂浆快,则可能出现混凝土离析。因此,混凝土的自由倾落高度不应超过 2 m,在竖向结构钢筋较密时,自由倾落高度不宜超过 3 m,否则应用串筒、斜槽、溜管等下料。

(2)合理留置施工缝

混凝土结构大多要求整体浇筑,但因技术或组织原因不可能都采用连续浇筑。由于混凝土抗拉强度约为其抗压强度的 1/10,因而施工缝是结构中的薄弱环节,所以应在适当位置留置施工缝。施工缝宜留置在结构剪力较小的部位,同时应方便施工。柱子宜留置在基础顶面、梁或吊车梁牛腿的下面、吊车梁的上面、无梁楼盖柱帽的下面,如图 4-25 所示。与板连成整体的大截面梁应留在板底面以下 20～30 mm 处;当板下有梁托时,宜留置在梁托下部。单向板的施工缝应留在平行于板短边的任何位置。有主、次梁的楼盖宜顺着次梁方向浇筑,施工缝应留在次梁跨度的中间 1/3 长度范围内,如图 4-26 所示。墙的施工缝可留在门洞口过梁跨中 1/3 范围内,也可留在纵、横墙的交接处。双向受力的楼板、大体积混凝土结构、拱、薄壳、多层框架及其他复杂的结构,应按设计要求留置施工缝。

在施工缝处继续浇筑混凝土时,应除掉水泥浮浆和松动的石子,并用水冲洗干净,待已浇筑的混凝土的强度不低于 1.2 MPa 时才允许继续浇筑,在接合面应先铺抹一层水泥浆或与混凝土砂浆成分相同的砂浆。

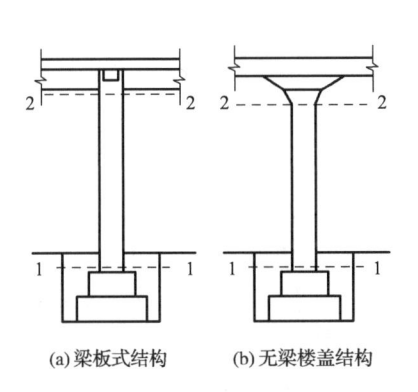

图 4-25 柱子的施工缝位置

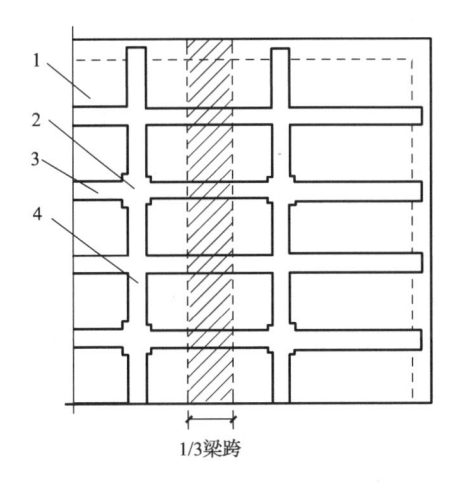

图 4-26 有主、次梁楼盖的施工缝位置
1—楼板；2—柱；3—次梁；4—主梁

(a) 梁板式结构　(b) 无梁楼盖结构

2.浇筑方法

(1)多层钢筋混凝土框架结构的浇筑

混凝土浇筑前应做好必要的准备工作,如模板、钢筋和预埋管线的检查和清理,以及隐蔽工程的验收；浇筑用脚手架、走道搭设和安全检查；下达的混凝土配合比通知单和检查材料；并做好施工机具的准备。

浇筑柱时,施工段内的每排柱应由外向内对称地顺序浇筑,不可由一端向另一端推进,预防柱模板因湿胀造成受推倾斜而误差积累难以纠正。截面在 400 mm×400 mm 以内、有交叉箍筋的柱,应在柱模板侧面开孔用斜溜槽分段浇筑,每段高度不超过 2 m。截面在 400 mm×400 mm 以上、无交叉箍筋的柱,如柱高不超过 4.0 m,可从柱顶浇筑；如用轻骨料混凝土从柱顶浇筑,则柱高不得超过 3.5 m。柱开始浇筑时,底部应先浇筑一层厚 50～100 mm、与所浇筑混凝土成分相同的水泥砂浆。浇筑完毕,如柱顶处有较大厚度的砂浆层,则应剔除。柱浇筑后应间隔 1.0～1.5 h,待所浇混凝土拌和物初步沉实,再浇筑上面的梁板结构。

梁和板一般应同时浇筑,从一端开始向前推进。只有当梁高大于 1 m 时才允许将梁单独浇筑,此时的施工缝留在楼板板面下 20～30 mm 处。梁底与梁侧面注意振实,振动器不要直接触及钢筋和预埋件。楼板混凝土浇筑时,虚铺厚度应略大于板厚,用表面振动器或内部振动器振实,用铁插尺检查混凝土厚度,振捣完后用抹子抹平。

浇筑叠合式受弯构件时,应按设计要求确定是否设置支撑,且叠合面应根据设计要求预留凸凹槽(当无要求时,槽高为 6 mm),形成自然粗糙面。

为保证混凝土捣实质量,应分层浇筑,每层厚度见表 4-13。

表 4-13　混凝土浇筑层厚度

| 项次 | 捣实混凝土的方法 | 浇筑层厚度/mm |
| --- | --- | --- |
| 1 | 插入式振动 | 振动器作用部分长度的 1.25 倍 |
| 2 | 表面振动 | 200 |

(2) 大体积混凝土的浇筑

① 大体积混凝土的概念 结构尺寸和截面较大的混凝土工程,例如混凝土大坝、高层建筑的深基础底板、大跨度桥梁的柱塔基础和其他重型底座结构物等。这类混凝土由于体积大,外荷载引起裂缝的可能性较小,但是由于散热面积小,水化热积聚作用十分强烈,内部混凝土温度很高,有时甚至达到 80 ℃ 以上。内、外温度差引起的温度应力可以超过混凝土能承受的抗拉强度,从而引起混凝土开裂。这种开裂极有可能由开始的表面开裂发展成为深层开裂,进而产生整个截面上的贯穿裂缝。贯穿裂缝切断了结构断面,破坏了结构的整体性和稳定性,其危害最严重。这种危害性在施工中是不允许产生的。

有关大体积混凝土的定义目前还没有统一的规定。一般认为,所谓大体积混凝土是指结构尺寸大到必须采取相应技术措施,妥善处理内、外温度差,从而合理解决温度应力,并对裂缝进行控制的混凝土。日本建筑学会标准规定:"结构断面最小尺寸在 80 cm 以上,同时水化热引起的内、外温度差预计超过 25 ℃,这样的混凝土应称为大体积混凝土。"但是混凝土的升温和内、外温度差与表面积系数有关,单面散热的结构其最小断面尺寸在 750 mm 以上,双面散热的结构其最小断面尺寸在 1 000 mm 以上,水化热引起的内、外温度差超过 25 ℃,内部升温达 70 ℃,就应该称为大体积混凝土。

② 大体积混凝土的浇筑方案 大体积混凝土结构在工业建筑中多为设备基础,在高层建筑中多为厚大的桩基承台或基础底板等,整体性要求较高,往往不允许留置施工缝,要求一次连续浇筑完毕。因此,合理正确地选择大体积混凝土结构浇筑方案,确保结构的整体性,实现混凝土连续浇筑,就显得十分重要。

根据结构特点不同,为保证每一处混凝土在初凝前就被后续浇筑的混凝土覆盖,并振捣密实形成整体,大体积混凝土(结构)的浇筑可选择全面分层、分段分层、斜面分层等浇筑方案,如图 4-27 所示。

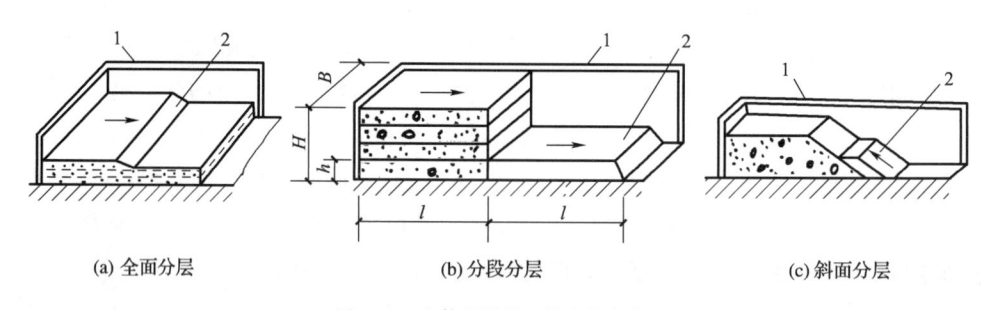

(a) 全面分层　　(b) 分段分层　　(c) 斜面分层

图 4-27 大体积混凝土的浇筑方案
1—模板;2—新浇筑的混凝土

● 全面分层 当结构平面面积不大时,可将整个结构分为若干层进行浇筑,即第一层全部浇筑完毕后,再浇筑第二层,如此逐层连续浇筑,直到结束。为保证结构的整体性,要求次层混凝土在前层混凝土初凝前浇筑完毕。若结构平面面积为 $A(m^2)$,浇筑分层厚为 $h(m)$,每小时浇筑量为 $Q(m^2/h)$,混凝土从开始浇筑至初凝的延续时间为 $T(h)$(一般等于混凝土初凝时间减去混凝土运输时间)。为保证结构的整体性,当采用全面分层时,结构平面面积应满足下式

$$Ah \leqslant QT$$

故

$$A \leqslant QT/h$$

- 分段分层 当结构平面面积较大时,全面分层已不适应,这时可采用分段分层浇筑方案。即将结构分为若干段,每段又分为若干层,先浇筑第一段各层,然后浇筑第二段各层,如此逐段逐层连续浇筑,直至结束。为保证结构的整体性,要求次段混凝土应在前段混凝土初凝前浇筑并与之捣实成整体。若结构的厚度为 $H(m)$,宽度为 $B(m)$,分段长度为 $l(m)$,为保证结构的整体性,则应满足下式

$$l \leqslant QT/B(H-h)$$

- 斜面分层 当结构的长度超过厚度的 3 倍时,可采用斜面分层的浇筑方案。这时振捣工作应从浇筑层斜面下端开始,逐渐上移,且振动器应与斜面垂直,以保证混凝土施工质量。斜面坡度为 1:3。

③泌水处理 由于大体积混凝土上、下浇筑层施工间隔时间较长,各分层之间易产生泌水层,将使混凝土强度降低,导致酥软、脱皮起砂等不良后果。一般采用自流方式和抽吸方式排除泌水,但会带走水泥砂浆,影响混凝土质量;另外,泌水处理措施可采用同一结构中使用两种不同坍落度的混凝土,或在混凝土拌和物中掺减水剂,减少泌水。

④预防大体积混凝土出现裂缝的措施 为预防大体积混凝土因温度差过大而出现裂缝,除选择合理的浇筑方案外,还需要采取一些适当的措施:

- 优先采用水化热较低的水泥,如矿渣硅酸盐水泥、火山灰或粉煤灰水泥。
- 尽量减少水泥用量和用水量。
- 掺缓凝剂或缓凝型减水剂,也可掺入适量粉煤灰等外掺和料。
- 掺入适量的粉煤灰或在浇筑时投入适量的毛石。
- 采用中粗砂和大粒径、级配良好的石子。
- 放慢浇筑速度和减小浇筑厚度,必要时采用人工降温措施(拌制时,用低温水降低混凝土入模温度,养护时用循环水冷却);浇筑后应及时覆盖,以控制内、外温度差,减缓降温速度,尤应注意寒潮的不利影响。
- 加强混凝土的保温、保湿、养护,严格控制大体积混凝土的内、外温度差。当无具体设计要求时,温度差不宜超过 25 ℃,所以可采用草包、炉渣、砂、锯末、油布等不透风的保温材料或蓄水养护,以减少混凝土表面的热扩散和延缓混凝土内部水化热的降温速度。
- 在浇筑完毕后,及时排除泌水,必要时进行二次振捣。

另外,还可以在征得设计部门同意的前提下进行分块浇筑,块与块之间留 1 m 宽后浇带,待各分块混凝土干缩后,再浇筑后浇带。分块长度可根据有关资料进行计算,当结构厚度在 1 m 以内时,分块长度一般为 20~30 m。

(3)混凝土密实成形

混凝土的强度、抗冻性、抗渗性等技术指标都与其密实程度有关,目前主要用机械捣实。机械捣实的方法有多种,在这里着重介绍振动捣实方法。

①混凝土振动捣实原理 振动机械的振动一般是由电动机等动力设备带动偏心振动块

转动而产生简谐振动,并将振动传递给混凝土拌和物,使其受到强迫振动。在振动力作用下混凝土克服内部的黏着力和内摩擦力,使骨料在自重作用下向新的位置沉落,紧密排列的水泥砂浆均匀填充空隙,气泡被排出,游离水被挤压上升,从而填满模板各部位形成密实体积。

机械振实可减轻劳动强度,提高混凝土的强度和密实性,节约水泥 10%~15%。影响振动质量和生产率的因素很多,当混凝土的配合比、骨料粒径和钢筋疏密程度等因素确定后,振动质量和生产率主要取决于振动制度,即振动的频率、振幅和振动时间等。

②振动机械的选择与使用　振动机械可分为内部振动器、外部振动器、表面振动器和振动台,如图 4-28 所示。内部振动器又称插入式振动器或振动棒,是建筑工程应用最多的一种振动器,用于振实梁、柱、墙、厚板和基础等。其工作部分是振动棒,其内部装有偏心振子。在电动机带动下高速转动而产生高频微幅的振动。根据振动棒激振的原理,内部振动器有偏心轴式和行星滚锥式(简称行星式)两种,其激振原理如图 4-29 所示。

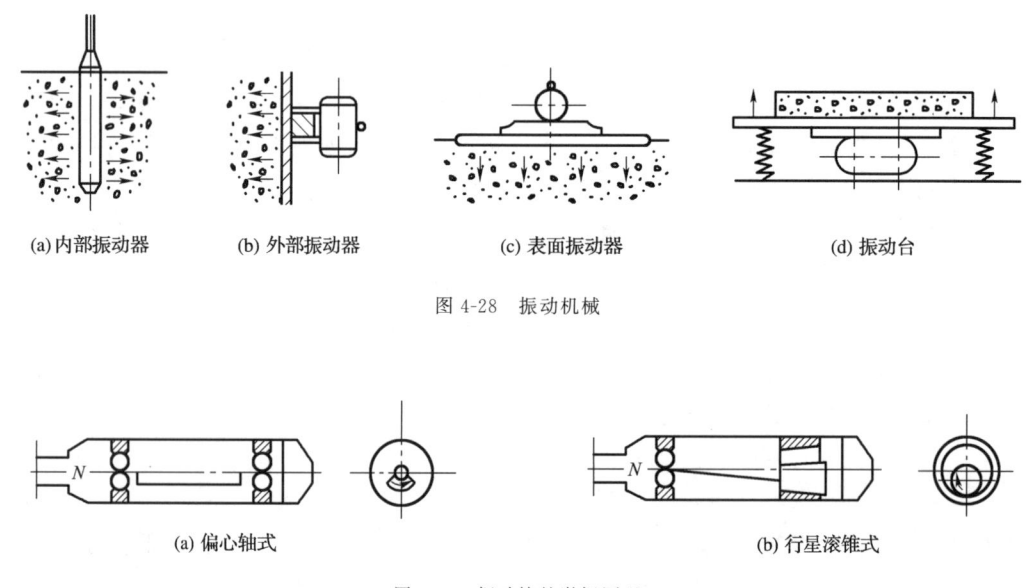

图 4-28　振动机械

图 4-29　振动棒的激振原理

偏心轴式内部振动器利用振动棒中心具有偏心质量的转轴产生高频振动。行星滚锥式内部振动器利用振动棒中一端空悬的转轴旋转时其下垂端圆锥部分沿棒壳内圆锥面滚动,形成滚动体的行星运动而驱动棒体产生圆振动,其振捣效果好,且构造简单,使用寿命长,是当前常见的内部振动器。

使用插入式振动器振动混凝土时,应垂直插入,并插入下层混凝土 50 mm,以促使上、下层混凝土结合成整体。每一振点的振捣时间应使混凝土捣实(以表面呈现浮浆和不再沉落为限)。采用插入式振动器捣实普通混凝土的移动间距,不宜大于作用半径的 1.5 倍。捣实轻骨料混凝土的间距,不宜大于作用半径的 1 倍;振动器与模板的距离不应大于振动器作用半径的 1/2,并应尽量避免碰撞钢筋、模板、预埋件等。插点的分布有行列式和交错式两种,如图 4-30 所示。

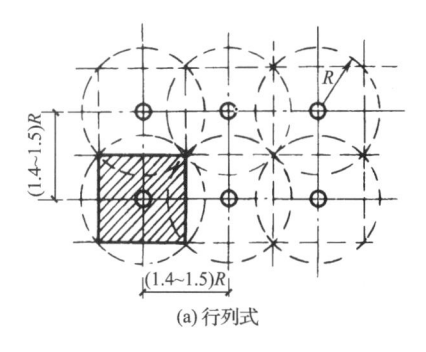

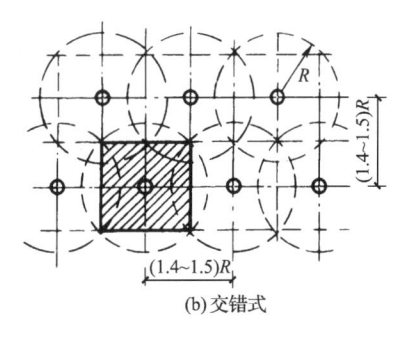

图 4-30　插点的分布

表面振动器又称平板振动器,它将装有左、右两个偏心振动块的电动机固定在一块平板上而成,其振动作用可直接传递到混凝土面层上。这种振动器适用于捣实楼板、地面、板形构件和薄壳等薄壁结构。在无筋或单层钢筋结构中,每次振实的厚度不大于 250 mm;在双层钢筋结构中,每次振实厚度不大于 120 mm。表面振动器的移动间距应保证振动器的平板覆盖已振实部分的边缘,以使混凝土振实出浆为准。也可进行两遍振实,第一遍使混凝土密实,第二遍则使表面平整,且两遍的方向要互相垂直。

外部振动器又称附着式振动器,它通过螺栓或夹钳等固定在模板外侧,偏心振动块转动产生的振动力通过模板传给混凝土,使之振实,但要求模板应有足够的刚度。对于小截面直立构件,振动棒很难插入时,可采用附着式振动器。附着式振动器的设置间距,应通过试验确定,在一般情况下,可每隔 1～1.5 m 设置一个。

振动台是混凝土制品工厂中的固定生产设备,用于振实预制混凝土构件。

(4)水下浇筑混凝土

水下或泥浆中浇筑混凝土时,应保证水或泥浆不混入混凝土内,水泥浆不被水带走,混凝土能借压力挤压密实。水下浇筑混凝土常采用导管法,如图 4-31 所示。导管直径为 200～300 mm,且不小于骨料粒径的 8 倍,每节管长 1.5～3 m,顶部有漏斗。导管用提升机吊住,并可升降。浇筑前,用铁丝吊住球塞堵住导管下口,然后将管内灌满混凝土,并使导管下口距地基约 300 mm。距离太小,容易堵管;距离太大,则冲出的混凝土不能及时封埋管口,而导致水或泥浆掺入混凝土内。漏斗和导管内应有足够的混凝土,以保证混凝土下落后能将导管口埋入混凝土内 0.5～0.6 m。剪断铁丝后,混凝土在自重作用下冲出管口,并迅速将管口埋住。此后,一面不断浇筑混凝土,一面缓缓提起导管,且始终保持导管在混凝土内有一定的埋置深度,埋置深度越大则挤压作用越大,混凝土越密实,但也越不易浇筑,一般埋置深度为 0.5～0.8 m。这样,最先浇筑的混凝土始终处于最外层,与水接触,且随混凝土的不断挤入而不断上升,故水或泥浆不会混入混凝土内,水泥浆不会被带走,而混凝土又能在压力作用下自行挤密。每一浇筑点应在混凝土初凝前浇筑至设计标高。混凝土应连续浇筑,导管内应始终注满混凝土,以防空气混入,并应防止堵管。一般情况下,第一导管浇筑范围以 4 m 为限,面积更大时,可用几根导管同时浇筑,或待一浇筑点浇筑完毕后再将导管换插到另一浇筑点进行浇筑。浇筑完毕后,应清除与水接触的表层厚约 0.2 m 的松软混凝土。

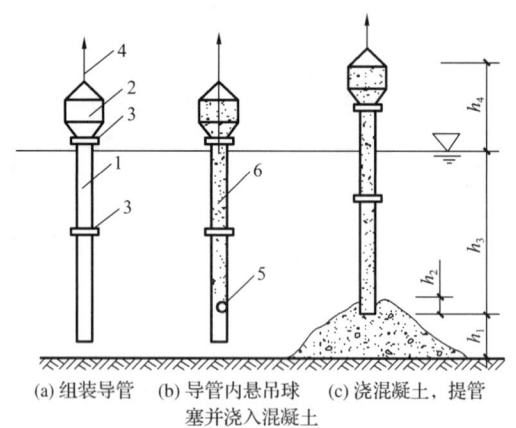

(a) 组装导管　(b) 导管内悬吊球塞并浇入混凝土　(c) 浇混凝土，提管

图 4-31　导管法水下浇筑混凝土

1—导管；2—漏斗；3—密封接头；4—吊索；5—球塞；6—钢丝或绳子

水下浇筑的混凝土必须具有抵抗泌水和离析的能力，所以混凝土中的水泥量宜适当增加，砂率应不小于 40%，泌水率控制在 1‰~2‰，粗骨料粒径不得大于导管内径的 1/5 或钢筋间距的 1/4，并不宜超过 60 mm；混凝土水灰比为 0.55~0.65；坍落度为 150~180 mm；开始时采用低坍落度，正常施工后则用较大坍落度，时间不得少于 1 h，以便混凝土靠自身的流动实现其密实成形。

另外，采用导管法浇筑水下混凝土时应注意：一是保证混凝土的供应量应大于导管内混凝土必须保持的高度和开始浇筑时导管埋入混凝土内需要的埋置深度所要求的混凝土量；二是严格控制导管提升高度，且只能上下升降，不能左右移动，以防止或避免导管内进水。

### 4.4.4　混凝土养护与拆模后的缺陷处理

**1. 混凝土养护**

混凝土浇筑后，如遇气候炎热或空气干燥，不及时进行养护，混凝土则会出现脱水现象，使已形成凝胶体的水泥颗粒不能充分水化，不能转化为稳定的结晶，黏结力下降，从而会在混凝土表面出现片状或粉状剥落，同时过低的温度会影响混凝土的硬化速度，甚至造成冻害，影响混凝土的强度。此外，还会使混凝土产生变形和裂缝，影响混凝土的整体性和耐久性。因此，混凝土的凝固硬化过程必须在适当的温度和湿度条件下才能完成。为使其强度不断增长，必须采用适当的方法对混凝土进行养护。

当最高气温低于 25 ℃时，混凝土浇筑后应在 12 h 内加以覆盖和浇水；当最高气温高于 25 ℃时，应在 6 h 内开始养护。浇水养护时间的长短视水泥品种而定。用硅酸盐水泥、普通硅酸盐水泥和矿渣硅酸盐水泥拌制的混凝土，不得少于 7 d；用火山灰质硅酸盐水泥和粉煤灰硅酸盐水泥拌制的混凝土或有抗渗性要求的混凝土，不得少于 14 d。日浇水次数应使混凝土保持具有足够的湿润状态。

混凝土养护可分为自然养护和人工养护。

自然养护是指利用平均气温高于 5 ℃的自然条件，用保水材料对混凝土加以覆盖并适当浇水，使混凝土在湿润状态下自然硬化。养护初期，水泥水化反应较快，需水较多，所以应特别注意前期的养护工作。此外,当气温高、湿度低时,也应增加洒水的次数。混凝土必须养护至其强度达到 1.2 MPa 以后方可上人施工。对于墙、柱等不易洒水养护的混凝土结构,也可在构件表面包裹塑料薄膜,或喷洒塑料薄膜养护液来养护混凝土。

人工养护是指采用人工方法控制混凝土的养护温度和湿度,使混凝土强度增长,如蒸汽养护、热水养护、太阳能养护等,主要用在养护预制构件或现浇构件的冬期施工。

2.拆模后的缺陷处理

拆模后应由监理(建设)单位、施工单位对混凝土的外观质量和尺寸偏差进行检查,并做好记录。如发现缺陷,应进行修补。对面积小、数量不多的蜂窝或露石的混凝土,先用钢丝刷或压力水洗刷基层,然后用 1∶2～1∶2.5 的水泥砂浆抹平;对较大面积的蜂窝、露石、露筋应按其全部深度凿去薄弱的混凝土层,然后用钢丝刷或压力水冲刷,再用比原混凝土强度等级高一个级别的细骨料混凝土填塞,并仔细捣实。对影响结构性能的缺陷,应与设计单位共同研究处理。

### 复习思考题

1. 试述模板的技术要求和种类。
2. 模板拆除有哪些要求?
3. 跨度多大的梁模板需要起拱?起拱多少?
4. 进行钢筋代换的原则是什么?代换时应注意哪些事项?
6. 钢筋焊接有哪几种方法?
7. 钢筋机械连接有哪几种方法?
8. 试述钢筋闪光对焊的常用工艺及其适用范围。
9. 试述钢筋套筒挤压连接的原理和施工要点。
10. 混凝土搅拌机械有哪几种?各有什么特点?
11. 搅拌混凝土时的投料顺序有哪几种?它们对混凝土质量有何影响?
12. 试述施工缝留设原则、留设位置和处理方法。
13. 试述大体积混凝土的概念和预防大体积混凝土裂缝的措施有哪些?
14. 混凝土振动机械有哪些种类?如何选择?
15. 在水下或泥浆中如何浇筑混凝土?
16. 混凝土养护有哪些方法?其适用范围有哪些?

# 模块 5 脚手架工程

## 5.1 脚手架工程基本知识

### 5.1.1 脚手架的特点

无论是结构施工还是室内外砌筑和装饰及设备安装施工都离不开各种脚手架。脚手架的搭设质量与施工人员的人身安全、工程进度、工程质量有直接的关系。因此,脚手架在建筑施工中具有广泛的影响。

脚手架作为操作平台要承受各类施工荷载,主要有操作人员及其施工荷载、材料的堆放荷载,还有施工时的振动荷载;作为防护棚,还要承受坠落物的冲击荷载。因此,脚手架还有受力情况复杂的特性。

微课16

脚手架工程

脚手架大多处于露天工作环境,自然环境对脚手架的影响因素较多,如雨、雪、雷、电、风和冰冻等。因此,脚手架应具有抵抗恶劣气候的能力,即良好的适应性。

### 5.1.2 脚手架的作用

脚手架是建筑施工中的一种临时设施,服务于主体工程,是确保施工安全、工程质量和施工进度不可缺少的手段和设施。其主要作用有:满足操作人员在不同部位进行操作;能够堆放及运输一定数量的建筑材料;确保操作人员高空作业和临边作业的安全。

### 5.1.3 脚手架的分类与基本要求

1. 脚手架分类

(1)按所用材料分类

脚手架可分为木脚手架、竹脚手架和金属脚手架。

(2)按与建筑物的位置关系分类

①里脚手架 里脚手架搭设于建筑物内部,每完成一层施工后,即将其转移到其他楼层进行施工,它可用于内、外墙的砌筑和室内装饰施工。里脚手架的用料少,但装拆频繁,故要求轻便灵活、装拆方便。其结构形式有折叠式、支柱式和门架式等。

②外脚手架 外脚手架沿建筑物外围从地面搭起,既可用于外墙砌筑,又可用于外装饰施工。其主要形式有多立杆式、框式、桥式等,其中多立杆式的应用最广,框式次之,桥式的应用最少。

(3)按结构形式分类

脚手架可分为多立杆式、碗扣式、盘扣式、门式脚手架等。

(4)按使用用途分类

①模板支架　用于支撑模板,采用脚手架材料搭设的脚手架。

②装修脚手架　用于装修工程施工作业的脚手架。

③结构脚手架　用于砌筑和结构工程施工作业的脚手架。

④防护脚手架　用于施工场所安全作业,如防止坠落或阻挡的脚手架。

(5)按结构特点分类

①单排脚手架　只有一排立杆,横向水平杆的一端搁置在墙体上的脚手架。

②双排脚手架　由内、外两排立杆和水平杆等构成的脚手架。

③悬挑脚手架　应用于外墙施工、安装或检修悬挑作业的脚手架。

(6)按遮挡范围分类

①敞开式脚手架　仅设有作业层栏杆和挡脚板,没有其他遮挡设施的脚手架。

②全封闭脚手架　沿脚手架外侧全长和全高封闭的脚手架。

③半封闭脚手架　遮挡面积占 30%～70% 的脚手架。

④局部封闭脚手架　遮挡面积小于 30% 的脚手架。

(7)按支撑部位和支撑方式分类

①落地式脚手架　搭设(支座)在地面、楼面、屋面或其他平台结构之上的脚手架。

②悬挑式脚手架　采用悬挑方式支固的脚手架,支挑方式有专用悬挑梁、专用悬挑三角桁架、撑拉杆件组合支挑结构。支挑结构有斜撑式、斜拉式、拉撑式和顶固式等多种。

③附墙悬挂脚手架　在上部或中部挂设于墙体挑挂件上的定型脚手架。

④悬吊脚手架　悬吊于悬挑梁或工程结构之下的脚手架。

⑤附着升降脚手架(简称"爬架")　附着于工程结构依靠自身提升设备实现升降的脚手架。

⑥移动脚手架　带行走装置的脚手架或操作平台架。

2.脚手架搭设基本要求

①有适当的宽度、高度、离墙距离,能满足工人操作、材料堆放及运输的需要。

②构造简单,便于搭拆、搬运,能多次周转使用,因地制宜,就地取材。

③应有足够的强度、刚度及稳定性,保证在施工期间在可能的使用荷载(规定限值)的作用下不变形、不倾斜、不摇晃。

### 5.1.4　设置与使用脚手架的注意事项

为确保脚手架的使用安全,在脚手架的设置与使用时,应注意以下几点:

(1)普通脚手架的构造应符合有关规定,特殊工程脚手架、重荷载脚手架、施工荷载明显偏于一侧的脚手架、高度超过 30 m 的脚手架等必须进行设计和计算。

(2)确保脚手架地基有足够的承载力,避免脚手架发生整体或局部沉降。高层或重荷载脚手架应进行脚手架基础设计。

(3)脚手架应设置足够牢固的连墙件,依靠建筑结构整体刚度来加强和确保脚手架的稳定性。

(4)有可靠的安全防护措施,如安全网、防电避雷措施等。

(5)确保脚手架搭设质量,搭设完毕应进行检查和验收,合格后才能使用。

(6)严格控制使用荷载,确保有较大的安全储备。普通脚手架荷载应不超过 2.7 kN/m$^2$,堆砖时只能单行侧摆三层。

(7)使用过程中应经常进行安全检查。

## 5.2 里脚手架

里脚手架是指搭设在建筑物内部的脚手架,一般高度不大于 4 m。砖混结构墙体砌筑、室内墙面粉刷大多采用里脚手架。里脚手架作为砌筑作业架时,铺板 3~4 块,宽度应不小于 0.9 m;作为装饰作业架时,铺板宽度不少于 2 块或不小于 0.6 m。里脚手架用料较少,比较经济,拆装方便、灵活,被广泛应用于墙的砌筑和室内装饰施工。里脚手架的结构形式有折叠式、支柱式、门架式和移动式等多种。

### 5.2.1 折叠式里脚手架

折叠式里脚手架可采用角钢、钢管和钢筋制作。

角钢折叠式里脚手架搭设间距,砌筑时不超过 2 m,抹灰或粉刷墙时不超过 2.5 m。可搭设两步架,第一步架为 1 m,第二步架为 1.65 m,如图 5-1 所示。

钢管折叠式和钢筋折叠式里脚手架的搭设间距,砌筑时不超过 1.8 m,抹灰或粉刷墙时不超过 2.2 m。

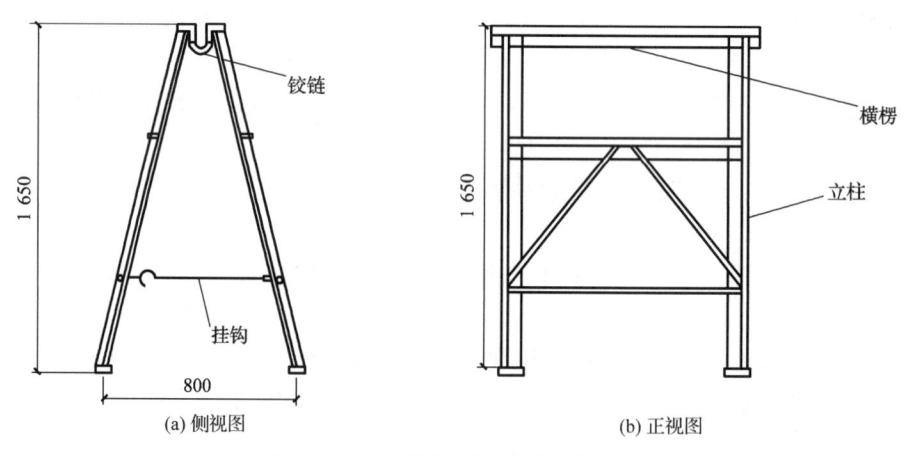

图 5-1 角钢折叠式里脚手架第二步架

### 5.2.2 支柱式里脚手架

支柱式里脚手架由多个支柱和横杆组成,上铺脚手板,主要用于内墙的砌筑和抹灰及粉刷。支柱间距,砌墙时不超过 2.0 m,抹灰及粉刷墙时不超过 2.2 m。

支柱式里脚手架的支柱有套管式支柱和承插式支柱两种。

1.套管式支柱

如图 5-2 所示,套管式支柱由立管、插管组成,插管插入立管中,以销孔间距调节脚手架的高度，是一种可伸缩式的里脚手架，在插管顶端的凹形托架内搁置方木横杆，在横杆上铺设脚手板，其架设高度为 1.5～2.1 m。

2.承插式支柱

如图 5-3 所示，在支柱立管上焊承插管，横杆的销头插入承插管中，横杆上铺脚手板，其架设高度为 1.5～2.1 m。

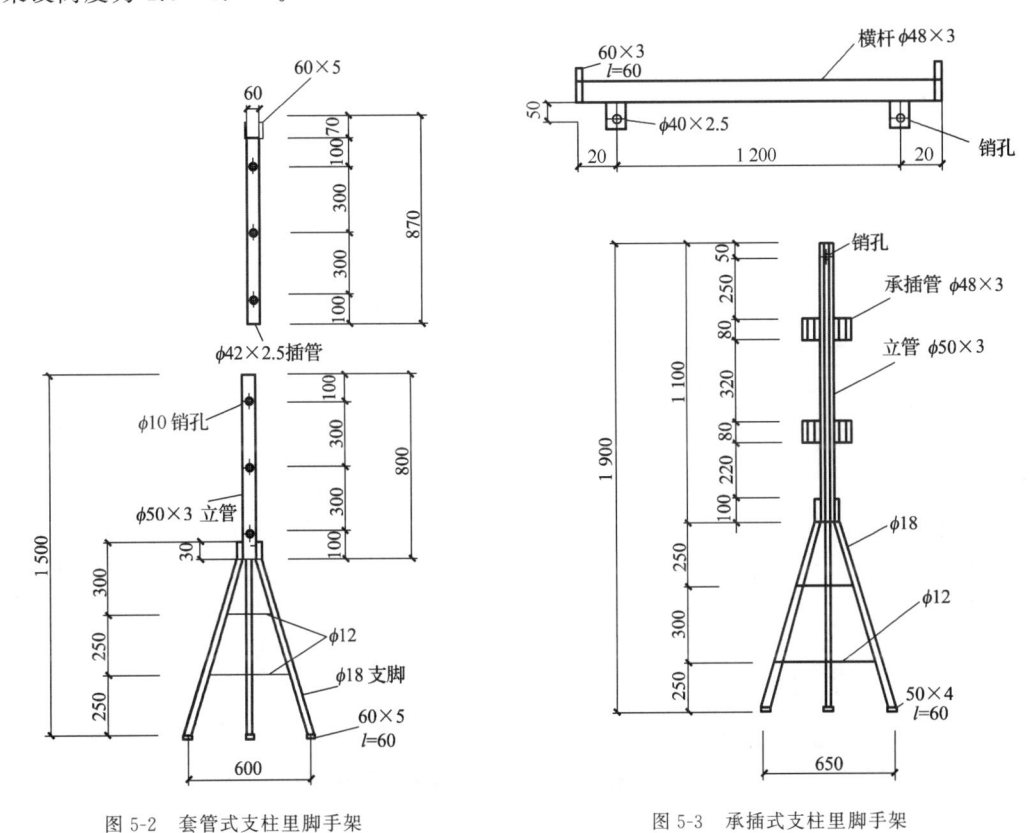

图 5-2　套管式支柱里脚手架

图 5-3　承插式支柱里脚手架

### 5.2.3　门架式里脚手架

门架式里脚手架由两片 A 型支架与门架组成，如图 5-4 所示。A 型支架由立管和套管组成，立管常用 $\phi 50$ mm×3 mm，长度为 500 mm，支脚大多用钢管、钢筋焊成，高度为 900 mm，两支脚的间距为 700 mm；门架用钢管或角钢与钢管焊成，承插在套管中，承插式门架在架设第二步架时，销孔要插上销钉，以防止 A 型支脚在受到外力作用时发生转动。

### 5.2.4　移动式里脚手架

移动式里脚手架是施工现场为工人操作并解决垂直和水平运输问题而搭设的各种支架，如图 5-5 所示。移动式里脚手架主要由门架、交叉拉杆（又称斜拉杆）、脚手板、脚轮（又称地轮）等组成，可作为砌筑装修、粉刷油漆、机电安装、设备维修、广告制作等活动的工作平台。脚轮带有刹车装置，具有使用方便、移动灵活、安全可靠等特点。

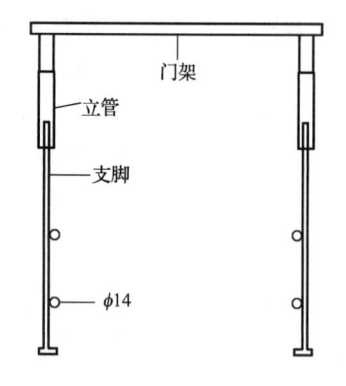

图 5-4 门架式里脚手架

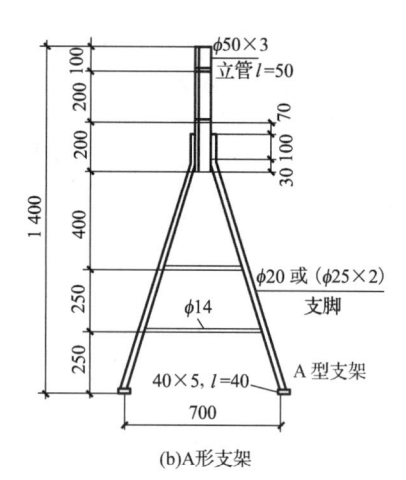

图 5-5 移动式里脚手架

## 5.3 落地扣件式钢管外脚手架

### 5.3.1 特点及基本构造

**1.特点**

落地扣件式钢管外脚手架由扣件连接钢管而成,属于多立杆式脚手架,是目前多层建筑广泛使用的脚手架,它的特点是承载力大,装拆方便,搭设灵活,使用周期长,相对经济。

**2.构造和组成**

(1)杆件

落地扣件式钢管外脚手架的主要杆件有立杆、纵向水平杆(大横杆)、横向水平杆(小横杆)、扫地杆、剪刀撑、横向斜撑、抛撑等,如图 5-6 所示。杆件均采用外径为 48 mm、壁厚为 3.5 mm 或外径为 51 mm 而壁厚为 3.0 mm 的 3 号焊接钢管制成,长度有所不同。

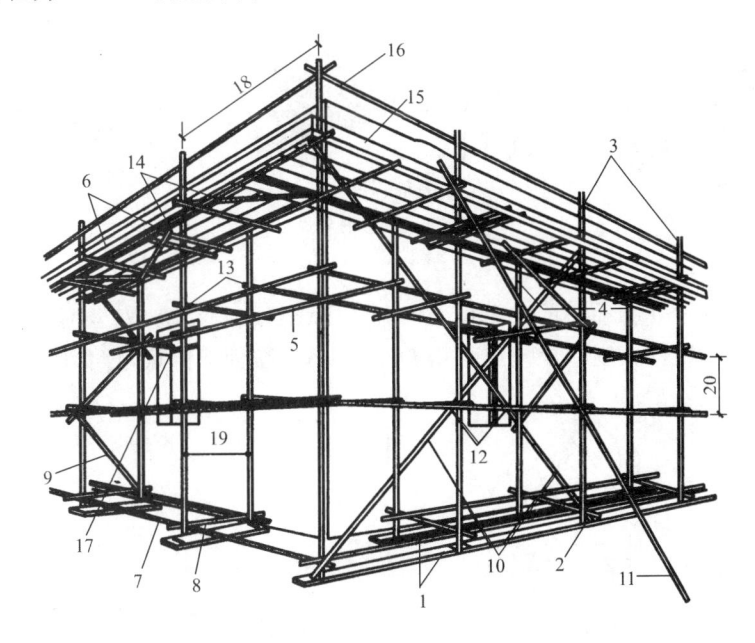

图 5-6 落地扣件式钢管外脚手架的构造

1—垫板;2—底座;3—外立杆;4—内立杆;5—纵向水平杆;6—横向水平杆;7—纵向扫地杆;8—横向扫地杆;
9—横向斜撑;10—剪刀撑;11—抛撑;12—旋转扣件;13—直角扣件;14—水平斜撑;
15—挡脚板;16—防护栏杆;17—连墙固定杆;18—柱距;19—排距;20—步距

①立杆　垂直于地面的竖向杆件,是承受自重和施工荷载的主要杆件。立杆根据离墙的距离分为外立杆和内立杆。

②纵向水平杆(大横杆)　沿脚手架纵向(顺着墙面方向)连接各立杆的水平杆件,其作用是承受并传递施工荷载给立杆。

③横向水平杆(小横杆)　沿脚手架横向(垂直墙面方向)连接内、外排立杆的水平杆件,其作用是承受并传递施工荷载给立杆。

④扫地杆　连接立杆下端、贴近地面的水平杆,其作用是约束立杆下端部的移动。扫地

杆从方向上分为纵向扫地杆和横向扫地杆。

⑤剪刀撑　在脚手架外侧面设置的呈交叉的斜杆,主要用来增强脚手架的稳定性和整体刚度。

⑥横向斜撑　在脚手架的内、外立杆之间设置并与横向水平杆相交成之字形的斜杆,可增强脚手架的稳定性和刚度。

⑦抛撑　在整个排架与地面之间引设的斜撑,与地面倾斜角为 45°～60°,可增加脚手架的整体稳定性。

(2)扣件

落地扣件式钢管外脚手架扣件有旋转扣件(又称回转扣件)、直角扣件、对接扣件,如图 5-7 所示。旋转扣件可用来连接两根呈任意角度相交的杆件(如立杆与剪刀撑);直角扣件可用来连接两根垂直相交的杆件(如立杆与纵向水平杆);对接扣件可用于两根杆件的对接,如立杆、纵向水平杆的接长。

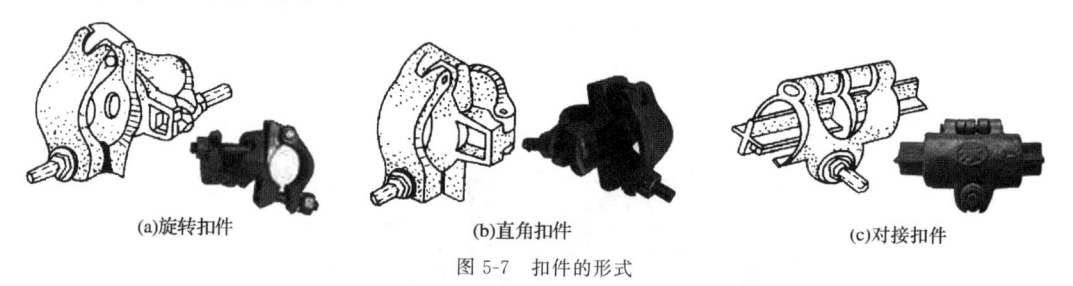

(a)旋转扣件　　(b)直角扣件　　(c)对接扣件

图 5-7　扣件的形式

(3)主要构配件

落地扣件式钢管外脚手架的主要构配件有底座、垫板、脚手板、安全网、连墙件等。

①底座　可采用铸铁制造底座或采用 Q235A 钢焊接而成的底座,如图 5-8 所示。

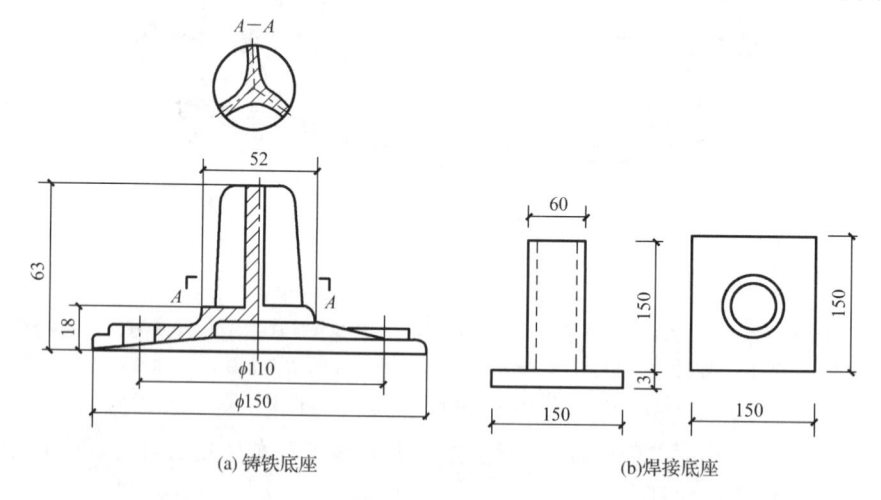

(a) 铸铁底座　　(b)焊接底座

图 5-8　底座的形式

②垫板　可采用木质或钢质垫板。

③脚手板　铺设在脚手架上,以便施工人员工作及堆放材料。脚手板按其所用材料不同,分为木脚手板、竹脚手板(如竹串片板、竹笆板)、钢脚手板、钢木脚手板等,施工时可根据各地区的材源就地取材选用,如图 5-9 所示。

(a) 竹串片板

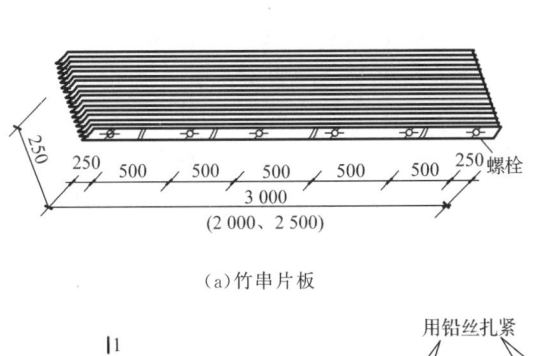

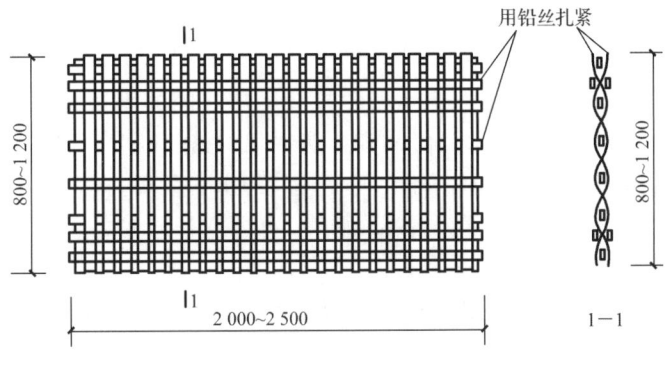

(b) 竹笆板

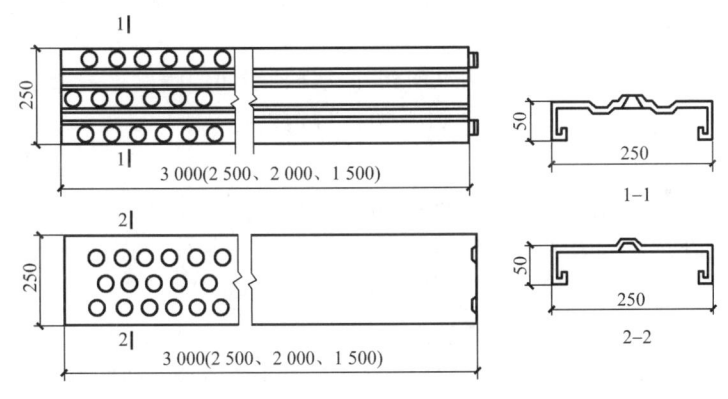

(c) 钢脚手板

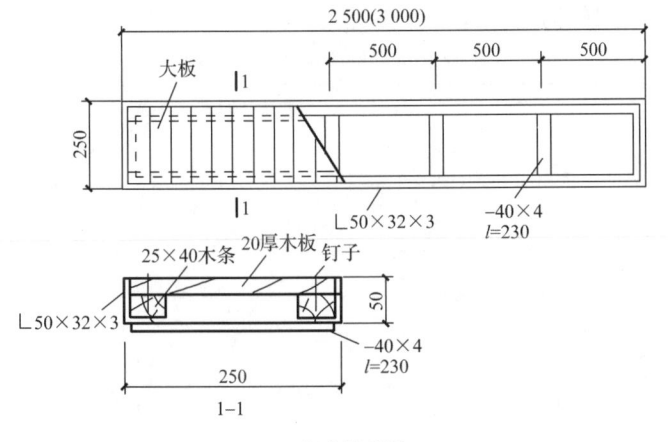

(d) 钢木脚手板

图 5-9 各类脚手板

④安全网　安全网是用麻绳、棕绳或尼龙绳编制成的防护网,一般规格:宽度为 3 m,长度为 6 m,网眼直径约为 5 cm,每块安全网应能承受不小于 1 600 kN 的冲击荷载。安全网按搭设位置不同可分为平网和立网。

⑤连墙件　连墙件是用钢管、钢筋或木方等将脚手架与建筑连接起来的,保证脚手架稳定、防止脚手架倾斜的杆件。连墙件的连墙构造有刚性和柔性两种。

3.构造参数

根据搭架方式及使用性质,落地扣件式钢管外脚手架的各种构造参数不尽相同,本节仅介绍单排和双排落地扣件式钢管外脚手架的主要构造参数。

(1)主要技术参数

①脚手架高度 $H$　立杆底座下皮至架顶栏杆上皮之间的垂直距离。落地扣件式钢管单排脚手架的搭设高度一般不超过 24 m,双排脚手架的搭设高度一般不超过 50 m。

②脚手架长度 $L$　脚手架纵向两端立杆外皮间的水平距离。

③脚手架的宽度 $B$　双排脚手架是指横向内、外两立杆外皮之间的水平距离;单排脚手架是指立杆外皮至墙面的距离。

④立杆步距 $h$　上、下两相邻水平杆轴线间的距离。考虑到地面施工人员在穿越脚手架时能安全顺利通过,脚手架底层步距应大些,一般为离地面 1.6～1.8 m,最大不超过2.0 m,脚手架其他层的步距一般为 1.2～1.6 m,结构施工脚手架的最大步距不超过 1.6 m,装修施工脚手架的最大步距不超过 1.8 m。

⑤立杆纵距(跨距)　脚手架中两纵向相邻立杆轴线间的距离。不论是单排脚手架还是双排脚手架,是结构脚手架还是装修脚手架,立杆跨距一般取 1.0～2.0 m,最大不要超过2.0 m。

⑥立杆横距　双排脚手架是指横向内、外两主杆的轴线距离;单排脚手架是指主杆轴线至墙面的距离。在选定脚手架的立杆横距时,应确保脚手架作业面的横向尺寸满足施工作业人员的操作、施工材料的临时堆放及运输等要求。

⑦连墙件间距　脚手架中相邻连墙件之间的距离。连墙件间距包括连墙件竖距(上、下相邻连墙件之间的垂直距离)和连墙件横距(左、右相邻连墙件之间的水平距离)。

(2)双排脚手架的构造参数

敞开式双排脚手架的构造参数见表 5-1。

表 5-1　　　　　　　敞开式双排脚手架的构造参数

| 连墙件设置 | 立杆横距/m | 步距/m | 下列荷载时的立杆纵距/m | | | | 脚手架允许搭设高度/m |
| --- | --- | --- | --- | --- | --- | --- | --- |
| | | | 2+4×0.35 (kN/m²) | 2+2+4×0.35 (kN/m²) | 3+4×0.35 (kN/m²) | 3+2+4×0.35 (kN/m²) | |
| 二步三跨 | 1.05 | 1.20～1.35 | 2.0 | 1.8 | 1.5 | 1.5 | 50 |
| | | 1.80 | 2.0 | 1.8 | 1.5 | 1.5 | 50 |
| | 1.30 | 1.20～1.35 | 1.8 | 1.5 | 1.5 | 1.5 | 50 |
| | | 1.80 | 1.8 | 1.5 | 1.5 | 1.2 | 50 |
| | 1.55 | 1.20～1.35 | 1.8 | 1.5 | 1.5 | 1.5 | 50 |
| | | 1.80 | 1.8 | 1.5 | 1.5 | 1.2 | 37 |

续表

| 连墙件设置 | 立杆横距/m | 步距/m | 下列荷载时的立杆纵距/m |||| 脚手架允许搭设高度/m |
|---|---|---|---|---|---|---|---|
| | | | 2+4×0.35 (kN/m²) | 2+2+4×0.35 (kN/m²) | 3+4×0.35 (kN/m²) | 3+2+4×0.35 (kN/m²) | |
| 三步三跨 | 1.05 | 1.20~1.35 | 2.0 | 1.8 | 1.5 | 1.5 | 50 |
| | | 1.80 | 2.0 | 1.5 | 1.5 | 1.5 | 34 |
| | 1.30 | 1.20~1.35 | 1.8 | 1.5 | 1.5 | 1.5 | 50 |
| | | 1.80 | 1.8 | 1.5 | 1.5 | 1.2 | 50 |

注：表内荷载 2+4×0.35 中，"2"指脚手架允许使用荷载为 2 kN/m²，"4×0.35"指整座脚手架共铺设有 4 层脚手架，每层脚手架按 0.35 kN/m² 计算；3+2+4×0.35 中，"3"指脚手架允许使用荷载为 3 kN/m²，"2"指脚手架允许使用荷载为 2 kN/m²，该式表示整座脚手架有 2 个操作层，一层的允许荷载为 3 kN/m²（砌体工程允许使用荷载），另一层的允许荷载为 2 kN/m²（装修工程允许使用荷载）。

(3)单排脚手架的构造参数

敞开式单排脚手架的构造参数见表 5-2。

表 5-2　　　　　　　　敞开式单排脚手架的构造参数

| 连墙件设置 | 立杆横距/m | 步距/m | 下列荷载时的立杆间距/m || 脚手架允许搭设高度/m |
|---|---|---|---|---|---|
| | | | 2+2×0.35 (kN/m²) | 3+2×0.35 (kN/m²) | |
| 二步三跨 三步三跨 | 1.20 | 1.20~1.35 | 2.0 | 1.8 | 24 |
| | | 1.80 | 2.0 | 1.8 | 24 |
| | 1.40 | 1.2~1.80 | 1.8 | 1.5 | 24 |
| | | 1.80 | 1.8 | 1.5 | 24 |

注：同表 5-1。

4.构造做法

(1)立杆的构造做法

①每根立杆底部均应设底座或垫板。

②立杆接长采用对接扣件对接，相邻两根立杆的接头不应设在同一步内，同步内隔一根立杆的两相隔接头也要错开，错开高度不宜小于 500 mm；脚手架顶层的立杆可以采用搭接法，搭接长度超过 1 m，用两个以上回转扣件搭接。

③无论单、双排脚手架，其立杆的高度都应高出屋顶女儿墙 1 m 以上，无女儿墙时要高出檐口顶面 1.5 m 以上。

(2)水平杆的构造做法

水平杆即横杆，又分为纵向水平杆(大横杆)和横向水平杆(小横杆)，主要构造做法有：

①纵向水平杆宜设在立杆内侧，其长度不宜小于 3 跨。

②纵向水平杆接长以对接为宜，也可采用搭接。对接时，两根相邻杆的接头不宜设在同步或同跨内，且不同步不同跨的两相邻接头应错开 500 mm 以上，如图 5-10 所示，对接扣件的开口方向朝内(螺栓朝上)；采用搭接法时，其搭接长度不应小于 1 m，用 3 个回转扣件等间距固定，且外侧扣件距边大于 100 mm。

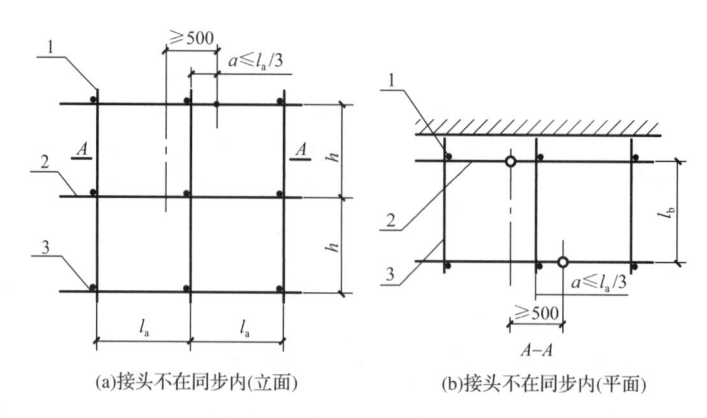

图 5-10 纵向水平杆接头布置
1—立杆；2—纵向水平杆；3—横向水平杆

③横向水平杆应置于纵向水平杆上，并紧靠立杆，用直角扣件固定在立杆上。在铺脚手板时，应在每跨内加一根小横杆作为脚手板的附加支撑杆；当采用竹笆脚手板时，则将大横杆置于小横杆之上，并在内、外立杆间加设纵向水平杆，其间距不大于 400 mm，如图 5-11 所示。

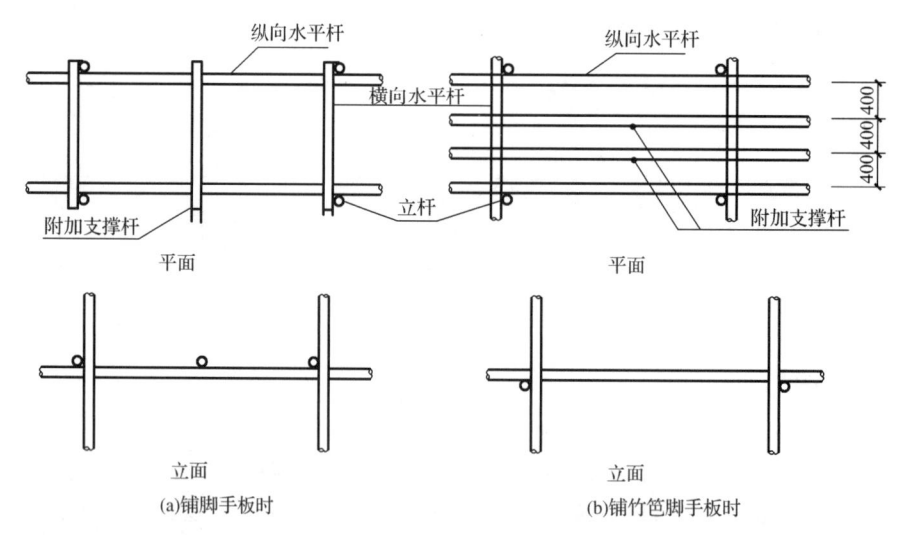

(a)铺脚手板时　(b)铺竹笆脚手板时

图 5-11　横向水平杆构造

(3)剪刀撑的构造做法

剪刀撑为两根交叉的斜杆布置在脚手架外侧，起着稳定脚手架、增强纵向刚度的作用，其布置形式如图 5-12 所示。其主要构造做法有：

①从脚手架两端开始设置，当脚手架较长时，还要在中间增设，各道剪刀撑间隔 12～15 m。

②剪刀撑斜杆跨越 4 根以上立杆，与地面的夹角为 45°～60°，同时剪刀撑应沿架高连续设置。

③剪刀撑两端用回转扣件与脚手架横向水平杆的伸出端或立杆连接，回转扣件中心与主节点(主杆与横向、纵向水平杆连接的交叉点)距离不超过 150 mm，在中部另增加 2～4 个扣接

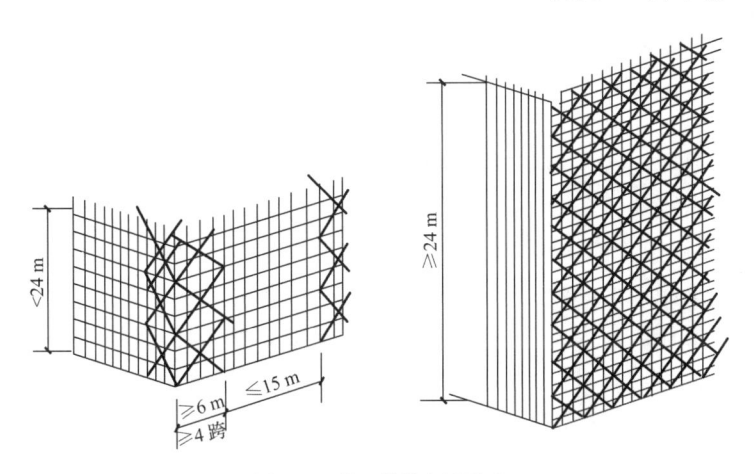

图 5-12 剪刀撑的布置形式

点,与相交的立杆或纵向水平杆扣紧。

④当钢管长度不够时,可用回转扣件接长,搭接长度大于 600 mm,用两个或两个以上回转扣件连接。

⑤为避免剪刀撑在相交处被别弯,剪刀撑的一根斜杆与脚手架立杆相连,另一根斜杆则与脚手架伸出的横向水平杆连接。

(4)连墙件的构造做法

连墙件是保证脚手架稳定性的一项重要设施,用钢管、钢筋或木枋等将脚手架与建筑连接起来,使脚手架既不向外倾覆,也不向内倾覆,如图 5-13 所示为常见连墙件做法。其主要构造做法如下:

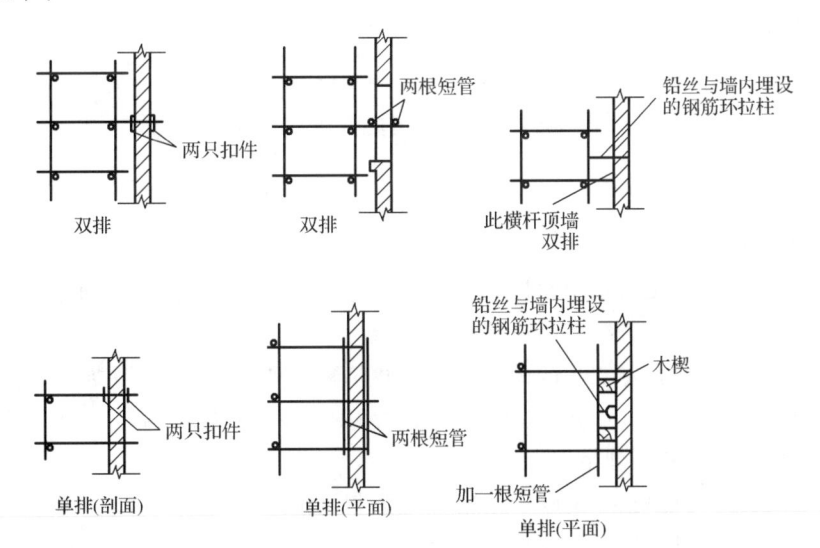

图 5-13 常见连墙件做法

①连墙点最大间距为三步三跨,每一连墙件覆盖墙体面积不应超过 40 $m^2$,各连墙点按竖向、横向间隔布置为菱形、正方形或矩形。

②连墙点尽量靠近主节点,距主节点偏离不超过 300 mm。

③从底层第一步纵向水平杆即开始设置连墙件,若因建筑结构或施工布置等原因不能

在第一步设置时,要加设抛撑或采取其他措施代替连墙件。

④对一字形、开口形脚手架,其两端必须设置连墙件,且连墙件的竖向间距不得超过层高,也不得超过 4 m。

⑤不论何种连墙件,均不得使用仅有拉筋的柔性连墙方式。

(5)抛撑的构造做法

抛撑也是稳定脚手架的一种措施。当建筑底层层高较大,或因其他原因下部不能设置连墙件时,即采用设抛撑的办法来支撑、稳定脚手架。抛撑用通长钢管(一般不接长)斜撑住脚手架外侧,与地面倾斜角为 45°~60°,其间距不多于 6 根立杆,抛撑根部应埋入土中或与地面其他固定物可靠抵撑。地面无抵撑物时,应打木桩或钢管桩作为抛撑的支撑物。设置有抛撑的脚手架上部仍要设置连墙件。

(6)扫地杆的构造做法

扫地杆是贴近地面连接脚手架立杆根部的杆件,起着稳定立杆根部的作用,有纵向和横向扫地杆两部分。双排脚手架的内、外立杆根部均要设扫地杆,当脚手架底部标高有变化时,应将高处的扫地杆向低处延长两跨与立杆固定,如图 5-14 所示。

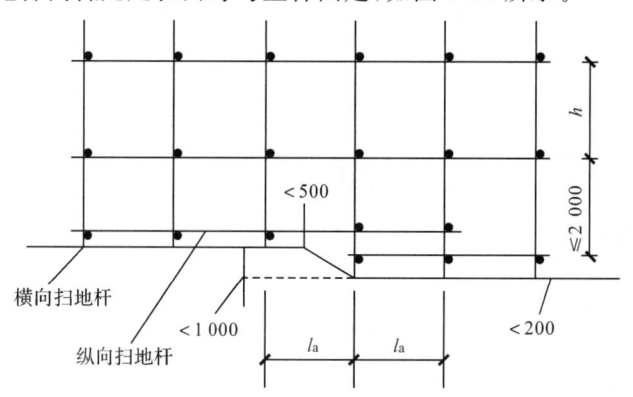

图 5-14 脚手架底部标高变化的扫地杆的构造做法

### 5.3.2 施工准备工作

1.施工技术交底

施工技术负责人应按施工组织设计和脚手架施工方案的有关要求,向施工人员和使用人员进行技术交底,主要内容如下:

(1)工程概况,包括在建工程的面积、层数、建筑物总高度、建筑结构类型等。

(2)选用的脚手架类型、形式,脚手架的搭设高度、宽度、步距、跨距及连墙杆的布置等。

(3)施工现场的地基处理情况。

(4)根据工程进度计划,了解脚手架施工方法和安排、工序的搭接、工种的配合等情况。

(5)明确脚手架的质量标准、要求及安全技术措施。

2.脚手架的地基处理

脚手架下的地基应平整夯实,有可靠的排水措施以防止积水浸泡地基。室外落地脚手架必须有稳定的基础,以免发生过量沉降,特别是不均匀沉降,从而引起倒塌。若地面平整、坚实,可仅进行排水处理,直接在地面搭设。若地基起伏较大,或为回填土,则要进行必要处理,如铲平、设垫块、砌垫墩,或将地面标高分为若干层,各层分别平整。

## 3.脚手架的放线定位及垫块的放置

应根据脚手架立杆位置进行放线。脚手架的立杆不能直接立在地面上,立杆下应加设底座或垫块,具体做法如下:

(1)普通脚手架

垫块宜采用长为 2.0~2.5 m,宽不小于 200 mm,厚为 50~60 mm 的木板,垂直或平行于墙放置,在外侧挖一浅排水沟,如图 5-15 所示。

(2)高层脚手架

在地基上加铺道砟、混凝土预制块,其上沿纵向铺放槽钢,将脚手架立杆底座置于槽钢上,采用道木来支撑立杆底座,如图 5-16 所示。

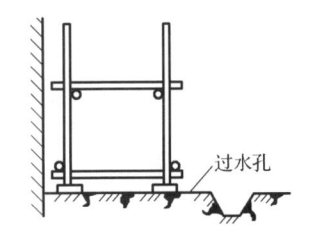

图 5-15 普通脚手架的基底做法 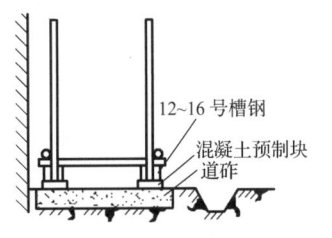    图 5-16 高层脚手架的基底做法

## 4.材料的准备

扣件式钢管外脚手架的钢管、配件在使用前应对其进行进场验收,通过试验结果判定合格与否。所谓检验,是指用一定的检验手段(包括检查、测试、试验)按规定的程序对样品进行检测,并比照一定的标准要求判定样品的质量等级。

### 5.3.3 搭 设

落地扣件式钢管外脚手架搭设必须严格按照《建筑施工扣件式钢管脚手架安全技术规范》(JGJ 130—2011)施工,并必须配合施工进度进行搭设。脚手架一次搭设的高度不应超过相邻连墙件两步以上。对脚手架每一次搭设高度进行限制,是为了保证脚手架搭设的稳定性。脚手架应按形成基本构架单元的要求,逐排、逐跨、逐步地进行搭设。矩形周边脚手架应从角部开始搭设,并按规定设置剪刀撑、抛撑和横向斜撑,然后向两边延伸,直至四周封闭后,再分步满周边向上搭设。

搭设前应熟悉搭设方案,明确搭设要求。安全防护(安全帽、安全带、工作服、防滑鞋等)及搭架工具应准备到位,采用普通固定扳手作为紧固工具时,宜事先用测力计测定操作人员的"手劲",以便操作时掌握力度。

#### 1.搭设步骤

搭设脚手架各杆的顺序:摆放纵向扫地杆→逐根树立杆(随即与纵向扫地杆扣紧)→安放横向扫地杆(与立杆或纵向扫地杆扣紧)→安装第一步纵向水平杆和横向水平杆→安装第二步纵向水平杆和横向水平杆→加设临时抛撑(上端与第二步纵向水平杆扣紧,在设置二道连墙杆后可拆除)→安装第三、四步纵向和横向水平杆;设置连墙杆→安装横向斜撑→接立杆→加设剪刀撑;铺脚手板→安装防护栏杆和挡脚板→立挂安全网。

## 2.搭设操作

### (1)立杆与架杆

立杆与架杆是搭架的基本工作,以小组为单位,每组 3～4 人配合架设。双排架先立内立杆(内立杆距墙 500 mm),后立外立杆,内、外立杆横距按搭架方案确定。使用钢套管底座的,要将钢管插到底座套管底部。立杆宜先立两头及中间的一根,待"三点拉成一线"后再立中间其余立杆。立杆要求垂直,允许偏差应小于高度的 1/200。双排架的里、外排立杆的连线应与墙面垂直。架立杆的同时,即安装纵向水平杆,纵向水平杆安装好一部分后,紧接着安装横向水平杆。横向水平杆要与纵向水平杆相垂直,两端要伸出纵向水平杆外 100 mm,防止横向水平杆受力后从扣件中滑脱。纵向水平杆要保持水平(一根杆的两端高度差最多不超过 20 mm、同跨内两根杆的高度差不大于 10 mm)。

### (2)紧固扣件

搭设前可在立杆上预定位置留置扣件,水平杆依该扣件就位。先上好螺栓,再调平、校正,然后紧固。调整扣件位置时,要松开扣件螺栓移动扣件,不能猛力敲打。扣件螺栓的紧固,必须松紧适度,因为拧紧的程度对架子的承载能力、稳定性及施工安全影响极大,尤其是立杆与纵向水平杆连接部位的扣件,应确保纵向水平杆受力后不致向下滑移。扣件在杆上的朝向应既要有利于扣件受力,又要避免雨水进入钢管。因此,用于连接纵向水平杆的对接扣件,扣件开口不得朝下,以开口朝内、螺栓朝上为宜,直角扣件开口亦不得朝下,以确保安全。

### (3)接杆

立杆和纵向水平杆用对接扣件对接,相邻杆的接头位置要错开 500 mm 以上。在搭设时选用不同长度的钢管,立杆的接长应先接外排立杆,后接里排立杆。纵向水平杆也可用旋转扣件搭接连接,搭头长度为 1 000 mm,用不少于 3 个扣件连接。

### (4)连墙件设置

连墙件的作用主要是防止脚手架向外或向内倾斜,同时提高脚手架的纵向刚度和整体性。当架高为两步以上时即开始设连墙件。

### (5)搭设剪刀撑

用两根钢管交叉分别跨过 4 根以上 7 根以下立杆,设于外排立杆外侧。剪刀撑的主要作用是增强架子纵向稳定性及整体刚度。一般从房屋两端开始设置,中间间距不超过 12～15 m。

### (6)搭设防护栏杆和挡脚板

每一操作层均要在脚手架外侧(临空侧)设防护栏杆和挡脚板。防护栏杆为上、下两道,上道栏杆上口高度为 1 200 mm,下道栏杆居中(500～600 mm),用通长的钢管平行于纵向水平杆设在外排立杆内侧。挡脚板高度不应小于 180 mm,也设在外排立杆内侧,用铅丝绑扎在立杆和纵向水平杆上。

### (7)铺设脚手板

每个作业层均要满铺脚手板。脚手板的支撑杆可随铺板层的移动而拆卸移动。铺板时要注意以下几点:

①脚手板必须满铺不得有空隙。

②脚手板可采取对接平铺与搭接平铺两种方式。对接平铺时,接头必须设两根横向水平杆,脚手板外伸长度为 130～150 mm;搭接平铺时,接头必须支在横向水平杆上,搭接长

度应大于 200 mm,其伸出横向水平杆的长度不应小于 100 mm,如图 5-17 所示。

③在脚手架转角处,脚手板应交叉(重叠)搭设,作业层端部脚手板伸出横向水平杆探头长度不应大于 150 mm,并应与支撑杆绑扎搭接。

④脚手板要铺平、铺稳。当支撑杆高度有变化时,可在支撑杆上加绑木枋、钢管使其高度一致,不能用砖块、木块垫塞。

⑤脚手板与墙体要留出一定空隙,以便外墙施工,一般留出 120～150 mm,该空隙也不能留置过大,以免发生坠落事故,应控制在 200 mm 以内。

(8)铺设安全网

安全网按其搭设方向可分为两种:立网和平网。

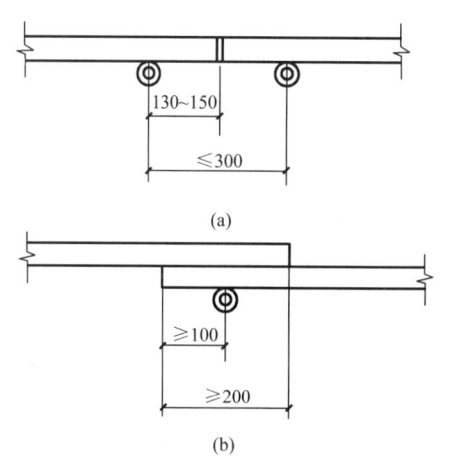

图 5-17　脚手板的对接平铺和搭接平铺

沿脚手架的外侧面应全部设置立网,立网应与脚手架的立杆、水平杆绑扎牢固。立网的平面应与水平面垂直;立网平面与作业面边缘的最大间隙不得超过 100 mm。

脚手架在距离地面 3～5 m 处设置首层安全平网,上面每隔 3～4 层设置一道层间网。当作业层在首层以上超过 3 m 时,随作业层设置的安全网称为随层网,它的构造如图 5-18 所示。平网伸出脚手架作业层外边缘部分的宽度,首层网为 3～4 m(脚手架高度 $H \leqslant 24$ m 时)或 5～6 m(脚手架高度 $H > 24$ m 时),随层网、层间网为 2.5～3 m。

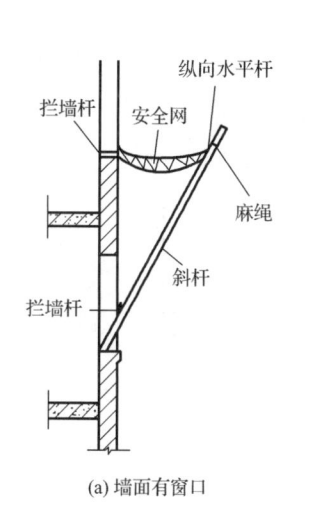

(a) 墙面有窗口　　(b) 墙面无窗口

图 5-18　随层网的构造

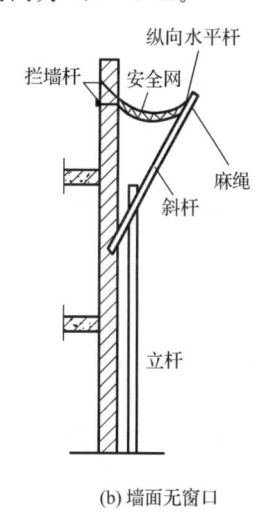

### 5.3.4　拆　除

拆除前要由单位工程负责人确认不再使用脚手架,并下达拆除通知后,方可开始拆除。对复杂的架子,还需要制订拆除方案,由专人指挥,各工种配合操作。

拆除脚手架要按照"先搭的后拆、后搭的先拆、先拆上部、后拆下部、先拆外面、后拆里面、次要杆件先拆、主要杆件后拆"的原则,按层次自上而下拆除。具体拆除顺序是:首先清除堆放的物料,然后拆除脚手板,再依次拆除各杆件。各杆件拆除顺序:防护栏杆→剪刀撑→横向水平杆→纵向水平杆→立杆,自上而下逐步拆除。

## 5.4 碗扣式钢管脚手架

### 5.4.1 概述

1. 扣件式钢管脚手架的缺点

(1)脚手架节点强度受扣件抗滑能力的制约,限制了扣件式钢管脚手架的承载能力。
(2)立杆节点处偏心距大,降低了立杆的稳定性和轴向抗压能力。
(3)扣件螺栓全部由人工操作,其拧紧力矩不易掌握,连接强度不易保证。
(4)扣件管理困难,现场丢失严重,增加了工程成本。

2. 碗扣式钢管脚手架的特点

碗扣式钢管脚手架是一种新型脚手架,可用于各类支撑架、各类操作平台等。目前广泛使用的 WDJ 型碗扣式钢管脚手架基本上解决了扣件式钢管脚手架的缺陷,它的特点有:

(1)碗扣式接头的结构合理,解决了偏心问题,力学性能明显优于扣件式。
(2)构造简单,荷载传递路线明确,装拆方便,工作安全可靠,零部件损耗率低,劳动效率高,功能多。
(3)适应异型脚手架,如弧形、扇形、圆形脚手架,搭设十分方便。
(4)不易丢失扣件、杆件,各方位的距离易于控制,搭设规格统一等。

3. 碗扣式钢管脚手架的组合类型与适用范围

碗扣式钢管脚手架按施工作业要求与施工荷载的不同,可组合成轻型架、普通型架和重型架三种形式,它们的组框构造尺寸及适用范围参见表 5-3。

表 5-3　　　　　碗扣式钢管脚手架的组框构造尺寸及适用范围　　　　　　　m

| 脚手架形式 | 廊道宽×框宽×框高 | 适用范围 |
| --- | --- | --- |
| 轻型架 | 1.2×2.4×2.4 | 装修、维护等 |
| 普通型架 | 1.2×1.8×1.8 | 结构施工等 |
| 重型架 | 1.2×1.2×1.8 或 1.2×0.9×1.8 | 重载作用、高层脚手架 |

### 5.4.2 主要杆件及配件

1. 立杆

碗扣式钢管脚手架采用 $\phi 48$ mm×3.5 mm 的 Q235A 焊接钢管制作,长度有 1.0 m、2.0 m、3.0 m 等多种。立杆上端有接杆插座,下端有加长(150 mm)插杆,从上端向下每隔 500 mm 设置有优质钢压制的环杯(下碗扣),并附有可上下滑动的锻造扣环(上碗扣);此外,下碗扣上部 100 mm 处焊有限位销,其构造如图 5-19(a)所示。

2. 水平杆

水平杆是在钢管的两端各焊接一个水平杆接头叶片而成的。钢管规格与立杆相同,长度有 1.2 m、1.8 m、2.4 m 等多种,连接时只需要将水平杆接头插入立杆上的下碗扣内,再将上碗扣沿限位销扣下,并顺时针旋转,靠上碗扣螺旋面使之与限位销顶紧,从而将水平杆与立杆牢固地连在一起形成框架结构,如图5-19(b)所示。每个下碗扣内可同时连接四根水平杆,并且水平杆可以互相垂直,也可以倾斜一定的角度。

3.斜杆

斜杆是在钢管的两端铆接斜杆接头叶片而成的。该叶片可旋转,用于与立杆的碗扣相连,形成斜杆节点(斜杆接头可以转动,斜杆可绕杆接头转动),如图5-20所示。

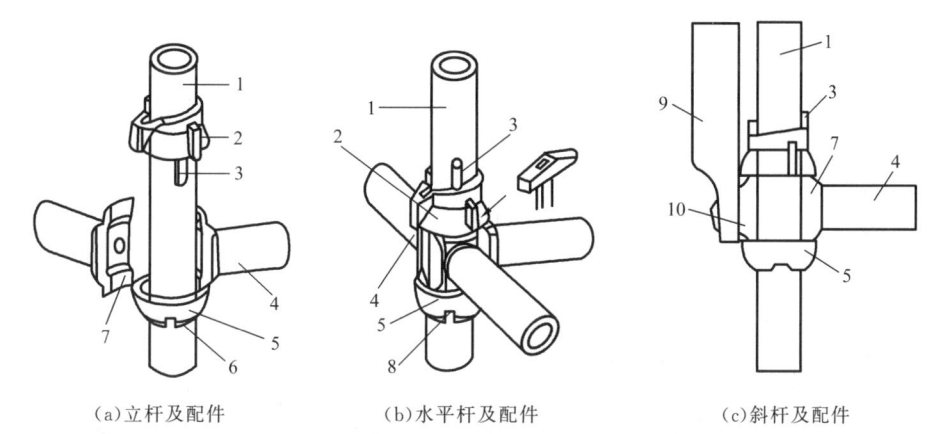

(a)立杆及配件　　(b)水平杆及配件　　(c)斜杆及配件

1—立杆;2—上碗扣;3—限位销;4—水平杆;5—下碗扣;6—焊缝;7—水平杆接头;8—流水槽;9—斜杆;10—斜杆接头

图5-19　主要杆件及配件

4.配件

碗扣式钢管脚手架的配件较多,基本与扣件式钢管脚手架的配件通用。

### 5.4.3　搭　设

碗扣式钢管脚手架应从中间向两边,或两层沿同一方向搭设,不得采用两边向中间合拢的方法搭设,否则中间的杆件会难以安装。

脚手架的搭设顺序:安放立杆底座或立杆可调底座→竖立杆、安放扫地杆→安装底层(第一步)水平杆→安装斜杆→接头销紧→铺放脚手板→安装上层立杆→紧立杆连接销→安装水平杆→设置连墙件→设置人行梯→设置剪刀撑→挂设安全网。

### 5.4.4　检查、验收和使用安全管理

碗扣式钢管脚手架搭设质量的检查、验收和使用安全管理,可参照《建筑施工碗扣式钢管脚手架安全技术规范》(JGJ 166—2016)的相关规定。

## 5.5　承插型盘扣式脚手架

### 5.5.1　概　述

承插型盘扣式脚手架中,承插型是指立杆的连接采用端部不同直径钢管设计,连接时直接插入,故也称为直插式;盘扣式是指水平杆、剪刀撑等与立杆连接采用了盘扣设计,又称为轮扣式。它是一种具有自锁功能的承插式新型钢管脚手架,参照《建筑施工承插型盘扣式钢

管支架安全技术规程》(JGJ 231—2010)生产,主要构件为立杆和水平杆,盘扣节点结构合理,立杆轴向传力,使脚手架整体在三维空间结构强度高、整体稳定性好,并具有可靠的自锁功能,能有效提高脚手架的整体稳定性和安全度,能更好地满足施工安全的需要。承插型盘扣式脚手架具有拼拆迅速、省力,结构简单,稳定可靠,通用性强,承载力大,安全高效,不易丢失,便于管理,易于运输等特点。

### 5.5.2 特 点

(1)多功能性:根据不同施工要求,组成各种尺寸、形状和承载能力的脚手架、支撑架、支撑柱等。

(2)高功效性:构造简单,拆装简便、快速,避免了配件丢损,并且接头拼拆速度比常规快5倍以上,拼拆快速省力,操作工具(一把铁锤)简单。

(3)承载力大:立杆连接是同轴心承插,节点在框架平面内,接头具有抗弯、抗剪、抗扭等力学性能,结构稳定,承载力大。

(4)安全可靠性:接头设计时考虑到自重的作用,使接头具有可靠的双向自锁能力,作用于水平杆上的荷载通过盘扣传递给立杆,盘扣具有很强的抗剪能力(最大剪切力为199 kN)。

(5)标准化程度高:产品标准化包装,维修少,装卸快捷,运输方便,易存放。

(6)使用寿命长:承插型盘扣式脚手架使用寿命一般可以达10年以上。

(7)具有早拆功能:水平杆可提前拆下周转,节省材料、木枋和人工,可做到节能环保,经济实用。

### 5.5.3 应用范围

承插型盘扣式脚手架可用于:建筑模板工程(包括路桥施工)的支撑,特别是高支模;高低楼房建筑的外墙脚手架;建筑施工单位流动工棚;装修工程和机电安装的高处作业工作平台;大、中、小仓库货架(立体货架);演唱会、运动会的临时看台、观礼台及舞台棚架等。

### 5.5.4 构造和主要杆件

承插型盘扣式脚手架由立杆、水平杆和斜杆组成。杆件所用材料与碗扣式钢管脚手架基本一致。

**1.立杆**

立杆接长方式采用承插式(即立杆一端焊有长150 mm的接杆插座)插杆。将盘扣按一定间距焊于脚手架钢管上形成立杆,盘扣节点间距宜按0.5 m模数设置。盘扣(轮扣)实物如图5-20所示,立杆实物如图5-21所示。

(a)用于节点仅有水平杆连接　　(b)用于节点有水平杆和斜杆连接

图5-20　盘扣(轮扣)实物图

图 5-21 承插型盘扣式脚手架立杆实物图

2. 水平杆与斜杆

将不同的插头焊于一定长度的脚手架钢管端部形成水平杆或剪刀撑。水平杆长度宜按 0.3 m 模数设置。盘扣节点如图 5-22 所示。

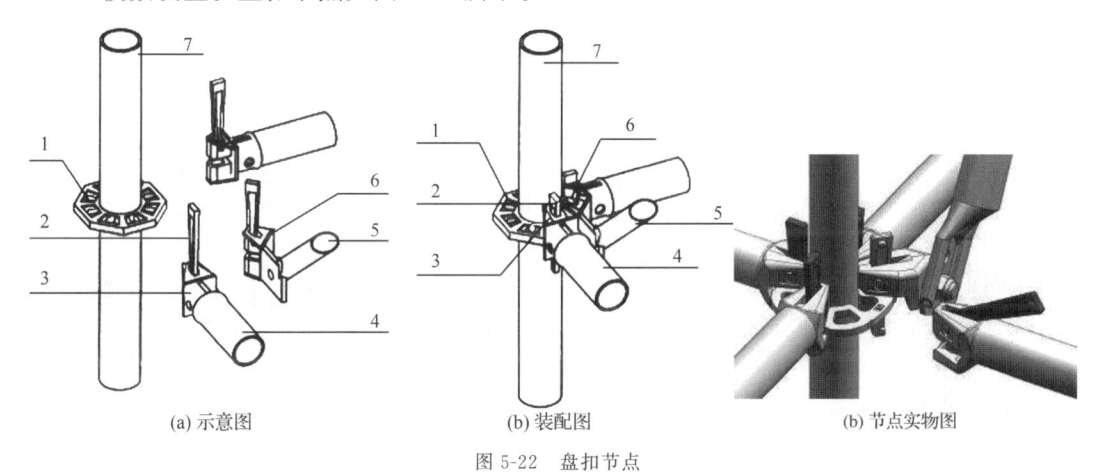

(a) 示意图　(b) 装配图　(b) 节点实物图

图 5-22　盘扣节点

1—连接盘；2—插销；3—水平杆杆端扣接头；4—水平杆；5—斜杆；6—斜杆杆端扣接头；7—立杆

整体搭设的实物图如图 5-23 所示。

(a) 节点图　(b) 整体图

图 5-23　承插型盘扣式脚手架搭设实物图

### 5.5.5　施工要点

(1) 施工前应按《建筑施工承插型盘扣式钢管支架安全技术规程》(JGJ 231—2010) 进行施工方案设计，以保证后期剪刀撑和整体连杆的设置，确保其整体稳定性和抗倾覆性。

(2) 脚手架安装基础必须要夯实、平整。

(3) 对于高度和跨度较大的单一构件支撑架，使用前应对水平杆进行拉力和立杆轴向压力(临界力)验算，确保架体的稳定性和安全性。

(4)架体搭设完成后要加设足够的剪刀撑,在顶托与架体水平杆 300~500 mm 的距离增设足够的水平拉杆,使其整体稳定性得到可靠保证。

## 5.6 门式钢管脚手架

### 5.6.1 构 造

门式钢管脚手架是由钢管制成的定型脚手架,由门架、配件、加固件等部件组成。门式脚手架可用于建筑内外搭设操作平台、模板支撑等,最高可搭设 60 m。

门式钢管脚手架的主要构件包括门架、剪刀撑、水平架梁、螺旋基脚和连接器等,如图 5-24 所示。

### 5.6.2 搭设及拆除

1.准备工作

应按《建筑施工门式钢管脚手架安全技术标准》(JGJ/T 128—2019)进行搭设。门式钢管脚手架的地基必须牢固平整,回填土要分层回填、逐层夯实并做好排水处理。场地清理、平整后,按搭架方案在地面上弹出门架立杆位置线。

2.搭设步骤及基本要求

搭设基本程序为:摆底座→插门架→交叉支撑→水平架、水平加固杆、扫地杆、封口杆→连墙杆→剪刀撑→连墙件→脚手架→安全网、安全栏杆。

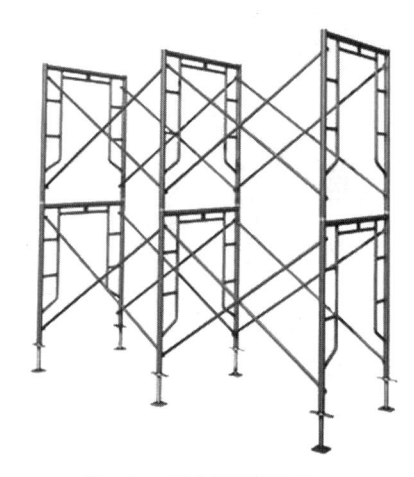

图 5-24 门式钢管脚手架

门架安装应自一端向另一端延伸,同层不得相对进行,逐层改变搭设方向。搭完一步架后,检查其垂直度与水平度,合格后,再搭下一步架。

门架应与墙面垂直,内侧立杆距墙面不大于 150 mm,大于 150 mm 时要使用内挑板或采取其他安全防范措施。

转角处门架应在每步架内、外侧增设水平连接杆将两侧的门架进行连接,如图 5-25 所示。水平连接杆用扣件与门架立杆扣接。

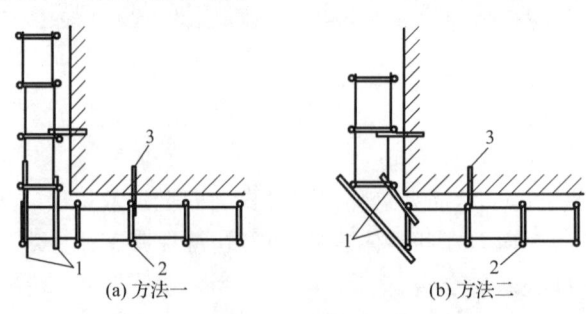

(a) 方法一　　(b) 方法二

图 5-25 转角处门架连接示意图
1—水平连接杆;2—门架;3—连墙杆

## 3.拆除

拆除门式钢管脚手架除按普通脚手架要求外,还要遵守以下规定:

(1)从一端拆向另一端,不得从两端拆向中间,也不得从中间开始拆向两端。

(2)同一层的构、配件和加固件应按先上后下、先外后里的顺序进行,最后拆连墙件。

(3)在拆除过程中,脚手架的临时自由悬臂高度不得超过两步,当必须超过两步时,要采取加固措施。

(4)连墙件、水平杆、剪刀撑等,要等到脚手架拆至相关门架时,才能拆除。

(5)拆卸连接部件时,应先将锁座上的锁板与卡钩上的锁片旋转至开启位置,然后开始拆除,不得硬拉、敲击。

(6)拆除工作中,严禁使用榔头等硬物击打、撬挖。

### 复习思考题

1. 建筑脚手架的作用是什么?
2. 建筑脚手架如何分类?
3. 建筑脚手架的基本要求是什么?
4. 落地扣件式钢管脚手架有哪些优点?
5. 落地扣件式钢管脚手架主要杆件有哪些?
6. 落地扣件式钢管脚手架扣件有哪些?
7. 剪刀撑有什么作用?应怎样设置剪刀撑?
8. 落地扣件式钢管脚手架对地基的要求是什么?
9. 落地扣件式钢管脚手架的搭设顺序是什么?
10. 落地扣件式钢管脚手架的连墙件如何设置?
11. 落地扣件式钢管脚手架的拆除顺序是什么?
12. 碗扣式钢管脚手架的主要杆件有哪些?
13. 碗扣式钢管脚手架构造特点是什么?
14. 落地碗扣式钢管脚手架搭设顺序是什么?
15. 承插型盘扣式脚手架构造和主要杆件有哪些?
16. 门式脚手架的构造组成和适用范围是什么?

---

**资料小卡片**

我国在20世纪50年代初期脚手架都采用竹木搭设。20世纪60年代起推广扣件式脚手架。随着大量现代化大型建筑体系的出现和绿色施工规范的要求,研制出悬挑式脚手架、悬吊式脚手架、工具式里脚手架等形式的脚手架,以及搭设效率更高的碗扣式脚手架、盘扣式脚手架和门式钢管脚手架。实践证明,采用新型脚手架拆装效率成倍提高,用钢量显著减少,施工现场文明整洁,体系更加安全可靠。由此说明,只有通过技术创新才能实现现代建筑施工更加快速、安全、经济。

# 模块 6 季节性施工

季节性施工是指在雨季和冬季施工中,为保证施工质量和安全应采取的一些特殊施工措施。由于我国地域辽阔,气候状况复杂,南方和沿海城市每年雨期时间较长,并伴有台风、暴雨和潮汛;而华北、东北、西北等地则低温季节较长。为保证建筑工程能在全年不间断地施工,在雨季和冬季应从实际出发,合理选择施工方案和技术措施,保证工程质量和安全,降低工程费用。

## 6.1 雨期施工

### 6.1.1 雨期施工特点及要求

1. 雨期施工特点

(1)雨期施工具有突然性。由于暴雨、山洪等恶劣气象往往不期而至,这就需要雨期的施工准备和防范措施及早进行。

(2)雨期施工具有突击性。雨水对建筑结构和地基基础的冲刷或浸泡具有严重的破坏性,必须及时迅速地防护,才能避免造成工程损失。

(3)雨期往往持续时间很长,阻碍了工程(主要包括土方工程、屋面工程、防水工程、室外粉刷工程等)顺利进行,拖延工期。

2. 雨期施工要求

(1)编制施工组织计划时,根据雨期施工特点,将不宜在雨期施工的分项工程提前或拖后安排。对必须在雨期施工的工程应采取有效的措施,坚持以预防为主的原则,采取必要的防雨措施,确保雨期施工正常进行。

(2)合理进行施工安排。做到晴天抓紧室外工作,雨天安排室内工作,尽量缩小雨天室外作业时间和工作面。

(3)密切注意气象预报,做好防风和防汛等准备工作,必要时及时加固在建工程。

(4)做好建筑材料防雨、防潮和施工现场的排水工作。

3. 雨期施工准备

(1)做好施工现场排水工作。施工现场的道路、设施必须排水畅通,尽量做到雨停水干。现场必须做好有组织排水。临时排水设施尽量与永久性排水设施结合。应防止地面水渗入地下室、基础、地沟内。做好危石和土坡处理，防止滑坡和塌方。

(2)做好原材料、成品、半成品的防雨、防潮工作。水泥库必须保证不漏水，地面必须防潮，并按"先收先用、后收后用"的原则，避免久存受潮而影响水泥质量。木门窗等易受潮变形的半成品应在室内堆放，其他材料也应注意防雨、防潮及材料堆场地四周的排水。

(3)雨期前应做好现场房屋、设备的排水防雨工作，备足排水所需要的水泵和有关器材，以及塑料布、油毡等防雨材料。

### 6.1.2 雨期施工的主要技术措施

雨季施工时施工现场重点应解决好截水和排水问题。截水是在施工现场上游设截水沟，阻止场外水流入施工现场。排水是在施工现场内合理规划排水系统，并修建排水沟，使雨水按要求排至场外。雨水的排除原则是：上游截水，下游散水；坑底抽水，地面排水。进行总体规划设计时，应根据当地历年最大降雨量和降雨期，结合地形和施工要求进行综合考虑。

1. 现场临时排(截)水沟的设计

临时排(截)水沟的设计一般应符合下列规定：

(1)纵向边坡坡度应根据地形确定，一般应不小于3%，平坦地区应不小于2%，沼泽地区可减至1%。

(2)排(截)水沟的边坡坡度应根据土质和沟深确定，黏土边坡一般为1:0.7~1:1.5。

(3)排(截)水沟横断面尺寸应根据施工期内可能遇到的最大流量确定；最大流量则应根据当地气象资料，查出历年在这段时期内的最大降雨量，再按汇水面积计算。

2. 土方和基础工程

(1)大量的土方开挖和回填土工程应在雨期来临前完成。必须在雨期施工的土方开挖工程，其工作面不宜过大，应逐段、逐片分期完成。开挖场地应设一定的排水坡度，以免场地内积水。

(2)基坑(槽)或管沟开挖时，应注意边坡稳定，必要时可适当放缓边坡坡度或设置支撑。施工时要加强对边坡和支撑的检查。

(3)对可能被雨水冲塌的边坡，可在边坡上覆盖草袋、塑料雨布等材料进行保护；当工期长、雨量大时，可在边坡加钉钢丝网片，再喷射50 mm厚的细石混凝土保护层。

(4)为防止雨水对基坑(槽)浸泡，开挖时要在坑内做好排水沟和集水井；当挖到基础标高后，应及时组织验收，并浇筑混凝土垫层。如不能及时做下道工序，应在基底标高以上留150~300 mm厚的土层不挖，作为保护层，待雨后积水排除后施工。

(5)填方工程施工时，取土、运土、铺填、压实等各道工序应连续进行，雨前应及时压实已填土层，将表面压光并做成一定的排水坡度。

(6)位于地下的水池或地下室工程，施工时要抓紧进行基坑(槽)四周土方回填和上部结构施工；停止人工降水时，应验算结构抗浮稳定性，防止水对建筑的浮力大于建筑物自重造成地下室或水池上浮。

### 3.砌体工程

(1)砖在雨期必须集中堆放,不宜淋雨。砌墙时要求干、湿砖块合理搭配,砖湿度较大时不可上墙。每日砌筑高度不宜超过1.2 m。

(2)雨期施工应加强对砂含水率的测定,及时调整砂浆的用水量。

(3)雨期遇大雨必须停工。砌体停工时应在砖墙顶盖一层干砖,避免大雨冲刷灰浆。大雨过后,受雨冲刷过的新砌墙体应翻砌最上面两皮砖。

(4)对稳定性较差的窗间墙、独立砖柱,应加设临时支撑或及时浇筑圈梁,以增加墙体的稳定性。

(5)内、外墙要尽量同时砌筑,转角及丁字墙间的连接要同时进行。遇大风时,应在风向相反的方向加临时支撑,以保护墙体稳定。

(6)雨后继续施工前必须复核已完砌体的垂直度和标高。

(7)雨水浸泡会引起室外脚手架底座下陷而倾斜,所以雨后要及时检查,发现问题及时处理、加固。

### 4.混凝土工程

(1)雨期施工应加强对水泥等材料的防雨、防潮检查,加强对混凝土骨料含水率的测定,并及时调整混凝土施工配合比。

(2)模板支撑体系下部回填土要密实,并加固垫板。模板隔离层在涂刷前要及时掌握天气预报,以防隔离层被雨水冲掉。雨后应及时检查、处理。

(3)大面积混凝土浇筑前,要了解未来2~3 d的天气预报,尽量避开大雨。浇筑现场要预备防雨材料,以备浇筑时突然遇雨进行覆盖。小雨时,应随浇筑、随振捣、随覆盖防水材料。遇到大雨应停止浇筑混凝土,已浇筑部位应加以覆盖。浇筑混凝土前应根据结构情况和可能,多考虑几道施工缝的留设位置。

### 5.吊装工程

构件堆放地点要坚实,并做好排水工作,严禁构件堆放区积水、受浸泡,防止泥浆粘到预埋件上。塔式起重机路基必须高出地面150 mm,严禁雨水浸泡路基。雨后吊装前,要先做试吊,即将构件吊至1 m左右,往返上下数次,稳定后再进行吊装工作。

### 6.屋面工程

屋面工程应尽量在雨期前施工,并同时安装屋面雨水管,做好有组织排水。雨天应严禁屋面施工。卷材、保温材料不能淋雨。

### 7.抹灰工程

雨天不准进行室外抹灰,至少应预计未来1~2 d的天气变化情况。对已施工的墙面应注意防止雨水污染。室内抹灰尽量在做完屋面或至少做完屋面找平层,并铺一层油毡后进行。雨天不宜做罩面涂料施工。

### 8.机械防雨

所有的机械棚要搭设牢固,防止倾倒或漏水。电气设备应采取防雨、防淹措施,安装接地安全装置。移动电闸箱的漏电保护装置要设置可靠。

## 6.2 冬期施工

### 6.2.1 冬期施工概述

冬期施工是指室外日平均气温连续 5 d 稳定低于 5 ℃,或最低气温降低到 0 ℃ 或 0 ℃ 以下时,采取特殊的技术措施进行施工的方法。在我国,冬期施工的地区主要在华北、东北和西北,每年有 3~6 个月的时间处于冬期施工。

**1. 冬期施工特点**

冬期施工是在条件不利和环境复杂的情况下进行的施工,工程质量事故发生的频率较高,且工程质量事故的发生具有隐蔽性和发现的滞后性。一些工程质量事故在施工当时难以察觉,要等到解冻后才开始暴露出来,而这时再要处理就有很大难度。同时,冬期施工的计划性和准备工作的时间性较强,若仓促施工,容易引起质量问题。

**2. 冬期施工原则**

冬期施工增加了施工难度,对工程的经济效益和安全生产影响很大,而且影响工程的使用寿命。因此,为了保证冬期施工质量,提高经济效益,冬期施工必须遵守以下原则:确保工程质量;措施经济合理,尽量减少因采取技术措施而增加的费用;资源可靠,对保证施工质量所需要的热源和材料等要有可靠的保证;工期能满足合同要求;做好安全生产,减少质量事故。

一般情况下,土方工程、防水工程及装饰工程不宜采用冬期施工。这些工种工程如果采用冬期施工,就很难保证工程质量或经济合理。砌体工程、混凝土及钢筋混凝土工程,目前在我国已经完全能够进行全年施工,但成本有所提高。

**3. 冬期施工的准备工作**

为了保证冬期施工顺利进行,必须做好冬期施工的准备工作。收集掌握当地气象资料,根据当地的气温情况来安排冬期施工的项目;确定合理的管理体系;编制冬期施工的技术措施和施工方案。冬期施工所需要的原材料、设备、能源和保温材料等应提前准备好。对冬期施工的工作人员,要组织冬期施工培训,学习冬期施工有关的规范、规定、理论和操作技术,并进行冬期施工安全教育。

### 6.2.2 土方工程的冬期施工

土体在冬期由于受冻而变得坚硬,强度提高,挖掘困难,使土方工程的冬期施工造价增高,工效降低,寒冷地区土方工程一般宜在入冬前完成。当必须在冬期施工时,应根据本地区气候、土质和冻结情况并结合施工条件采取有效的防冻措施,以利土方工程的顺利进行。施工前应周密计划,做好准备,做到连续施工。

**1. 土的冻结及防冻**

当温度低于 0 ℃,含有水分而冻结的各类土称为冻土。我们把冬季土层冻结的厚度称为冻结深度。土的冻结有其自然规律,在整个冬期的冻结深度可参见《建筑施工手册》。土在冻结后,体积比冻前增大的现象称为冻胀,通常用冻胀量和冻胀率来表示冻胀的大小。土的冻胀量反映了土冻结后平均体积的增量。

在土方冬期开挖中,最经济的方法是采取地基土的保温防冻法。土的保温防冻是指在冬季来临时土层未冻结前,采取一定的措施使基础土层免遭冻结或减少冻结。土防冻的常用方法有:地面耕耘耙平防冻法、覆雪防冻法、隔热材料防冻法等。

(1)地面耕耘耙平防冻法

入冬前将施工地段的地面耕起250~300 mm并耙平。在耕松的土中有许多孔隙,利用这些孔隙降低土壤的导热性,达到防冻目的。

(2)覆雪防冻法

在积雪量大的地方,利用雪的覆盖做保温层来防止土的冻结。覆雪防冻法通常分为以下三种类型:

①利用灌木和小树林等植物挡风气涡旋存雪,待挖土之前再铲除这些植物。
②设篱笆或造雪堤为积雪提供条件。
③挖沟填雪防冻。

(3)隔热材料防冻法

面积较小的基坑(槽)防冻可直接用保温材料覆盖。常用的保温材料有炉渣、锯末、膨胀珍珠岩、草袋、树叶等,其上应加盖一层塑料布。

2.冻土的破碎与挖掘

在没有保温防冻条件,或土已冻结时,可采用冻土破碎法先将冻土破碎,然后再进行挖掘。冻土的破碎方法主要有爆破法、机械法和人工法。

(1)爆破法

爆破法是指将炸药放入直立爆破孔或水平爆破孔中进行爆破,冻土破碎后再用机械挖掘。爆破法适用于冻土层较厚、面积较大的土方工程。冻土爆破必须在专业技术人员指导下进行,严格遵守雷管、炸药的管理规定和爆破操作规程,应特别重视安全施工。

(2)机械法

当冻土层厚度小于0.25 m时,可用推土机或中等动力的普通挖掘机施工开挖;当冻土层厚度不超过0.4 m时,可用大功率的挖掘机挖掘;当冻土层厚度在0.6~1 m时,常用吊锤打桩及往地面打楔或用楔形锤打桩机进行机械松碎,再进行挖掘。

(3)人工法

人工法适用于开挖面积较小和场地狭窄,不具备用其他方法进行土方破碎、开挖的情况。开挖时,一般用镐、铁楔子等工具挖掘冻土。

3.冻土回填

由于土冻结后即成为坚硬的土块,在回填过程中不能夯实或压实,土解冻后会造成下沉。为了确保冬季冻土回填的质量必须按施工及验收规范要求组织施工。

室外基坑(槽)或管沟可用含有冻土块的土回填,但冻土块体积不得超过填土总体积的15%,而且冻土块粒径应小于150 mm;管沟至管顶0.5 m范围内不得用含有冻土块的土回填;室内地面垫层下回填的土方填料中不得含有冻土块;回填工作应连续进行,防止基土或已填土层受冻。当采用人工夯实时,每层铺土厚度不得超过200 mm,夯实厚度宜为100~

150 mm。

冬期回填土应尽量选用未受冻或不冻胀的土进行回填施工。填土时,应清除基础上的冰雪和保温材料;填方边坡表层 1 m 以内,不得用冻土填筑。回填用土可预先保温,或将挖出的不冻土采取防冻措施,留做回填用土,对重大项目可用砂土回填或利用工业废料回填等。

### 6.2.3 砌体工程的冬期施工

砌体工程的冬期施工是指当预计连续 10 d 内平均气温稳定低于 5 ℃时,必须采取冬期施工的技术措施进行的施工。冬期施工期限以外,当日最低气温低于 -3 ℃时,也应按冬期施工有关规定进行。当日最低气温低于 -20 ℃时,砌体工程不宜施工。

砌体冻结后,砂浆水化作用停止,体积增大约 8%,从而使砂浆失去黏结能力,砌体受冻胀而破坏。解冻后,砂浆强度虽仍可继续增长,但其最终强度将有很大的降低,而且由于砂浆压缩变形,砌体出现沉降,导致稳定性变差。实践证明,砂浆用水量越大、受冻结越早、受冻时间越长、灰缝厚度越厚,其冻结的危害程度越大;反之,越小。而当砂浆具有 20% 以上设计强度后再遭冻结时,解冻后砂浆的最终强度降低很少。因此,砌体在冬期施工时,应采取相应措施,尽可能减小冻结危害。

砌体工程冬期施工方法有砂浆掺外加剂法和暖棚法。需要说明的是,早先的砌体工程冬期施工有掺盐砂浆法。由于盐类会使配筋砌体中的钢筋产生锈蚀,并且砌体泛碱,所以新规范中采用了砂浆掺外加剂法,并且取消了冻结法,保留了暖棚法。由于掺外加剂砂浆在负温下强度可以持续增长,砌体不会发生沉降变形,施工工艺简单,砌体工程的冬期施工以采用掺盐砂浆法为主,对保温绝缘、装饰等方面有特殊要求的工程可采用暖棚法。

1.砂浆掺外加剂法

掺入外加剂的水泥砂浆、水泥混合砂浆或微沫砂浆称为掺外加剂砂浆。采用这种砂浆砌筑的方法称为砂浆掺外加剂法。

(1)砂浆掺外加剂法的原理

砂浆掺外加剂法就是在砌筑砂浆内掺入一定量的抗冻剂来降低水的冰点,以保证砂浆中有液态水存在,使水化反应在一定负温下能够不间断进行,使砂浆在负温下强度能够继续缓慢增长。同时,由于降低了砂浆中水的冰点,砌体的表面不会立即结冰而形成冰膜,故砂浆和砖石砌体能较好地黏结。

(2)对材料的要求

砌体工程冬期施工所用的材料应符合下列要求:砌体石在砌筑前,应清除冰霜;拌制砂浆所用的砂中,不得含有冰块和直径大于 10 mm 的冻结块;石灰膏、电石膏和黏土膏等应防止受冻,如遭冻结,应经融化后使用;水泥应选用普通硅酸盐水泥;拌制热砂浆时,可将水、砂加热,但水的温度不得超过 80 ℃,砂的温度不得超过 40 ℃。当水温超过规定时,应将水、砂先搅拌,再加水泥,以防出现假凝现象。

(3)对砂浆的要求

掺外加剂砂浆的使用温度不应低于 5 ℃。当日最低气温低于 -15 ℃时,砌筑承重结构的砂浆强度等级应按常温施工时提高一级,以弥补砂浆冻结后其后期强度降低的影响。拌和砂浆前要对原材料进行加热,且应优先加热水;当加热水满足不了温度时,再进行砂的加热。当拌和水的温度超过60 ℃时,应先投入水和砂进行搅拌,然后再投放水泥。砂浆应采用机械进行拌和,搅拌时间应比常温季节增加一倍。拌和后的砂浆应注意保温。

(4)砌筑施工工艺

砌筑前,普通砖和空心砖在负温度条件下砌筑时,应尽量浇热水润湿。当气温过低,浇水有困难时,则必须适当增大砂浆稠度,以确保砂浆和砖的黏结力。为使砂浆具有良好的和易性,拌和均匀,提高砂浆的抗冻效果,冬期施工时可在砂浆中按一定比例掺入微沫剂。微沫剂能产生无数微小均匀、各自分散、互不串通的小气泡,附着在水泥和砂颗粒表面,起润滑作用。掺量一般为水泥用量的0.005%~0.01%,盐溶液和微沫剂在砂浆拌和过程中先后加入。抗震设防烈度为九度的建筑物,当普通砖和空心砖无法浇水湿润时,无特殊措施不得砌筑。

砂浆掺外加剂法砌筑时,不得大面积铺灰,以免砂浆温度失散;砌体转角处和交接处应同时砌筑,对不能同时砌筑而又必须留置的临时间断处,应砌成斜茬,其斜茬长度不应小于高度的2/3。每日砌筑后应在砌体表面用保温材料加以覆盖,砌体表面不得残留砂浆。在继续施工前,应先用扫帚扫净砌体表面,然后再施工。

2.暖棚法

暖棚法是利用简易结构和保温材料,将需要砌筑的工作面临时封闭起来,搭成暖棚,棚内设置热源,以维持棚内的正温环境,使砌体在正温条件下砌筑和养护。

采用暖棚法施工,块材在砌筑时的温度不应低于5 ℃,距离所砌的结构底面0.5 m处的棚内温度也不应低于5 ℃。

由于搭暖棚需要大量的材料、人工,加温时要消耗能源,所以暖棚法成本高、效率低,一般主要适用于地下室墙、挡土墙、局部性事故工程的砌筑。

### 6.2.4 钢筋混凝土结构工程的冬期施工

根据当地多年气温资料,室外日平均气温连续5 d稳定低于5 ℃时,钢筋混凝土结构工程应按冬期施工要求组织施工,并及时采取气温突然下降的防冻措施,这称为混凝土的冬期施工。

1.混凝土冬期施工的起止日期

当室外日平均气温连续5 d稳定低于5 ℃时,或者最低气温降到0 ℃或0 ℃以下时,钢筋混凝土结构工程必须采用特殊的技术措施进行施工。因此,取自然平均气温连续5 d稳定低于5 ℃,并连续5 d尚未高出5 ℃的第一天为冬期施工的初始日。同样,当气温回升时,取第一个连续5 d平均气温稳定高于5 ℃的末日作为冬期施工的终止日期。初始日和末日之间的日期即冬期施工期。钢筋混凝土结构工程冬期施工的起止日期可根据当地多年资料定出。

2.混凝土冬期施工的基本原理

(1)温度与混凝土硬化的关系

混凝土之所以能凝结、硬化并获得强度,是水泥和水进行水化作用的结果。在合适的湿度条件下,水化速度主要取决于温度,温度越高,水泥的水化作用越迅速、完全,混凝土硬化速度越快,强度越高。当然温度也不能过高,否则会使水泥颗粒表面迅速水化,结成外壳,阻止内部继续水化,形成假凝现象。冬期施工时,气温低,水泥水化作用减弱,新浇混凝土强度增长明显延缓,当温度降至 0 ℃ 以下时,水泥水化作用基本停止,混凝土强度亦停止增长。特别是当温度降至 −4~−2 ℃ 时,混凝土中的游离水开始结冰,结冰后水体积膨胀约 9%,则混凝土内部产生冻胀应力。因此,冬期施工时应采取特殊措施组织施工,以确保钢筋混凝土结构工程的质量。

(2) 混凝土早期冻害对其质量的影响

若混凝土初凝前或刚初凝即遭受冻结,此时水泥水化作用刚开始,混凝土尚无强度;恢复正温养护后,强度继续增长,后期强度基本没有损失,但受到工程工期等因素限制难以实现。

若混凝土在初凝后受冻,因本身强度小,此时水泥水化作用产生的黏结力小于水结冰所产生的冻胀应力,使混凝土内部产生微裂缝,随着冻结向混凝土深层发展,又产生新的微裂纹,微裂纹相互连接出现贯通微裂缝,导致混凝土强度降低,同时降低了与钢筋的黏结力。加之冰块融化后会形成孔隙,严重降低混凝土的密实度和耐久性。受冻的混凝土在解冻后,其强度虽能继续增长,但已不能达到原设计的强度等级。这就是混凝土的早期冻害。

试验证明,混凝土遭受冻结带来的危害与遭冻时间、水灰比、水泥标号、养护温度等有关。冻结时温度越低,强度损失越大;水灰比越大,强度损失越大;受冻时强度越低,强度损失越大;反之,则损失越小。特别是混凝土在浇筑后立即受冻,抗压强度损失可达 50% 以上,抗拉强度损失可达 40%。

(3) 混凝土允许受冻临界强度

新浇筑混凝土在受冻前达到某一强度值后再遭受冻结,当恢复正温养护后,混凝土后期的强度可继续增长,经 28 d 标准养护可达设计强度的 95% 以上,这一受冻前的强度称为混凝土允许受冻临界强度。

通过试验得知,该临界强度与水泥品种、水灰比、混凝土强度等级有关。临界强度值是在混凝土水灰比不大于 0.6 的条件下试验后确定的。采用硅酸盐水泥或普通硅酸盐水泥配制的混凝土,其受冻临界强度为设计强度标准值的 30%;采用矿渣硅酸盐水泥配制的混凝土为设计强度标准值的 40%;C10 及 C10 以下的混凝土不得低于 5 N/mm$^2$。

3. 混凝土冬期施工的工艺要求

(1) 对材料的要求

① 水泥　冬期施工应尽量使用快硬、早期强度增长快、早期水化热较高的水泥。例如,硅酸盐水泥或普通硅酸盐水泥。水泥标号不应低于 425 号,最小水泥用量不宜少于 300 kg/m$^3$,水灰比不应大于 0.6。使用矿渣硅酸盐水泥时,宜采用蒸汽养护;使用其他品种水泥时,应注意其中掺和料对混凝土抗冻、抗渗等性能的影响。掺防冻剂的混凝土严禁使用高铝水泥,因为高铝水泥重结晶会导致强度下降。

② 骨料　冬期施工时,混凝土所用骨料必须清洁,不得含有冰雪等冻结物及易冻裂的矿物质。在掺用含有钾、钠离子的防冻剂混凝土中,不得采用活性骨料或混有以上这种物质的骨料。冬期骨料所用贮备场地应选择地势较高且不积水的地方。

③ 外加剂　冬期浇筑的混凝土,宜使用无氯盐类防冻剂;对抗冻性要求较高的混凝土,宜

使用引气剂或减水剂。掺用防冻剂、引气剂或减水剂的混凝土施工,应符合现行国家标准《混凝土外加剂应用技术规范》的规定。在混凝土中掺用氯盐类防冻剂时,其掺入量应严格控制,按无水状态计算氯盐剂量不得超过水泥质量的1%。掺用氯盐的混凝土应振捣密实,不宜采用蒸汽养护;对冷拉钢筋、冷拔低碳钢丝等应限制使用,并优先考虑与阻锈剂复合使用。同时,在高湿度环境、预应力混凝土结构中禁止使用氯盐。

④掺和料　混凝土中掺入一定量的粉煤灰,能改善混凝土性能,节约水泥,从而提高工程质量,降低成本;掺入一定量的氟石粉能有效地改善混凝土的和易性,提高混凝土的抗渗性,调节水泥水化,提高混凝土初始温度。氟石粉的适宜掺入量一般为水泥用量的10%～15%,最好通过试验确定。

(2)混凝土拌制

①材料的加热　为了使新浇筑混凝土在一定时间内达到所需要的强度,必须具备一定的温度条件,所以在冬期施工中,一般可采用对组成材料进行加热的方法。

冬期施工对组成混凝土材料加热,一般应优先对水进行加热,因为水的热容量大,加热方便。当水加热仍不能满足要求时,再对骨料进行加热,因为骨料使用量最大,且易加热。水泥不能直接加热,宜在暖棚内存放,使其保持正温。过热的水和骨料遇水泥会导致水泥假凝。因此,拌和水和骨料的加热温度应根据热工计算确定,但不得超过表6-1的规定。

表6-1　　　　拌和水及骨料的最高温度

| 项目 | 水泥品种及强度等级 | 拌和水/℃ | 骨料/℃ |
| --- | --- | --- | --- |
| 1 | 强度等级＜42.5级的普通硅酸盐水泥、矿渣硅酸盐水泥 | 80 | 60 |
| 2 | 强度等级≥42.5级的普通硅酸盐水泥、硅酸盐水泥 | 60 | 40 |

②投料顺序、拌制时间　在冬期施工中,为加强混凝土搅拌效果,应选择强制式搅拌机。搅拌前应用热水或蒸汽冲洗、预热搅拌机。一般混凝土拌和物的出机温度不宜低于10 ℃,入模温度不宜低于5 ℃。对混凝土应经常检查其温度及和易性,若有差异应及时加以调整。

投料顺序一般是先投入水泥和热水,搅拌一定时间后,再投入骨料搅拌到规定时间。搅拌时间应较常温延长50%,搅拌时间必须满足表6-2规定的最短时间。

表6-2　　　　冬期施工搅拌混凝土的最短时间　　　　　　　　　　　　s

| 混凝土坍落度/mm | 搅拌机类型 | 搅拌机容量/L | | |
| --- | --- | --- | --- | --- |
| | | ＜250 | 250～650 | ＞650 |
| ≤30 | 自落式 | 135 | 180 | 225 |
| | 强制式 | 90 | 135 | 180 |
| ＞30 | 自落式 | 135 | 135 | 180 |
| | 强制式 | 90 | 90 | 135 |

(3)混凝土的运输

混凝土拌和物经搅拌倾倒出后,应及时运到浇筑地点,入模成形,但在运输过程中仍然会有热损失。运输过程是混凝土热损失的关键阶段,应采取必要措施减小热损失,同时保证混凝土的和易性。常用的主要措施有:缩短运输时间和距离;减小装卸和转运次数;使用大容积运输工具,并采取必要的保温措施。

(4)混凝土的浇筑

浇筑前应清除模板和钢筋上的冰雪和污垢,尽量加快浇筑速度,防止热量散失过多。冬期混凝土浇筑时间不应超过30 min,金属预埋件和直径大于25 mm的钢筋应进行预热,混凝土养护前温度不得低于2 ℃。

对加热养护的现浇混凝土结构的浇筑程序和施工缝位置,应能防止其在加热养护时产生较大的温度应力;当加热温度在40 ℃以上时应征得设计单位同意。对装配式结构的受力接头混凝土的施工,浇筑混凝土前应将接头处表面加热到正温;浇筑后接头温度在不超过45 ℃的条件下,养护至设计要求强度;当设计无要求时,其强度不低于强度标准的75%。

冬期施工混凝土振捣应用机械振捣,尽可能提高混凝土的密实度,因为低温条件下混凝土的流动度减小,振捣时间应比常温有所增加。

4.混凝土冬期施工方法

混凝土冬期施工方法分为混凝土养护期间不加热方法、加热方法和综合方法。混凝土养护期间不加热方法包括:蓄热法和掺外加剂法;混凝土养护期间加热方法包括:蒸汽加热法、电热法和暖棚法;混凝土养护期间综合方法即把上述两类方法综合应用,如综合蓄热法。

选择混凝土冬期施工方法时,要考虑自然气温条件、结构类型和特点、水泥品种、施工工期、能源状况和经济指标等因素。一个好的施工方案,应保证混凝土在冻结前至少应达到其临界强度,同时要结合施工工期和施工费用来综合考虑。

(1)蓄热法

蓄热法是混凝土浇筑后,利用原材料加热及水泥水化的热量,在混凝土外围用保温材料严密覆盖,延缓混凝土冷却,在混凝土温度降低到0 ℃前达到预期强度的施工方法。

蓄热法施工方法简单,不需要热源,费用较低,较易保证质量。当室外最低温度不低于$-15$ ℃时,地面以下工程或表面系数($A/V$)不大于15 $m^{-1}$的结构应优先采用蓄热法养护。

蓄热法养护的三个基本要素是:混凝土入模温度、围护层总传热系数和水泥水化热值。应通过热工计算调整以上三要素,使混凝土冻结前达到强度要求。采用蓄热法时,宜选用导热系数小、价廉耐用的保温材料,如草帘、草袋、锯末、谷糠、炉渣等。此外,还可采用其他有利蓄热的措施,如地下工程可用土壤覆盖;生石灰与湿锯末均匀拌和覆盖;充分利用太阳的热能,白天打开保温材料进行日照,夜间覆盖保温等。

(2)掺外加剂法

掺外加剂法是在拌制时掺加适量外加剂,使混凝土强度迅速增长,在冻结前达到要求的临界强度;或者降低水的冰点,使混凝土在负温下能够凝结、硬化。掺外加剂法使混凝土冬期施工工艺简化,节约能源,降低冬期施工费用。

常用的外加剂有早强剂、抗冻剂、减水剂等。外加剂种类的选择取决于施工要求和材料供应,而掺入量应由试验确定。掺外加剂的作用就是使混凝土产生抗冻、早强等效用。但要求外加剂对结构钢筋无锈蚀作用,对混凝土后期强度和其他物理力学性能无不良影响;同时应适应结构工作环境的需要。

(3)蒸汽加热法

蒸汽加热法是用低压饱和蒸汽对新浇筑混凝土构件进行加热养护,它分为湿热养护和干热养护两类。湿热养护是蒸汽与混凝土直接接触,利用蒸汽的湿热作用养护混凝土;干热养护是将蒸汽作为加热载体,通过某种形式的散热器,将热量传导给混凝土,使混凝土升温,蒸汽并不与混凝土直接接触的养护方法。常用的湿热养护方法有棚罩法、蒸汽套法和内部通气法;常用的干热养护方法有毛管法和热模法。

蒸汽加热法的适用性广,但需要锅炉等设备,消耗能源多,费用高,当用蓄热法达不到要求时,并经过经济比较后才能采用。用蒸汽加热法养护混凝土,当用普通硅酸盐水泥时,温度不宜超过80 ℃,当用矿渣硅酸盐水泥时,可提高到85～95 ℃,该方法升温、降温速度也有限制。

①棚罩法　在现场构件周围制作能拆卸的蒸汽室,通入蒸汽加热混凝土。该法设灵活,施工简便,费用较小,但耗气量大,温度不易均匀。适用于加热地槽中的混凝土结构及地面上的小型预制构件。

②蒸汽套法　在构件模板外再加密封的套板,做成蒸汽套,模板与套板件的空隙不宜超过15 cm,在套板内通入蒸汽加热养护混凝土。此方法加热均匀,加热效果取决于保温构造,但设备复杂、费用大,可用于现浇柱、梁及肋形楼板等整体结构加热。

③内部通气法　在混凝土构件内部预留直径为13～50 mm 的孔道,将蒸汽送入孔内加热混凝土,当混凝土达到要求强度后,排除冷凝水,随即用水泥砂浆灌入孔道内加以封闭。内部通气法节省蒸汽,费用较低,但入汽端易过热产生裂缝,适用于梁柱、桁架等构件。

(4)电热法

电热法是利用电流产生的热量来加热养护混凝土。电热法施工设备简单,操作方便,但耗电量较多,施工费用高。

电热法可采用电极加热法、电热毯加热法、工频涡流加热法和远红外线加热法等。

①电极加热法　在新浇筑混凝土内部或表面每隔100～300 mm 的间距设置 $\phi 6 \sim \phi 12$ 的短钢筋或宽 40～60 mm 的白铁皮做电极,通以低压电源。由于混凝土的电阻作用,使电能变为热能,用所产生的热量对混凝土进行加热。采用电极加热法要防止电极与构件内的钢筋接触而引起短路,对于较薄构件,也可将薄钢板固定在模板内侧作为电极。

②电热毯加热法　电热毯加热法以电热毯为加热元件,电热毯由四层玻璃纤维布中间夹以电阻丝制成,尺寸根据模板大小而定,通电后表面温度应按规范控制,不得大于35～40 ℃。电热毯加热法适用于以模板浇筑的构件。在混凝土浇筑前先通电将模板预热,浇筑后根据混凝土温度变化可断续送电养护。

③工频涡流加热法　工频涡流加热法利用安装在模板上内穿单根导线的钢管,导线通电后产生热效应,通过钢模板将热量传导给混凝土,使混凝土升温。该法适用于用模板浇筑的混凝土墙体、梁、柱和接头,其优点是温度比较均匀,控制方便;缺点是需要制作专用模板,模板投资大。

## 6.3　雨期与冬期施工的安全技术

雨期与冬期给建筑施工带来了一定的困难,影响了正常的施工活动。因此,必须采取切实可行的防范措施,以确保施工安全。

### 6.3.1 雨期施工的安全技术

雨期施工主要应做好防雨、防风、防雷电、防汛等工作。

(1)基础工程应开设排水沟、基坑(槽)等,雨后积水应设置防护栏或警示标志,深度超过1 m的基坑(槽)、井坑应设支撑。

(2)一切机械设备应设置在地势较高、防潮避雨的地方,应搭设防雨棚。机械设备的电源线路绝缘要良好,要有完善的保护接零装置。电闸箱漏电保护装置要可靠。

(3)脚手架应经常检查,发现问题要及时处理或更换加固。

(4)为防止雷电袭击造成事故,在施工现场高出建筑物的塔吊、人货电梯、钢脚手架等必须装设防雷装置。

### 6.3.2 冬期施工的安全技术

冬期施工主要应做好防火、防寒、防毒、防滑、防爆等工作。

(1)冬期施工前应对各类脚手架进行检查、加固,加设防滑设施,及时清除积雪。

(2)易燃材料必须经常注意清理,必须保证消防水源可靠和消防道路畅通。

(3)严寒时节,施工现场应根据实际需要和规定配设挡风设备。

(4)要防止一氧化碳中毒,防止锅炉爆炸。

### 复习思考题

1.简述雨期施工的特点。

2.土方工程雨期施工应采取哪些技术措施?

3.钢筋混凝土工程雨期施工应注意哪些问题?

4.何谓冬期施工?

5.地基土的保温防冻方法有哪几种?各种方法的特点是什么?

6.简述在砌筑工程冬期施工中,砂浆掺外加剂法和暖棚法施工原理及适用范围。

7.何谓混凝土冬期施工?混凝土的早期冻害对混凝土的性能有哪些影响?

8.何谓混凝土允许受冻的临界强度?它与哪些因素有关?

9.混凝土工程冬期施工时对水泥和骨料有何要求?

10.混凝土工程冬期养护方法有几类?常用的有哪几种方法?

# 模块 7 预应力混凝土工程

## 7.1 概述

随着施工工艺和机械设备的不断发展和完善,预应力混凝土除在传统房屋建筑中的单个构件上广泛应用外,还成功地运用到多层工业厂房、高层建筑、大型桥梁、核电站安全壳、电视塔、大跨度薄壳结构、筒仓、水池、大口径管道、基础岩土工程、海洋工程等技术难度较高的大型整体或特种结构上。

### 7.1.1 预应力混凝土的材料

预应力混凝土的抗裂性能取决于钢筋的预(拉)应力值。钢筋预应力越高,混凝土预压力越大,构件的抗裂性能就越好。为了获得较大的预应力,通常采用高强度钢筋和高强度混凝土。

1. 预应力钢筋

对预应力钢筋的基本要求是高强度、较好的塑性和黏结性能以及良好的加工性能。

(1)钢材强度越高,损失率越小,经济效益也越好,所以当条件具备时,应尽量采用高强度钢材做预应力钢筋。

(2)要求钢筋拉断时具有一定的延伸率,当构件处于低温荷载时,更应注意塑性要求,否则可能发生脆性破坏。

(3)先张法构件的预应力传递是靠钢筋和混凝土的黏结力来完成的,因此钢筋和混凝土必须具有足够的黏结度,否则预应力钢筋会发生滑移。

(4)良好的加工性能是指钢筋在连接(如焊接)、端头加工时能保持原有的机械性能。

2. 预应力混凝土

预应力混凝土结构中所采用的混凝土应具有高强、轻质和高耐久性的特点。一般要求混凝土强度等级不低于C30。当采用碳素钢丝、钢绞线、热处理钢筋做预应力钢筋时,混凝土强度等级不宜低于C40。目前,我国在一些重要预应力混凝土结构中,已开始采用C50~C60高强混凝土,最高混凝土强度等级已达到C80,并逐步向强度更高等级的混凝土发展。

### 7.1.2 预应力混凝土的特点

预应力混凝土与普通钢筋混凝土相比具有以下优点:

(1) 提高了混凝土的抗裂度和刚度,增加了构件的耐久性,可有效地利用高强度钢筋和高强度混凝土,充分发挥钢筋和混凝土各自的特性。

(2) 在与普通钢筋混凝土同样条件下,具有构件截面小、自重轻、质量好、材料省等优点(可节约钢材 40%~50%,节约混凝土 20%~40%,减轻构件自重 20%~40%)。

(3) 扩大了高、大、重型结构的预制装配化程度。

(4) 抗疲劳性能优于普通钢筋混凝土。

尽管预应力混凝土有上述优点,但制作时需考虑张拉工序、增加灌浆机具以及锚固装置等专用设备,同时工艺比较复杂,操作要求较高。小跨度梁和板,不承受拉力的拱与柱子等不适宜采用预应力混凝土结构,但在大跨度结构中,其综合经济效益较好。此外,在一定范围内,以预应力混凝土结构代替钢结构,可节约钢材、降低成本、免除维修工作。因此,不是在任何场合都可以用预应力混凝土代替普通钢筋混凝土的,而是两者各有合理的应用范围。

### 7.1.3 预应力混凝土的分类

按预应力施工工艺不同,预应力混凝土可分为先张法、后张法,根据预应力钢筋与混凝土的黏结程度不同可分为有黏结和无黏结。

1. 先张法

先张法是先张拉预应力钢筋,后浇筑混凝土,待混凝土达到设计强度后,放松预应力钢筋的施工方法。此时预应力是通过预应力钢筋与混凝土间的黏结力传递给混凝土。这种方法要有专用的生产台座和夹具,以便张拉和临时锚固预应力钢筋,适用于预制厂生产中小型预应力构件。

2. 后张法

后张法是先留置一定的孔道,再浇筑混凝土,后张拉预应力钢筋的预应力混凝土生产方法。此时预应力主要是通过锚具传递给混凝土的。这种方法需要预留孔道和专用的锚具。适用于施工现场生产大型预应力混凝土构件与结构,并对锚具要求较高。

3. 有黏结

有黏结预应力混凝土是指预应力钢筋与周围混凝土相黏结。先张法预应力钢筋直接浇筑在混凝土内,黏结力起到传力作用;后张法通过孔道灌浆与混凝土形成黏结,起保护钢筋的作用。这两种施工方法均称为有黏结。

4. 无黏结

无黏结预应力混凝土的预应力钢筋沿全长与周围混凝土能发生相对滑动,为防止预应力钢筋腐蚀和与周围混凝土黏结,在预应力钢筋表面刷涂料并包塑料布。预应力完全通过锚具传递给混凝土,一般用于后张法中。

## 7.2 先张法

### 7.2.1 先张法的概念

先张法是在浇筑混凝土之前,先张拉预应力钢筋,在台座或钢模上用夹具临时固定,然后浇筑混凝土构件,待混凝土达到规定强度,保证预应力钢筋与混凝土有足够黏结力时,放松预应力,预应力钢筋弹性回缩,借助于混凝土与预应力钢筋间的黏结力对混凝土产生预压应力。

先张法适用于生产定型的中小型构件,如空心板、屋面板、吊车梁、檩条等。施工工艺过程:张拉、固定预应力钢筋→浇筑混凝土构件→养护(至75%强度)→放张预应力钢筋。如图7-1所示。

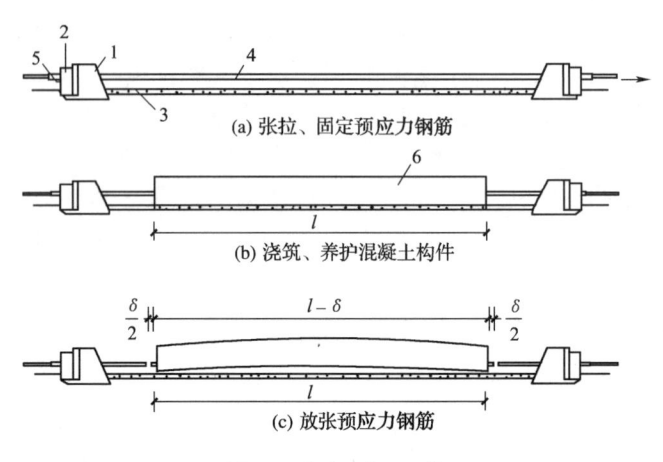

图 7-1 先张法施工工艺
1—台座;2—横梁;3—台面;4—预应力钢筋;5—夹具;6—构件

先张法生产有台座法、台模法两种。用台座法生产时,预应力钢筋的张拉、锚固、构件浇筑、养护和放张预应力钢筋等工序都在台座上进行,预应力钢筋的张拉力由台座承受。台模法的预应力钢筋的张拉力由钢台模承受。对先张法施工,无论是采用台座法还是台模法,其工艺原理相同。本节主要介绍台座法。

### 7.2.2 先张法的施工设备

先张法的施工设备主要有台座、夹具和张拉机具。

1. 台座

台座是先张法生产的主要设备之一,它承受预应力钢筋的全部张拉力。因此,台座应具有足够的强度、刚度和稳定性,以免因台座变形、倾覆和滑移而引起预应力损失。

台座由台面、横梁和承力结构等组成。根据承力结构的不同,台座构造形式有墩式台座、槽式台座等。选用时应根据构件种类、张拉力的大小和施工条件确定。

(1)墩式台座

以混凝土墩做承力结构的台座称为墩式台座,一般用于平卧生产的中小型构件,如屋架、空心板和平板等。台座尺寸由场地大小、构件类型和产量等确定,一般长度为100～150 m,张拉一次可生产多个构件,从而减小因钢筋滑动或台座横梁变形引起的预应力损失。在台座的端部应留出张拉操作空间和通道,两侧要有构件运输和堆放的场地。

空心板等由于张拉力不大,可利用简易墩式台座,如图7-2所示。生产中型构件或多层叠浇构件可采用如图7-3所示的墩式台座,该台座局部加厚,以承受部分张拉力。

墩式台座由承力台墩、台面、横梁等组成。目前常用的是由现浇钢筋混凝土制成的、由承力台墩和台面共同受力的台座。

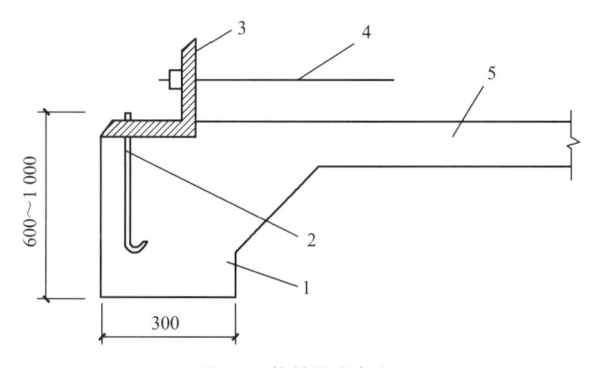

图 7-2 简易墩式台座

1—卧梁；2—预埋螺栓；3—角钢；4—预应力钢丝；5—混凝土台面

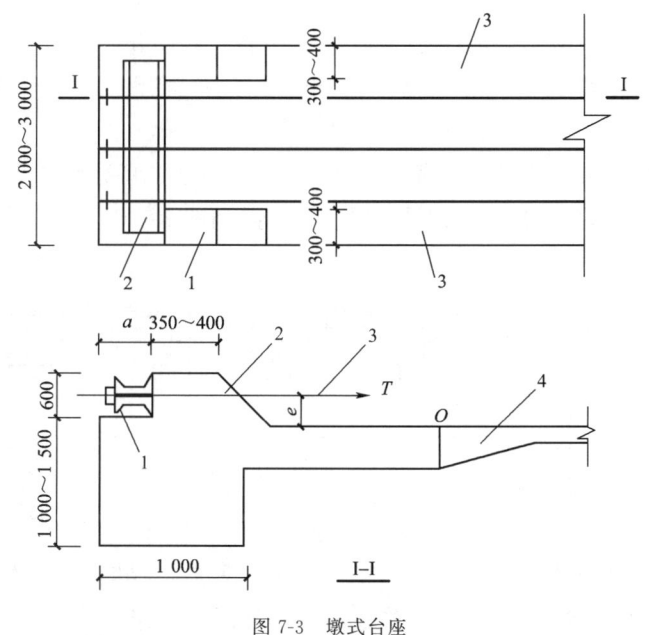

图 7-3 墩式台座

1—横梁；2—承力台墩；3—局部加厚的台面；4—预应力钢筋

设计墩式台座时，应进行台座的稳定性和强度验算。稳定性是指台座抗倾覆和抗滑移的能力。墩式台座的抗倾覆验算的计算简图如图 7-4 所示，台座的抗倾覆稳定性计算公式为

$$K_0 = \frac{M'}{M} \tag{7-1}$$

式中 $K_0$——台座的抗倾覆安全系数，$K_0 \geqslant 1.50$；

$M$——由张拉力产生的倾覆力矩，$M = Te$；

$M'$——抗倾覆力矩，如忽略土压力，则 $M' = G_1 l_1 + G_2 l_2$。

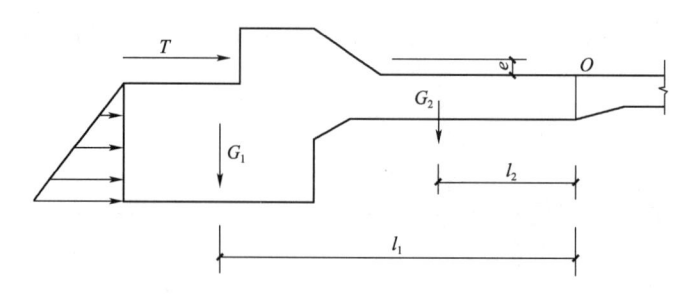

图 7-4 墩式台座的抗倾覆验算的计算简图

对于台墩与台面共同作用的台座,由于台面与台墩共同作用,台墩的水平推力几乎完全传递给台面,不存在滑移问题,故不进行抗滑移验算。

墩式台座的强度验算:支持横梁的牛腿,按柱子牛腿计算方法计算其配筋;墩式台座与台面接触的外伸部分,按偏心受压构件计算;台面按轴心受压构件计算;横梁按承受均布荷载的简支梁计算,其挠度应控制在 2 mm 以内,并不得产生翘曲。

台面一般是在夯实的碎石垫层上浇筑一层厚度为 60～100 mm 的混凝土而成的,台面略高于地坪,表面应当平整光滑,以保证构件底面平整。为防止台面开裂,可根据当地温差和经验设置伸缩缝,一般 10 m 左右设置一条,也可在台面内沿上、下表面配置钢筋网片。

(2)槽式台座

槽式台座由端柱、传力柱、柱垫、横梁和台面等组成,既可承受张拉力,又可做蒸汽养护槽,适用于张拉力较大的大型构件,如吊车梁、屋架等,如图 7-5 所示。

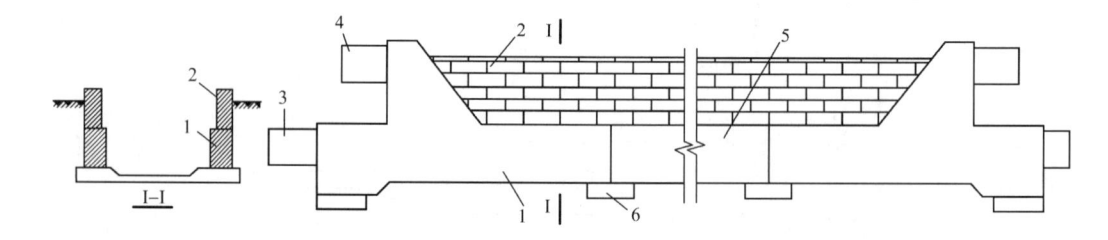

图 7-5 槽式台座

1—钢筋混凝土压杆;2—砖墙;3—下横梁;4—上横梁;5—传力柱;6—柱垫

槽式台座的长度一般不大于 76 m,宽度随构件外形及制作方式而定,一般不小于 1 m。为便于混凝土的运输、浇筑及蒸汽养护,台座宜低于地面。为便于拆迁和重复使用,台座应设计成装配式。设计槽式台座时也应进行强度和稳定性验算。

2.夹具和张拉机具

(1)夹具

夹具是先张法构件施工时将预应力钢筋固定在张拉台座(或设备)上的临时性锚固装置。夹具按其用途不同可分为:仅用于固定作用的锚固夹具和夹持张拉作用的张拉夹具。锚固夹具与张拉夹具都是可以重复使用的工具。

①锚固夹具  常用的锚固夹具有钢质锥形夹具、镦头夹具及夹片式夹具。

钢质锥形夹具是常用的单根钢丝夹具,适用于锚固直径为 3～5 mm 的冷拔低碳钢丝和碳素(刻痕)钢丝。它由套筒和销子组成,如图 7-6 所示。套筒为圆柱形,中间开圆锥形孔。

(a) 圆锥齿板式　　(b) 圆锥槽式　　(c) 楔形

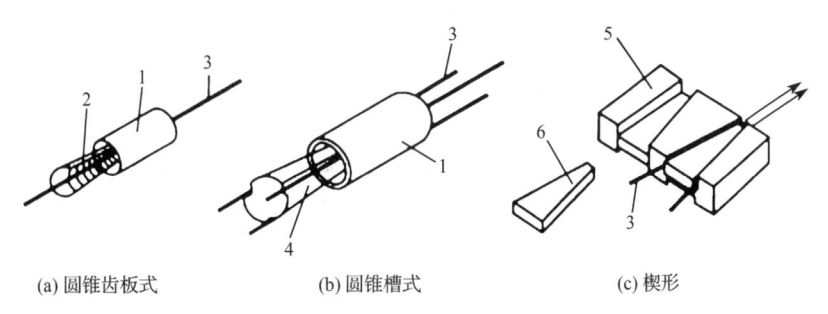

图 7-6　钢质锥形夹具
1—套筒；2—齿板；3—钢丝；4—锥塞；5—锚板；6—楔块

镦头夹具是将钢丝端部冷镦或热镦形成粗头，通过承力板或梳筋板锚固。镦头夹具适用于具有镦粗头（热镦）的Ⅱ、Ⅲ、Ⅳ级螺纹钢筋，也可用于冷镦的预应力钢丝（镦头钢丝）固定端的锚固。固定端镦头夹具如图 7-7 所示。

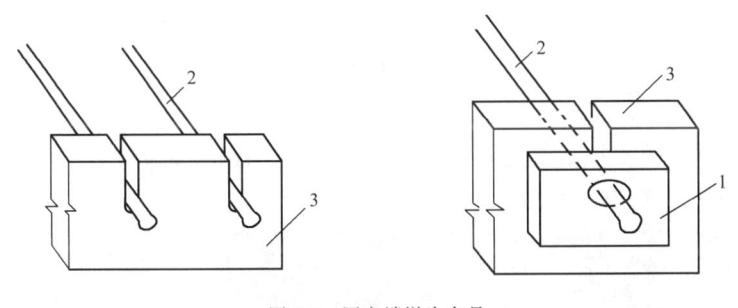

图 7-7　固定端镦头夹具
1—垫片；2—镦头钢丝；3—承力板

夹片式夹具有多种形式。圆套筒夹片式（两片式和三片式）夹具由夹片与套筒组成，如图 7-8 所示。套筒的内孔呈圆锥形，三个夹片（或两个夹片）互呈 120°（或 180°），夹片内槽刻有齿纹，以保证钢筋锚固，钢筋放在夹片中心。这种夹具适用于夹持直径为 12 mm 与 14 mm 的单根冷拉Ⅱ、Ⅲ、Ⅳ级钢筋。

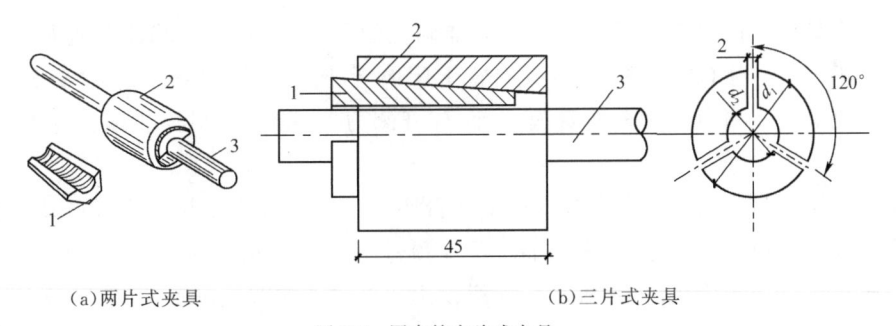

(a) 两片式夹具　　(b) 三片式夹具

图 7-8　圆套筒夹片式夹具
1—销片；2—套筒；3—预应力钢筋

②张拉夹具　张拉夹具是将预应力钢筋与张拉机械连接起来进行预应力张拉的工具。常用的钢丝张拉夹具有钳式夹具、偏心式夹具和楔形夹具等，如图 7-9 所示。

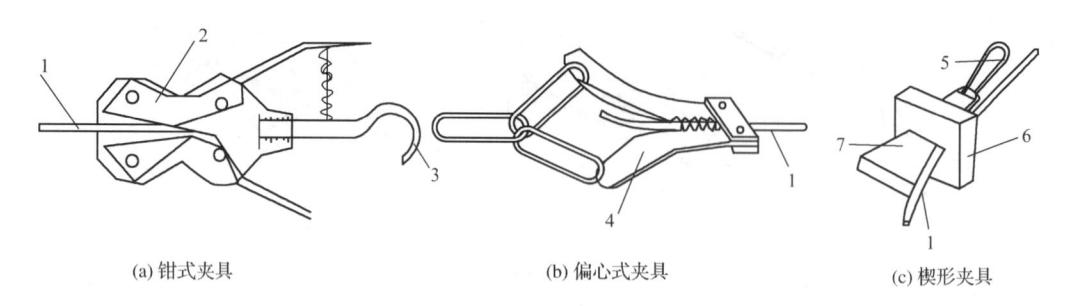

(a) 钳式夹具　　　　　(b) 偏心式夹具　　　　　(c) 楔形夹具

图 7-9　钢丝的张拉夹具

1—钢丝；2—钳齿；3—拉钩；4—偏心齿条；5—拉环；6—锚板；7—楔块

③夹具的要求　夹具本身须具备自锁和自锚能力，自锁即锥销、齿板或楔块打入后不会反弹而脱出的能力；自锚即预应力钢筋张拉中能可靠地锚固而不被从夹具中拉出的能力。同时，先张法用夹具的静载锚固性能，应符合Ⅰ类锚具的效率系数 $\eta_a \geqslant 0.95$ 的要求。此外，夹具还应具备下列性能：在达到实际破断拉力时，全部零件均不得出现裂缝和破坏；良好的自锚性能；良好的放松性能和重复使用性能。

④钢筋连接器　单根粗钢筋之间的连接采用钢筋连接器，如图 7-10 所示。钢绞线的连接可用挤压式钢绞线连接器，如图 7-11 所示。

(a)方法一　　　　　(a)方法二

图 7-10　钢筋连接器　　　　　图 7-11　挤压式钢绞线连接器

(2) 张拉机具

张拉机具应当操作方便、简易可靠，能准确控制张拉应力，能以稳定的速率增大拉力。目前张拉机主要包括拉杆式千斤顶、穿心式千斤顶、台座式液压千斤顶、电动螺杆张拉机和电动卷扬机等。在测力方面有弹簧测力计、杠杆测力器、荷重控制及油压表等不同工具与方法。

钢丝张拉分为单根张拉和多根张拉。在台座上生产构件多采用电动卷扬机、电动螺杆张拉机等进行单根张拉，但也可采用油压千斤顶进行多根钢丝的同时张拉。因一些先张法的张拉机具也可用于后张法中，故本节介绍仅用于先张法的有关设备，其他设备在后续内容中介绍。

①电动卷扬机　电动卷扬机主要用于长线台座上张拉冷拔低碳钢丝，如图 7-12 所示。选择张拉机具时，其张拉力应不小于预应力钢筋张拉力的 1.5 倍；张拉行程应不小于预应力钢筋张拉伸长值的 1.1～1.3 倍。

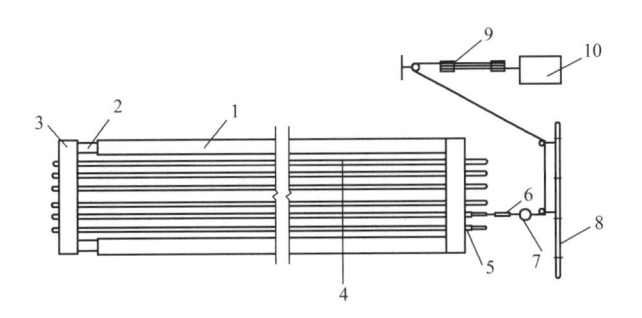

图 7-12 用电动卷扬机张拉冷拔低碳钢筋
1—台座；2—放松装置；3—横梁；4—预应力钢筋；5—锚固夹具；6—张拉夹具；
7—测力计；8—固定梁；9—滑轮组；10—电动卷扬机

②油压千斤顶 油压千斤顶成组（多根）张拉如图 7-13 所示，张拉时要求钢丝的长度基本相等，以保证张拉后各钢筋的预应力相同，所以应事先调整钢筋的初应力。

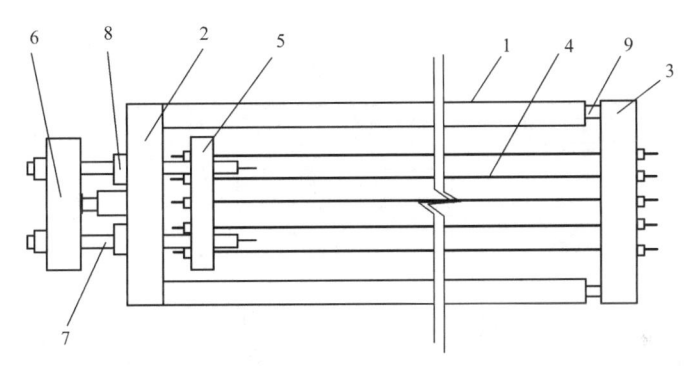

图 7-13 油压千斤顶成组（多根）张拉
1—台模；2—前横梁；3—后横梁；4—钢筋；5、6—拉力架横梁；
7—大螺丝杆；8—油压千斤顶；9—放松装置

### 7.2.3 先张法施工工艺

先张法预应力混凝土构件在台座上生产时，其工艺流程如图 7-14 所示，施工中可按实际情况适当调整。

**1. 预应力钢筋的铺设**

为了便于脱模，在预应力钢筋铺设前，对台座及模板应先刷隔离剂。预应力钢丝宜用牵引车铺设。如需要接长，可借助于连接器用 20～22 号铁丝密排绑扎。

**2. 预应力钢筋的张拉**

（1）张拉方法

预应力钢筋张拉应根据设计要求进行。预应力钢筋张拉有单根张拉和多根成组张拉。单根张拉所用设备构造简单，易于保证应力均匀，但生产率低，而且当预应力钢筋过密或间距不够大时，张拉和锚固较困难。多根成组张拉效率高，但所用设备构造较复杂，且需用较大的张拉力，同时，当进行多根成组张拉时，应先调整各预应力钢筋的初应力，使其长度和松紧一致，以保证张拉后各预应力钢筋的应力一致。因此，在选用时，应根据实际情况确定张

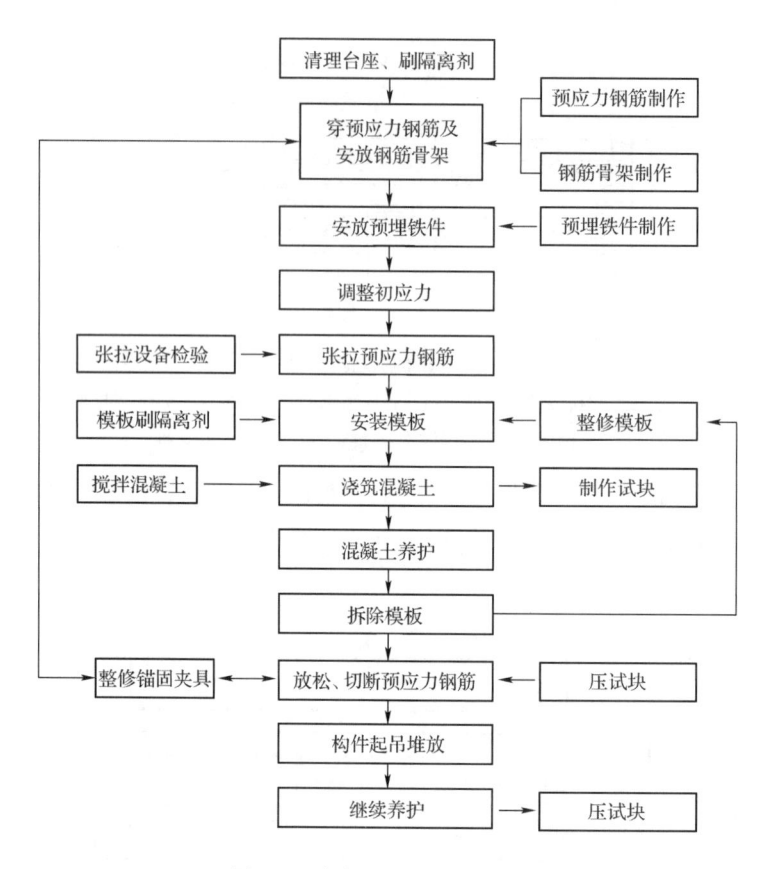

图 7-14 先张法施工工艺流程图

拉方法。一般预制厂常用多根成组张拉方法,施工现场常用单根张拉方法。

(2)张拉预应力钢筋

①张拉控制应力　张拉时的控制应力应按设计规定。控制应力的大小直接影响预应力的效果,控制应力越大,建立的预应力值则越大。但控制应力过大,预应力钢筋处于高应力状态,使构件出现裂缝时的荷载与破坏荷载接近,破坏前无明显的预兆,这是不允许的。此外,为了部分抵消由于应力松弛、摩擦、钢筋分批张拉以及预应力钢筋与张拉台座之间的温差等因素产生的预应力损失,施工中需对预应力钢筋进行超张拉。如果原定的控制应力过大,再加上超张拉就可能使钢筋的应力超过极限。因此,预应力钢筋的张拉控制应力($\sigma_{con}$)应符合设计要求,施工中预应力钢筋需要超张拉时,可比设计要求提高 5%,但其最大张拉控制应力不得超过表 7-1 的规定。

表 7-1　　　　　　　　　　最大张拉控制应力允许值

| 钢　种 | 张拉方法 ||
|---|---|---|
| | 先张法 | 后张法 |
| 碳素钢丝、刻痕钢丝、钢绞线 | $0.80 f_{ptk}$ | $0.75 f_{ptk}$ |
| 热处理钢筋、冷拔低碳钢丝 | $0.75 f_{ptk}$ | $0.70 f_{ptk}$ |
| 冷拉钢筋 | $0.95 f_{pyk}$ | $0.90 f_{pyk}$ |

注:$f_{ptk}$为预应力钢筋极限抗拉强度标准值;$f_{pyk}$为预应力钢筋屈服强度标准值。

②张拉程序　预应力钢筋张拉程序一般可按下列程序之一进行

$$二次张拉:0 \longrightarrow 105\%\sigma_{con} \xrightarrow{持荷\ 2\ min} \sigma_{con}$$

$$一次张拉:0 \longrightarrow 103\%\sigma_{con}$$

式中　$\sigma_{con}$——预应力钢筋的张拉控制应力。

采用此张拉程序的目的是减小预应力松弛损失。所谓"松弛",是指钢材在高应力状态下具有不断产生塑性变形的特性。松弛的数值与控制应力和延续时间有关,控制应力大,松弛也大,因此钢丝、钢绞线的松弛损失比冷拉热轧钢筋大;松弛损失还随着时间的延续而增加,但在第一分钟内可完成损失总值的 50% 左右,24 h 内则可完成 80%。上述张拉程序中,如先超张拉 $105\%\sigma_{con}$ 再持荷 2 min,则可减小 50% 以上的松弛损失。超张拉 $103\%\sigma_{con}$ 亦是为了弥补预应力钢筋松弛等原因所造成的预应力损失。

多根成组张拉时,应预先调整初应力,以保证张拉时每根钢筋的应力均匀一致,初应力值一般取 $10\%\sigma_{con}$。张拉后应抽查钢筋的应力值,其偏差不得大于设计规定预应力值的 ±5%。

③张拉力　根据设计的张拉控制应力 $\sigma_{con}$、预应力钢筋的截面积 $A_p$ 和张拉程序中所规定的超张拉系数 $m$,即可求出预应力钢筋的张拉力 $F_p$,即

$$F_p = m\sigma_{con} \cdot A_p \tag{7-2}$$

式中　$m$——超张拉系数,取 1.03 或 1.05;

　　　$\sigma_{con}$——预应力钢筋张拉控制应力,N/mm²;

　　　$A_p$——预应力钢筋截面面积,mm²。

台座法张拉中,为避免台座承受过大的偏心压力,应先张拉靠近台座截面重心处的预应力钢筋。张拉机具与预应力钢筋应在同一条直线上,张拉应以稳定的速率逐渐加大拉力。构件在浇筑混凝土前发生断裂或滑脱的预应力钢丝必须予以更换。多根钢丝同时张拉时,断裂和滑脱的钢丝数量不得超过结构同一截面预应力钢筋总根数的 3%,且一束钢丝只允许一根。

另外,施工中必须注意安全,严禁正对钢筋张拉的两端站人,防止断筋回弹伤人。

④张拉伸长值校核　用应力控制张拉时,为了校核预应力值,在张拉过程中应测出预应力钢筋的实际伸长值,如实际伸长值比计算伸长值大 10% 或小 5%,应暂停张拉,查明原因并采取措施调整后,方可继续张拉。

预应力钢筋的计算伸长值 $\Delta l$(mm)可按下式计算

$$\Delta l = \frac{F_p l}{A_p E_s} \tag{7-3}$$

式中　$F_p$——预应力钢筋的平均张拉力,kN,直线钢筋取张拉端的拉力;两端张拉的曲线钢筋,取张拉端的拉力与跨中扣除孔道摩阻损失后拉力的平均值;

　　　$A_p$——预应力钢筋的截面面积,mm²;

　　　$l$——预应力钢筋的长度,mm;

　　　$E_s$——预应力钢筋的弹性模量,kN/mm²。

预应力钢筋的实际伸长值宜在初应力为张拉控制应力 10% 左右时开始量测,但必须加上初应力以下的推算伸长值;对后张法,尚应扣除在张拉过程中混凝土构件的弹性压缩值。

3.预应力混凝土的浇筑与养护

预应力钢筋张拉完后,应绑扎骨架、立模、浇筑混凝土。确定预应力混凝土的配合比时,应尽量减小混凝土的收缩和徐变,以减小预应力损失。收缩和徐变都与水泥品种和用量、水灰比、骨料孔隙率、振动成形等有关。

每条生产线浇筑混凝土应一次浇筑完毕。为保证钢筋与混凝土有良好的黏结,浇筑时振动器不应碰撞钢筋,混凝土未达到一定强度前也不允许碰撞或踩动。

预应力混凝土可采用自然养护或湿热养护。但必须注意,当进行湿热养护时,由于预应力钢筋张拉后锚固在台座上,温度升高,预应力钢筋膨胀伸长,而台座的长度并无变化,使预应力钢筋的应力减小。在这种情况下混凝土逐渐硬结,而预应力钢筋由于膨胀伸长引起的应力损失不能恢复。因此,应采取正确的养护措施以减小由于温差引起的预应力损失。一般可采用两次升温的措施:初次升温应在混凝土尚未结硬、未与预应力钢筋黏结时进行,初次升温的温差一般可控制在 20 ℃以内;第二次升温则在混凝土构件具备一定强度(7.5～10 MPa),即混凝土与预应力钢筋的黏结力足以抵抗温差变形后,再将温度升到养护温度进行养护,此时,预应力钢筋将和混凝土一起变形,预应力钢筋不再引起应力损失。

4.预应力钢筋的放张

放张预应力钢筋时,混凝土强度必须符合设计要求。如设计无要求时,不得低于设计混凝土强度标准值的 75%。放张过早会由于预应力钢筋回缩而引起较大的预应力损失。预应力钢筋放张应根据配筋情况和数量,选用正确的方法和顺序,否则会引起构件翘曲、开裂和断筋等现象。

(1)放张顺序

预应力钢筋的放张顺序应符合设计要求,当设计无要求时,应符合下列规定:

①对承受轴心预压力的构件(如压杆、桩等),所有预应力钢筋应同时放张。

②对承受偏心预压力的构件(如梁),应先同时放张预压力较小区域的预应力钢筋,再同时放张预压力较大区域的预应力钢筋。

③如不能满足上述要求时,应分阶段、对称、相互交错地进行放张,以防止在放张过程中构件产生翘曲、裂纹及预应力钢筋断裂等现象。

(2)放张方法

对配筋不多的中小型钢筋混凝土构件,钢丝可用砂轮锯或切断机切断等方法放张。配筋多的钢筋混凝土构件,钢丝应同时放张,如逐根放张,则最后几根钢丝将由于承受过大的拉力而突然断裂,易使构件端部开裂。放张后预应力钢筋的切断顺序,一般由放张端开始,逐次切向另一端。

预应力钢筋为热处理或冷拉Ⅳ级钢筋,不得用电弧切割,宜用砂轮锯或切断机切断。数量较多时,应同时放张,可利用油压千斤顶、楔块(图 7-15)、砂箱(图 7-16)等装置。

当采用油压千斤顶逐根放张时,应拟定合理的放张顺序并控制每一循环的放张力,以免构件在放张过程中受力不均匀,防止先放张的预应力钢筋引起后放张的预应力钢筋内力增大,从而造成最后几根放张困难或拉断。

采用湿热养护的预应力混凝土构件,宜热态放松预应力钢筋,而不宜降温后再放松。

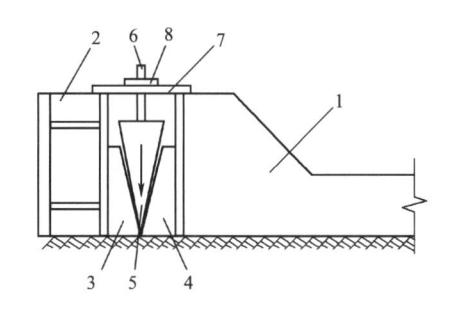

图 7-15 楔块放张
1—台座；2—横梁；3、4—钢块；5—钢楔块；
6—螺杆；7—承力板；8—螺母

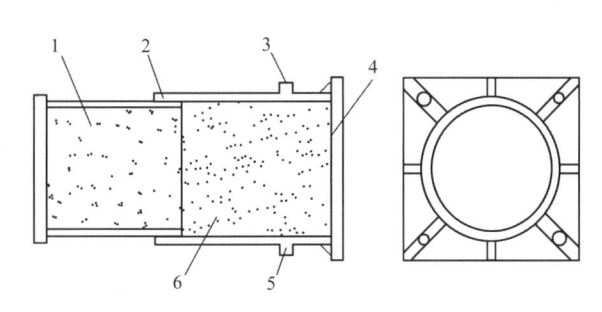

图 7-16 砂箱放张
1—活塞；2—钢套箱；3—进砂口；
4—钢套箱底板；5—出砂口；6—砂子

## 7.3 后张法

后张法施工如图 7-17 所示，即先制作构件，在构件中预应力钢筋的位置预先留出相应的孔道，待构件混凝土强度达到设计值后，在孔道内穿入预应力钢筋进行张拉，并利用锚具把张拉后的预应力钢筋锚固在构件的端部。此时，预应力钢筋的张拉力主要靠构件端部的锚具传给混凝土，使其产生压应力。张拉锚固后，根据要求可进行孔道灌浆。

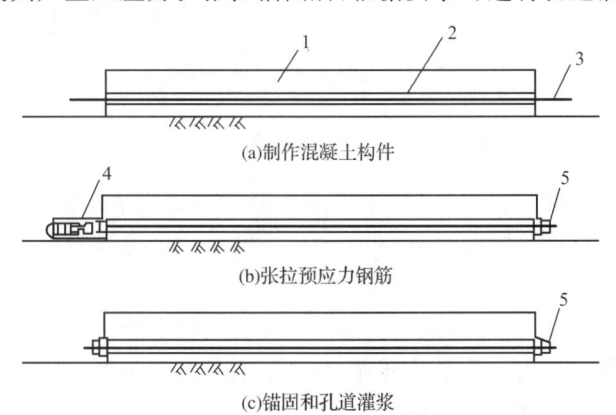

图 7-17 后张法施工
1—混凝土构件；2—预留孔道；3—预应力钢筋；4—千斤顶；5—锚具

后张法施工的优点是直接在构件上张拉预应力钢筋，不需要专门的台座，大型构件可分块制作，运送到现场拼接，利用预应力钢筋连成整体。因此，后张法施工灵活性较大，适用于在现场预制的大型构件，特别是大跨度的构件，如薄腹梁、吊车梁和屋架等，工厂预制的块体，及现场拼装的大中型预应力构件。但后张法施工工序较多，施工操作较复杂，且需要在钢筋两端设置专门的锚具，这些锚具永远留在构件上，不能重复使用，耗用钢材较多，且要求加工精密，费用较高，因此其造价一般比先张法高。后张法施工工艺流程如图 7-18 所示，其施工工艺过程：浇筑混凝土构件（预留孔道）→穿预应力钢筋并张拉锚固→孔道灌浆。

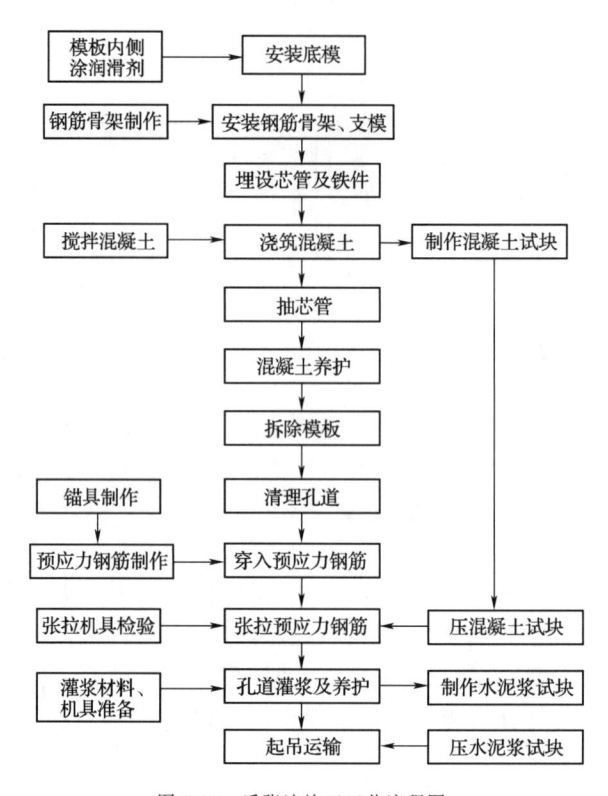

图 7-18 后张法施工工艺流程图

### 7.3.1 预应力钢筋制作、锚具和张拉机具

在后张法中,预应力钢筋、锚具和张拉机具是配套的。目前,后张法中常用的预应力钢筋有单根粗钢筋、钢筋束(或钢绞线束)和钢丝束三类。它们是由冷拉Ⅱ、Ⅲ、Ⅳ级钢筋,碳素钢丝和钢绞线制作的。锚具是后张法结构或构件中为保持预应力钢筋拉力并将其传递到混凝土上用的永久性锚固装置,是建立预应力值和保证结构安全的关键,因此锚具必须具有可靠的锚固能力。要求锚具的尺寸形状准确,有足够的强度和刚度,受力后变形小,锚固可靠,不致产生预应力钢筋的滑移和断裂现象。

1. 单根粗钢筋

(1) 锚具

根据构件的长度和张拉工艺要求,单根预应力钢筋可在一端张拉或两端张拉,张拉端一般用螺丝端杆锚具,固定端一般用帮条锚具或镦头锚具。

① 螺丝端杆锚具 螺丝端杆锚具又称为螺母锚具,由螺丝端杆、螺母和垫板三部分组成,如图 7-19 所示。螺丝端杆锚具的特点是将螺丝端杆与预应力钢筋对焊连接成一个整体,张拉机具张拉螺丝端杆,用螺母锚固预应力钢筋。端杆的长度一般为 320 mm,当构件长度超过 30 m 时,一般采用 370 mm。对焊应在预应力钢筋冷拉前进行,以检验焊接质量。这种锚具适用于直径 18~36 mm 的冷拉Ⅱ、Ⅲ级钢筋。

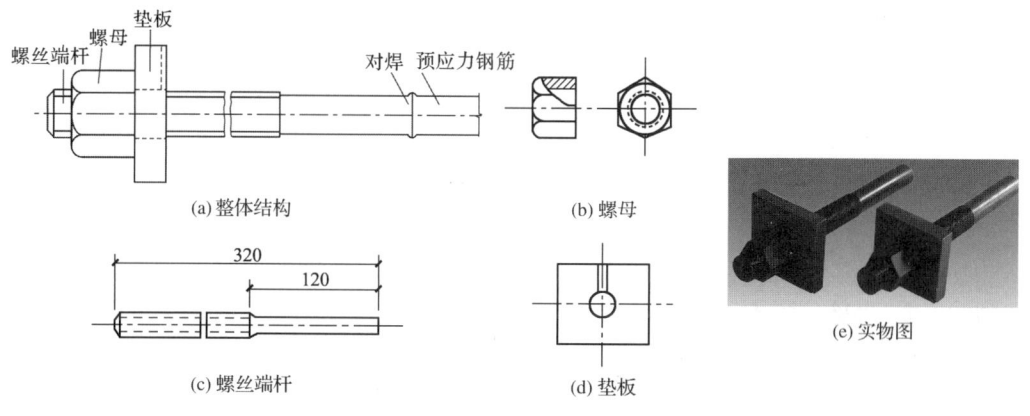

(a) 整体结构　　(b) 螺母　　(c) 螺丝端杆　　(d) 垫板　　(e) 实物图

图 7-19　螺丝端杆锚具

②帮条锚具　帮条锚具由帮条和衬板组成,帮条采用与预应力钢筋同级别的钢筋,衬板采用普通低碳钢的钢板。帮条安装时,三根帮条互呈 120°,并垂直于衬板与预应力钢筋端部焊接而成,以免受力时产生扭曲,如图 7-20 所示。适用于锚固直径 12～40 mm 的冷拉Ⅱ、Ⅲ级钢筋。

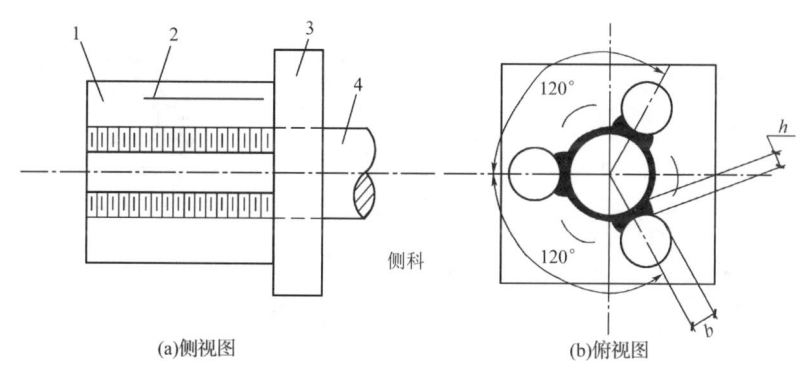

(a) 侧视图　　(b) 俯视图

图 7-20　帮条锚具
1—帮条;2—施焊方向;3—衬板;4—主筋

③镦头锚具　镦头锚具一般直接在预应力钢筋端部热镦、冷镦或锻打成形,穿过并支撑在锚环上,如图 7-21 所示。当预应力钢筋直径在 22 mm 以内时,端部镦头可用对焊机热镦;当预应力钢筋直径较大时,可采用加热锻打成形。

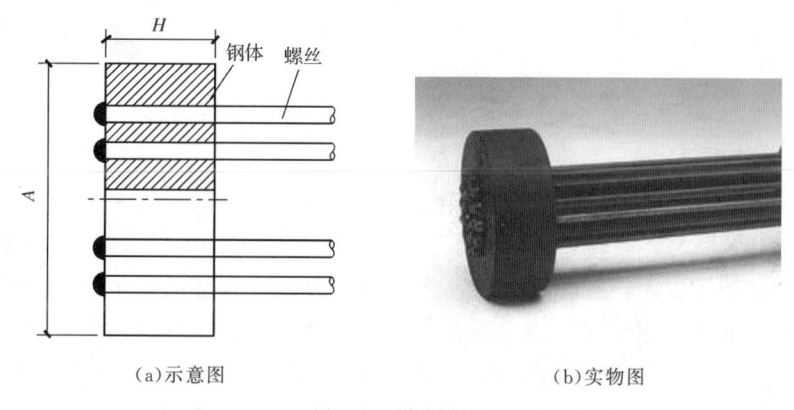

(a) 示意图　　(b) 实物图

图 7-21　镦头锚具

(2)预应力钢筋的制作

单根粗钢筋的制作一般包括配料、对焊、冷拉等工序,钢筋的下料长度应由计算确定,计算时应考虑锚具的特点、对焊接头的压缩量、钢筋的冷拉率和弹性回缩率、构件的长度等因素。

2.钢筋束(或钢绞线束)

(1)锚具

钢筋束(或钢绞线束)具有强度高、柔性好的优点,目前使用的锚具有JM型、XM型、QM型和镦头锚具等。

①JM型锚具 JM型锚具由锚环和六片夹片组成,如图7-22所示。夹片呈扇形,用两侧的半圆槽锚固预应力钢筋。JM型锚具尺寸小、构造简单,端部不需扩孔,但不宜用于吨位较大的锚固单元,故JM型锚具主要用于锚固3~6根直径为12 mm的光圆或变形的钢筋束,也可用于锚固5~6根直径为12 mm或15 mm的钢绞线束。JM型锚具也可兼做工具锚重复使用。根据所锚固预应力钢筋的种类、强度及外形的不同,JM型锚具的尺寸、材料、齿形及硬度等有所不同,使用时要注意。

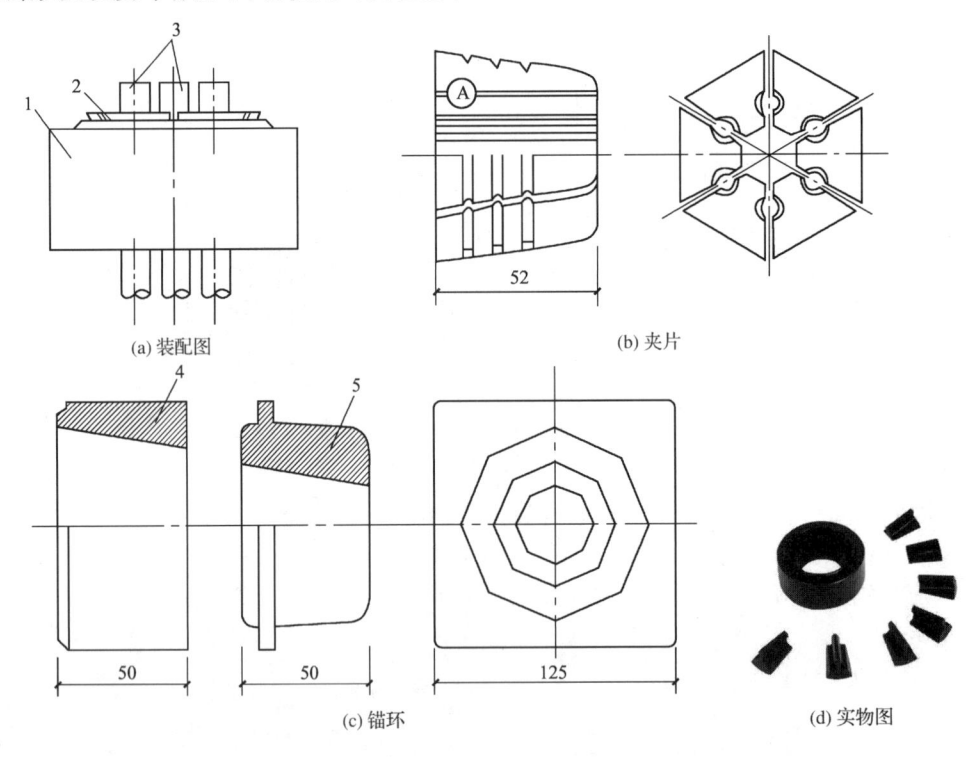

图7-22 JM型锚具
1—锚环;2—夹片(六片);3—钢筋束(或钢绞线束);4—圆锚环;5—方锚环

②XM型锚具 XM型锚具是一种新型锚具,由锚板和三片夹片组成,如图7-23所示。XM型锚具既适用于锚固钢绞线束,又适用于锚固钢丝束;既可锚固单根预应力钢筋,又可锚固多根预应力钢筋。当用于锚固多根预应力钢筋时,既可单根张拉,逐根锚固,又可多根成组张拉,成组锚固。它既可作为工作锚,又可作为工具锚。XM型锚具的特点是每根钢绞线都是分开锚固的,任意一根钢绞线的锚固失效(如钢绞线拉断等),不会引起整束锚固失

效,故 XM 型锚具通用性好,锚固性能可靠,施工方便,且便于高空作业。

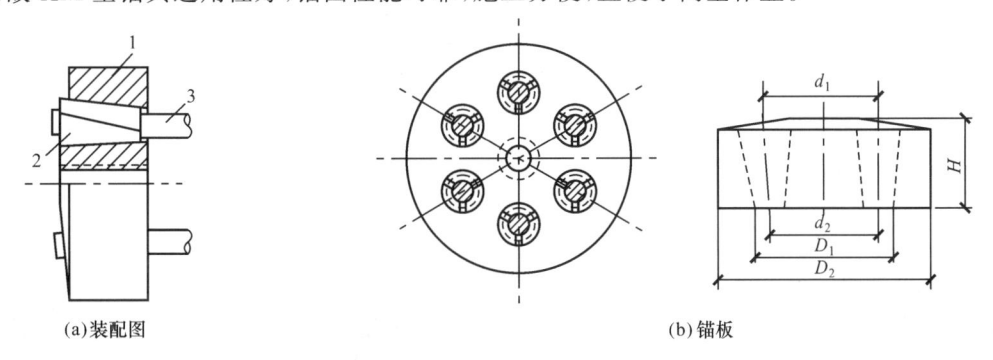

(a)装配图　　(b)锚板

图 7-23　XM 型锚具
1—锚板;2—夹片(三片);3—钢绞线束

③QM 型锚具　QM 型锚具也是由锚板和夹片组成的,但与 XM 型锚具的不同之处是:锚孔是直的,锚板顶面是平的,夹片垂直于开缝。此外,备有配套喇叭形铸铁垫板与弹簧圈等,由于灌浆孔设在垫板上,所以锚板尺寸可稍小。QM 型锚具还备有配套自动工具锚,张拉和退出十分方便。QM 型锚具及其配件如图 7-24 所示。这种锚具适用于锚固 4~31 根 $\phi12$ 和 3~19 根 $\phi15$ 的钢绞线束。

(a)装配图　　(b)锚板

(c)实物图

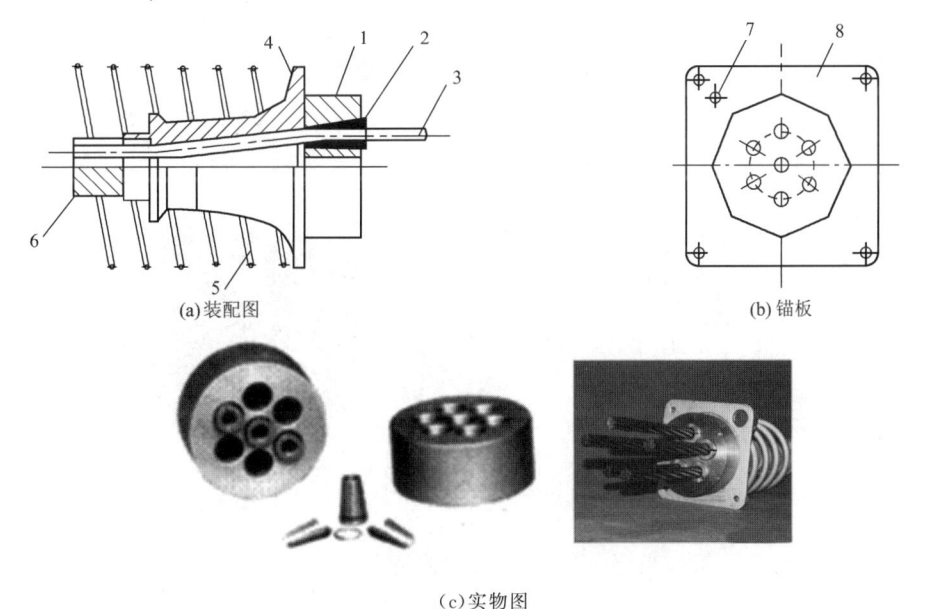

图 7-24　QM 型锚具及配件
1—锚板;2—夹片;3—钢绞线束;4—喇叭形铸铁垫板;5—螺旋筋;
6—预留孔道用的螺旋管;7—灌浆孔;8—锚垫板

(2)钢筋束(或钢绞线束)的制作

钢筋束(或钢绞线束)一般是盘圆供应,长度较长,不需要对焊接长。其预应力钢筋的制作工序一般是:开盘冷拉→下料→编束。

钢筋束(或钢绞线束)的下料长度主要与张拉机具和选用的锚具有关。

对热处理钢筋、冷拉Ⅳ级钢筋及钢绞线下料切断时,宜采用切断机或砂轮锯切断,不得采用电弧切割。钢绞线切断前,在切口两侧各 50 mm 处,应用铅丝绑扎,以免钢绞线松散。

钢绞线束或细钢筋束的编束主要是为了成束预应力钢筋穿筋和张拉时不发生扭结。穿束前应逐根理顺,用铅丝每隔 1 m 左右绑扎成束,穿筋时尽可能注意防止扭结。

3.钢丝束

(1)锚具

钢丝束一般由几根到几十根直径为 3～5 mm 的碳素钢丝组成。目前常用的锚具有锥形螺杆锚具、钢质锥形锚具和钢丝束镦头锚具等。

①锥形螺杆锚具 锥形螺杆锚具由锥形螺杆、套筒、螺母和垫板组成,如图 7-25 所示。适用于锚固 14～28 根直径为 5 mm 的钢丝束。使用时先将钢丝束均匀整齐地紧贴在螺杆锥体部分,套上套筒,用拉杆式千斤顶使端杆锥通过钢丝挤压套筒来锚紧钢丝。

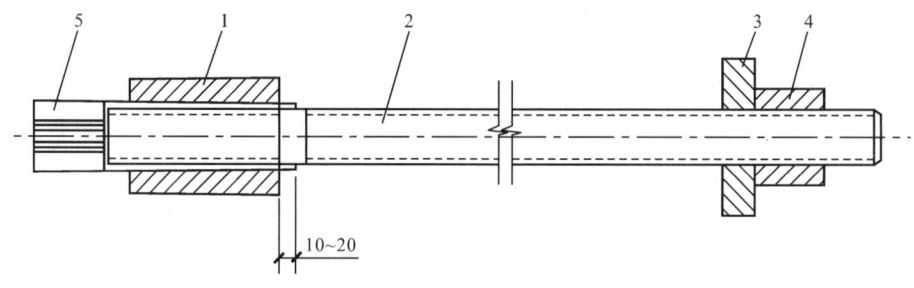

图 7-25 锥形螺杆锚具
1—套筒;2—锥形螺杆;3—垫板;4—螺母;5—钢丝束

②钢质锥形锚具(又称弗氏锚具) 钢质锥形锚具由锚环和锚塞组成,如图 7-26 所示。适用于锚固 6、12、18 和 24 根直径为 5 mm 的钢丝束。钢质锥形锚具的尺寸按钢丝数量确定。

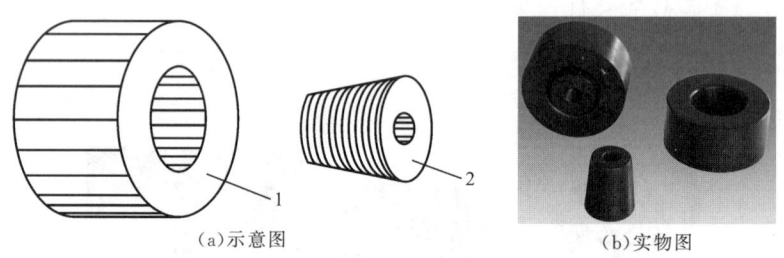

(a)示意图    (b)实物图

图 7-26 钢质锥形锚具
1—锚环;2—锚塞

③钢丝束镦头锚具 钢丝束镦头锚具适用于锚固 12～54 根直径为 5 mm 碳素钢丝的钢丝束,如图 7-27 所示。镦头锚具的形式与规格可根据需要自行设计。常用的钢丝束镦头锚具分为 DM5A 型和 DM5B 型。DM5A 型用于张拉端,由锚杯和螺母组成;DM5B 型用于固定端,仅有一块锚板。钢丝束镦头锚具的滑移值不应大于 1 mm,钢丝的镦头强度不得低于钢丝标准抗拉强度的 98%。

张拉时,张拉螺杆一端与锚杯内丝扣连接,另一端与拉杆式千斤顶的拉头连接,当张拉到控制应力时,锚杯被拉出,则拧紧锚杯外丝扣上的螺母加以锚固。钢丝束镦头锚具的构造简单、加工容易、锚夹可靠、施工方便,但对下料长度要求较严,尤其当锚固的钢丝较多时,长度的准确性和一致性将直接影响预应力钢筋的受力状况。

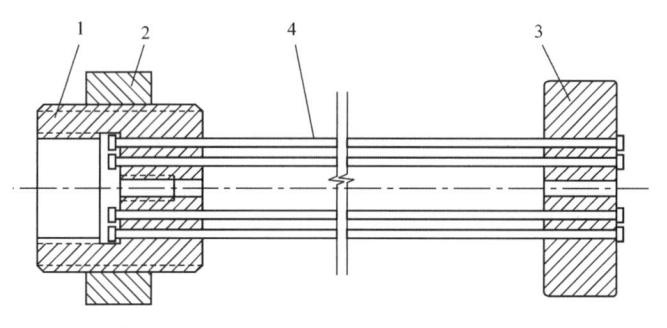

(a)张拉端锚具(DM5A 型)　　(b)固定端锚具(DM5B 型)　　(c)实物图

图 7-27　钢丝束镦头锚具

1—锚杯；2—螺母；3—锚板；4—钢丝束

(2)钢丝束的制作

锚具形式不同，钢丝束制作方法也有差异，一般需经下料、编束和安装锚具等工序。当使用钢质锥形锚具、XM 型锚具、QM 型锚具时，预应力钢丝束的制作和下料长度计算基本上与预应力钢筋束相同。

4.张拉机具

预应力钢筋的张拉必须配置成套的张拉机具，张拉机具的选择主要依据锚具形式和总张拉力的大小。后张法中常用的张拉机具主要有拉杆式千斤顶、穿心式千斤顶、电动螺杆张拉机和锥锚式千斤顶等，以及高压油泵和外接油管等附属机具。

(1)拉杆式千斤顶

拉杆式千斤顶主要适用于螺丝端杆锚具、锥形螺杆锚具、钢丝束镦头锚具等，由主油缸、主缸活塞、回油缸、回油活塞、连接器、传力架、活塞拉杆等组成，如图 7-28 所示。

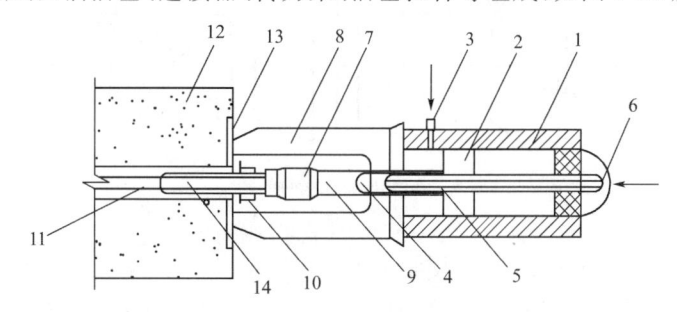

图 7-28　拉杆式千斤顶

1—主油缸；2—主缸活塞；3—进油孔；4—回油缸；5—回油活塞；6—回油孔；7—连接器；8—传力架；
9—活塞拉杆；10—螺母；11—预应力钢筋；12—混凝土构件；13—预埋铁板；14—螺丝端杆

(2)穿心式千斤顶

穿心式千斤顶用于直径 12～20 mm 的单根钢筋、钢绞线或钢丝束的张拉。用 YC-20 型穿心式千斤顶(图 7-29)张拉时，高压油泵启动，从后油嘴进油，从前油嘴回油，被偏心夹具夹紧的钢筋随液压缸的伸出而被拉伸。

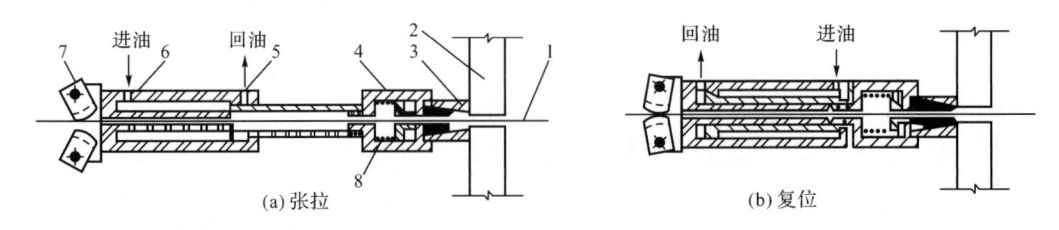

图 7-29  YC-20 型穿心式千斤顶
1—钢筋；2—台座；3—穿心式夹具；4—弹性顶压头；5、6—油嘴；7—偏心式夹具；8—弹簧

如图 7-30 所示为 YC-60 型穿心式千斤顶构造图，沿千斤顶纵轴线有一穿心通道，供穿过预应力钢筋。沿千斤顶的径向分内、外两层工作油室。外层为张拉工作油室，工作时张拉预应力钢筋；内层为顶压工作油室，工作时进行锚具的顶压锚固，故称 YC-60 型穿心式千斤顶为穿心式双作用千斤顶。

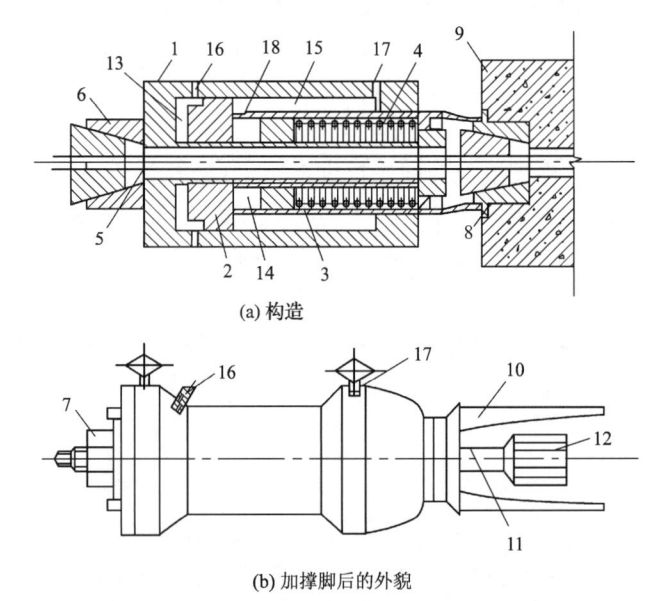

图 7-30  YC-60 型穿心式千斤顶构造图
1—张拉油缸；2—顶压油缸(张拉活塞)；3—顶压活塞；4—弹簧；5—预应力钢筋；6—工具锚；7—螺帽；
8—锚环；9—构件；10—撑脚；11—张拉杆；12—连接器；13—张拉工作油室；15—顶压工作油室；
15—张拉回程室；16—张拉缸油嘴；17—顶压缸油嘴；18—油孔

(3)电动螺杆张拉机

电动螺杆张拉机主要适用于预制厂在长线台座上张拉冷拔低碳钢丝。电动螺杆张拉机由螺杆、张拉夹具、弹簧测力器等组成，如图 7-31 所示。使用时，先用张拉夹具夹紧钢丝，然后启动电动机，通过皮带、齿轮，使齿轮和螺母(外有齿、内有螺纹)转动。由于齿轮螺母只能旋转，不能移动，故迫使螺杆做直线运动，从而张拉钢丝。

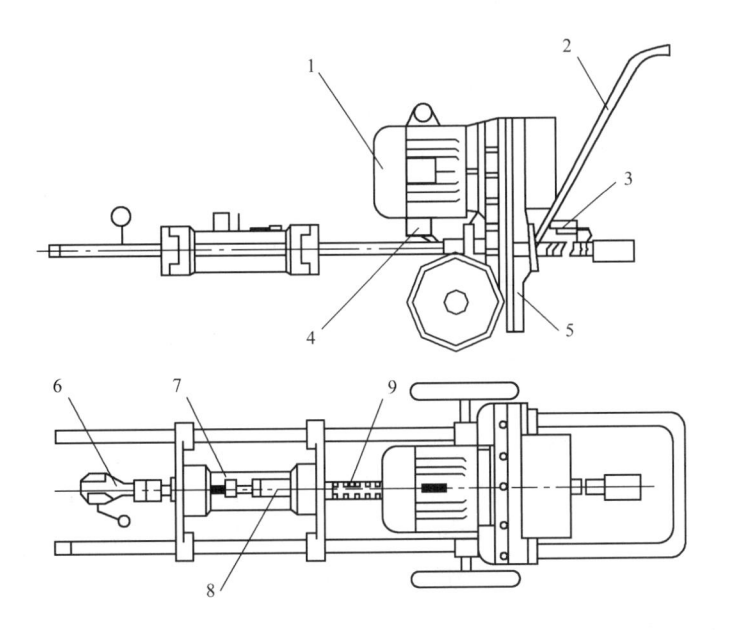

图 7-31 电动螺杆张拉机

1—电动机；2—手柄；3—前限位开关；4—后限位开关；
5—减速箱；6—张拉夹具；7—弹簧测力器；8—计量标尺；9—螺杆

(4) 锥锚式千斤顶

锥锚式千斤顶主要用于张拉带锥形锚具的钢丝束、钢筋或钢绞线束。锥锚式千斤顶由张拉油缸、顶压油缸、退楔装置、楔块等组成，如图 7-32 所示。其工作原理是当张拉油缸进油时，张拉油缸被压移，使固定在上面的钢筋被张拉。钢筋张拉后，改由顶压油缸进油，随即由副缸活塞将锚塞顶入锚圈中。张拉油缸、顶压油缸同时回油，则在弹簧力的作用下复位。在锥锚式千斤顶上增设退楔翼片，使其成为具有张拉、顶锚和退楔功能三重作用的千斤顶，从而提高了工作效率，降低了劳动强度。

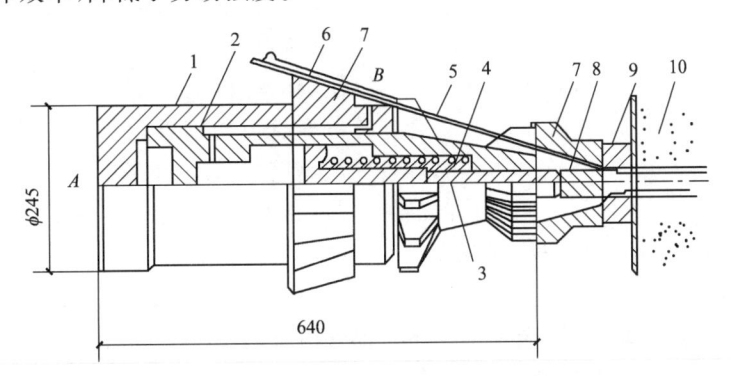

图 7-32 锥锚式千斤顶

1—张拉油缸；2—顶压油缸(张拉活塞)；3—顶压活塞；4—弹簧；
5—预应力钢筋；6—楔块；7—对中套；8—锚塞；9—锚环；10—构件

(5) 高压油泵

高压油泵分为手动和电动两类，目前常用的是电动高压油泵，它由油箱、泵体、供油系统的各种阀和油管、油压表及动力传动系统等组成。常用的额定压力为 40~80 MPa。

### 5.千斤顶的校验

千斤顶张拉预应力钢筋的控制应力主要用油压表上的读数来表达,但实际张拉力往往比公式的计算值小,其原因是一部分张拉力被活塞与油缸之间的摩擦力所抵消。因此,施工时一般采用试验校正的方法,直接测定千斤顶的实际张拉力与压力表读数之间的关系,绘制 $P$ 与 $N$ 的关系曲线,以供施工中直接查用。一般千斤顶的校验期限不超过半年,但在千斤顶经过拆卸修理、久置后重新使用、油压表受过碰撞或更换等情况时,均应对张拉机具重新校正。同时,经校正后的千斤顶和油压表应配套使用。

## 7.3.2 后张法施工工艺

### 1.孔道留设

孔道留设是后张法构件制作中的关键工作。孔道的直径与布置主要根据预应力混凝土构件或结构的受力性能,并参考预应力钢筋张拉锚固体系特点与尺寸确定。粗钢筋孔道直径应比预应力钢筋直径、钢筋对焊接头处外径、需穿过孔道的锚具或连接器外径大 10~15 mm;钢丝或钢绞线孔道直径应比预应力钢丝束外径或锚具外径大 5~10 mm,且孔道面积应大于预应力钢筋面积的两倍。

预应力钢筋孔道间净距不应小于 50 mm,孔道至构件边缘净距不应小于 40 mm,凡需要起拱的构件,预留孔道宜随构件同时起拱。

孔道形状有直线、曲线和折线三种。孔道成形方法有钢管抽芯法、胶管抽芯法和预埋管法等。孔道成形时要保证孔道的尺寸与位置准确,孔道平顺,接头不漏浆,端部预埋钢板垂直于孔道中心线等。

(1)钢管抽芯法

钢管抽芯法一般常用于留设直线孔道。预先将钢管埋设在模板内孔道位置处,在混凝土浇筑过程中和浇筑后,每隔一定时间慢慢转动钢管,待混凝土初凝后、终凝前抽出钢管,即形成孔道。为了保证预留孔道的质量,施工中应注意以下几点:

①钢管布置  所用钢管应平直,钢管表面必须圆滑,预埋前应除锈、刷油,安放位置要准确。钢管在构件中每隔 1.0~1.5 m 设置一个井字架,以固定钢管位置,井字架与钢筋骨架扎牢。每根钢管的长度最好不要超过 15 m,以便于旋转和抽管;较长构件可用两根钢管,中间接头处采用 0.5 mm 厚铁皮做成的套管连接。套管要与钢管紧密贴合,以防漏浆堵塞孔道。钢管一端钻直径为 16 mm 的小孔,以备插入钢筋棒,转动钢管。

②抽管时间  具体抽管时间与水泥品种、气温和养护条件有关,一般宜在混凝土初凝之后、终凝之前进行,以用手指按压混凝土表面无明显指纹时为宜。常温下抽管时间通常在混凝土浇筑后 3~5 h。抽管过早,混凝土没有完全硬化,易造成塌孔事故;抽管太晚,混凝土与钢管黏结牢固,抽管困难,甚至抽不出来。抽管前每隔 10~15 min 应转动钢管一次。

③抽管顺序  抽管宜先上后下地进行,抽管方法可用人工或卷扬机。抽管方向应与孔道保持在一条直线上。抽管时必须速度均匀、边抽边转。抽管后,应及时检查孔道情况,并做好孔道清理工作,防止以后穿筋困难。

(2)胶管抽芯法

胶管抽芯法可用于直线、曲线或折线孔道。所用胶管有 5~7 层夹布胶管和预应力混凝土专用的钢丝网胶皮管两种。夹布胶管质软,胶管安放位置正确后,用间距不大于 0.5 m 的井字架固定,曲线孔道宜加密;浇筑混凝土前,在管内充入压力水或压缩空气,充水或空气后胶管直径增大 3 mm 左右,然后浇筑混凝土,待混凝土初凝后,放出压力水或压缩空气,管径缩小而与混凝土脱离,随即抽出胶管形成孔道。钢丝网胶皮管质硬,且有一定弹性,预留孔道时与钢管一样使用,所不同的是浇筑混凝土后不需要转动,由于钢丝网胶皮管有一定弹性,抽管时在拉力作用下断面缩小而易于拔出。

(3)预埋管法

预埋管法是将与孔道直径相同的导管埋在构件中,不需要抽出,可用于曲线孔道。预埋管可采用黑铁皮管、薄钢管或镀锌双波纹金属软管(简称波纹管)。波纹管具有质量轻、刚度好、弯折方便、连接容易、与混凝土黏结良好等优点,可做成各种形状的孔道,并省去抽管工序,是现行孔道成形的理想材料。波纹管连接采用大一号同型波纹管,接头管长度为 200 mm,应密封。

灌浆孔、排气孔与泌水管在留设孔道的同时,还要在设计位置留设灌浆孔。一般在构件两端和中间每隔 12 m 设置一个直径为 20~25 mm 的灌浆孔,并在构件两端各设排气孔。灌浆孔留设可用 PVC 管或铁皮管。当孔道高差大于 500 mm 时,应在孔道每个峰顶处设置泌水管,泌水管伸出构件一般不小于 500 mm。泌水管也可兼做排气孔用。

2.预应力钢筋准备

(1)下料

①钢丝束下料 消除应力钢丝放开后可直接下料,下料如发现钢丝表面有电接头或机械损伤,应随时剔除。下料应在拉紧状态下进行。

②钢绞线下料 为防止在下料过程中钢绞线紊乱并弹出伤人,应将钢绞线盘卷在事先制作的铁笼内,从盘卷中央逐步抽出。钢绞线下料宜用砂轮切割机切割,不得采用电弧切割。

(2)编束

①钢丝束编束 为保证钢丝束两端钢丝排列顺序一致,穿束与张拉时不致紊乱,当采用镦头锚具时,先将内圈和外圈钢丝分别用铁丝顺序编扎,然后将内圈钢丝放入外圈钢丝内扎牢;当采用钢质锥形锚具时,编束分为空心束和实心束两种,但都需要圆盘梳丝板理顺钢丝,并在距钢丝端部 5~10 cm 处编扎一道,使张拉分丝时不致紊乱。

②钢绞线编束 钢绞线用 20 号铁丝绑扎编束,间距为 1~1.5 m。编束时应先将钢绞线理顺,使各根钢绞线松紧一致。如果钢绞线是单根穿入孔道,则不必编束。

(3)预应力钢筋穿束

①穿束顺序 预应力钢筋穿入孔道简称穿束。穿束可分为先穿束法和后穿束法两种。

先穿束法是在浇筑混凝土之前穿束,此法按穿束与预埋螺旋管之间的配合,可分为先穿束后装管、先装管后穿束。

后穿束法是在混凝土浇筑之后穿束,此种穿束方法不占工期,便于用通孔器或高压水通孔,穿束后立即可以张拉,易于防锈,但穿束时比较费力。

②穿束方法 根据一次穿入数量,穿束可分为整束穿和单束穿。对钢丝束一般应整束穿;对钢绞线优先采用整束穿,也可用单束穿。穿束工作可由人工、卷扬机或穿束机进行。

3.预应力钢筋张拉

(1)一般规定

预应力钢筋张拉时,结构混凝土强度应符合设计要求;当设计无具体要求时,不应低于设计强度标准值的75%,以确保张拉过程中,混凝土不至于因受压而破坏。

安装张拉机具时,直线预应力钢筋应使张拉力作用线与孔道中心线重合;曲线预应力钢筋应使张拉力作用线与孔道中心线末端切线重合。预应力钢筋张拉、锚固完毕,留在锚具外的预应力钢筋长度不得小于30 mm。锚具应用混凝土密封保护,长期外露的锚具应采用防锈措施。

(2)张拉控制应力和张拉程序

后张法预应力钢筋的张拉控制应力应符合设计要求和表7-1规定的数值,张拉程序与先张法相同。一般后张法的张拉控制应力值低于先张法,这主要是因为后张法构件在张拉预应力钢筋的同时,混凝土已经受到弹性压缩;而先张法构件,混凝土是在预应力钢筋放松后才受到弹性压缩的。此外,混凝土收缩、徐变引起预应力损失,后张法也比先张法小。

(3)张拉方法

为减小预应力钢筋与孔道壁摩擦引起预应力损失,预应力钢筋张拉端设计应符合设计要求,当设计无要求时,应符合下列规定:

①一端张拉方式  对抽芯成形孔道曲线预应力钢筋或长度大于24 m的直线预应力钢筋,应在两端张拉;长度等于或小于24 m的直线预应力钢筋,可在一端张拉。

②两端张拉方式  对预埋波纹管孔道曲线预应力钢筋或长度大于30 m的直线预应力钢筋,宜在两端张拉;长度等于或小于30 m的直线预应力钢筋,可在一端张拉。

③分批张拉方式  适用于配有多束预应力钢筋的构件或结构。在确定张拉力时,应考虑束间的弹性压缩损失影响,或将弹性压缩损失平均值统一增加到每根预应力钢筋的张拉力内。

④分段张拉方式  适用于多跨连续梁板的逐段张拉。在第一段混凝土浇筑与预应力钢筋张拉锚固后,第二段预应力钢筋利用锚头连接器接长。

⑤分阶段张拉方式  即为了平衡各阶段的荷载所采取的分阶段逐步施加预应力的方式,具有应力、挠度与反拱容易控制、省材料等优点。

⑥补偿张拉方式  即在早期预应力损失基本完成后,再进行张拉,以弥补损失,达到预期的预应力效果的方式,在水利工程与岩土锚杆中应用较多。

(4)张拉程序

后张法预应力钢筋的张拉程序一般与先张法相同,应根据构件类型、张拉锚固体系、松弛损失取值等因素确定。

(5)张拉力和张拉伸长值的校验

对张拉伸长值进行校核,可综合反映张拉力是否足够,孔道摩阻损失是否偏大,以及预应力钢筋是否有异常现象等。根据《混凝土结构工程施工质量验收规范》(GB 50204—2015)的规定,如实际伸长值与计算伸长值偏差超过±6%,应暂停张拉,在采取措施予以调整后,方可继续张拉。

4.孔道灌浆

预应力钢筋张拉后,应立即进行孔道灌浆,以防止预应力钢筋锈蚀,增加结构的整体性和耐久性,提高结构的抗裂性和承载能力。

灌浆前,用压力水冲洗并湿润孔道;灌浆过程中,用电动或手动灰浆泵,水泥浆应均匀缓慢地注入,中途不得中断。灌满孔道并封闭气孔后,宜再加注压力至0.5~0.6 MPa,并稳定一段时间,以确保孔道灌浆的密实性。为使孔道灌浆密实,可在灰浆中加入0.05%~0.10%的铝粉或0.25%的木质素磺酸钙。对不掺外加剂的水泥浆可采用二次灌浆法来提高密实性。

灌浆宜用强度等级不低于52.5号的普通硅酸盐水泥配制水泥浆,水泥浆的水灰比不应大于0.45,搅拌后3 h泌水率不宜大于2%。泌水应能在24 h内全部重新被水泥浆吸收。灌浆用水泥浆的抗压强度不应小于30 N/mm²。

灌浆顺序应先下后上,曲线孔道灌浆应由最低点注入水泥浆,至最高点排气孔排尽空气并溢出浓浆为止。

5.封锚

预应力钢筋锚固后,外露部分应采用机械方法切割,其外露长度不宜小于30 mm。锚具的封闭保护应符合设计要求。当设计无具体要求时,应符合下列规定:应采取防止锚具腐蚀和遭受机械损伤的有效措施;凸出式锚固端锚具的保护层厚度不应小于50 mm。外露预应力钢筋的保护层厚度:处于正常环境时,不应小于20 mm;处于易受腐蚀的环境时,不应小于50 mm。锚具的封闭保护如图7-33所示,具体做法与无黏结预应力钢筋的封锚基本相同。

图7-33 锚具的封闭保护

## 7.4 无黏结预应力混凝土施工

### 7.4.1 无黏结预应力混凝土概述

预应力混凝土按预应力钢筋与混凝土的黏结情况分为有黏结和无黏结两种。有黏结预应力是先张法和部分后张法的常规做法,凡是张拉后允许预应力钢筋与其周围混凝土产生相对滑动的预应力钢筋,称为无黏结预应力钢筋。

无黏结预应力施工方法是在后张法基础上发展起来的,起源于20世纪50年代的美国,80年代初我国成功地应用于实际工程。其施工方法是在预应力钢筋表面刷防腐润滑脂并包塑料管,然后铺设于设计位置处浇筑混凝土,待混凝土达到要求强度后,进行预应力钢筋张拉和锚固。该工艺的优点是不需要留设孔道、穿筋、灌浆,施工简单,摩擦力小,预应力钢筋易弯成多跨曲线形状等。适用于多层及高层建筑大柱网双向连续平板或密肋板结构、大荷载的多层工业厂房楼盖体系,大跨度梁类结构,但是预应力钢筋的强度不能充分发挥,一般要降低10%~20%,同时,由于预应力钢筋的应力完全通过锚具传递给混凝土,所以对锚具的要求较高。

### 7.4.2 无黏结预应力钢筋的制作

无黏结预应力钢筋是以专用防腐润滑脂为涂料层,由聚乙烯塑料做外包层的钢绞线或碳素钢丝束制作而成的。

**1.材料**

无黏结预应力钢筋一般选用7根直径为5 mm高强碳素钢丝组成的钢丝束,也可选用7根直径为4 mm或7根直径为5 mm钢绞线,其截面如图7-34所示。制作时要求每根中间不能有接头。制作工艺为:编束放盘→刷防腐润滑脂→覆裹塑料外包层→冷却→调直→成形。

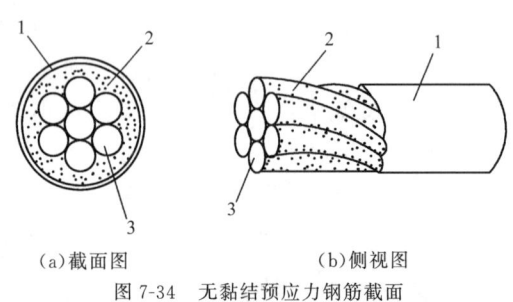

(a)截面图　　(b)侧视图

图7-34　无黏结预应力钢筋截面

1—塑料外包层;2—防腐润滑脂;3—钢绞线(或碳素钢丝束)

**2.涂料和外包层**

涂料的作用是使预应力钢筋与混凝土隔离,减少张拉时的摩擦损失,防止预应力钢筋腐蚀。因此,要求涂料有较好的化学稳定性、韧性,在-20~70 ℃不流淌、不裂缝变脆,并能较好地黏附在钢筋上,对钢筋和混凝土无腐蚀作用。常用材料有防腐油脂和防腐沥青。

塑料外包层应有足够的抗拉强度和防水性能,具有足够的韧性和抗磨性,对周围材料无侵蚀作用,能保证在运输、储存、铺设和浇筑混凝土过程中不发生不可修复的破坏。一般常用的塑料外包层材料有塑料布、塑料薄膜。

**3.锚具**

无黏结预应力构件的张拉力完全借助于锚具传递给混凝土,外荷载作用引起的受力变化也全部由锚具承担。无黏结预应力钢筋所用锚具不仅受力较大,而且承受重复荷载,因此要求更高。一般要求锚具至少能承受预应力钢筋最小规定极限强度的95%,而不超过预期的滑动值。无黏结预应力钢筋一般选用高强钢丝和钢绞线,用高强钢丝做预应力钢筋主要用镦头锚具,钢绞线一般用XM型锚具。

### 7.4.3 无黏结预应力钢筋的施工工艺

**1.无黏结预应力钢筋的铺设**

铺设前应对无黏结预应力钢筋逐根进行塑料外包层检查。对有轻微破损者可用塑料带修补,对破损严重者应予以报废,同时应严格检查锚具。无黏结预应力钢筋应严格按设计要求的曲线形状进行铺设,正确就位并固定牢固。

单向连续梁板中,无黏结预应力钢筋铺设基本上与非预应力钢筋相同。无黏结预应力钢筋曲率可垫马凳控制,马凳高度应根据设计要求的曲率确定,马凳间隔不宜大于2 m。一般施工顺序是:先放置马凳,然后按顺序铺设钢丝束,钢丝束就位后调整高度及水平位置,经检查无误后,用铅丝将无黏结预应力束与非预应力钢筋绑扎牢固,防止钢丝束在浇筑混凝土施工过程中移位。各控制点标高允许偏差为±5 mm。

在平板结构中常常为双向曲线配置,因此铺设顺序很重要。一般根据双向钢丝束交点的标高差,绘制钢丝束的铺设顺序图,波峰低的底层钢丝束先行铺设,然后依次铺设波峰高的上层钢丝束,这样可避免钢丝束间的相互穿插。

2. 无黏结预应力钢筋的张拉

无黏结预应力钢筋张拉与后张法有黏结钢丝束张拉相似。楼盖结构张拉顺序应为先张拉楼板,后张拉楼面梁。板的无黏结预应力钢筋可依次张拉,梁的无黏结预应力钢筋应对称张拉。无黏结预应力钢筋的张拉程序与一般后张法张拉程序相同。

采用应力控制方法张拉时,应校核无黏结预应力钢筋的伸长值。如实际伸长值大于计算伸长值的10%或小于计算伸长值的5%,应暂停张拉,查明原因并采取措施予以调整后,方可继续张拉。

张拉时混凝土抗压强度应符合设计要求。当设计无具体要求时,不宜低于混凝土设计强度等级的75%。无黏结预应力钢筋张拉顺序应符合设计要求,如设计无具体要求时,可采用分批、分阶段对称张拉或依次张拉。当无黏结预应力钢筋需要采用两端张拉时,可先在一端张拉并锚固,再在另一端补足张拉力后进行锚固。无黏结预应力钢筋张拉时,应逐根填写张拉记录表。

3. 端部处理

张拉后将外露无黏结预应力钢筋切至约 30 mm,切割采用液压切筋器或砂轮锯切断,严禁采用电弧切断。无黏结预应力钢筋锚头的端部处理,目前常采用两种方法:一种是在孔道中注入油脂并加以封闭;另一种是在两端留设的孔道内注入环氧树脂水泥砂浆,其抗压强度不低于 35 MPa。灌浆同时将锚头封闭,防止钢丝锈蚀,同时也起一定的锚固作用,如图 7-35 所示。不同锚具锚固区的保护措施如图 7-36 所示。预留孔道中注入油脂或环氧树脂水泥砂浆后,用 C30 细石混凝土封闭锚头部位。

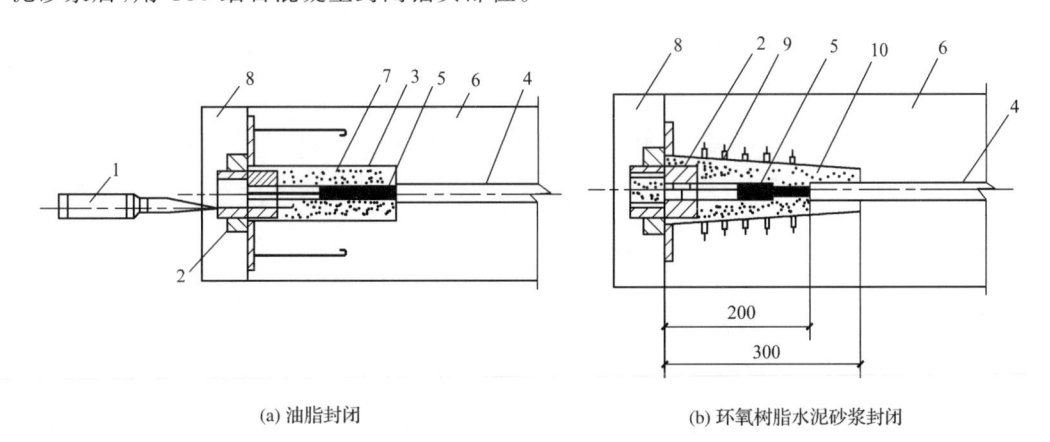

(a) 油脂封闭　　(b) 环氧树脂水泥砂浆封闭

图 7-35 锚头端部处理方法

1—油枪;2—锚具;3—端部孔道;4—有涂层的无黏结预应力钢筋;5—无涂层的端部钢丝;
6—构件;7—注入孔道的油脂;8—混凝土封闭;9—端部加固螺旋钢筋;10—环氧树脂水泥砂浆

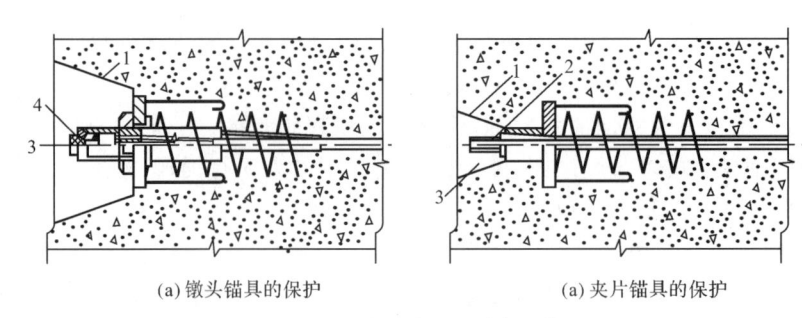

(a) 镦头锚具的保护　　　　　　　　(a) 夹片锚具的保护

图 7-36　不同锚具锚固区的保护措施
1—涂黏结剂；2—涂防水涂料；3—后浇混凝土；4—塑料或金属帽

### 复习思考题

1. 与普通钢筋混凝土构件相比，预应力混凝土构件的优点和缺点有哪些？
2. 何谓先张法？何谓后张法？比较它们的异同点。
3. 预应力筋为何要先焊后拉？
4. 简述先张法施工中预应放张方法和放张顺序。
5. 后张法孔道留设有几种方法？各适用于什么情况？
6. 预应力筋张拉后为何要进行孔道灌浆？对水泥浆有何要求？应如何进行？
7. 预应力筋张拉和钢筋冷拉有何区别？
8. 有粘结预应力与无粘结预应力施工工艺有何区别？

---

**资料小卡片**

预应力混凝土结构具有节省材料、自重轻、抗疲劳和强度高等特点，常用于大跨度混凝土工程。由于过去建筑设计规模有限，无法充分发挥其结构优势，加之工艺复杂没能被广泛应用。随着材料生产和张拉机具技术水平提高，以及结构设计跨度增加；另外，为预应力混凝土配套的钢筋锚具、夹具、连接器、后张法孔道成型材料和孔道灌浆材料的多样化促进了工程应用。目前桥梁跨度可达一百米以上。在城市高架、公路铁路桥梁、大跨度大型屋面板、工业厂房屋架等得到广泛应用。从预应力混凝土工程发展历程证明，经济和社会发展会影响技术工程应用，技术工程应用也会促进经济和社会发展。

# 模块 8 结构安装工程

## 8.1 索具与起重机械

### 8.1.1 索具设备

1.钢丝绳

钢丝绳是吊装作业中最常用的绳索,它具有强度高、韧性好、耐磨性好、能承受冲击荷载等优点。同时,磨损后表面产生毛刺,容易发现,易于检查,便于防止发生事故。

(1)钢丝绳的构造与种类

钢丝绳由直径相同的光面钢丝捻成钢丝股,再由六股钢丝股围绕一股绳芯捻成。按钢丝和钢丝股的搓捻方向不同,钢丝绳可分为以下种类:

①顺捻绳(又称为同向绕) 每股钢丝的搓捻方向与钢丝股的搓捻方向相同。这种钢丝绳柔性好,表面平整,不易磨损;它与滑轮或卷筒凹槽的接触面较大,但容易松散和产生扭结卷曲,吊重时,易使重物旋转,故吊装中一般不用,多用于拖拉或牵引装置。

②反捻绳(又称为交叉绕) 每股钢丝的搓捻方向与钢丝股的搓捻方向相反。这种钢丝绳较硬,强度高,不易松散,吊重时不易扭结和旋转,多用于吊装之中。

钢丝绳按每股中钢丝根数不同可分为以下几种:

①6×19+1 即每股 19 根钢丝,每根 6 股钢丝加 1 股麻芯。钢丝较粗,硬而耐磨,但不易弯曲,一般用于缆风绳。

②6×37+1 即每股 37 根钢丝,每根 6 股钢丝加 1 股麻芯。比较柔软,用于穿滑轮组和吊索。

③6×61+1 即每股 61 根钢丝,每根 6 股钢丝加 1 股麻芯。质地软,用于重型起重机械。

在吊装中 6×19+1 和 6×37+1 是最常用的两种。6×37+1 钢丝绳的技术性能见表 8-1。

表 8-1　　　　　　　　　　　　　6×37＋1 钢丝绳的技术性能

| 直径/mm | | 钢丝总断面面积/mm² | 参考质量/[kg·(100 m)⁻¹] | 钢丝绳公称抗拉强度/(N·mm⁻²) | | | | |
|---|---|---|---|---|---|---|---|---|
| 钢丝绳 | 钢丝 | | | 1 400 | 1 550 | 1 700 | 1 850 | 2 000 |
| | | | | 钢丝破断拉力总和最小值/kN | | | | |
| 8.7 | 0.4 | 27.88 | 26.21 | 39.0 | 43.2 | 47.3 | 51.5 | 55.7 |
| 11.0 | 0.5 | 43.57 | 40.95 | 60.9 | 67.5 | 74.0 | 80.6 | 87.1 |
| 13.0 | 0.6 | 62.74 | 58.97 | 87.8 | 97.2 | 106.5 | 116.0 | 125.0 |
| 15.0 | 0.7 | 85.39 | 80.27 | 119.5 | 132.0 | 145.0 | 157.5 | 170.5 |
| 17.5 | 0.8 | 111.53 | 104.84 | 156.0 | 172.5 | 189.5 | 206.0 | 223.0 |
| 19.5 | 0.9 | 141.16 | 132.69 | 197.5 | 213.5 | 239.5 | 261.0 | 282.0 |
| 21.5 | 1.0 | 174.27 | 163.81 | 243.5 | 270.0 | 296.0 | 322.0 | 348.5 |
| 24.0 | 1.1 | 210.87 | 198.21 | 295.0 | 326.5 | 358.5 | 390.0 | 421.5 |
| 26.0 | 1.2 | 250.95 | 235.89 | 351.0 | 388.5 | 426.5 | 464.0 | 510.5 |
| 28.0 | 1.3 | 294.52 | 276.84 | 412.0 | 456.5 | 500.5 | 544.5 | 589.0 |
| 30.0 | 1.4 | 341.57 | 321.07 | 478.0 | 529.0 | 580.5 | 631.5 | 683.0 |
| 32.5 | 1.5 | 392.11 | 368.58 | 548.5 | 607.5 | 666.5 | 725.0 | 784.0 |
| 34.5 | 1.6 | 446.13 | 419.36 | 624.5 | 691.5 | 758.0 | 825.0 | 892.0 |
| 36.5 | 1.7 | 503.64 | 473.42 | 705.0 | 780.5 | 856.0 | 931.5 | 1 005.0 |
| 39.0 | 1.8 | 564.63 | 530.75 | 790.0 | 875.0 | 959.5 | 1 040.0 | 1 125.0 |
| 43.0 | 2.0 | 697.08 | 655.25 | 975.5 | 1 080.0 | 1 185.0 | 1 285.0 | 1 390.0 |
| 47.5 | 2.2 | 843.47 | 792.85 | 1 180.0 | 1 305.0 | 1 430.0 | 1 560.0 | |
| 52.0 | 2.4 | 1 003.80 | 943.56 | 1 405.0 | 1 555.0 | 1 705.0 | 1 855.0 | |
| 56.0 | 2.6 | 1 178.07 | 1 107.37 | 1 645.0 | 1 825.0 | 2 000.0 | 2 175.0 | |
| 60.5 | 2.8 | 1 366.28 | 1 284.29 | 1 910.0 | 2 115.0 | 2 320.0 | 2 525.0 | |
| 65.0 | 3.0 | 1 568.43 | 1 474.31 | 2 195.0 | 2 430.0 | 2 665.0 | 2 900.0 | |

（2）钢丝绳允许拉力的计算

钢丝绳允许拉力按下列公式计算

$$[F_g] = \frac{\alpha F_g}{K} \tag{8-1}$$

式中　$[F_g]$——钢丝绳的允许拉力，kN，钢丝绳的破断拉力根据表 8-1 或其他相关资料选用；

$F_g$——钢丝绳的破断拉力总和，kN；

$\alpha$——换算系数，按表 8-2 取用；

$K$——钢丝绳安全系数，按表 8-3 取用。

表 8-2　　　　　　　　　　　钢丝绳破断拉力换算系数

| 钢丝绳的结构 | 换算系数 |
|---|---|
| 6×19＋1 | 0.85 |
| 6×37＋1 | 0.82 |
| 6×61＋1 | 0.80 |

表 8-3　　　　　　　　　　钢丝绳安全系数

| 用　途 | 安全系数 | 用　途 | 安全系数 |
|---|---|---|---|
| 做缆风绳 | 3.5 | 做吊索、无弯曲时 | 6~7 |
| 用于手动起重设备 | 4.5 | 做捆绑吊索 | 8~10 |
| 用于机动起重设备 | 5~6 | 用于载人升降机 | 14 |

【例 8-1】 用一根直径为 26 mm、公称抗拉强度为 1 700 N/mm² 的 6×37+1 钢丝绳做捆绑吊索，求它的允许拉力。

**解** 从表 8-1 查得 $F_g$=426.5 kN，从表 8-3 查得 $K$=8，从表 8-2 查得 $\alpha$=0.82。
允许拉力为

$$[F_g]=\frac{0.82\times 426.5}{8}=43.72 \text{ kN}$$

(3) 钢丝绳的安全检查与报废标准

钢丝绳使用一段时间后，会产生不同程度的磨损、断丝和腐蚀等现象，将会降低其承载能力。经检查有下列情况之一者，应予以报废：钢丝绳整股破断；使用时断丝数目增加很快；钢丝绳在一个节距内断丝、锈蚀或磨损数量超过一定数值等。

(4) 钢丝绳使用注意事项

钢丝绳穿过滑轮时，滑轮槽的直径应比钢丝绳的直径大 1~2.5 mm。滑轮的直径不得小于钢丝绳直径的 10~12 倍，以减小钢丝绳的弯曲应力；应定期对钢丝绳加润滑油（一般为 4 个月工作时间/次）；存放在仓库里的钢丝绳应成卷排列，避免重叠堆置，库中应保持干燥，以防钢丝绳锈蚀；在使用中，若绳股间有大量的润滑油挤出，表明钢丝绳的荷载已相当大，这时必须检查，以防发生事故。

2. 吊装工具

吊装工具是结构安装工程中不可缺少的用于绑扎、固定、吊升的工具。吊装工具包括卡环、吊索、横吊梁、连接辅件、滑轮及滑轮组、倒链、卷扬机等。

(1) 卡环（卸甲、卸扣）

卡环（又称卸甲或卸扣）用于吊索和吊索之间或吊索和构件吊环之间的连接，由弯环和销子两部分组成，如图 8-1 所示。

(a) 螺栓式卡环(D形)　　(b) 椭圆销活络式卡环(D形)　　(c) 螺栓式弓形卡环

图 8-1　卡环

卡环按弯环形式分为 D 形卡环和弓形卡环两种；按销子和弯环连接形式不同可分为螺栓式卡环和活络式卡环。螺栓式卡环的销子和弯钩采用螺纹连接，而活络式卡环的销子端头和弯环孔眼无螺纹，可直接抽出，销子的截面有圆形和椭圆形。

### (2) 吊索

吊索(图 8-2)也称千斤绳、绳套,根据形式不同分为环状吊索(又称万能吊索或闭式吊索)和开式吊索。开式吊索又可分为 8 股吊索和轻便吊索。

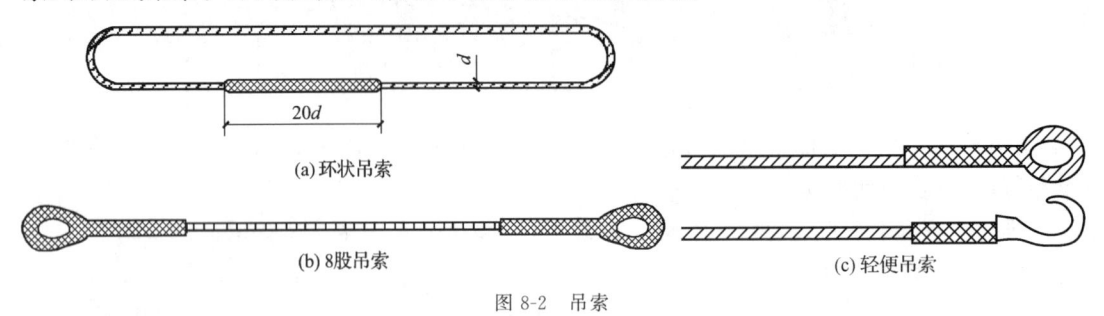

(a) 环状吊索

(b) 8 股吊索

(c) 轻便吊索

图 8-2　吊索

### (3) 横吊梁(铁扁担、平衡梁)

为了减小起吊时吊索对构件的轴向压力和起吊高度,可采用横吊梁。常用的横吊梁有滑轮横吊梁、钢板横吊梁(图 8-3)、钢管横吊梁(图 8-4)等。

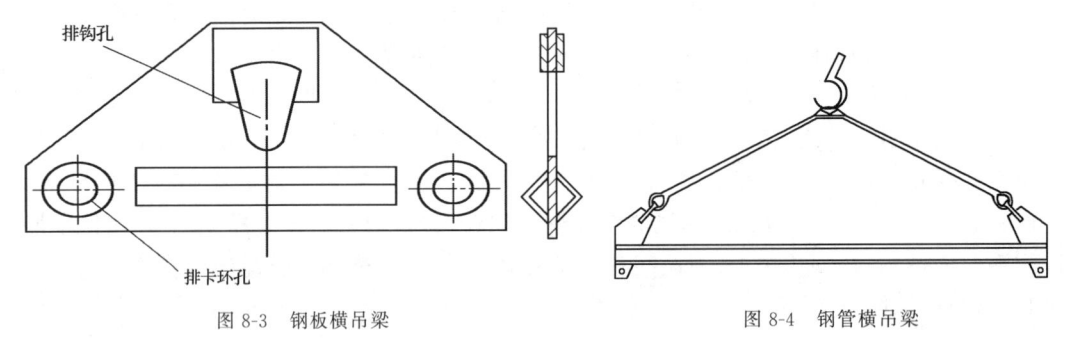

图 8-3　钢板横吊梁

图 8-4　钢管横吊梁

### (4) 连接辅件

连接辅件主要包括钢丝绳夹和钢丝绳卡扣,主要用来固定或连接钢丝绳端。钢丝绳夹的构造尺寸按《钢丝绳夹》(GB/T 5976—2006)执行。钢丝绳连接辅件如图 8-5 所示,图 8-5(a)中,定期检查观察口,如发现有缩小迹象,证明钢丝绳在滑动,需紧固钢丝绳夹,避免钢丝绳滑落造成安全事故。

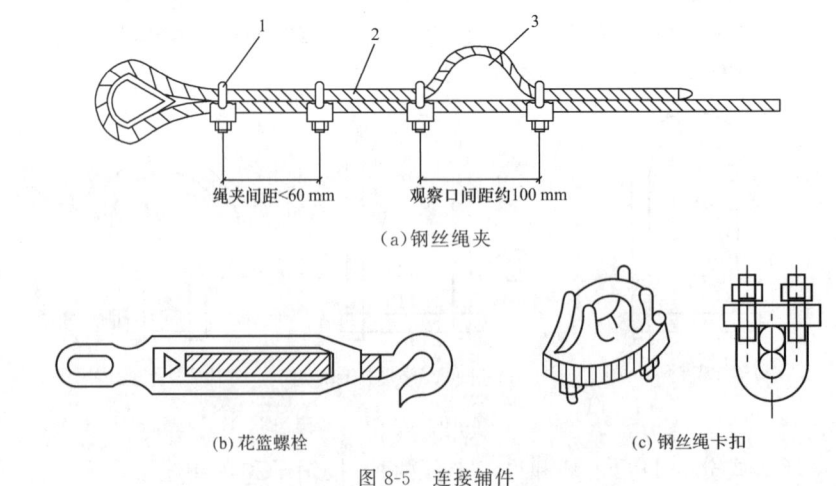

(a) 钢丝绳夹

(b) 花篮螺栓

(c) 钢丝绳卡扣

图 8-5　连接辅件

1—钢丝绳夹;2—钢丝绳;3—观察口

其中,钢丝绳夹应把夹座扣在钢丝绳的工作段上,U 形螺栓扣在钢丝绳的尾段(非工作段)上,钢丝绳夹不得在钢丝绳上交替布置;每一连接处钢丝绳夹的使用数量和间距见表 8-4;固定处的强度不小于钢丝绳自身强度的 80%,钢丝绳夹在实际使用中经过受载一两次后螺母要进一步拧紧;为方便检查接头,可在最后一个夹头后约 500 mm 处再安一个夹头,并将绳头放出一个安全弯。

表 8-4 钢丝绳夹的使用数量和间距

| 绳夹公称尺寸/mm（钢丝绳公称直径 $d$） | 使用数量/组 | 间 距 |
| --- | --- | --- |
| ≤18 | 3 | |
| 19～27 | 4 | |
| 28～37 | 5 | 6～8 倍钢丝绳直径 |
| 38～44 | 6 | |
| 45～60 | 7 | |

(5)滑轮、滑轮组

滑轮又名葫芦,可以省力,也可以改变力的方向。滑轮按其数量不同,可分为单门、双门和多门滑轮等;按使用方式不同,可分为定滑轮和动滑轮两种。

定滑轮可改变力的方向,但不能省力;动滑轮可以省力,但不能改变力的方向。滑轮的允许荷载根据滑轮轴的直径确定,使用时不能超载。

滑轮组是由一定数量的定滑轮和动滑轮及绕过的绳索组成的,它既可以改变力的方向,又可以达到省力的目的。

### 8.1.2 桅杆式起重机

桅杆式起重机又称为把杆,其特点是制作简便,装拆方便,不受场地限制,起重量及起升高度都较大。桅杆一般用木材或钢材制作,但桅杆式起重机需要设有多根缆风绳固定,移动较困难,灵活性差。因此一般多用于安装工程量集中、构件重量大、场地狭小的吊装作业。

1.独脚拔杆起重机

独脚拔杆起重机由拔杆、起重滑轮组、卷扬机、缆风绳和锚锭组成,如图 8-6 所示。起重时拔杆应保持一定的倾角(倾角 $\beta$ 不宜大于 10°),以免吊装构件时碰到拔杆。拔杆的稳定主要依靠缆风绳,其数量一般为 6～12 根,根据构件重量、起升高度及缆风绳所用钢丝绳强度而定,但不能少于 4 根,缆风绳与地面的夹角取 30°～50°为宜,角度过大会对拔杆产生较大的压力。

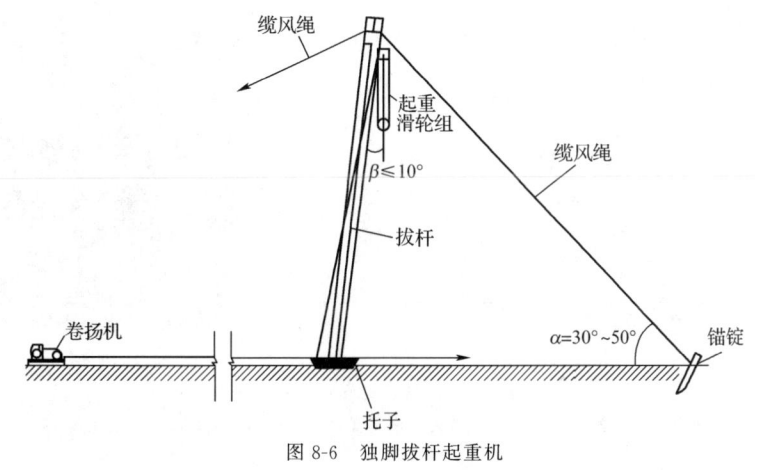

图 8-6 独脚拔杆起重机

### 2. 人字拔杆起重机

人字拔杆起重机一般由两根圆木或两根钢管用钢丝绳绑扎或铁件铰接而成,如图 8-7 所示。钢丝绳绑扎的人字拔杆上部两杆的绑扎点,离杆顶至少 600 mm,并用 8 号钢丝线捆扎,起重滑轮组和缆风绳均应固定在交叉点处,两杆夹角一般为 30°。

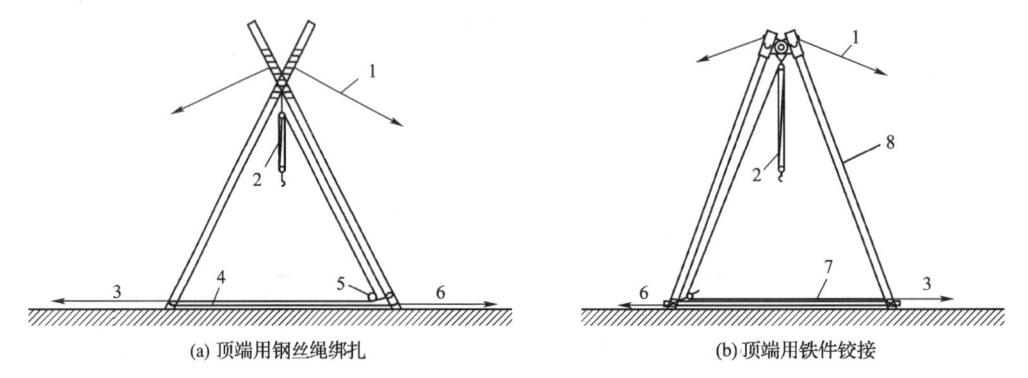

(a) 顶端用钢丝绳绑扎　　(b) 顶端用铁件铰接

图 8-7 人字拔杆起重机
1—缆风绳;2—起重滑轮组;3—连向卷扬机;4—拉绳;5—导向滑轮;6—连向锚锭;7—拉杆;8—桅杆

### 3. 悬臂拔杆起重机

悬臂拔杆起重机是在独脚拔杆的中部或 2/3 高度处安装一根起重臂而成的,如图 8-8 所示。其起重臂可以回转和起伏,可以固定在某一部位,也可以根据需要上下升降。它的特点是起重高度和工作幅度都较大,起重臂左右摆动角度也很大,使用方便;缺点是起重量较小,多用于轻型构件的吊装。

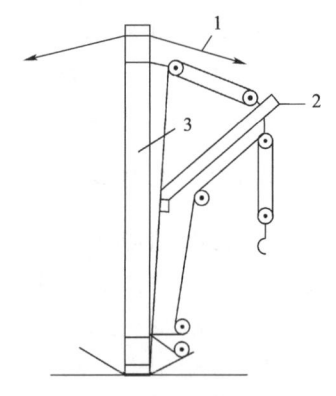

### 4. 牵缆式桅杆起重机

牵缆式桅杆起重机是在独脚拔杆起重机根部装上一根可回转和起伏的起重臂而成的,如图 8-9 所示。起重机机身可回转 360°,在工作幅度范围内能把构件吊到任何位置。牵缆式桅杆起重机需要设较多的缆风绳,以加强自身的稳定。比较适用于构件多且集中的结构安装工程。

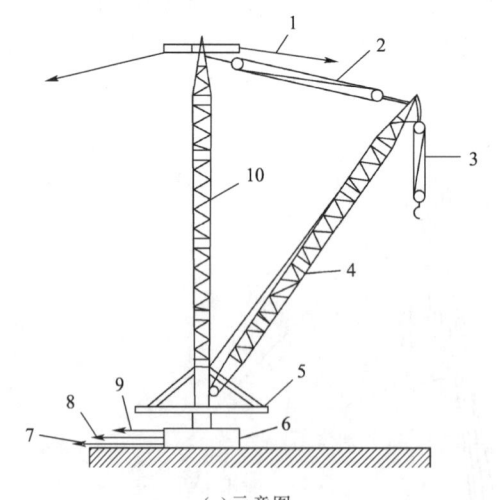

图 8-8 悬臂拔杆起重机
1—缆风绳;2—起重臂;3—桅杆

(a) 示意图　　(b) 实物图

图 8-9 牵缆式桅杆起重机
1—缆风绳;2—变幅滑轮组;3—起重滑轮组;4—起重臂;5—回转盘;6—底座;7—回转索;8—起重索;9—变幅索;10—桅杆

### 8.1.3 自行式起重机

结构安装工程中主要的自行式起重机有履带式起重机、汽车式起重机和轮胎式起重机等。

1. 履带式起重机

(1) 构造及分类

履带式起重机在行走的履带底盘上装有起重装置,它由动力装置、传动机构、回转机构、行走机构、操作系统以及工作机构(起重臂、起重滑轮组、卷扬机)等组成,如图 8-10 所示。履带式起重机稳定性差,行驶速度慢,且易损坏路面,转移时多用平板拖车装运。

(a)示意图　　(b)实物图

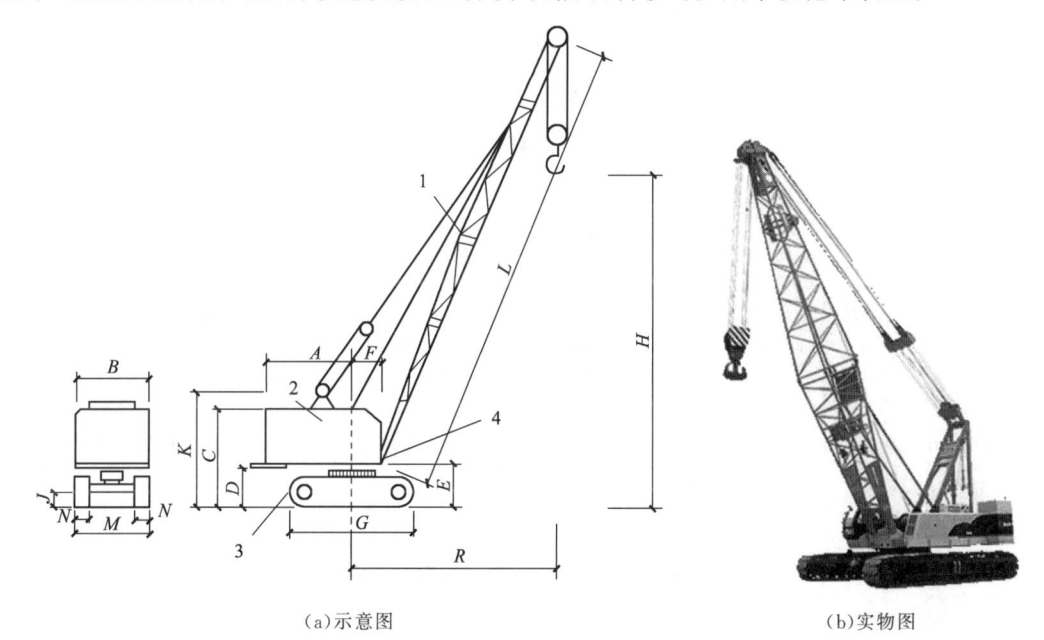

图 8-10　履带式起重机

1—起重臂;2—机身;3—行走机构;4—回转机构

(2) 常用型号及性能

目前在结构安装工程中常用的履带式起重机主要是国产的 $W_1$-50、$W_1$-100 和 $W_1$-200 等型号。履带式起重机的外形尺寸见表 8-5。

表 8-5　　　　　　　　履带式起重机的外形尺寸　　　　　　　　mm

| 符号 | 名　称 | 型　号 |||
|---|---|---|---|---|
| | | $W_1$-50 | $W_1$-100 | $W_1$-200 |
| A | 机身尾部至回转中心距离 | 2 900 | 3 300 | 4 500 |
| B | 机身宽度 | 2 700 | 3 120 | 3 200 |
| C | 机身顶部距地面高度 | 3 220 | 3 675 | 4 125 |
| D | 机身底部距地面高度 | 1 000 | 1 045 | 1 190 |
| E | 起重臂下铰点中心距地面高度 | 1 555 | 1 700 | 2 100 |

续表

| 符号 | 名 称 | 型 号 |||
|---|---|---|---|---|
| | | W$_1$-50 | W$_1$-100 | W$_1$-200 |
| F | 起重臂下铰点中心距回转中心距离 | 1 000 | 1 300 | 1 600 |
| G | 履带长度 | 3 420 | 4 005 | 4 950 |
| M | 履带架宽度 | 2 850 | 3 200 | 4 050 |
| N | 履带板宽度 | 550 | 675 | 800 |
| J | 行走底架距地面高度 | 300 | 275 | 390 |
| K | 机身上部支架距地面高度 | 3 480 | 4 170 | 6 300 |

履带式起重机的性能见表 8-6。

表 8-6　　　　　　　　　　履带式起重机的性能

| 参　数 || 单位 | 型　号 ||||||||
|---|---|---|---|---|---|---|---|---|---|---|
| || | W$_1$-50 ||| W$_1$-100 |||| W$_1$-200 |||
| 起重臂长度 || m | 10 | 18 | 18 有鸟嘴 | 13 | 23 | 27 | 30 | 15 | 30 | 40 |
| 最大工作幅度 || m | 10.0 | 17.0 | 10.0 | 12.5 | 17.0 | 15.5 | 22.5 | 15.5 | 22.5 | 30.0 |
| 最小工作幅度 || m | 3.7 | 4.5 | 6.0 | 4.23 | 6.5 | 4.5 | 8.0 | 4.5 | 8.0 | 10.0 |
| 起重量 | 最小起重半径时 | t | 10.0 | 7.5 | 2.0 | 15.0 | 8.0 | 50.0 | 20.0 | 50.0 | 20.0 | 8.0 |
| | 最大起重半径时 | t | 2.6 | 1.0 | 1.0 | 3.5 | 1.7 | 8.2 | 4.3 | 8.2 | 4.3 | 1.5 |
| 起升高度 | 最小起重半径时 | m | 9.2 | 17.2 | 17.2 | 11.0 | 19.0 | 12.0 | 26.8 | 12.0 | 26.8 | 36.0 |
| | 最大起重半径时 | m | 3.7 | 7.6 | 14.0 | 5.8 | 16.0 | 3.0 | 19.0 | 3.0 | 19.0 | 25.0 |

起重机的起重量($Q$)、起升高度($H$)、工作幅度($R$)这三个参数之间存在着相互制约的关系,起重臂长度($L$)与其仰角($\alpha$)有关。每一种型号的起重机都有几种起重臂长度($L$)。当起重臂长度($L$)一定时,随起重臂仰角($\alpha$)的增大,起重量($Q$)增大,工作幅度($R$)减小,起升高度($H$)增大。当起重臂仰角($\alpha$)一定时,随着起重臂长度($L$)的增加,起重量($Q$)减小,工作幅度($R$)增大,起升高度($H$)增大。其数值的变化取决于起重臂仰角的大小和起重臂长度。W$_1$-50 和 W$_1$-100 履带起重机的工作曲线如图 8-11 和图 8-12 所示。

(3)稳定性验算

当使用履带式起重机超负载吊装或接长起重臂时,必须对起重机进行稳定性验算,以保证在吊装中不至于发生倾覆事故。根据验算结果采取增加配重等措施后,才能进行吊装。

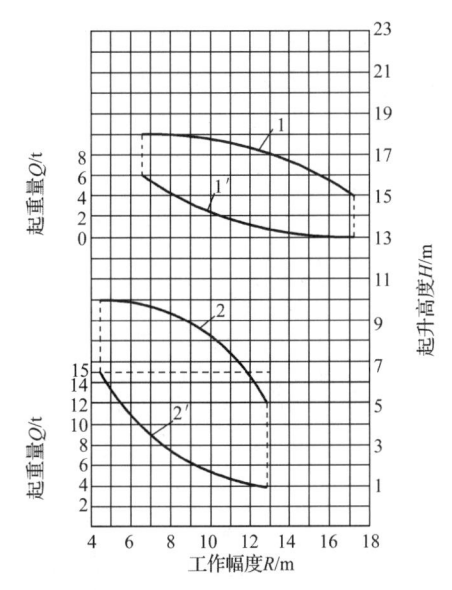

图 8-11 W$_1$-50 履带起重机的工作曲线

1—L＝18 m 有鸟嘴时的 R-H 曲线；
1′—L＝18 m 有鸟嘴时的 Q-R 的曲线；
2—L＝18 m 时的 R-H 曲线；
2′—L＝18 m 时的 Q-R 曲线

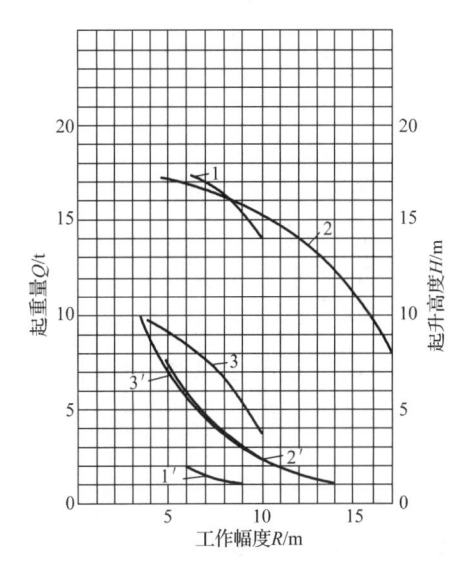

图 8-12 W$_1$-100 履带起重机工作曲线图

1—L＝23 m 时的 R-H 曲线；1′—L＝23 m 时的 Q-R 曲线；
2—L＝13 m 时的 R-H 曲线；2′—L＝13 m 时的 Q-R 曲线；
3—L＝10 m 时的 R-H 曲线；3′—L＝10 m 时的 Q-R 曲线

履带式起重机稳定性应是起重机处以最不利的情况，即车身旋转 90°起吊重物时，进行验算，如图 8-13 所示。因此

$$K_2 = \frac{稳定力矩}{倾覆力矩} \geqslant 1.4 \tag{8-2}$$

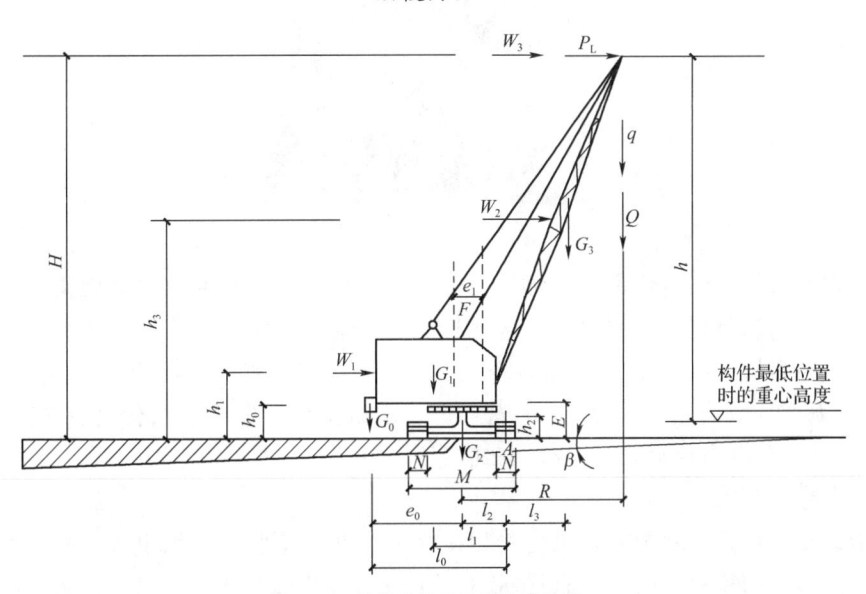

图 8-13 履带式起重机稳定性验算

对 A 点取力矩可得

$$K_2 = \frac{G_1 l_1 + G_2 l_2 + G_0 l_0 - G_3 l_3}{(Q+q)(R-l_2)} \geqslant 1.4 \tag{8-3}$$

式中 $G_0$——平衡重所受的重力；

$G_1$——起重机机身可转动部分所受重力（地面倾斜的影响忽略不计，下同）；

$G_2$——起重机机身不转动部分所受重力；

$G_3$——起重臂所受重力；

$Q$——吊装荷载（包括构件和索具）；

$q$——起重滑轮组所受重力；

$l_0$——$G_0$ 重心至 $A$ 点的距离；

$l_1$——$G_1$ 重心至 $A$ 点的距离；

$l_2$——$G_2$ 重心至 $A$ 点的距离；

$l_3$——$G_3$ 重心至 $A$ 点的距离；

$R$——起重机的工作幅度。

(4) 接长验算

当起重机高度或工作幅度不足时，在起重机本身强度和稳定性能够保证的条件下，可将起重臂接长。计算应根据力矩相等原则进行验算，并采取相应措施，如在起重臂顶端设置揽风绳。

2.汽车式起重机

汽车式起重机是装在通用或专用载重汽车底盘上的一种自行式起重机，其行驶驾驶室与起重操纵室是分开的。车身可回转 360°，构造与履带式起重机基本相同，如图 8-14 所示。其特点是机动灵活，行驶速度快，能快速转移到新的施工现场并迅速投入工作，对路面破坏性小，对路面的要求也不高。特别适合于中小型单层工业厂房结构吊装。

图 8-14 汽车式起重机

汽车式起重机吊装时稳定性差，因此它设有可伸缩的支腿，起重时支腿落地，以增加机身的稳定性，并起到保护轮胎的作用，这种起重机不能负重行驶。

汽车式起重机按起重量大小分为轻型、中型和重型三种。起重量在 20 t 以内的为轻型，起重量为 20~50 t 的为中型，起重量为 50 t 及以上的为重型。按传动装置形式不同可分为机械传动式、电力传动式、液压传动式三种。

3.轮胎式起重机

轮胎式起重机是一种把起重机构安装在专用加重型轮胎和轮轴组成的特制底盘上，属于一种全回转式起重机，其构造与履带式起重机基本相同，但其横向尺寸较大，故横向稳定性好，并能在允许载荷下负荷行走。为了保证吊装作业时机身的稳定性，起重机设有四个可伸缩支腿，如图 8-15 所示。轮胎式起重机与汽车式起重机有许多相似之处，主要差别是行驶速度慢，因此不宜长距离行驶，适用于作业地点相对固定而作业量较大的结构安装工程。

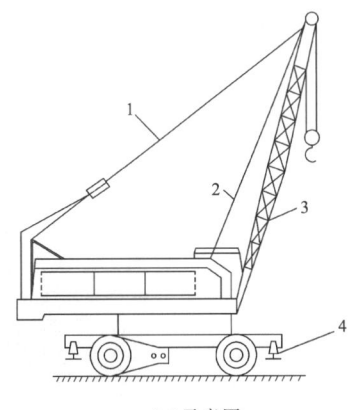

(a)示意图　　　　　　　　　(b)实务图

图 8-15　轮胎式起重机
1—起重臂；2—起重索；3—变幅索；4—支腿

### 8.1.4　塔式起重机

塔式起重机(简称塔吊)的起重臂安装在塔身上部，具有较大的起重高度和工作幅度，工作速度快，生产率高，广泛用于多层和高层的工业与民用建筑施工。

塔式起重机按照性能不同可分为轨道式、爬升式和附着式三种。

1.轨道式塔式起重机

轨道式塔式起重机是一种在轨道上行驶的塔式起重机，其中，有的只能在直线轨道上行驶，有的可沿 L 形或 U 形轨道行驶。作业范围是以两倍工作幅度为宽度，以行走线为长度的矩形，并可负荷行驶。如图 8-16 所示为轨道式塔式起重机。

2.爬升式塔式起重机

爬升式塔式起重机也是塔式起重机的一种，它由底座、套架、塔身、塔顶、行车式起重臂、平衡臂等部分组成，安装在高层装配式结构的框架梁或电梯间结构上，每安装 1～2 层楼的构件，便靠一套爬升设备使塔身沿建筑物向上爬升一次。爬升式塔式起重机如图 8-17 所示。

图 8-16　轨道式塔式起重机　　　　图 8-17　爬升式塔式起重机

3.附着式塔式起重机

附着式塔式起重机是固定在建筑物附近钢筋混凝土基础上的塔式起重机，如图 8-18 所示。随着建筑物的升高，利用液压自升系统逐步将塔顶顶升、塔身接高。为保证塔身稳定，每隔一定高度将塔身与建筑物用锚固装置水平连接起来，使起重机依附在建筑物上。锚固装置由套装在塔身上的锚固环、附着杆和固定在建筑结构上的锚固支座构成。第一道锚固装置设于塔身高度 30~50 m 处,自第一道向上每隔 20 m 左右设置一道,一般锚固装置设 3~4 道。这种塔式起重机适用于高层建筑施工。附着式塔式起重机顶升接高过程如图 8-19 所示。

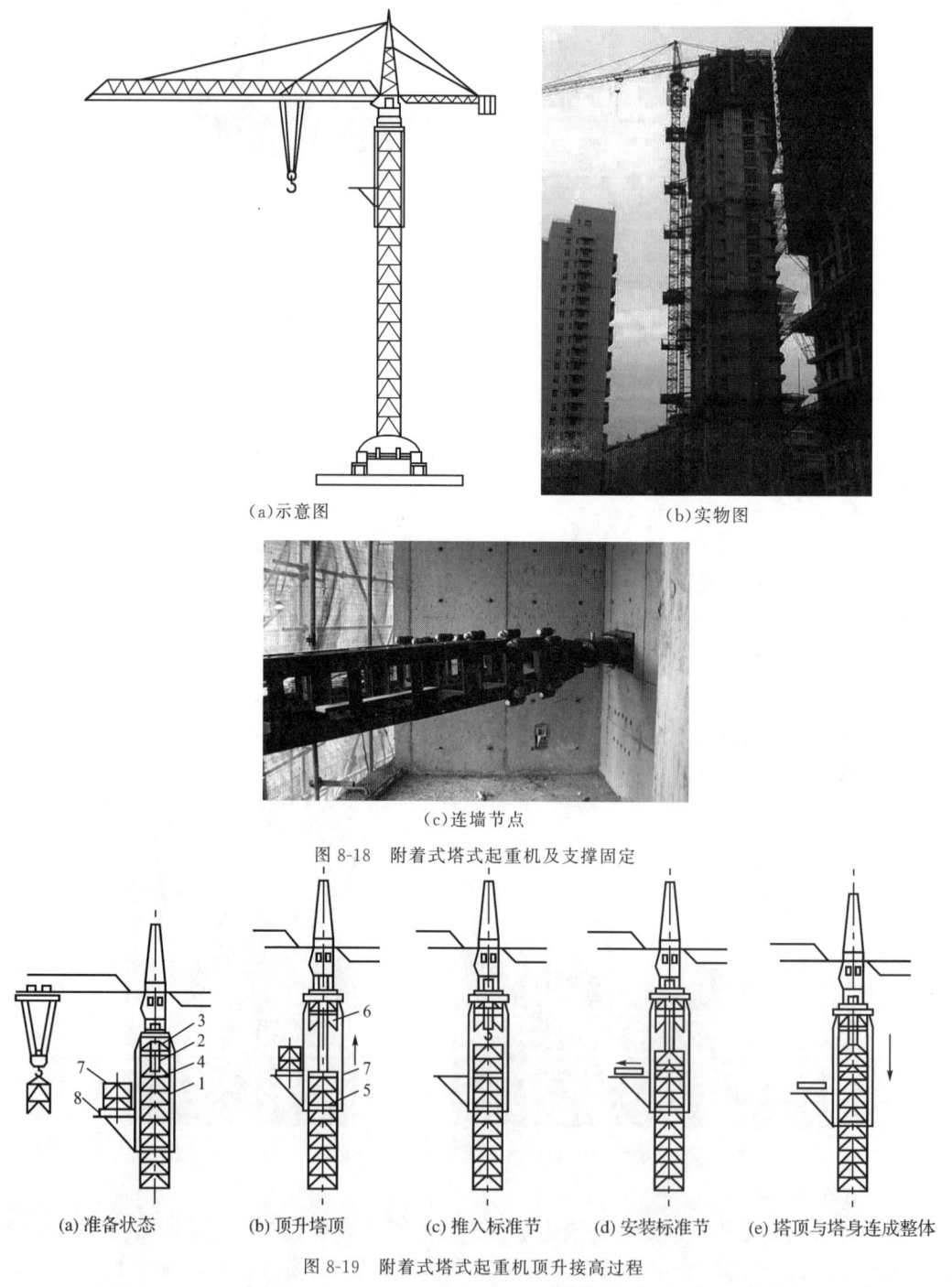

(a)示意图　(b)实物图

(c)连墙节点

图 8-18　附着式塔式起重机及支撑固定

(a) 准备状态　(b) 顶升塔顶　(c) 推入标准节　(d) 安装标准节　(e) 塔顶与塔身连成整体

图 8-19　附着式塔式起重机顶升接高过程

1—顶升套架;2—液压千斤顶;3—支撑座;4—顶升横梁;5—定位销;6—过渡节;7—标准节;8—摆渡小车

## 8.2 钢筋混凝土单层工业厂房构件吊装工艺

钢筋混凝土单层工业厂房除基础在施工现场就地浇筑外,其他构件均为预制构件,对于重量大、不便运输的构件在现场制作,而对于中小型构件在预制厂制作生产。在现场制作的构件主要有柱、屋架等,而吊车梁、连系梁、屋面结构(屋面板、天窗架、天沟板)、基础梁等都集中在预制厂制作,运到施工现场安装。

### 8.2.1 准备工作

结构安装工程的准备工作在施工中占有相当重要的地位,它不仅影响到施工进度与安装质量,而且对文明施工、组织施工等有节奏和连续地进行,均具有相当大的作用。

构件安装前的准备工作包括场地清理、修筑临时道路、基础的准备、构件的运输与堆放、构件的检查与清理、构件的弹线与编号及其他机具的准备等。

1. 场地清理与修筑临时道路

起重机进场前,根据现场施工平面布置图,在场地上标出起重机开行路线,进行平整与清理,修筑好临时道路,并进行平整压实。对于回填土或软土地基,用碎石夯实或用枕木铺垫。对整个场地挖设排水沟,做好场地排水准备,以利于雨期施工。

2. 基础的准备

装配式钢筋混凝土结构的柱基础一般为杯形基础。在浇筑杯形基础时,应保证定位轴线及杯口尺寸准确。

基础准备的主要工作有抄平和弹线。杯底标高抄平是对杯底标高进行一次检查和调整,以保证柱子吊装后各柱顶面标高一致。抄平后用高等级水泥砂浆或C20细石混凝土找平至设计标高。弹线是在基础杯口顶面弹出建筑物的纵、横定位轴线和柱的吊装准线,杯口顶面的轴线与柱的吊装准线相对应,以此作为对柱的对位、校正依据。

3. 构件的运输与堆放

钢筋混凝土单层工业厂房预制构件主要有柱、吊车梁、连系梁、屋架、天窗架、屋面板等。目前,自重在50 kN以下者,一般可在预制厂生产制作,一些尺寸及重量大、运输不便的构件,如柱、屋架可在现场制作。

(1)构件的运输

不仅要提高运输效率,而且要注意构件在运输过程中不至于损坏及变形,还要为吊装作业创造有利条件。长度在6 m以内的构件一般用汽车运输;较长者用拖车运输,并两点或三点支撑运输。屋架一般跨度大、厚度小、重量不大,侧向刚度差,易发生平面外变形,在运输车上应侧放,并采取稳定措施防止倾倒,或采用现场制作。

(2)构件的堆放

构件应堆放在坚实平整的地基上,位置尽可能布置在起重机工作幅度范围以内。构件应按工程名称、构件型号、吊装顺序分别堆放,并考虑构件吊装先后顺序和施工进度要求,以免出现先吊的构件被压,影响施工进度和出现二次搬运。

预制构件运输到现场后,大型构件如柱、屋架等应按施工组织设计构件平面布置图就位;小型构件如屋面板、连系梁等可在规定的适当位置堆放,垫木堆放在一条垂直线上,一般连系梁可叠放2~3层,屋面板可叠放6~8层。场地狭小时,小构件也可采用随运随吊的方法。

4.构件的检查与清理

预制构件在生产和运输过程中,可能会出现尺寸误差和缺陷,以及损伤、变形、裂纹等问题。因此,对构件必须进行检查与清理,以保证吊装质量。其检查内容包括:

(1)强度检查

检查构件混凝土强度是否达到吊装的强度要求。构件在吊装时,必须保证普通混凝土构件强度至少达到设计强度的70%;跨度较大的梁和屋架混凝土强度达到设计强度的100%;预应力混凝土构件中孔道灌浆的水泥浆强度不能低于15 MPa。

(2)构件的外形尺寸、接头钢筋、埋件检查

柱应检查总长度、柱底面平整度、截面尺寸、各部位预埋件位置与尺寸、柱底到牛腿面的长度等,详细记录检查结果。

①屋架应检查总长度、侧向弯曲、连接构件的预埋铁件数量与位置。

②吊车梁应检查总长度、高度、侧向弯曲、各预埋铁件数量与位置等。

③检查吊环的位置是否正确,吊环有无变形和损伤,吊环的孔洞能否穿过钢丝索和卡环。

(3)构件表面检查

主要检查构件表面有无损伤、缺陷、变形及裂纹。另外,还应检查预埋铁件上是否有被水泥浆覆盖的现象或有污物,如发现应及时清除,以免影响构件拼装(焊接等)和拼装质量。

(4)按设计要求核对

检查装配式钢筋混凝土构件的型号、规格与数量是否满足设计要求。

5.构件的弹线与编号

构件在吊装之前要在构件表面弹出吊装准线,作为构件对位、校正的依据。对于形状复杂的构件还要标出重心及绑扎点位置。构件弹线一般在施工现场进行,主要包括柱、屋架、梁及屋面构件。

(1)柱

在柱身的三个面上弹吊装准线。对于矩形截面柱,可按几何中线弹吊装准线;对于工字形截面柱,为便于观测及避免视差,应在靠柱边翼缘上弹一条与中心线平行的线,该线应与基础杯口面上的定位轴线相吻合。另外,在柱顶要弹出截面中心线,在牛腿面上要弹出吊车梁吊装准线。

(2)屋架

在屋架上弦顶面应弹出几何中心线,并从跨度的中央向两端分别弹出天窗架、屋面板或檩条的吊装准线,在屋架的两个端头应弹出屋架纵横吊装准线。

(3)梁

在梁的两端及顶面应弹出几何中心线,作为梁的吊装准线。

6.其他机具的准备

结构吊装工程除大型起重机械外,还要准备钢丝绳、吊具、吊索、起重滑轮组等;还要配备电焊机、电焊条;为配合高空作业,应准备轻便竹梯或挂梯;为临时固定柱和调整构件标高,应准备各种规格木楔、铁楔或铁垫片。

## 8.2.2 柱的安装

单层工业厂房预制柱的类型很多,质量和长度不一。装配式钢筋混凝土柱的截面形式有矩形、工字形、管形、双肢形等,但吊装工艺相同。柱安装过程包括绑扎→吊升→对位、临时固定→校正→最后固定等工序。

**1. 绑扎**

柱的绑扎方法与柱的形状、几何尺寸、质量、配筋部位、吊装方法,以及所采用的吊具和起重机性能等有关。绑扎应牢固可靠,易绑易拆,自重在 13 t 以下的中、小型柱,大多绑扎一点;重型或配筋少而细长的柱,则需要绑扎两点,甚至三点。有牛腿的柱,一点绑扎的位置常选在牛腿以下,如柱上部较长,也可绑在牛腿以上。工字形截面柱的绑扎点应在矩形截面处(实心处);否则,应在绑扎的位置用方木加固翼缘。双肢柱的绑扎点应选在平腹杆处。为使在高空中脱钩方便,尽量采用活络式卡环。为避免起吊时吊索磨损构件表面,在吊索与构件之间用麻袋或木板铺垫。

柱在现场制作,一般是平卧(大面向上)浇筑,在支模、浇混凝土前,就要确定绑扎方法,在绑扎点埋吊环、留孔洞或底模悬空,以便绑扎钢丝绳。

柱常用的绑扎方法如下:

(1)斜吊绑扎法

当柱的宽面抗弯强度能满足吊装要求时,可采用斜吊绑扎法,如图 8-20 所示。柱吊起后呈倾斜状态,由于吊索歪在柱的一边,所以起重钩可低于柱顶,这样起重臂可以短些。另外,柱在现场是大面向上浇筑,直接把柱在平卧状态下,从底模上吊起,不需要翻身,也不用横吊梁。但这种绑扎方法,因柱身倾斜,故就位时对正底线比较困难。

(2)直吊绑扎法

当柱的宽面抗弯强度不能满足吊装要求时,应采用直吊绑扎法,如图 8-21 所示。即吊装前先将柱翻身,经绑扎后再进行起吊,这种绑扎法用吊索绑牢柱身,从柱宽面两侧分别扎住卡环,再与横吊梁相连,柱吊直后,横吊梁必须超过柱顶,柱身呈直立状态,所以需要较长的起重臂。

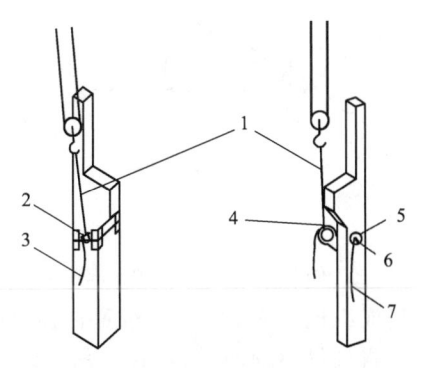

图 8-20 斜吊绑扎法
1—吊索;2—活络式卡环;3—活络式卡环销拉绳;
4—柱销;5—垫圈;6—插销;7—插销拉绳

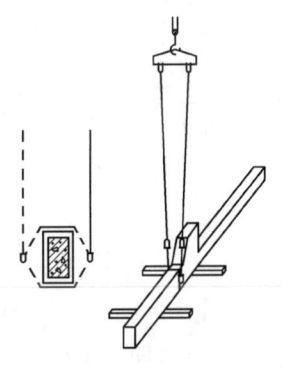

图 8-21 直吊绑扎法

### (3) 两点绑扎法

当柱身较长、一点绑扎抗弯强度不能满足时,可用两点绑扎法起吊,如图 8-22 所示。当确定柱绑扎点的位置时,应使两根吊索的合力作用线高于柱的重心,即下绑扎点至柱重心的距离小于上绑扎点至柱重心的距离。这样柱在起吊过程中,柱身可自行转为直立状态。

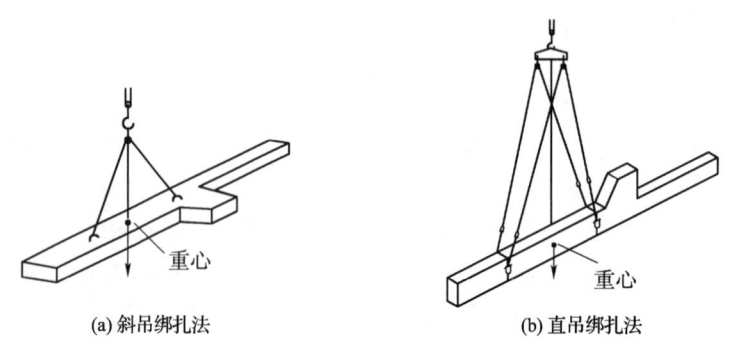

(a) 斜吊绑扎法　　　　　(b) 直吊绑扎法

图 8-22　两点绑扎法

### 2.吊升

柱的吊升方法应根据柱的质量、长度、起重机的性能和现场施工条件确定。重型柱有时采用两台起重机起吊。用单机吊装时,通常选用旋转法或滑行法。

#### (1) 旋转法

起重机边升钩、边回转起重臂,直到将柱转为直立状态,使柱绕柱脚旋转吊起插入杯口中。为了使起重机在吊升过程中保持一定的工作幅度,起重臂不起伏,在预制或堆放柱时,应使柱的绑扎点、柱脚中心线、杯口中心线三点共弧,并把柱脚布置在杯口附近,如图 8-23 所示。用旋转法吊升时,柱在吊装过程中所受震动较小,生产率较高,但对起重机的机动性要求较高,构件在现场布置要求也高,通常使用自行式起重机吊装柱时,宜采用旋转法。

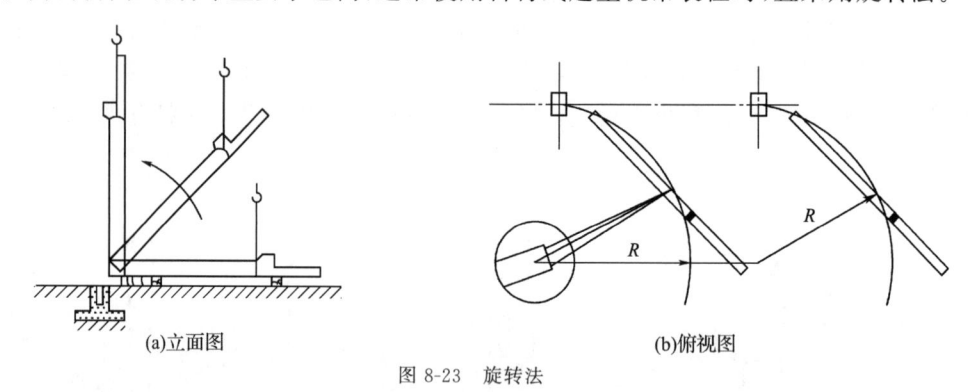

(a)立面图　　　　　(b)俯视图

图 8-23　旋转法

#### (2) 滑行法

柱在吊升时,起重机只升吊钩,起重臂不转动,使柱脚沿地面滑行逐渐成直立状态,然后插入杯口中,如图 8-24 所示。这样,柱靠杯基成纵向布置,绑扎点布置在杯口附近,并与杯口中心位于起重机同一工作幅度的圆上,以便将柱吊离地面后,稍转动吊杆即可就位。用滑行法吊装时,柱在滑行过程中会振动,对构件不利,因此宜在柱脚处采取保护措施减小柱脚与地面的摩擦。滑行法适用于柱较重、较长、现场狭窄、柱无法按旋转法布置的场合。但滑行法对起重机械的机动性要求较低,只需要起重钩上升,通常使用桅杆式起重机吊装柱时,宜采用滑行法。

(a)立面图　　　　　　　　　(b)俯视图

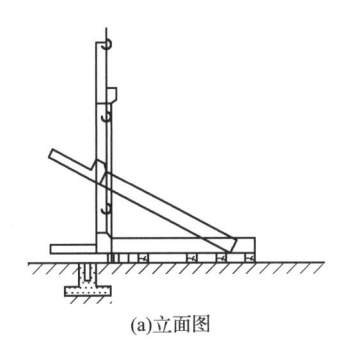

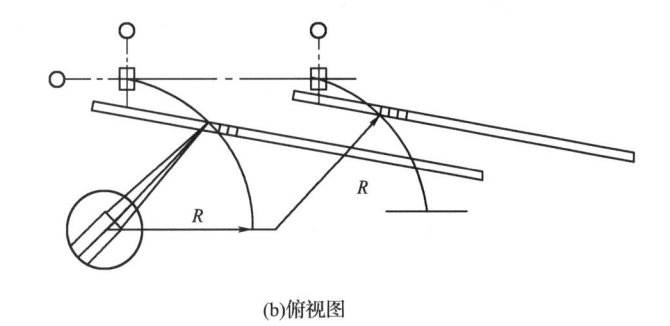

图 8-24　滑行法

### 3. 对位、临时固定

柱脚插入杯口后,需要停在离杯底 30~50 mm 处进行对位。对位方法是用八块楔块从柱的四边放入杯口,并用撬棍撬动柱脚,使柱的吊装准线对准杯口顶面上的吊装准线,并使柱基本保持垂直。对位后,略打紧楔块,放松吊钩,柱沉至杯底。经复查吊装准线对准情况,随即将四面的楔块打紧,将柱临时固定,起重机脱钩。当柱身与杯口间隙太大时,应选择较大规格的楔块,而不能用几个楔块叠合使用。

临时固定柱的楔块可用硬木或铸铁制作,铸铁楔块可重复使用,且易拔出。

当柱较高,或基础杯口深度与柱长之比小于 0.05,或柱具有较大的悬臂(或牛腿)时,仅靠柱脚处的楔块将不能保证柱临时固定的稳定,这时应采取增设缆风绳或加斜撑等措施来加强柱临时固定的稳定。

### 4. 校正

如果柱的吊装就位不够准确,就会影响到与柱相连接的吊车梁、屋架等构件后续吊装的准确性。柱的校正包括垂直度、平面位置和标高校正等工作。其中柱的标高校正在杯形基础抄平时就已完成。而柱的垂直度、平面位置校正则在柱对位时进行,具体方法如图 8-25 和图 8-26 所示。柱的垂直度偏差的检查方法是,用两架经纬仪从柱相邻的两边检查柱吊装准线的垂直度。

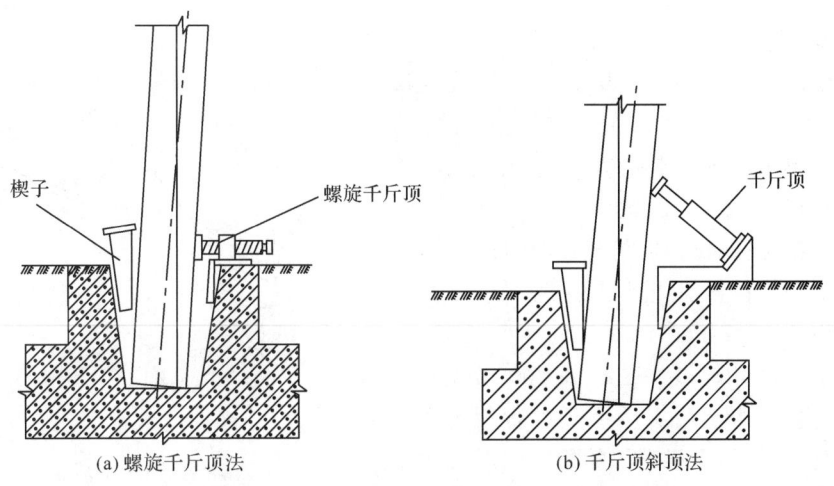

(a) 螺旋千斤顶法　　　　　(b) 千斤顶斜顶法

图 8-25　千斤顶校正法

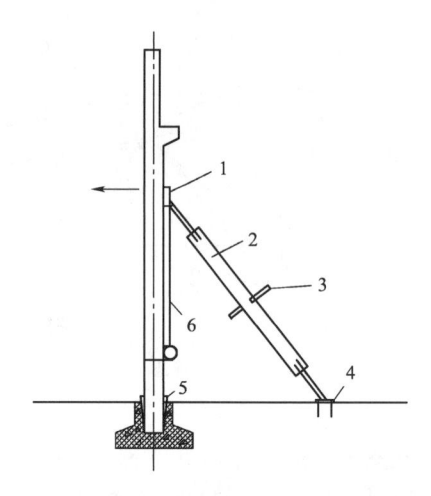

图 8-26 撑杆校正法
1—头部摩擦板；2—钢管；3—转动手柄；4—底板；5—楔块；6—钢丝绳

5. 最后固定

柱校正后，应立即进行最后固定，最后固定的方法是，在柱与杯口的空隙内浇筑细石混凝土，所用细石混凝土的强度等级应比构件混凝土强度等级提高一级。

在浇筑细石混凝土前，应将杯口空隙内杂质等清理干净，并用水湿润柱和杯口壁，然后浇筑细石混凝土。混凝土浇筑工作一般分两次进行。第一次浇筑混凝土至楔块底面，捣实混凝土时，不要碰到楔块，待混凝土强度达设计强度的 25% 后，拔出楔块。再进行一次柱的平面位置、垂直度的复查，无误后，进行二次浇筑混凝土至杯口的顶面。

### 8.2.3 吊车梁的吊装

吊车梁的类型通常有 T 形、鱼腹式和组合式等。当跨度为 12 m 时，亦可采用横吊梁吊升，一般为单机起吊，特重的也可用双机抬吊。

吊车梁安装过程包括：绑扎→吊升→对位、临时固定→校正→最后固定等工序。

1. 绑扎，吊升，对位，临时固定

吊车梁的吊装必须在基础杯口二次浇筑混凝土强度达到设计强度的 70% 以上后才能进行。吊车梁起吊后应基本保持水平，因此吊车梁绑扎时，两根吊索要等长，其绑扎点对称地设在梁的两端，吊钩应对准梁的重心，如图 8-27 所示。吊车梁两端设置溜绳以控制梁的转动，防止碰撞其他构件。

当吊车梁吊升超过牛腿标高 300 mm 左右时，即可停止升钩，然后缓缓下降进行就位。吊车梁就位时，应使吊车梁端部的中心线对准牛腿的安装准线；在对位过程中，纵轴方向上不宜用

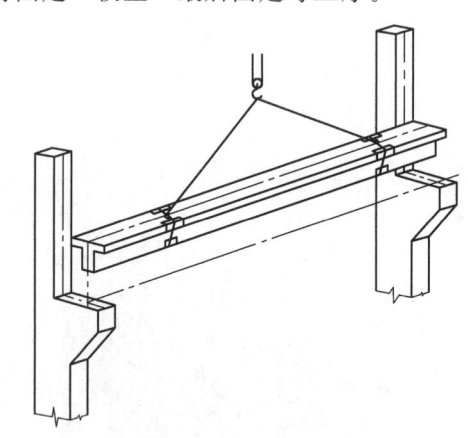

图 8-27 吊车梁的吊装

撬杠拨正吊车梁，因柱在纵轴线方向上的刚度较差，过度撬动会使柱发生弯曲而产生偏移。

若在横轴方向上未对准,应将吊车梁吊起,再重新对位。

吊车梁本身的稳定性较好,对位后一般仅用垫铁垫平即可,起重机即可松钩移走。当梁高与梁宽之比超过 4 时,可用铁丝将梁捆在柱上,以防倾倒。

2.校正

吊车梁的校正工作,要在一个车间或伸缩缝区段内全部结构安装完毕,并最后固定后进行,因为安装屋架、支撑构件时可能引起柱变位,影响吊车梁的准确位置。吊车梁校正主要包括平面位置校正、垂直度校正和标高校正等内容。

标高校正已经在杯形基础杯底抄平时完成,如果有微小偏差,可在铺轨时用铁屑砂浆在吊车梁顶面找平即可。吊车梁的垂直度与平面位置校正应同时进行。吊车梁垂直度的测量一般用尺寸锤、靠尺、线锤检查。T 形吊车梁测其两端垂直度,鱼腹式吊车梁测其跨中两侧垂直度。吊车梁平面位置校正主要是检查各吊车梁是否在同一纵轴线上,以及两列吊车梁纵轴线之间的跨距。对跨距为 6 m,质量在 5 t 以内的吊车梁,可用拉钢丝法或仪器放线法校正;对跨距为 12 m 的重型吊车梁,通常采用边吊边校正的方法。

(1)拉钢丝法(通线法)

根据柱定位轴线,在车间的两端地面确定吊车梁定位轴线位置,打下木桩,并设置经纬仪;用经纬仪先将两端的四根(每端两根)吊车梁位置校正准确,用钢尺检查两列吊车梁之间的跨距是否符合设计要求;然后在四根已校正好的吊车梁端部设置支架,高约 200 mm,根据吊车梁的轴线拉钢丝线;根据钢丝线逐根拨正吊车梁的吊装中心线;拨正吊车梁可用撬杠或其他工具。拉钢丝法如图 8-28 所示。

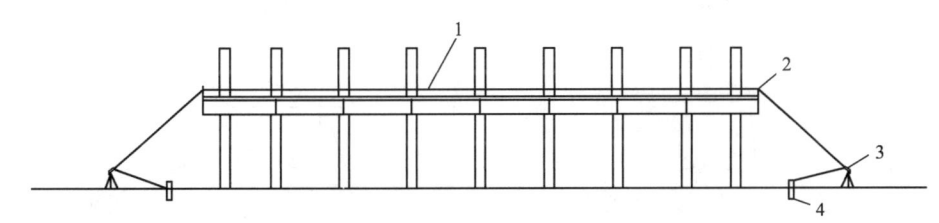

图 8-28 拉钢丝法
1—通线;2—支架;3—经纬仪;4—木桩

(2)仪器放线法

用经纬仪在各个柱侧面放一条与吊车梁中线距离相等的校正基准线,校正基准线至吊车梁中线的距离由放线者自行决定。校正时,凡是吊车梁中线与其柱侧基准线的距离不等者,用撬杠拨正即可。

3.最后固定

吊车梁校正完毕后进行最后固定,用连接钢板把柱侧面与吊车梁顶面的预埋铁件相焊接,并在接头处支模,浇筑细石混凝土。

### 8.2.4 屋架的安装

钢筋混凝土屋架的形式有预应力折线形屋架、三角形屋架、多腹杆折线形屋架、组合屋架等。中小型单层工业厂房屋架的跨度一般为 12~24 m,质量为 3~10 t,屋架的制作一般在施工现场采取平卧叠浇,以 3~4 榀为一叠。

屋架安装的特点是：安装高度较高；屋架的跨度较大，但厚度较薄；吊升过程中容易产生平面外变形，甚至产生裂缝，所以有时要进行有关吊装验算，采取必要的加固措施后，方可进行。屋架安装过程包括：绑扎→翻身扶直、就位→吊升→对位、临时固定→校正→最后固定等工序。

1. 绑扎

屋架绑扎点应根据跨度和类型进行选择，绑扎点应在节点上或靠近节点处，并对称于屋架重心，吊点数目应满足设计要求，以免吊装过程中构件产生裂缝。翻身扶直时，吊索与水平线的夹角不宜小于60°，吊升时不宜小于45°，以免屋架产生过大的横向压力，必要时应采用横吊梁。

屋架的绑扎方法应根据屋架的跨度、安装高度和起重机的吊杆长度确定。当屋架的跨度 $L \leqslant 18$ m 时，采用两点绑扎起吊；当 $18$ m $< L \leqslant 30$ m 时，采用四点绑扎起吊；当屋架的跨度 $L > 30$ m 时，除采用四点绑扎外，应加横吊梁减小吊索高度，如图8-29所示。对于三角形组合屋架，由于整体性和侧向刚度较差，且下弦为圆钢或角钢，所以必须用铁扁担绑扎；对于钢屋架，侧向刚度很差，均应绑扎几道杉木杆，作为临时加固措施。

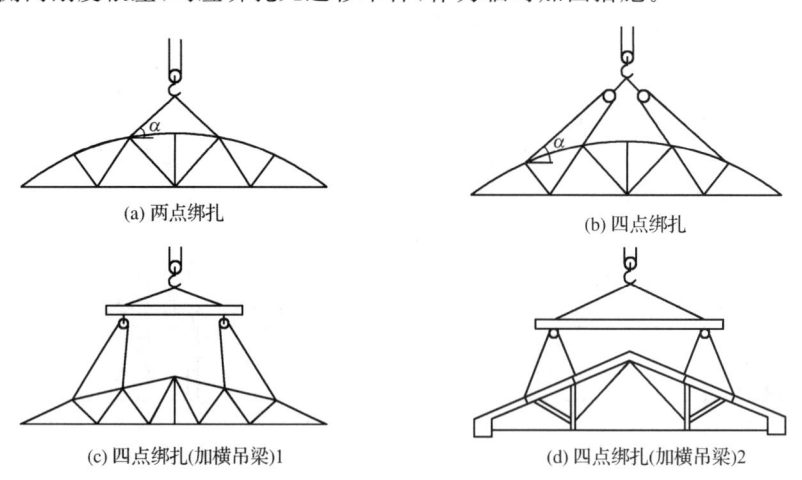

(a) 两点绑扎

(b) 四点绑扎

(c) 四点绑扎(加横吊梁)1

(d) 四点绑扎(加横吊梁)2

图 8-29　屋架的绑扎方法

2. 翻身扶直、就位

由于屋架在现场制作时均为平卧叠浇，所以在安装前先要翻身扶直，并将其吊运至预定位置。屋架是一个平面受力构件，侧向刚度较差。扶直时，由于自重的影响改变了杆件受力性质，特别是上弦杆极易扭曲造成屋架损伤。因此，扶直时应注意以下问题：起重机吊钩应对准屋架中心，吊索左右对称，吊钩对准屋架下弦中点，防止屋架摆动；数榀叠浇生产跨度在18 m以上的屋架，为防止屋架在扶直过程中突然下滑造成损伤，应在屋架两端搭设枕木垛，其高度与下一榀屋架上平面齐平；屋架在叠浇时屋架间有黏结力，应用凿、撬棍、倒链消除黏结后再进行扶直；凡屋架高度超过1.7 m，应在表面加帮木、竹或钢管横杆，用以加强屋架的平面刚度；当扶直屋架时，若绑扎点或绑扎方法与设计不同，应按实际绑扎方法验算屋架扶直应力。

扶直屋架时，根据起重机与屋架相对位置不同可分为正向扶直与反向扶直。

(1) 正向扶直

起重机位于屋架下弦一边，首先以吊钩对准屋架中心，收紧吊钩，接着起重机升钩并提升起重臂,使屋架以下弦为轴缓慢转为直立状态,如图 8-30 所示。

(2)反向扶直

起重机位于屋架上弦一边,首先以吊钩对准屋架中心,收紧吊钩,然后降低起重臂使屋架脱模,接着起重机升钩并升起起重臂,使屋架以下弦为轴缓慢转为直立状态,如图 8-31 所示。

反向扶直与正向扶直中最大的不同点就是在扶直过程中,反向扶直的起重臂一降一升,而升臂比降臂易于操作且较安全,所以应尽量采用正向扶直。

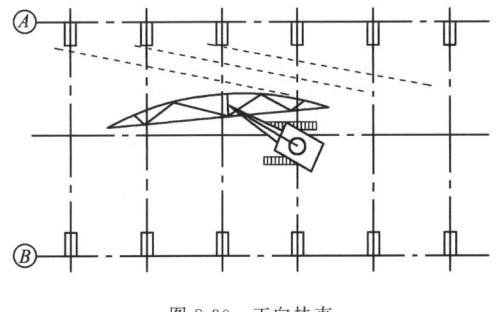

图 8-30　正向扶直　　　　　　　　　图 8-31　反向扶直

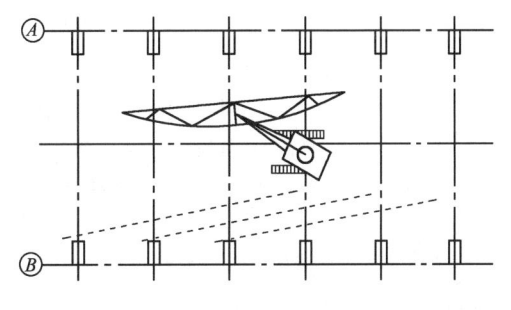

(3)就位

屋架扶直后应立即就位,就位位置与起重机的性能和安装方法有关,应力求少占地,便于吊装,且应考虑吊装顺序、两头朝向等问题,一般是靠柱斜放,就位范围在布置构件平面图时应确定。一般有同侧就位和异侧就位两种形式,就位位置与屋架预制位置在同一侧时称为同侧就位;就位位置与屋架预制位置不在同一侧时称为异侧就位,如图 8-32 所示。

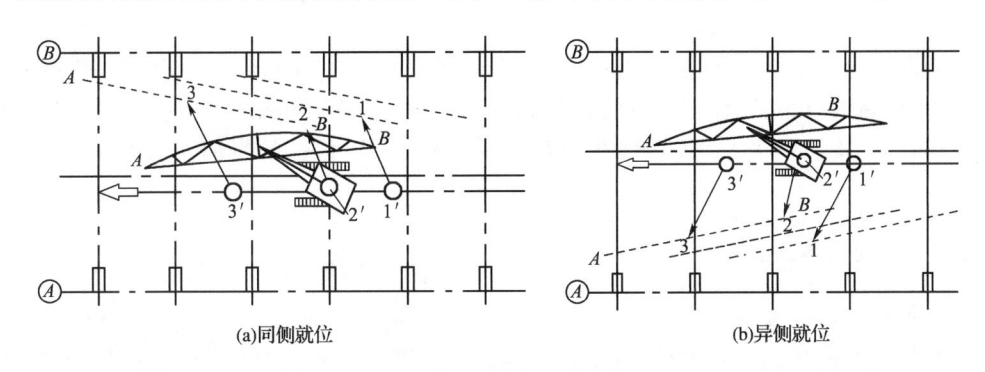

(a)同侧就位　　　　　　　　　　　(b)异侧就位

图 8-32　屋架的就位

3.吊升、对位与临时固定

屋架吊升是先将屋架垂直吊离地面约 300 mm,然后将屋架转至吊装位置下方,再将屋架提升超过柱顶约 300 mm,对准屋架定位轴线,将屋架缓缓降至柱顶进行对位。

屋架对位后,立即进行临时固定。临时固定稳妥后,起重机才可摘钩。

第一榀屋架的临时固定必须十分可靠。因为这时仅有单片结构,并且第二榀屋架临时固定还要以第一榀屋架为支撑。第一榀屋架临时固定方法,通常用四根缆风绳从两侧将屋架拉牢,也可将屋架与抗风柱相连接作为临时固定。

第二榀屋架临时固定是用屋架校正器撑牢在第一榀屋架上,以后各榀屋架的临时固定都是用屋架校正器撑牢在前一榀屋架上。每榀屋架至少用两根屋架校正器,如图 8-33

所示。

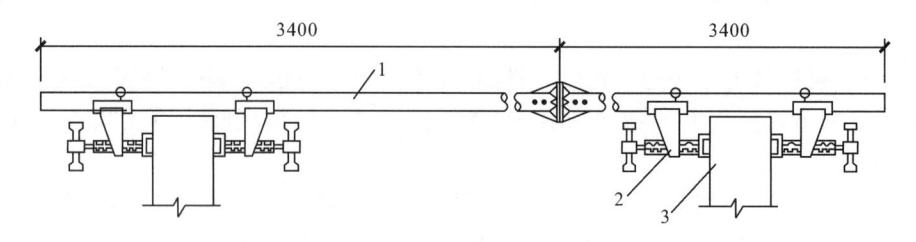

图 8-33 屋架校正器
1—钢管；2—撑脚；3—屋架上弦

**4. 校正，最后固定**

屋架的校正主要是竖向偏差，用线锤和经纬仪检查，用屋架校正器纠正。屋架校至垂直后，立即用电焊固定。焊接时，先焊接屋架两端成对角线的两侧边，再焊另外两边，避免两端同侧施焊，因焊接变形会引起屋架偏差。

### 8.2.5 屋面板的安装

钢筋混凝土单层工业厂房屋面所用的屋面板一般为预应力大型屋面板，可单独安装。屋面板上埋有吊环，用吊索钩住吊环即可安装。为充分发挥起重机效率，一般采用一次多块吊装。屋面板的安装顺序，应自两边檐口左右对称地逐块铺向屋脊，避免屋架受荷载不均匀；屋面板对位后，应用电焊固定，每块板至少焊三点，最后一块只能焊两点。

## 8.3 钢筋混凝土单层厂房结构安装方案

钢筋混凝土单层工业厂房结构的一般特点是：平面尺寸大；承重结构跨度与柱距大；构件类型少、质量大；厂房内还有各种设备基础。因此，在拟定结构安装方案时，应着重解决起重机的选择、结构吊装方法、起重机开行路线及停机位置、构件的平面布置与运输堆放等问题。

### 8.3.1 起重机的选择

**1. 起重机类型的选择**

起重机类型的选择主要根据厂房的外形尺寸（跨度、柱距）、构件尺寸与自重、吊装高度以及施工现场条件和当地现有的起重设备等确定。

对于一般中小型厂房，由于平面尺寸不大，构件质量较轻，起升高度较小，厂房内设备为后安装，所以采用自行式起重机较为合理，其中履带式起重机、汽车式起重机使用最为普遍；当厂房结构高度和长度较大时，选用塔式起重机吊装屋盖结构；对于大跨度的重型厂房，往往需要结合设备安装，同时考虑结构吊装问题，多选用大型自行式起重机、重型塔式起重机、大型牵缆桅杆式起重机；在缺乏自行式起重机的地方，或是厂房面积较小，构件较轻，可采用桅杆式起重机，如独脚拔杆起重机、人字拔杆起重机等；对于重型构件，当一台起重机无法吊装时，也可用两台或三台起重机进行抬吊。

**2. 起重机型号及起重臂长度的选择**

起重机类型确定之后，还要进一步选择起重机型号及起重臂长度，所选起重机的三个重要参数(起重量 $Q$、起升高度 $H$、工作幅度 $R$)应满足结构吊装要求。

(1)起重量 $Q$

所选起重机的起重量必须大于或等于所吊装构件的质量与吊具及索具的质量之和,即

$$Q \geqslant Q_1 + Q_2 \tag{8-4}$$

式中  $Q$——起重机的起重量,kg;

$Q_1$——构件的质量,kg;

$Q_2$——吊具及索具的质量,kg。

(2)起升高度 $H$

所选起重机的起升高度必须满足吊装构件安装高度要求,如图 8-34 所示,即

$$H \geqslant h_1 + h_2 + h_3 + h_4 \tag{8-5}$$

式中  $H$——起重机起重高度,从停机面算起至吊钩钩口的中心距离,m;

$h_1$——吊装支座表面高度,从停机面算起,m;

$h_2$——吊装间隙,视工作情况而定,一般 $h_2 \geqslant 0.3$ m;

$h_3$——绑扎点至构件吊起后底面的距离,m;

$h_4$——索具高度,自绑扎点至吊钩钩口的高度,视工作情况而定,m。

(3)工作幅度(回转半径)$R$

安装构件所需要的最小工作幅度和起重机型号及所吊构件的横向尺寸有关,一般根据所需要的 $Q_{\min}$、$H_{\min}$ 值初步选定起重机型号,如图 8-35 所示,其计算公式为

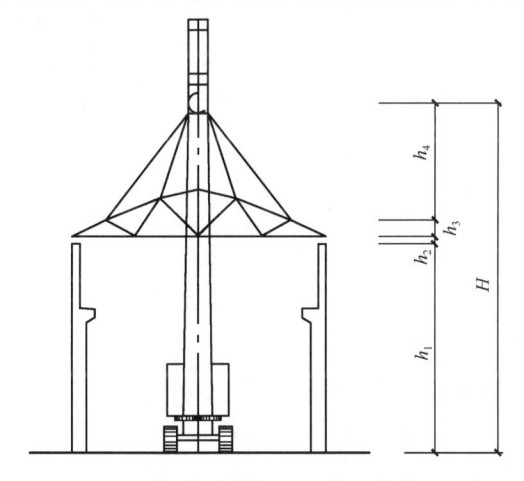

图 8-34  起升高度的计算简图 　　　　图 8-35  工作幅度计算简图

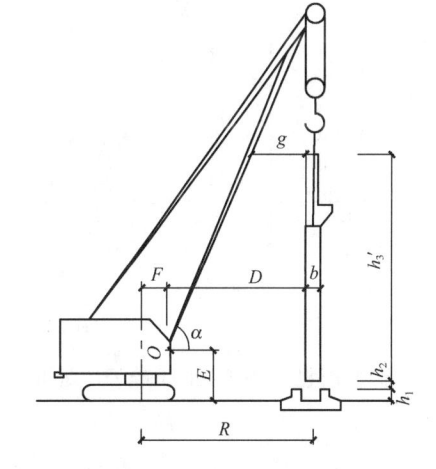

$$R_{\min} = F + D + \frac{1}{2}b \tag{8-6}$$

式中  $R_{\min}$——起重机的最小起重半径;

$F$——起重臂底铰至回转中心的距离;

$D$——起重臂底铰距所吊构件边缘距离。

$$D = g + (h_1 + h_2 + h_3' - E)\cot\alpha \tag{8-7}$$

其中  $g$——构件上口边缘与起重臂之间的水平空隙,一般 $g \geqslant 500$ mm;

$E$——起重臂底铰距地面的高度;

$\alpha$——起重臂的倾角;

$h_3'$——所吊构件的高度;

$b$——构件宽度;

$h_1$、$h_2$——同式(8-5)。

起重机工作幅度的确定通常考虑下列因素:当起重机可以不受限制地开到构件安装位置附近安装时,对工作幅度无要求,在计算起重量和起升高度后,便可查阅起重机性能表或工作曲线来选择起重机型号及起重臂长度,同时相应的工作幅度作为起重机开行路线及停机位置确定的参考;当起重机不能直接开到构件安装位置附近去安装构件时,应根据起重量、起升高度和工作幅度三个参数,查起重机性能表或工作曲线来选择起重机型号及起重臂长度。

(4)最小起重臂长度的确定

当起重机起重臂需要跨过已安装好的结构安装构件时,如跨过屋架安装屋面板,为了不触碰屋架,需要求出起重机的最小起重臂长度。决定最小起重臂长度的方法有数解法[图8-36(a)]和图解法[图8-36(b)]。

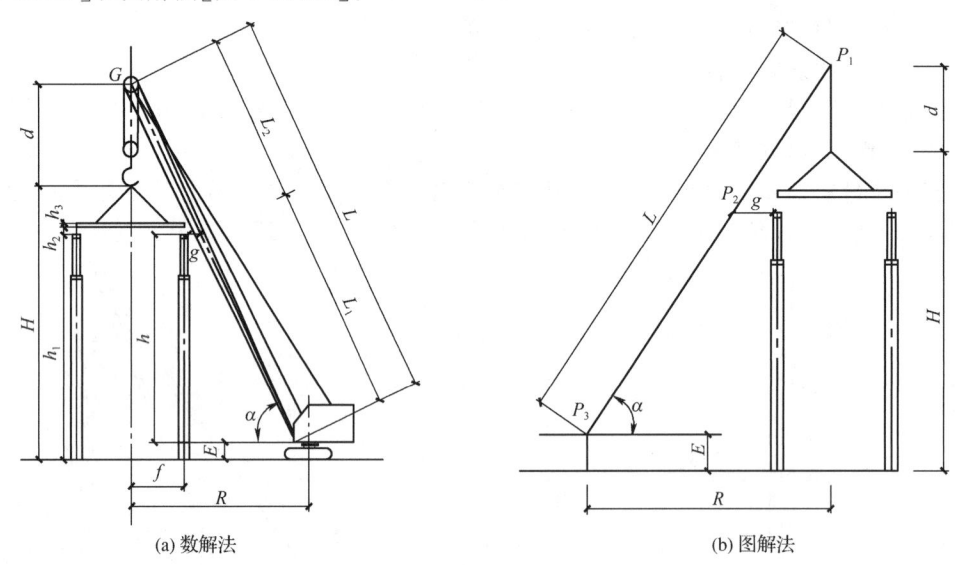

(a) 数解法　　　　　　　　　　　(b) 图解法

图 8-36　最小起重臂长度的计算方法

① 数解法　从图8-36(a)中则可得最小起重臂长度 $L_{min}$ 的计算公式为

$$L = L_1 + L_2 \tag{8-8}$$

公式 $L = \dfrac{f+g}{\cos\alpha} + \dfrac{h}{\sin\alpha}$ 的仰角为变数,$f$ 为起重机吊钩跨过已安装结构的距离(m),$g$ 为起重臂轴线与已吊装屋架间的水平距离(至少取1 m),$h$ 为起重臂底铰至构件吊装支座的高度(m)。欲求最小起重臂长度时的 $\alpha$ 值,对上式进行一次微分,并令 $\dfrac{dl}{d\alpha} = 0$ 可得

$$\alpha = \arctan\left(\dfrac{h}{f+g}\right)^{\frac{1}{3}} \tag{8-9}$$

求出 $\alpha$ 之后代入 $L = \dfrac{f+g}{\cos\alpha} + \dfrac{h}{\sin\alpha}$,即得起重机最小起重臂长度的理论值,再根据所选起重机的实际起重臂长度加以确定。

则工作幅度为

$$R = F + L\cos\alpha \tag{8-10}$$

$$H=L\sin\alpha+E-d \tag{8-11}$$

式中 $d$——起重臂顶至吊钩中心的距离,取安全高度为 2～3.5 m。

按计算出的 $R$ 值及已选定的起重臂长度 $L$,查起重机性能表,复核起重量 $Q$ 确定起升高度 $H$,如果能满足构件吊装要求,即可根据 $R$ 值确定起重机吊装屋面板时的停机位置。

②图解法 首先按比例(一般不小于 1∶200)绘出构件安装标高和实际地面线;然后由 $H+d$ 确定 $P_1$ 点的位置,由 $g$ 值确定 $P_2$ 点的位置。连接 $P_1$、$P_2$ 并延长到起重机回转中心至停机面的高度处相交于 $P_3$,此点即为起重臂底铰的位置,测量出 $P_1P_3$ 的长度,即所求起重机的最小起重臂长度。

### 8.3.2 结构吊装方法、起重机的开行路线及停机位置

**1. 结构吊装方法**

单层工业厂房的结构吊装方法有分件吊装法与综合吊装法两种。

**(1)分件吊装法**

分件吊装法是指起重机在车间内每开行一次仅吊装一种或两种构件。起重机第一次开行吊装柱,并对柱进行校正和最后固定;第二次开行吊装吊车梁、连系梁及柱间支撑等;第三次开行分节间吊装屋架、天窗架、屋面板及屋面构件(如檩条、天沟板)等。

分件吊装法的优点是:每次吊装基本上是同类型构件,索具不需要经常更换,操作程序基本相同,速度快;能充分发挥起重机的工作能力;构件的校正、固定有足够的时间;构件可分批进场,供应较简单,现场平面布置较容易。其主要缺点是:起重机行走频繁,开行路线长;不能按节间及早为下道工序创造工作面;层面板吊装往往另外需要辅助起重设备。

**(2)综合吊装法**

综合吊装法是指起重机在车间内的一次开行中,分节间吊装完所有各种类型的构件。通常起重机开始吊装 4～6 根柱,立即进行校正和固定,接着吊装吊车梁、连系梁、屋架、屋面板等构件。

综合吊装法的特点是:开行路线短,停机位置少;构件供应平面布置复杂;校正困难,平面位置难以保证;同时吊装多种构件,需要经常更换索具;起重机生产率低;很少应用。

**2. 起重机的开行路线及停机位置**

起重机的开行路线与起重机的停机位置、起重机的性能、构件的尺寸及质量、构件的平面布置、构件的供应方式、吊装方法等因素有关。

(1)当吊装屋架、层面板等屋面构件时,起重机大多沿跨中开行。

(2)当吊装柱时,则视跨度、柱距的大小,柱的尺寸、质量及起重机性能,沿跨中或跨边开行。若柱布置在跨内,起重机在跨内开行,每个停机位置可吊装 1～4 根柱。

①当 $R \geqslant \dfrac{L}{2}$ 时($R$ 为起重机的工作幅度,单位为 m),起重机可沿跨中开行,每个停机位置可吊装 2 根柱,如图 8-37(a)所示。

②当 $R \geqslant \sqrt{\left(\dfrac{L}{2}\right)^2+\left(\dfrac{b}{2}\right)^2}$ 时,起重机可沿跨中开行,每个停机位置可吊装 4 根柱,如图 8-37(b)所示。

③当 $R < \dfrac{L}{2}$ 时,起重机可沿跨边开行,每个停机位置可吊装 1 根柱,如图 8-37(c)所示。

④当 $R \geqslant \sqrt{a^2+\left(\dfrac{b}{2}\right)^2}$ 时,起重机可沿跨边开行,每个停机位置可吊装 2 根柱,如图 8-37(d)所示。

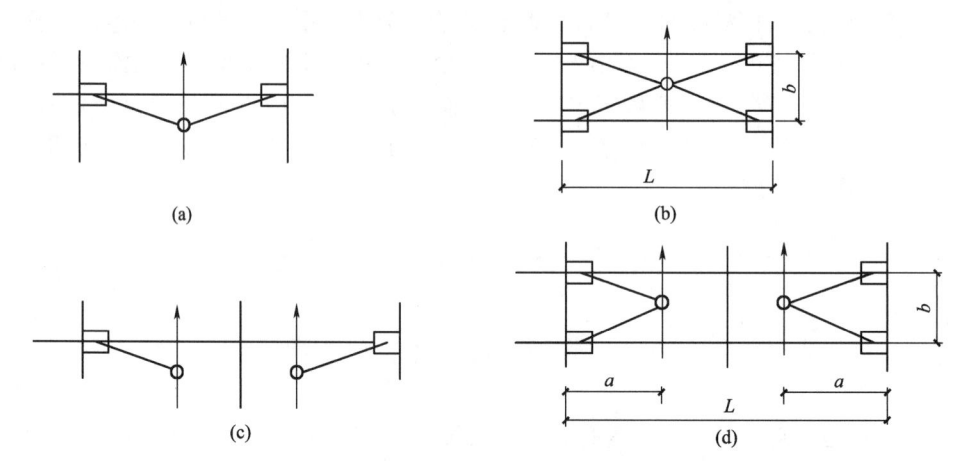

图 8-37 起重机吊装柱时的开行路线及停机位置
$L$—厂房跨度,m;$a$—起重机开行路线的跨边距离,m;$b$—柱间距离,m

(3) 当柱布置在跨外时,则起重机一般沿跨外沿边开行,停机位置与跨边开行相似。

(4) 当单层厂房面积较大时,为加速工程进度,可将建筑物划分为若干段,选用多台起重机同时施工,每台起重机可以独立作业,负责完成一个区段的全部吊装工作,形成流水施工。

(5) 当建筑具有多跨并列时,可先吊装各纵向跨,然后吊装横向跨,以保证在各纵向跨吊装时,运输机械畅通。若纵向跨有高低跨,则应先吊装高跨,再逐步向两边吊装。

图 8-38 所示为一般单跨车间采用分件吊装法起重机的开行路线及停机位置。起重机沿跨外从 $A$ 轴开行,吊装 $A$ 列柱,再从 $B$ 轴沿跨内开行,吊装 $B$ 列柱,然后再转到 $A$ 轴一侧扶直屋架并将其就位,再转到 $B$ 轴一侧扶直屋架并将其就位,再转到 $B$ 轴安装 $B$ 连系梁、吊车梁和柱间支撑等。随后再转到 $A$ 轴安装 $A$ 轴连系梁、吊车梁等构件,最后再转到跨中安装屋面结构(屋面板、天窗架、天沟板)等。

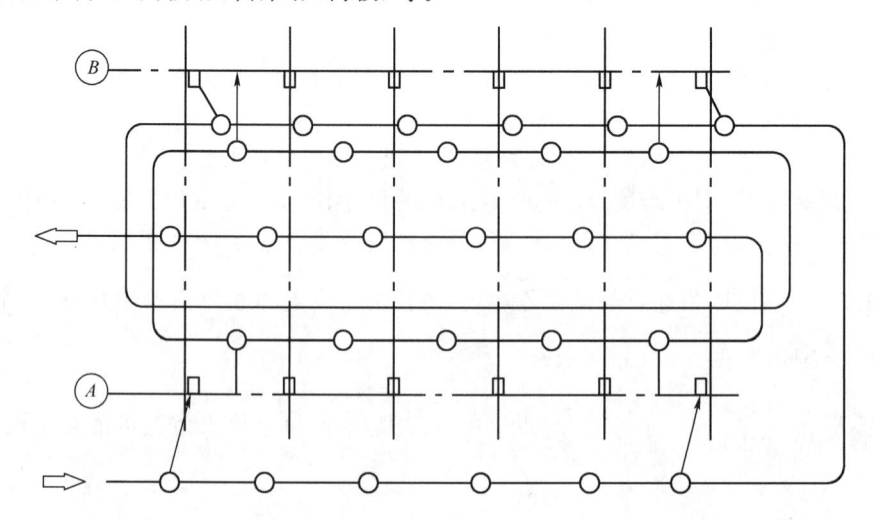

图 8-38 一般单跨车间采用分件吊装法起重机的开行路线及停机位置

### 8.3.3 构件的平面布置与运输堆放

构件的平面布置应注意下列问题:各跨构件尽可能布置在本跨内,有困难时才考虑布置在跨外便于吊装的地方;布置方式应满足吊装工艺要求,并在起重机工作幅度内,以尽量减小起重机负重行走的距离及起重臂起伏的次数;构件布置应"重近轻远",首先考虑重型构件的布置;位置应便于支模及混凝土浇筑,对预应力混凝土构件应留出抽管及穿筋场地。

构件的平面布置可分为预制阶段构件的平面布置与吊装阶段构件的排放布置两种。

1. 预制阶段构件的平面布置

目前在现场预制的构件主要是柱和屋架,其他构件均在预制构件厂或场外制作。

(1) 柱的布置

柱的预制应按以后吊装阶段的排放要求进行布置,可采用的布置方式有斜向布置(图8-39)和纵向布置(图8-40)两种。采用旋转法吊装时,一般按斜向布置;采用滑行法吊装时,可纵向布置,也可斜向布置。

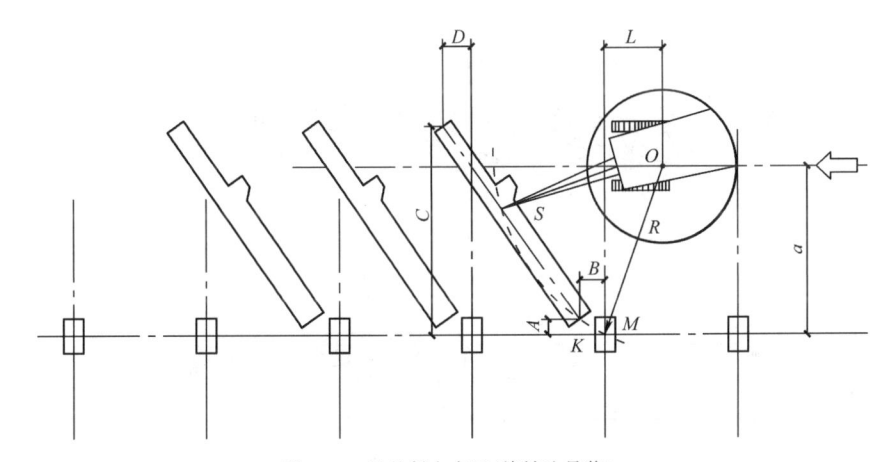

图 8-39 柱的斜向布置(旋转法吊装)

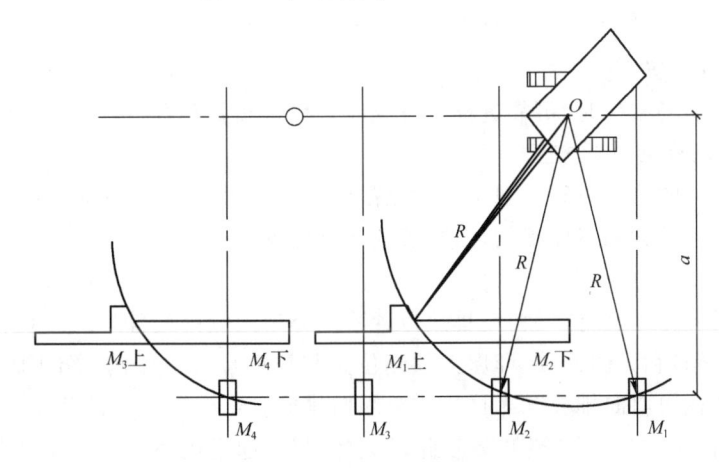

图 8-40 柱的纵向布置(滑行法吊装)

(2) 屋架的布置

屋架一般在现场制作,采用跨内平卧叠浇,以 3~4 榀为一叠。叠浇时的布置方式有斜向布置、正反斜向布置和正反纵向布置三种,如图 8-41 所示。因斜向布置使屋架扶直方便,故应优先选用,只有在场地受限制时,才考虑采用其他两种方式。若为预应力混凝土屋架,则在屋架的一端或两端留出抽管及穿筋所需要的长度;若用钢管抽芯时,则一端抽管需要留出的长度为屋架全长另加抽管时所需要的工作场地 3 m;若用胶管抽芯时,则屋架两端的预留长度可以减小;屋架之间的间隙可取 1 m 左右,以便支模及浇筑混凝土;屋架之间的搭接长度视场地大小而定;布置屋架的位置还应考虑屋架的扶直排放要求及屋架扶直的先后次序,先扶直者放在上层;对屋架两端的朝向也应注意,要符合屋架吊装时对朝向的要求。

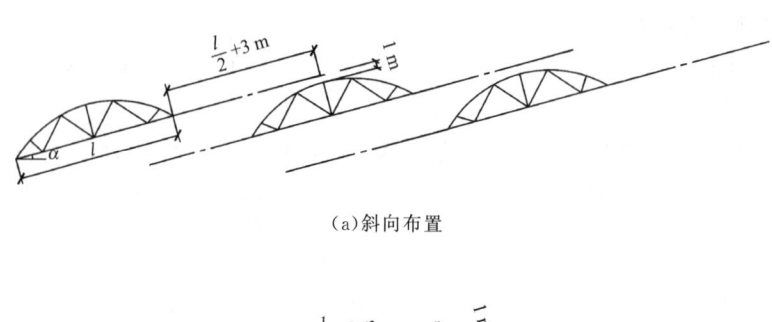

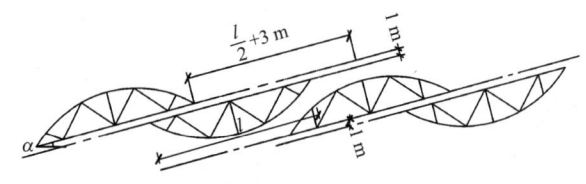

(a)斜向布置

(b)正反斜向布置

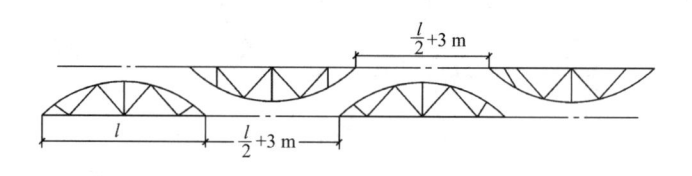

(c)正反纵向布置

图 8-41　屋架叠浇时的布置方式

(3)吊车梁的布置

当吊车梁在现场制作时,可靠近柱基顺纵向轴线略倾斜布置,也可插在柱之间预制。

2.吊装阶段构件的排放布置

吊装阶段构件的排放布置一般是指柱已吊装完毕后其他构件的排放布置,如屋架的扶直排放,吊车梁、连系梁和屋面板的运输、堆放与排放等。

(1)屋架的扶直排放

屋架扶直后应立即进行排放,按排放位置不同分为同侧排放(即屋架预制位置与排放位置位于跨的同一侧)和异侧排放(即屋架预制位置与排放位置位于跨的不同侧)。屋架常用的排放方式有靠柱边斜向排放和靠柱边成组纵向排放。

①靠柱边斜向排放　用于跨度及质量较大的屋架,起重机在开行路线上进行定点吊装。一般用作图法确定其排放位置。图 8-42 所示为屋架同侧斜向排放。

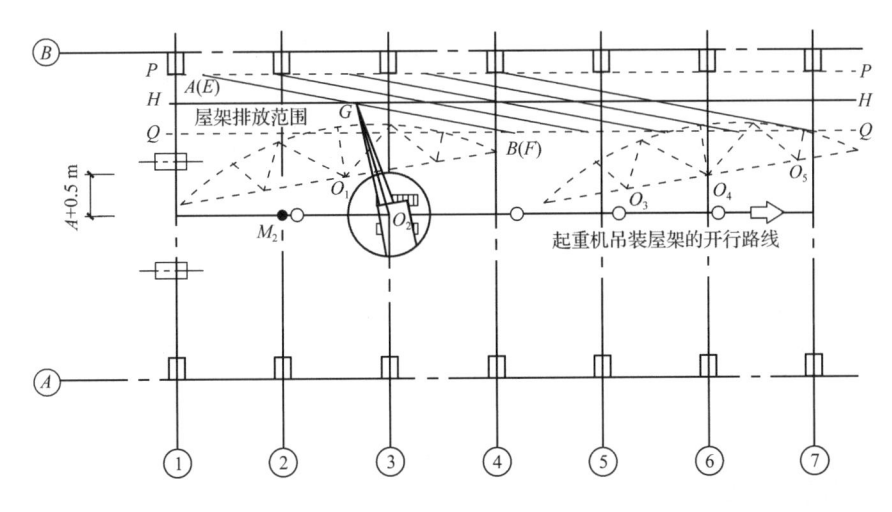

图 8-42 屋架同侧斜向排放

以轴线②的屋架为例,作图方法如下:

确定吊装该榀屋架的起重机停机位置。起重机沿跨中开行,以轴线②与开行路线的交点 $M_2$ 为圆心,以工作幅度 $R$ 为半径画圆弧与开行路线交于 $O_2$ 点,$O_2$ 点即起重机停机位置。

确定屋架的排放范围。定外边线 $PP$,使其距柱边不小于 0.2 m,再定内边线 $QQ$,使其距开行路线距离满足 $A+0.5$ m($A$ 为起重机尾长),绘出 $PP$ 线与 $QQ$ 线平行的中线 $HH$,屋架应排放在 $PP$ 线和 $QQ$ 线之内,屋架中点则应在 $HH$ 线上。

确定屋架的排放位置。以 $O_2$ 为圆心,以 $R$ 为半径画圆弧交 $HH$ 线于 $G$ 点,$G$ 点即屋架中点。再以 $G$ 点为圆心,取 1/2 屋架跨度为半径画圆弧交 $PP$ 线于 $A$ 点,交 $QQ$ 线于 $B$ 点,连 $A$、$B$ 两点,则 $AB$ 即屋架的排放位置。

其他屋架的排放位置以此类推。轴线①的屋架由于已安装了抗风柱,可灵活布置,一般后退至轴线②屋架的排放位置附近排放。

②靠柱边成组纵向排放　用于重量较小的屋架,允许起重机负荷行驶。一般以 4~5 榀屋架为一组靠柱边顺轴线排放,屋架之间净距不小于 200 mm,相互之间用铁丝及支撑拉紧撑牢。每组屋架间应留约 3 m 的距离作为横向通道。为避免在已安装好的屋架下绑扎吊装屋架,防止屋架起吊时与已安装好的屋架相碰,每组屋架的排放中心可安排在该组屋架倒数第 2 榀安装轴线之后约 2 m 处,如图 8-43 所示。

(2)吊车梁、连系梁和屋面板的运输、堆放与排放

①吊车梁、连系梁的排放位置　一般排放在吊装柱的附近,跨内和跨外均可,有时也可从运输车辆上直接吊装。

②屋面板的排放位置　一般布置在跨内或跨外,根据吊装时起重机的工作幅度。当屋面板在跨内排放时,应向后退 3~4 个节间开始排放;若在跨外排放时,应向后退 1~2 个节间开始排放。屋面板叠放高度一般为 6~8 层。

③其他要求　若吊车梁、屋面板等构件在吊装时已集中堆放在吊装现场附近,也可不用排放,而采用随吊随运的方式。

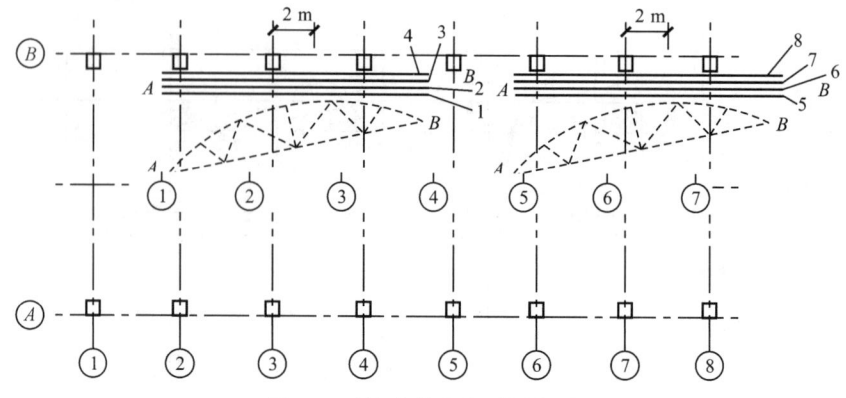

图 8-43 屋架靠柱边成组纵向排放

## 8.4 结构安装工程案例

某厂金工车间,跨度为 18 m,长为 54 m,柱距为 6 m 共 9 个节间,建筑面积为 1 002 m²,主要承重结构采用装配式钢筋混凝土工字形柱,预应力混凝土折线形屋架,1.5 m×6 m 大型屋面板,T 形吊车梁,车间为东西走向,北面紧靠围墙有 6 m 间隙,南面有旧建筑物,相距 12 m,东面为预留扩建场地,西面为厂区道路可通汽车,金工车间的平面布置如图 8-44 所示。

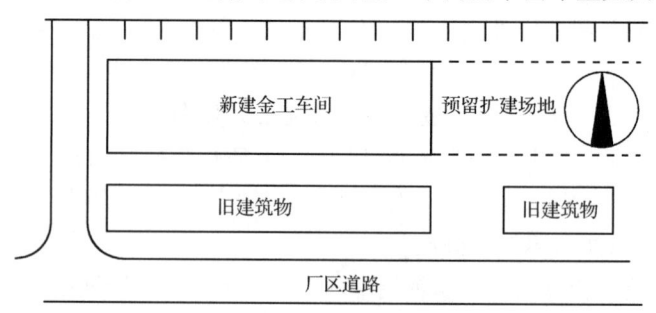

图 8-44 金工车间的平面布置

金工车间的柱基布置及剖面图如图 8-45、图 8-46 所示。金工车间主要承重结构见表 8-7。

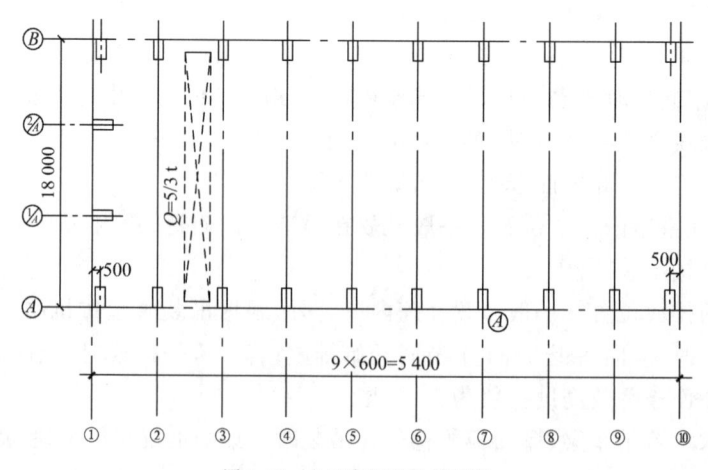

图 8-45 金工车间的柱基布置

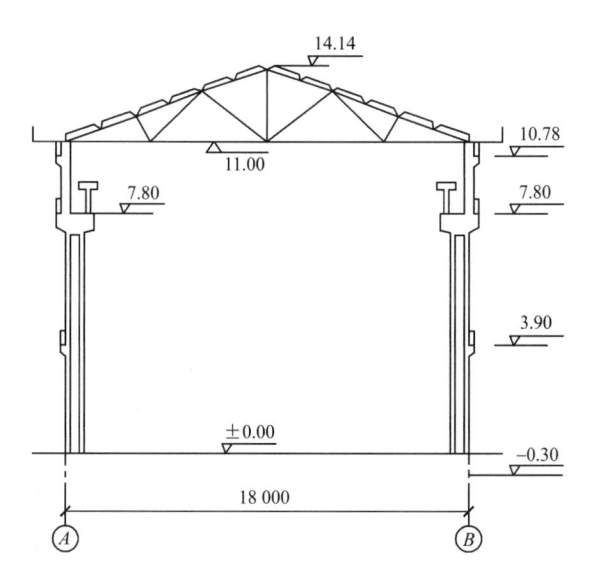

图 8-46 金工车间的剖面图

表 8-7　　　　　　　　　某厂金工车间主要承重结构一览表

| 项次 | 跨度 | 轴线 | 物件名称或编号 | 物件数量 | 物件质量/t | 物件长度/m | 安装标高/m |
|---|---|---|---|---|---|---|---|
| 1 | | A、B | 基础梁 YJL | 18 | 1.43 | 5.97 | |
| 2 | | A、B ②~⑨ | 连系梁 YLL$_1$ | 42 | 0.79 | 5.97 | +3.90 |
| | | ①~② | YLL$_2$ | 6 | 0.73 | 5.97 | +7.80 |
| | | ⑨~⑩ | YLL$_2$ | 6 | | | +10.78 |
| 3 | A~B 跨 | A、B ②~⑨ | 柱 Z$_1$ | 16 | 6.04 | 12.25 | −1.25 |
| | | ①、⑩ | Z$_2$ | 4 | 6.04 | 12.25 | −1.25 |
| | | 1/A, 2/A | Z$_3$ | 2 | 5.40 | 14.14 | |
| 4 | | — | 屋架 YWJ18-1 | 10 | 4.95 | 17.70 | +11.00 |
| 5 | | A、B ②~⑨ | 吊车架 DCL$_6$-4Z | 14 | 3.60 | 5.97 | +7.80 |
| | | ①~② | DCL$_6$-4B | 2 | 3.60 | 5.97 | +7.80 |
| | | ⑨~⑩ | DCL$_6$-4B | 2 | 3.60 | 5.97 | |
| 6 | | — | 屋面板 | 108 | 1.30 | 5.97 | +13.90 |
| 7 | | A、B | 天沟 TGB58-1 | 18 | 1.07 | 5.97 | +11.60 |

### 8.4.1　起重机选择及工作参数计算

根据现有的起重设备,选择履带式起重机 W$_1$-100 进行结构吊装,对一些有代表性的构件进行起重机工作参数 $Q$、$H$、$R$ 计算。

1. 柱

采用斜吊绑扎法吊装,选择 $Z_1$、$Z_3$ 柱分别进行计算,其中 $Z_1$ 柱起开高度计算如图 8-47 所示。

$Z_1$ 柱起重量: $\qquad Q=Q_1+Q_2=6.04+0.2=6.24$ t

起升高度: $\qquad H=h_1+h_2+h_3+h_4=0+0.3+8.55+2.00=10.85$ m

$Z_3$ 柱起重量: $\qquad Q=Q_1+Q_2=5.40+0.2=5.60$ t

起升高度: $\qquad H=h_1+h_2+h_3+h_4=0+0.3+11.0+2.0=13.3$ m

2. 屋架

采用延跨中心法进行吊装,屋架起开高度计算如图 8-48 所示。

起重量: $\qquad Q=Q_1+Q_2=4.85+0.2=5.15$ t

起升高度: $\qquad H=h_1+h_2+h_3+h_4=11.3+0.3+1.14+6.00=18.74$ m

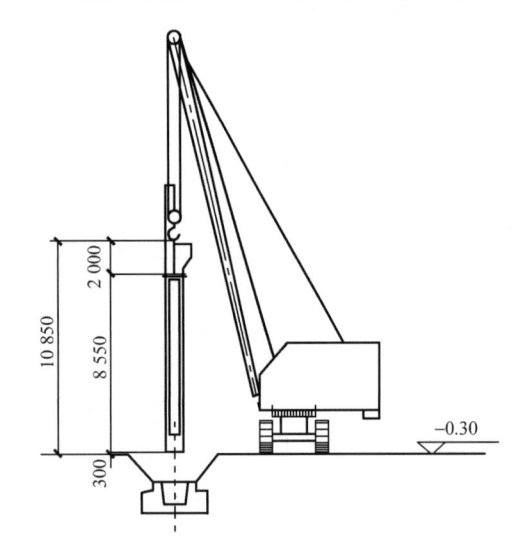

图 8-47 $Z_1$ 柱起升高度计算简图

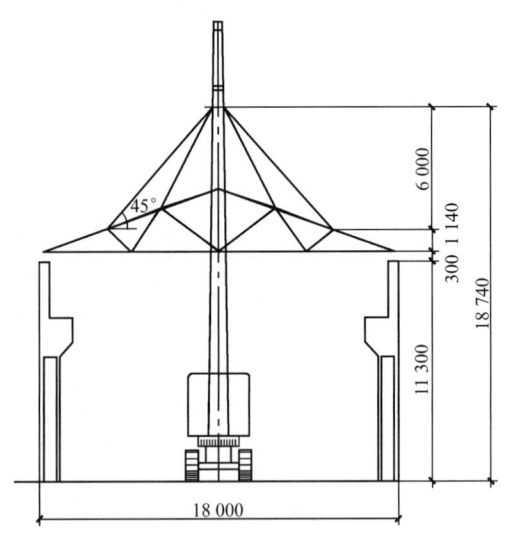

图 8-48 屋架起升高度计算简图

3. 屋面板

首先考虑吊装跨中屋面板。

起重量: $\qquad Q=Q_1+Q_2=1.30+0.2=1.50$ t

起升高度:$H=h_1+h_2+h_3+h_4=(11.30+2.64)+0.3+0.24+2.50=16.98$ m

起重机吊装跨中屋面板时,起重钩需要跨过吊装的屋架 3 m,且起重臂轴线与已安装好的屋架上弦中线最少需要保持 1 m 的水平间隙,据此来计算起重机的最小起重臂长度和起重臂倾角,所需要最小起重臂长度时的起重臂倾角按以下公式来计算:

代入 $\qquad L=\dfrac{h}{\sin\alpha}+\dfrac{f+g}{\cos\alpha}=\dfrac{12.24}{0.8235}+\dfrac{4}{0.5672}=14.86+7.05=21.91$ m

结合 $W_1$-100 型起重机的构造特点,采用 23 m 长的起重臂,并取起重臂倾角 $\alpha=55°$,可得工作幅度为

$$R=F+L\cos\alpha=1.3+23\times\cos 55°=14.49 \text{ m}$$

再对起重机的起升高度进行验算,确定起重臂顶端至吊钩中心距离为 3.5 m,则

$$H=L\sin\alpha+E-d=23\times\sin 55°+1.7-3.5=17.04 \text{ m}>16.98 \text{ m}$$

即 $d = 23 \times \sin 55° + 1.7 - 16.98 = 3.56$ m 满足要求。

这说明选择起重臂长度 $L = 23$ m，起重臂倾角 $\alpha = 55°$，可以满足吊装跨中屋面板的需要，其吊装工作参数如图 8-49 所示。

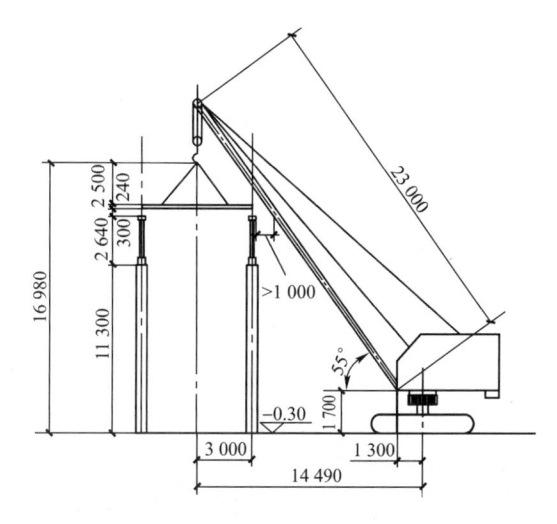

图 8-49 起重机吊装工作参数

再以所选定的 23 m 长起重臂及 $\alpha = 55°$ 倾角用作图法来复核能否满足吊装最边缘一块屋面板的要求。

作图：以最边缘一块屋面板的中心 $L$ 为圆心，以 $R = 14.49$ m 为半径画弧，交起重机开行路线于 $O_1$ 点，$O_1$ 点即起重机吊装边缘一块屋面板的停机位置，如图 8-50 所示。

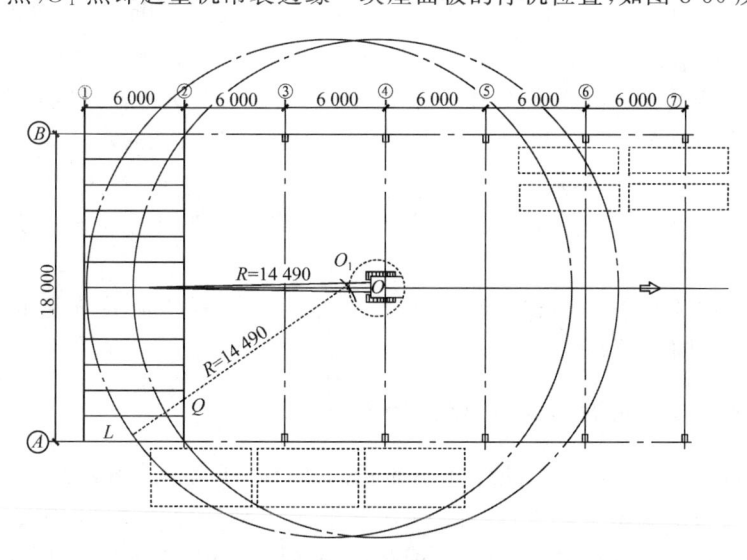

图 8-50 屋面板吊装参数计算简图及屋面板的排放布置图

根据以上各种构件吊装工作参数的计算结果，经综合考虑之后，确定选用 23 m 长起重臂的履带式起重机 $W_1$-100 可以完成结构吊装作业。某厂金工车间结构吊装构件参数见表 8-8。

表 8-8　　　　　　　　　某厂金工车间结构吊装构件参数表

| 构件名称 | $Z_1$柱 | | | $Z_3$柱 | | | 屋架 | | | 屋面板 | | |
| --- | --- | --- | --- | --- | --- | --- | --- | --- | --- | --- | --- | --- |
| 吊装工作参数 | Q/t | H/m | R/m | Q/t | H/m | R/m | Q/t | H/m | R/m | Q/t | H/m | R/m |
| 计算所需要的工作参数 | 6.24 | 10.85 | — | 5.6 | 13.3 | — | 5.15 | 18.74 | — | 1.5 | 16.98 | — |
| 23 m 起重臂参数 | 6.2 | 19.0 | 7.8 | 5.6 | 19.0 | 8.5 | 5.15 | 19.0 | 9.0 | 2.3 | 17.3 | 14.49 |

### 8.4.2　现场预制构件的平面布置

(1)构件采用分件吊装法,柱与屋架在现场预制,在场地平整及杯基础浇筑后即可进行吊装。由于吊装柱时最大工作幅度 $R=7.8$ m $< L/2=9$ m,故吊装柱时需要在跨边开行,吊装屋面结构时则在跨中开行。

(2)根据现场情况,车间南面距原有房屋有 12 m 空地,故 A 列柱可在此空地处预制,B 列柱至围墙只有 6 m 距离,因此 B 列柱在跨内预制,屋架则在跨内靠 A 轴线一侧预制。

(3)A 列柱预制位置安排在跨外进行,为节约模板,采用两柱叠浇预制。柱采用旋转法吊装,每一停机位置吊装两根柱,起重机应停在两柱之间,有相同的工作幅度 R,且要求 R 大于最小工作幅度 6.5 m,(跨内预制因场地狭窄适当缩小 R)且小于最大工作幅度 7.8 m,即起重机开行路线距基础中心线的距离应小于 $\sqrt{(7.8)^2-(3.0)^2}=7.2$ m,但大于 $\sqrt{(6.5)^2-(3.0)^2}=5.77$ m,可取 5.9 m。这样便可定出起重机开行路线到 A 轴线的距离为 5.5 m,即 5.9-0.4=5.5 m(0.4 为柱基础中心至 A 轴线距离)。

(4)B 列柱在跨内进行预制,与 A 列柱一样,两根叠浇制作,用旋转法吊装,并取起重机开行路线至 B 列柱基础中心的最小值 5.8 m,至 B 轴线则为 5.8+0.4=6.2 m,由此可确定起重机吊 B 列柱的停机位置及 B 列柱的预制位置,如图 8-51 所示。但吊 B 列柱时起重机的开行路线到跨中只有 9-6.2=2.8 m(起重机回转中心到尾部的距离为 3.3 m),为使其不碰撞屋架,屋架预制位置应自跨中线后退 3.3-2.8=0.5 m 以上,东侧为 1 m。

(5)$Z_1$柱较长,且只有 2 根,为避免妨碍交通,故放在跨外预制。吊装前需要先排放再吊装。

(6)屋架以 3~4 榀为一叠先安排在跨内预制,在确定预制之前,应先定出各屋架排放的位置,并据此来安排屋架预制的场地。

### 8.4.3　现场预制构件吊装起重机的开行路线

根据现场预制构件平面布置,吊装时起重机的开行路线及构件吊装次序如下:起重机自 A 轴线跨外进场,接 23 m 长起重臂,自①至⑩先吊装 A 列柱,然后沿 B 轴线自⑩至①吊装 B 列柱,再吊装两根抗风柱。然后自①至⑩吊装 A 列吊车梁、连系梁、柱间支撑等,接着自⑩至①扶直屋架,屋架就位后,吊装 B 列吊车梁、连系梁、柱间支撑及屋面板卸车排放等,最后起重机自①至⑩吊装屋架、屋面支撑、天窗板和屋面板,起重机退场。预制构件平面布置及起重机开行路线如图 8-51 所示。

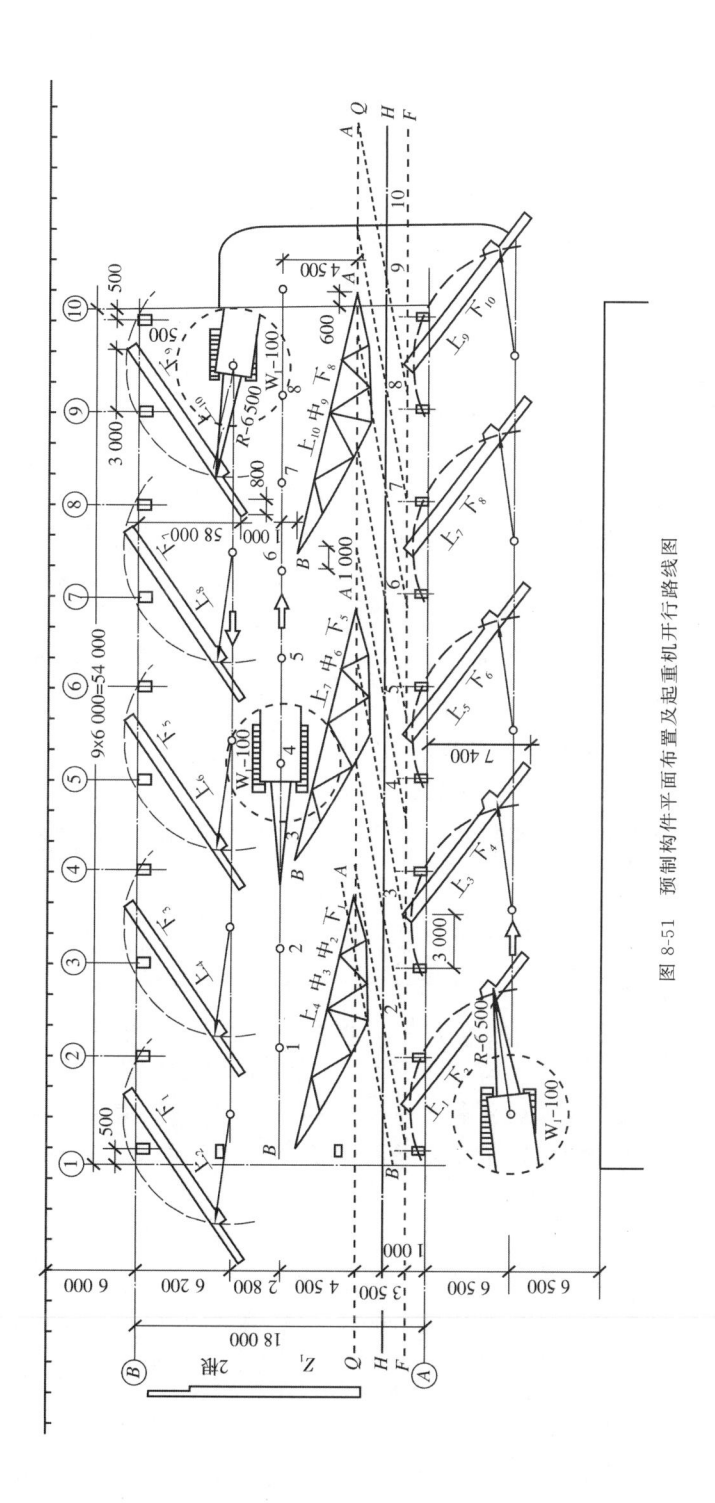

图 8-51 预制构件平面布置及起重机开行路线图

## 复习思考题

1. 钢丝绳的种类与构造是什么？钢丝绳的允许拉力如何确定？
2. 自行式起重机械的种类有哪些？起重机械主要参数包括哪些？各主要参数间的相互关系是什么？
3. 单层工业厂房构件安装工艺中，构件的检查与清理工作包括哪些内容？何谓构件的弹线？
4. 基础的准备包括哪些内容？有什么要求？
5. 柱、屋架、吊车梁需要弹出哪些线？作用是什么？有什么要求？
6. 柱的安装施工工艺包括哪些内容？绑扎柱的方法有几种？有什么要求？
7. 柱的吊升方法根据何种情况而定？有几种吊升方法？各自的特点是什么？
8. 柱的最后固定施工方法是什么？
9. 柱的校正方法根据什么确定？有哪些校正方法？
10. 吊车梁的吊装工艺是什么？在什么阶段完成吊车梁的校正工作？
11. 屋架的安装特点及施工工艺是什么？屋架扶直有几种？正向扶直与反向扶直的不同点是什么？
12. 屋架的绑扎方法有哪些？有何要求？扶直屋架时需注意哪些事项？
13. 屋面板安装时施工顺序有什么要求？
14. 结构吊装方法有哪些？各自的特点是什么？
15. 起重机的开行路线与什么因素有关？在吊装柱时如何确定？
16. 构件的平面布置应注意哪些问题？柱有几种布置形式？旋转法布置柱时如何确定？

---

**资料小卡片**

传统建筑采用的现场施工的方法，具有手工作业工程量大，受气候条件制约影响施工速度，工程质量保证难度大，现场环境差等缺点。为解决上述技术问题，构件采用工业化专业生产、现场集中安装的方法，可根本上改变传统的施工方法，提高建筑工业化生产水平。为此我国"十三五"发展规划中，要求装配式建筑面积占新建建筑面积比例达到15%，并有逐年增大的要求。所以通过改变施工方法，更新施工设备，可促进和完善人员结构，减少人员数量，改善现场施工环境，实现绿色施工的发展目标。

# 模块 9 钢结构工程

## 9.1 概述

钢结构建筑具有自重轻、安装容易、施工周期短、抗震性能好、投资回收快、环境污染少、建筑造型美观等综合优势，被称为 21 世纪的绿色建筑工程。随着我国钢铁工业的发展，国家建筑技术政策由以往限制使用钢结构转变为积极推广合理应用钢结构，从而推动了建筑钢结构的快速发展。钢结构工程已经成为城市建筑和工业建筑的主要形式之一。

微课17

钢结构工程

钢结构工程一般由专业厂家负责详图设计、构件加工制作，施工单位负责施工安装。钢结构施工应按照《钢结构工程施工规范》(GB 50755—2012)、《钢-混凝土组合结构施工规范》(GB 50901—2013)、《钢结构高强度螺栓连接技术规程》(JGJ 82—2011)及其他要求；施工质量必须符合《钢结构工程施工质量验收标准》(GB 50205—2020)及其他相关规范、规程的规定。

## 9.2 钢结构构件的加工制作

### 9.2.1 准备工作

**1.图纸审查**

图纸审查的目的，一方面是检查图纸设计的深度能否满足施工的要求，核对图纸上构件数量和安装尺寸，检查构件之间有无相互矛盾之处等；另一方面对图纸进行工艺审核，即审查在技术上是否合理，构造是否便于施工，图纸上的技术要求按施工单位的施工水平能否实现等。

**2.备料**

根据设计图纸计算各种材质、规格的材料净用量，并根据构件的不同类型和供货条件，按一定的损耗率(一般为实际所需量的 10%)提出材料预算计划。目前国际上采取根据构件规格尺寸增加加工余量的方法，不考虑损耗，国内已开始实行，由钢厂按构件表加余量直接供料。

3.工艺装备和机具的准备

(1)根据设计图纸及国家标准制定出成品的技术要求。
(2)编制工艺流程,确定各工序的公差要求和技术标准。
(3)根据用料要求和来料尺寸统筹安排,合理配料,确定拼装顺序和位置。
(4)根据工艺和图纸要求,准备必要的工艺装备(胎、夹、模具)。

### 9.2.2 零件加工

1.放样

放样是指把零(构)件加工边线、坡口尺寸、孔径和弯折、滚圆半径等以1:1的比例从图纸上准确地放制到样板和样杆上,并注明图号、零件号、数量等。样板和样杆是下料、制弯、铣边、制孔等加工的依据。

在制作样板和样杆时,要考虑零件的加工余量,焊接构件要按工艺需要增加焊接收缩量。高层建筑钢结构按设计标高安装时,柱的长度还必须考虑荷载压缩的变形量。

2.画线

画线亦称号料,即根据放样提供的零件的材料、尺寸和数量,在钢材上画出切割、铣、刨边、弯曲、钻孔等加工位置,并标出零件的工艺编号。画线时,要使材料得到充分利用,损耗率降到最低。因此,应按照先下大料、后下小料的原则进行。

3.切割下料

钢材切割下料的方法有氧气切割、机械切割等。

(1)氧气切割

氧气切割是以氧气和燃料(常用的有乙炔气、丙烷气和液化气等)燃烧时产生的高温熔化钢材,并以氧气压力进行吹扫,形成割缝,使金属按要求的尺寸和形状被切割成零件。另外,氧气切割所使用的氧气纯度对氧气消耗量、气割速度和质量有决定性的影响。熔点高于火焰温度或难于氧化的材料(如不锈钢),则不宜采用氧气切割。

目前广泛采用多头气割、仿形气割、数控气割、光电跟踪气割等自动切割技术。

(2)机械切割

①带锯、圆盘锯切割 带锯切割适用于型钢、扁钢、圆钢和方钢,具有效率高、切割端面质量好等优点。圆盘锯的锯盘有带齿的、有无齿的,有便携式的、台式的,可适用于不同材料的切割。

②砂轮锯切割 砂轮锯适用于薄壁型钢的切割,它具有切口光滑、毛刺较薄、容易清除等优点。当材料厚度较薄(1~3 mm)时切割效率很高。当材料厚度大于4 mm时,效率降低,砂轮片损耗大,经济上不合理。

③无齿锯切割 无齿锯的锯片在高速旋转中与钢材接触,摩擦产生的高温把钢材熔化,从而形成切口,其生产率高,切割边缘整齐且毛刺易清除,但切割时有很大的噪声。由于靠摩擦产生高温切断钢材,所以在断口区会产生淬硬倾向,深度为1.5~2.0 mm。

④冲剪切割 用剪切机和冲切机切割钢材是最方便的切割方法,可以对钢板、型钢切割下料。当钢板较厚时,冲剪困难,切割钢材不易保证平直,故应改用氧气切割下料。

钢材的切割面或剪切面应无裂缝、夹渣、分层和大于1 mm的缺棱。一般通过观察(用放大镜)检查即可,但有特殊要求的,除观察外,必要时应采用渗透、磁粉或超声波探伤等手段检查。

#### 4. 矫正和成形

钢材由于运输和对接焊接等原因产生翘曲时,在画线切割前需要矫正平直,可以采用冷矫和热矫的方法,也可采用人工矫正或机械矫正。

(1)冷矫

冷矫是在常温下,利用机械(或人工)的外力作用矫正钢材。辊式型钢矫正机一般用于矫正板材;机械顶直矫正机一般用于矫正型钢。

(2)热矫

热矫利用局部火焰加热的方法矫正。当钢材型号超过矫正机负荷能力或不适于采用机械校正时,可采用热矫。其原理是:钢材加热时以 $1.2\times10^{-5}/℃$ 的线膨胀率向各个方向伸长。由于周围物体的限制,受热处受到压缩,当冷却时长度就会比原来有所减小,即收缩后的长度比未受热前有所缩短。因此,利用这种特性达到对钢材或钢构件进行外形矫正的目的。

当零件采用热加工成形时,加热温度一般材料应控制在 900~1 000 ℃;碳素结构钢和低合金结构钢在温度下降到 700~800 ℃之前应结束加工;低合金结构钢应自然冷却。

碳素结构钢在环境温度低于-16 ℃或低合金结构钢在环境温度低于-12 ℃时,不应进行冷矫和冷弯曲。碳素结构钢和低合金结构钢在热矫时,加热温度不应超过 900 ℃,低合金结构钢在热矫后应自然冷却。

#### 5. 边缘加工

钢材经剪切后,在离剪切边缘 2~3 mm 会产生严重的冷作硬化,使这部分钢材脆性增大,因此对于钢材厚度较大的重要结构,硬化部分应刨削除掉。有些构件如支座支撑面、焊缝坡口和尺寸要求严格的加劲板、隔板、腹板及有孔眼的节点板等,也需要进行边缘加工。为消除切割造成的冷作硬化和热影响,使加工边缘达到设计要求,一般边缘加工的最小刨削量不应小于 2.0 mm。边缘加工分为刨边、铣边和铲边三种。

刨边是用刨边机切削钢材边缘,加工质量高,但工作效率低、成本高。

铣边是用铣边机滚铣切削钢材边缘,工作效率高、能量损耗少、操作维修方便、加工质量高,应尽可能用铣边代替刨边。

铲边分为手工铲边和风镐铲边两种,对加工质量不高、工作量不大的边缘加工可以采用。

#### 6. 滚圆和煨弯

滚圆是用滚圆机把钢板或型钢加工成设计要求的曲线状或卷成螺旋管。

煨弯是钢材热加工的方式之一,即把钢材加热到 900~1 000 ℃(黄赤色),立即进行弯曲成形,在 700~800 ℃(樱红色)前结束。采用热煨时一定要掌握好钢材的加热温度,加工后要求表面不应有裂纹、褶皱。

#### 7. 零件的制孔

零件的制孔方法有冲孔、钻孔两种。

冲孔一般在冲床上进行,冲孔只能冲较薄的钢板,孔径一般大于钢材的厚度,冲孔周围会产生冷作硬化。冲孔生产率较高,但质量较差,只有在不重要的部位才能使用。

钻孔是在钻床上进行,可以钻任何厚度的钢材,成孔质量好。对于重要结构节点,先预钻小一级孔眼,在装配完成调整好尺寸后,扩成设计孔径。铆钉孔、精制螺栓多采用这种方法。一次钻成设计孔径时,为了提高孔眼的位置精度,一般均先制成钻模,以控制孔眼的相对位置;钻模贴在工件上调好位置,在钻模内钻孔。为提高钻孔效率,也可把零件叠起,一次钻几块钢板,或用多头钻进行钻孔。

### 9.2.3 构件组装

组装亦称装配、组拼,是把加工好的零件按照施工图要求拼装成单个构件。构件组装大小应根据运输道路、现场条件、运输和安装机械设备能力与结构受力允许条件等确定。

1.一般要求

(1)构件组装应在测平的平台上进行。用于装配的组装架及胎模要牢固地固定在平台上。

(2)组装开始前要编制组装顺序表,组装应严格按照顺序表所规定的顺序进行。

(3)组装时要根据零件加工编号,严格核对材质、外形尺寸。零件的毛刺、飞边要清除干净,对称零件要注意方向,避免错装。

(4)对于尺寸较大、形状较复杂的构件,应先分成几个部分组装成简单组件,再逐渐拼成整个构件,并注意先组装内部组件,再组装外部组件。

(5)组装好的构件或结构单元,应按图纸的规定对构件进行编号,并标注构件的质量、重心位置、定位中心线、标高基准线等。构件编号位置要放在明显处,大构件要在三个面上编号。

2.焊接连接的构件组装

(1)根据图纸在平台上画出构件的位置线,焊上组装架及胎模夹具,用于夹紧调整零件的工具。

(2)每个构件的主要零件位置调整好并检查合格后,再把全部零件组装上并进行点焊,使之定形。在零件定位前,要留出焊缝收缩量及变形量。高层钢结构的柱两端除增加焊接收缩量之外,还必须增加构件安装后荷载压缩变形量,并留出构件端头和支撑点铣平的加工余量。

(3)为了减小焊接变形,应选择合理的焊接顺序。常用的焊接方法有对称法、分段逆向焊接法、跳焊法等。在保证焊缝质量的前提下,采用适量的电流快速施焊,以减小热影响区和温度差,减小焊接变形和焊接应力。

### 9.2.4 构件成品的表面处理

1.高强度螺栓摩擦面的处理

采用高强度螺栓连接时,应对构件摩擦面进行加工处理。摩擦面处理后的抗滑移系数必须符合设计文件的要求。

处理好的摩擦面应平整、无焊接飞溅、无毛刺、无油污,并采取保护措施,防止沾染脏物和油污,在运输过程中防止摩擦面损伤。严禁在高强度螺栓连接面上做任何标记。摩擦面的处理方法一般有喷砂、酸洗、砂轮打磨等,其中喷砂处理过的摩擦面的抗滑移系数较大,离散率较小。

构件出厂前应按批做试件,检验抗滑移系数,检验的最小数值应符合设计要求,并附三组试件供安装时复验抗滑移系数。

2.构件成品的防腐涂装

钢结构构件在加工验收合格后,应进行防腐涂料涂装。但构件焊缝连接处和高强度螺栓摩擦面处不能作防腐涂装,应在现场安装完后,再补刷防腐涂料。

构件成品的防腐涂装施工,见本章第7节有关内容。

### 9.2.5 构件成品验收

钢结构构件制作完成后,应根据《钢结构工程施工质量验收标准》(GB 50205—2020)及其他相关规范、规程的规定进行成品验收。钢结构构件加工制作质量验收,可按相应的钢结构制作工程或钢结构安装工程检验批的划分原则划分为一个或若干个检验批进行。

构件出厂时,应提交产品质量证明(构件合格证)和下列技术文件:
(1)钢结构施工详图、设计更改文件、制作过程中的技术协商文件。
(2)钢材、焊接材料及高强度螺栓的质量证明书及必要的试验报告。
(3)钢零件及钢部件加工质量检验记录。
(4)高强度螺栓连接质量检验记录,包括构件摩擦面处抗滑移系数的试验报告。
(5)焊接质量检验记录。
(6)构件组装质量检验记录。

## 9.3 钢结构连接施工

钢结构连接是采用一定方式将各杆件连成整体。杆件间应保持正确的相对位置,满足传力和使用要求。连接部位具有设计规定的静力强度和疲劳强度。连接是钢结构设计和施工中的重要环节,每个合格的连接应当符合安全可靠、节省钢材、构造简单和施工方便的原则。

钢结构连接方法有焊接、铆接、普通螺栓(A级、B级和C级)连接和高强螺栓连接等,目前应用最多的是焊接和高强螺栓连接。

### 9.3.1 焊接施工

1.焊接方法的选择

焊接是钢结构最主要的连接方法之一。在钢结构制作和安装过程中,广泛使用的是电弧焊。在电弧焊中又以药皮焊条手工焊、埋弧焊、半自动焊与$CO_2$气体保护焊为主。在某些特殊场合,则必须使用电渣焊。钢结构焊接方法的选择见表9-1。

表9-1 钢结构焊接方法的选择

| 焊接的类型 | | | 特 点 | 适用范围 |
| --- | --- | --- | --- | --- |
| 电弧焊 | 药皮焊条手工焊 | 交流焊机 | 利用焊条与焊件之间产生的电弧热焊接,设备简单,操作灵活,可进行各种位置的焊接,是建筑工地应用最广泛的焊接方法 | 焊接普通钢结构 |
| | | 直流焊机 | 焊接技术与交流焊机相同,成本比交流焊机高,但焊接时电弧稳定 | 焊接要求较高的钢结构 |

续表

| 焊接的类型 | | 特　点 | 适用范围 |
|---|---|---|---|
| 电弧焊 | 埋弧焊 | 利用埋在焊剂层下的电弧热焊接,效率高,质量好,操作技术要求低,劳动条件好,是大型构件制作中应用最广的高效焊接方法 | 焊接长度较大的对接、贴角焊缝,一般用于有规律的直焊缝 |
| | 半自动焊 | 与埋弧焊基本相同,操作灵活,但使用不够方便 | 焊接较短的或弯曲的对接、贴角焊缝 |
| | $CO_2$气体保护焊 | 用$CO_2$或惰性气体保护的实心焊丝或药芯焊丝焊接,设备简单,操作简便,焊接效率高,质量好 | 构件长焊缝的自动焊 |
| | 电渣焊 | 利用电流通过液态熔渣所产生的电阻热焊接,能焊大厚度焊缝 | 箱形梁及柱隔板与面板全焊透连接 |

2.焊接工艺总体要求

(1)焊接工艺设计:确定焊接方式、焊接参数及焊条、焊丝、焊剂的规格型号等。

(2)焊条烘焙:焊条和粉芯焊丝使用前必须按质量要求进行烘焙。酸性焊条烘焙温度为75～150 ℃,时间为1～2 h。碱性低氢型焊条的烘焙温度为350～400 ℃,时间为1～2 h,烘干的焊条应放在100～150 ℃保温筒(箱)内随用随取。一般低氢型焊条在常温下保存超过4 h应重新烘焙,重复烘焙次数不宜超过三次。

(3)定位点焊:焊接结构在拼接、组装时,要先确定零件的准确位置,所以先进行定位点焊。定位点焊的长度、厚度应由计算确定。电流要比正式焊接提高10%～15%,定位点焊的位置应尽量避开构件的端部、边角等应力集中的地方。

(4)焊前预热:预热可降低热影响区冷却速度,防止焊接延迟裂纹的产生。预热温度根据不同钢材型号和厚度确定,同时也要参照焊接的热输入、环境温度以及接头形式进行适当调整。预热区在焊缝两侧,每侧宽度均应大于焊件厚度的1.5倍,且不应小于100 mm。

(5)焊接顺序确定:一般从焊件中心开始向四周施焊;先焊收缩量大的焊缝,后焊收缩量小的焊缝;尽量对称施焊;焊缝相交时,先焊纵向焊缝,待冷却至常温后,再焊横向焊缝;钢板较厚时分层施焊。

(6)焊后热处理:焊后热处理主要是对焊缝进行消氢处理,以防止冷裂纹的产生。焊后热处理应在焊后立即进行。消氢处理的加热温度应为200～250 ℃;保温时间应根据板厚按每25 mm板厚不小于0.5 h,且总保温时间不得小于1 h确定;达到保温时间后应缓冷至常温。预热及后热均可采用散发式火焰枪进行。

3.钢结构焊接施工工艺

钢结构焊接施工工艺主要有:药皮焊条手工焊、埋弧焊(SAW)、$CO_2$气体保护焊和电渣焊(ESW),本教材主要介绍药皮焊条手工焊和埋弧焊,以及$CO_2$气体保护焊的焊接原理,而电渣焊(ESW)一般用于工业化的专业构件加工厂。

(1)药皮焊条手工焊施工工艺

①原理　在涂有药皮的金属电极与焊件之间施加一定电压时,由于电极强烈放电,而使气体电离产生焊接电弧。电弧高温足以使焊条和工件局部熔化,形成气体、熔渣和熔池,气体和熔渣对熔池起保护作用。同时,熔渣在与熔池金属起冶金反应后凝固成为焊渣,熔池凝固后成为焊缝,固态焊渣则覆盖于焊缝金属表面。药皮焊条手工焊依靠人工移动焊条实现电弧前移,完成连续的焊接。

②电源　药皮焊条手工焊的电源按电流不同可分为交流、直流以及交直流两用三种形式。交流弧焊机又可分为动铁式、动圈式和抽头式。直流弧焊机整流电源主要有硅整流式和逆变整流式。

手工电弧焊电源按其使用方式不同可分为单站式和多站式。单站式为一机供一个操作岗位使用。多站式为一机供多个操作岗位使用。但无论是交流还是直流多站式焊机，各操作岗位均需要有单独的电抗器或变阻器以供调节焊接电流。由于多站式焊机电能损耗很大，运行不是很稳定，尽管有节约投资等优点，也未得到广泛应用。

③焊条　涂有药皮的供手工弧焊用的熔化电极称为焊条。焊条由焊芯和药皮两部分组成。

● 焊芯　焊条中被药皮包覆的金属芯称为焊芯。焊芯的作用是传导焊接电流产生的电弧，同时焊芯熔化后形成焊缝的填充金属。我国目前各种焊条中，除不锈钢有色金属焊条外，多以低碳钢低合金结构钢做焊芯。焊芯的直径、长度是有一定规格的，见表9-2。

表 9-2　　　　　　　　　结构钢、不锈钢焊芯直径和长度　　　　　　　　　mm

| 焊芯直径 | 结构钢焊芯长度 | 不锈钢焊芯长度 |
|---|---|---|
| 1.6 | 200、250 | 200~240 |
| 2.0 | 250、300 | |
| 2.5 | 250、300 | 220~240 或 290~310 |
| 3.2 | 350、400 | 300~320 或 340~360 |
| 4.0 | 350、400 | |
| 5.0 | 400、450 | 340~360 或 380~400 |
| 6.0 | 400、450 | |
| 8.0 | 500、650 | 380~400 |

焊条直径是指焊芯直径，不包括药皮的厚度。在有关焊条的国家标准中都有规定。由表9-2可看出：

a.焊芯直径大，焊芯长度就长。这是因为电流通过焊芯产生的电阻热与焊芯直径成反比，焊芯直径粗，电阻小，药皮就不会因焊芯发红而开裂脱落，故可适当增加焊芯的长度。但不能过大地增加焊芯直径，因为焊芯直径增大就要使用大电流焊接，这将使焊钳过热，影响焊工操作。

b.同一直径的焊条，不锈钢焊芯长度比结构钢焊芯短些。这是因为不锈钢的电阻率为结构钢的5倍，如通过相同的电流，则不锈钢焊芯上产生的电阻热比结构钢焊芯大得多。这将导致焊条发红，药皮开裂脱落，所以必须限制不锈钢焊芯的长度。

● 药皮　涂敷在焊芯表面的涂料层称为药皮。药皮是焊条的重要组成部分，决定焊条质量和焊接质量。通常药皮是由矿石、铁合金或纯金属、化工物料和有机物粉末混合均匀后粘在焊芯上的。目前以钛钙型和低氢钠型两种类型药皮的焊条用得最多。

a.钛钙型。钛钙型药皮中含30%以上的氧化钛和20%以下的钙或镁碳酸盐矿石。熔渣流动性好，脱渣容易，电弧稳定，熔深适中，飞溅少，焊波整齐，适用于全位置焊接，焊接电源为交流或直流正、反接。

b.低氢钠型。低氢钠型药皮成分主要是碳酸盐矿石和萤石，碱度较高，熔渣流动性好。

焊接工艺性能一般，焊波较粗，角焊缝略突出，熔深适中，脱渣性较好。焊接时焊条干燥，并采用短弧焊，可全位置焊接，焊接电流为直流反接。该类型焊条熔敷金属具有良好的抗裂性和力学性能。

在焊接过程中药皮的主要作用有：

a.保护作用。焊接过程中药皮中的物质（如有机物、碳酸盐等）受热而分解出气体，形成熔渣，起到气体保护或熔渣保护作用，使熔滴和熔池金属免受有害气体（如大气中的氧气、氮气）的影响。

b.冶金作用。药皮同焊芯配合，通过冶金反应实现脱氧，去氢，除硫、磷等杂质或渗入需要的合金元素。

c.改善焊接工艺性能。通过药皮不同物质的配方设计，提高焊条的焊接工艺性能，如稳定电弧、减少飞溅、改善脱渣和焊缝成形，以及提高熔敷效率等。

④焊接材料选用的原则 应根据母材的化学成分、力学性能、焊接性能结合工件的结构特点和工作条件综合考虑选用焊接材料，必要时通过试验确定。

● 等强度原则 所谓等强度原则，是指所选用焊条熔敷金属的抗拉强度与被焊母材金属的抗拉强度相等或相近。这是焊接结构钢常用的基本原则。

● 等韧性原则 所谓等韧性原则，是指所选用焊条熔敷金属的韧性与被焊母材金属的韧性相等或相近。当焊接结构的破坏不是强度不够，而是韧性不足导致脆断时，就要选用熔敷金属强度略低于母材金属、而韧性相近的焊条。这项原则往往用于高强度钢的焊接。

● 等成分原则 所谓等成分原则，是指选用的焊条熔敷金属的化学成分符合或接近母材金属。

● 等工作条件原则 所谓等工作条件原则，是指构件工作的环境和条件近似。主要包括以下方面：

a.使用条件是指工件承受静载荷、动载荷和冲击载荷的情况，要求焊缝应保证足够的强度。当有冲击载荷时，焊缝应有较高的冲击韧性。此时要选用具有优良韧性的焊条。

b.腐蚀条件。腐蚀条件是指对构件的腐蚀情况。

c.磨损条件。磨损条件是根据磨损的性质，如金属间磨损、冲击磨损、磨粒磨损等选用相应牌号的焊条。

d.工作温度。工作温度是指构件使用时的外界温度。

e.结构形状。结构形状是指工件形状复杂，板材厚度大，刚性大，由于焊接过程中冷却速度快，易产生裂纹等情况。

⑤焊接工艺参数 焊接工艺参数主要包括：电源极性、弧长与焊接电压、焊接电流、焊接速度、运条方式和焊接层次等。

⑥焊缝缺陷产生的原因和采取的预防措施 焊缝易产生的缺陷有气孔、夹渣、咬边、熔宽过大、未焊透、焊瘤、表面成形不良（如凸起太高、波纹粗）等，见表9-3。

表9-3　　　　　　　　　焊缝缺陷产生的原因和采取的预防措施

| 缺陷类别 | 原因 | 采取的预防措施 |
| --- | --- | --- |
| 气孔 | 焊条未烘干或烘干温度、时间不足；焊口潮湿，有锈、油污等；弧长太大，电压过高 | 按焊条使用说明的要求烘干；用钢丝刷和布清理干净，必要时用火焰烤；减小弧长 |

续表

| 缺陷类别 | 原因 | 采取的预防措施 |
| --- | --- | --- |
| 夹渣 | 电流太小、熔池温度不够,渣不易浮出 | 加大电流 |
| 咬边 | 电流太大 | 减小电流 |
| 熔宽过大 | 电压过高 | 减小电压 |
| 未焊透 | 电流太小 | 加大电流 |
| 焊瘤 | 电流太小 | 加大电流 |
| 表面凸起太高 | 电流太大、焊速太慢 | 加快焊速 |
| 表面波纹粗 | 焊速太快 | 减慢焊速 |

注:酸性焊条(钛型、钛钙型、氧化铁型药皮)一般烘干温度为100~120 ℃,保温时间为30~60 min;碱性焊条(低氢型药皮)一般烘干温度为300~400 ℃,保温时间为60~120 min。如加热温度取高值,则保温时间可取低值。

(2)埋弧焊

①原理　埋弧焊与药皮焊条手工焊都是利用电弧热作为熔化金属的热源,但与药皮焊条手工焊不同的是焊丝外表没有药皮,熔渣是由覆盖在焊接坡口区的焊剂形成的。当焊丝与母材之间施加电压并互相接触引燃电弧后,电弧热将焊丝端部及电弧区周围的焊剂及母材熔化,形成金属熔滴、熔池及熔渣。金属熔池受到浮于表面的熔渣和焊剂蒸汽的保护,而不与空气接触,避免氮、氢、氧有害气体的侵入。随着焊丝向焊接坡口前方移动,熔池冷却凝固后形成焊缝,熔渣冷却后形成渣壳。与药皮焊条手工焊一样,熔渣与熔化金属发生冶金反应,从而影响并改善焊缝的化学成分和力学性能。

②特点

● 焊接电弧受焊剂的包围,熔渣覆盖焊缝金属起隔热作用,因此热效率较高;再加上使用粗焊丝,大电流密度,因而熔深大,减小了坡口尺寸及填充金属量。因而埋弧焊成为大型构件制作中应用最广的高效焊接方法。

● 埋弧焊的热输入大、冷却速度慢、熔池存在时间长,使冶金反应充分,各种有害气体能及时从熔池中逸出,避免气孔产生,也降低了冷裂纹的敏感性。

● 埋弧焊不见弧光及飞溅,操作条件好。

● 埋弧焊的焊剂保护方式使焊接位置一般限于平焊。在特定情况下,如板厚约20 mm,在横焊时坡口下方加铜托也可施焊,其他焊位则难以施焊。

● 埋弧焊一般情况下要求坡口加工精度稍高,或加导向装置,使焊丝与坡口对准,避免焊偏。

● 埋弧焊由于需要不断输送焊剂到电弧区,因而大多数应用于自动焊。

③设备　埋弧焊设备由交流或直流焊接电源、焊接小车、制盒和电缆等附件组成。

④焊剂　焊剂可按其制作方法、化学成分或碱度分类。具体分类方法简述如下:

● 按制作方法分类　焊剂可分为熔炼焊剂、烧结焊剂和陶质焊剂。熔炼焊剂是将矿物原料经高温熔炼后水淬粉碎而成。烧结焊剂是将各种矿物粉料混合后制造成颗粒,再经高温(700~900 ℃)烧结粉碎而成。陶质焊剂与烧结焊剂相同,但不经烧结,只经400~500 ℃烘干。

● 按化学成分分类　则以焊剂中的 $SiO_2$、$MnO$ 和 $CaF_2$ 含量分类。

● 按焊剂的碱度(BI)分类　焊剂可分为碱性、酸性和中性焊剂。

⑤焊丝　结构钢埋弧焊用焊丝有碳锰钢、锰硅钢、锰钼钢和锰钒钢四种。

⑥焊剂和焊丝的组合　焊剂和焊丝的选配原则：焊丝和焊剂的不同组合可获得不同成分或性能的熔敷金属。焊剂和焊丝是焊接工艺的重要因素，即影响焊接接头抗拉强度和弯曲性能的因素。当重要因素改变时，相应的焊接工艺必须进行重新评定。

⑦焊接工艺参数　影响埋弧焊焊缝成形和质量的因素有：焊接电流、焊接电压、焊接速度、焊丝直径、焊丝倾斜角度、焊丝数目及排列方式、焊剂粒度和堆放高度。

⑧焊缝缺陷产生的原因及采取的预防措施　埋弧焊焊缝常见缺陷种类及防止措施，除了与手工电弧焊情况相似以外，还有一些特殊情况，见表9-4。

表9-4　　　　　　　埋弧焊的焊接缺陷产生原因及采取的预防措施

| 缺陷类别 | 原　　因 | 采取的预防措施 |
| --- | --- | --- |
| 气孔 | 接头有锈、氧化皮、有机物（油脂、木屑） | 接头打磨、火焰烧烤、清理 |
| | 焊剂吸湿 | 约300℃烘干 |
| | 污染的焊剂（混入刷子毛） | 收集焊剂时不要用毛刷，只用钢丝刷，特别是焊接区尚热时更应如此 |
| | 焊速过大（角焊缝超过650 mm/min） | 降低焊接速度 |
| | 焊剂堆放高度不够 | 升高焊接漏斗 |
| | 焊剂堆放高度过大，气体逸出不充分 | 降低焊剂漏斗，全自动时的适当高度为30～40 mm |
| | 钢丝有锈、油 | 清洁或更换焊丝 |
| | 极性不适当 | 焊丝接正极性 |
| 焊缝裂纹 | 焊丝、焊剂的组配与母材不匹配（母材含碳量过高，焊缝金属含锰量过低） | 使用含锰量高的焊丝，母材含碳量高时预热 |
| | 焊丝的含碳量和含硫量过高 | 更换焊丝 |
| | 多层焊接时第一层产生的焊缝不足以承受收缩变形引起的拉应力 | 增大打底焊道厚度 |
| | 角焊缝焊接时，特别是在沸腾钢中由于熔深大和偏析产生裂纹 | 减小电流和焊接速度 |
| | 焊道形状不当，熔深过大，熔宽过窄 | 使熔深和熔宽之比大于1.2，减小焊接电流，增大焊接电压 |
| 夹渣 | 母材倾斜形成下坡焊，焊渣流到焊丝前 | 反向焊接，尽可能将母材水平放置 |
| | 多层焊接时焊丝和坡口某一侧面过近 | 坡口侧面和焊丝的距离至少等于焊丝的直径 |
| | 电流过小，层间残留有夹渣 | 提高电流，以便于残留焊剂熔化 |
| | 焊接速度过低，焊渣流到焊丝之前 | 提高电流和焊接速度 |
| | 最终层的电弧电压过高，焊剂被卷进焊道的一端 | 必要时用熔宽窄的二道焊代替熔宽大的一道焊熔敷最终层 |

(3)$CO_2$气体保护焊

①概述　气体保护焊包括钨极氩弧焊和熔化极气体保护焊。钨极氩弧焊是利用纯钨或活化钨（钍钨、铈钨等）作为电极（不熔化极），在惰性气体保护下，电极与焊件间产生的电弧热熔化母材和填充金属的一种焊接方法。熔化极气体保护焊是采用可熔化的焊丝（熔化电极）与焊件之间的电弧热来熔化焊丝与母材金属，并向焊接区输送保护气体，使电弧、熔化的

焊丝、熔池及附近的母材金属免受空气的有害作用。

根据保护气体的不同,熔化极气体保护焊可分为多种,广泛用于碳钢、低合金钢、不锈钢、铝合金、铜合金、镁合金、钛及钛合金、镍及镍合金等几乎所有金属的焊接。目前应用较多的是 $CO_2$ 气体保护焊。

② 原理　$CO_2$ 气体保护焊是用喷枪喷出 $CO_2$ 气体作为电弧焊的保护介质,使熔化金属与空气隔绝,以保持焊接过程的稳定。由于焊接时没有焊剂产生的熔渣,故便于观察焊缝的成形过程,但操作时需要在室内避风处,在工地操作则需要搭设防风棚。

③ 分类　用于钢结构焊接的 $CO_2$ 气体保护焊分类如下:
- 按焊丝分类　可分为实心焊丝 $CO_2$ 气体保护焊和无药芯焊丝 $CO_2$ 气体保护焊。
- 按保护气体性质分类　可分为纯 $CO_2$ 气体保护焊和 $Ar+CO_2$ 混合气体保护焊。

### 9.3.2　高强度螺栓连接施工

高强度螺栓连接是目前与焊接并举的钢结构主要连接方法之一。特点是施工方便,可拆可换,传力均匀,接头刚性好,承载能力大,抗疲劳强度高,螺母不易松动,结构安全可靠。高强度螺栓从外形上可分为大六角头高强度螺栓(即扭矩型高强度螺栓)和扭剪型高强度螺栓两种。高强度螺栓和与之配套的螺母、垫圈总称为高强度螺栓连接副。大六角头高强度螺栓连接副由一个大六角头螺栓、一个螺母和两个垫圈组成,如图 9-1 所示;扭剪型高强度螺栓连接副由一个螺栓、一个螺母和一个垫圈组成,如图 9-2 所示。

图 9-1　大六角头高强度螺栓连接副

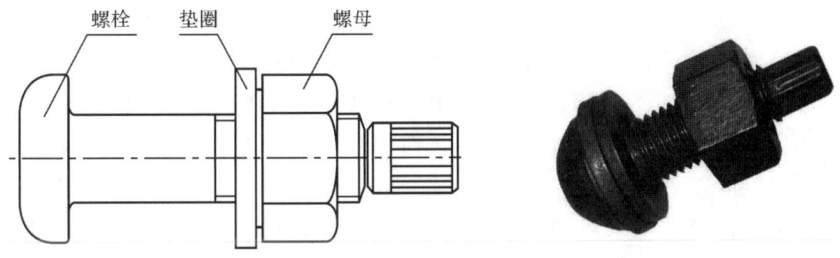

图 9-2　扭剪型高强度螺栓连接副

**1.一般要求**

(1)高强度螺栓连接副应由制造厂按批配套供货,并必须有出厂质量保证书。使用前,应按有关规定对高强度螺栓的各项性能进行检验。运输过程中应轻装轻卸,防止损坏。当发现包装破损、螺栓有污染等异常现象时,应用煤油清洗,并按验收规程进行复验,经复验扭矩系数合格后方能使用。

(2)工地储存高强度螺栓时,应放在干燥、通风、防雨、防潮的仓库内,并不得沾染脏物,堆放不宜过高。在安装前严禁任意开箱。

(3)安装时,按当天需用量领取,当天没有用完的螺栓,必须装回容器内,妥善保管,不得乱扔、乱放。在安装过程中,不得碰伤螺纹及沾染脏物,以防扭矩系数发生变化。

(4)当高强度螺栓连接处摩擦面采用生锈处理方法时,安装前应用细钢丝刷除去浮锈。

(5)不得用高强度螺栓兼做临时螺栓,以防损伤螺纹,引起扭矩系数变化。所采用的临时螺栓或冲钉,在布置数量时需要满足有关要求。

(6)安装高强度螺栓时,严禁强行穿入螺栓(如用锤敲打)。当不能自由穿入时,可用铰刀进行修整,严禁气割扩孔。

(7)接头摩擦面上不允许有毛刺、铁屑、油污、焊接飞溅物。摩擦面应干燥,没有结露、积霜、积雪,并不得在雨天进行安装。

(8)使用定扭矩扳子紧固高强度螺栓时,每天上班前应对定扭矩扳子进行校核,合格后方能使用。

2.摩擦面加工

摩擦面的处理一般有喷砂(丸)、酸洗、砂轮打磨和钢丝刷清除等方法,可根据各自的条件选择加工方法。在上述几种方法中,以喷砂(丸)处理过的摩擦面的抗滑移系数值较高,且离散率较小,故为最佳处理方法。

(1)喷砂(丸)

选用干燥的石英砂,粒径为 1.5~4.0 mm,风压为 0.4~0.6 N/mm$^2$,喷嘴直径 10 mm,喷嘴距离钢材表面 100~150 mm 进行喷射。加工处理后的钢材表面呈现灰白色为最佳。但由于喷砂对空气的污染严重,所以在城区不允许使用。目前推广采用的磨料是钢丸。

(2)酸洗

利用浓度为 18%(质量比)硫酸,内加少量硫脲,温度为 70~80 ℃,停留 30~40 min。再用石灰水中和,温度保持在 60 ℃左右,钢材放入停留 1~2 min 后提起,再重新放入 1~2 min 后出槽。清洗时水温为 60 ℃左右,清洗 2~3 次,用 pH 试纸检验中和及清洗程度。酸洗曾得到广泛应用,效果虽然较好,但残存的酸性液体会不可避免地存在,并继续腐蚀摩擦面。因此,不提倡使用此种处理方法,条件允许时应优先采用其他处理方法。

(3)砂轮打磨

用手提式电动砂轮进行打磨,打磨范围不应小于螺栓孔径的 4 倍,打磨方向应与构件受力方向垂直。砂轮打磨时,注意不应在钢材表面磨出明显的凹坑。砂轮打磨适用于环境和施工条件受到限制时的局部摩擦面处理,其抗滑移系数基本上能满足要求,但要慎重操作。

(4)钢丝刷清除

利用钢丝刷清除浮锈或未经处理的干净轧制表面,仅适用于全面覆盖着氧化薄的钢板或有轻微浮锈的钢材表面和抗滑移系数较低的连接面。用此方法处理喷砂后生赤锈的部位效果良好,但要遵守有关施工规程,严格掌握赤锈程度,安装前应清除浮锈。

一般情况下应按设计提出的处理方法进行施工,若设计对处理方法无具体要求,施工单位可采用适当的处理方法进行施工,以达到设计规定的抗滑移系数值为准。

3.安装工艺

(1)一个接头上的高强度螺栓连接,应从螺栓群中部开始安装,向四周扩展,逐个拧紧。

大六角头高强度螺栓要进行初拧、复拧、终拧,每完成一次应涂上相应的颜色或标志,以防漏拧。

(2)当接头兼有高强度螺栓连接和焊接连接时,宜按先栓后焊的方式施工,即先终拧完高强度螺栓,再焊接焊缝。

(3)高强度螺栓应能自由穿入螺栓孔内,当板层发生错孔时,允许用铰刀扩孔。扩孔时,铁屑不得掉入板层间。为防止掉入,铰孔前应将四周螺栓全部拧紧。扩孔数量不得超过一个接头螺栓数量的 1/3,扩孔后的孔径不应大于 $1.2d$($d$ 为螺栓直径)。严禁使用氧气切割进行高强度螺栓孔的扩孔。

(4)一个接头中多个高强度螺栓穿入方向应一致。垫圈有倒角的一侧应朝向螺栓头和螺母,螺母有圆台的一面应朝向垫圈,螺母和垫圈不得装反。

(5)高强度螺栓连接副在终拧以后,螺栓丝扣外露应为 2~3 扣,其中允许有 10% 的螺栓丝扣外露 1 扣或 4 扣。

4.紧固方法

(1)大六角头高强度螺栓连接副紧固

大六角头高强度螺栓连接副一般采用扭矩法和转角法紧固。

①扭矩法　使用可直接显示扭矩值的专用扳手,分初拧和终拧两次拧紧。对于大型节点应分为初拧、复拧和终拧。初拧扭矩为施工扭矩的 50%,复拧扭矩等于初拧扭矩。其目的是通过初拧,使接头各层钢板达到充分密贴;终拧扭矩把螺栓拧紧。每次拧紧都应在螺母上涂不同颜色作为标志。扭矩扳手种类如图 9-3 所示。

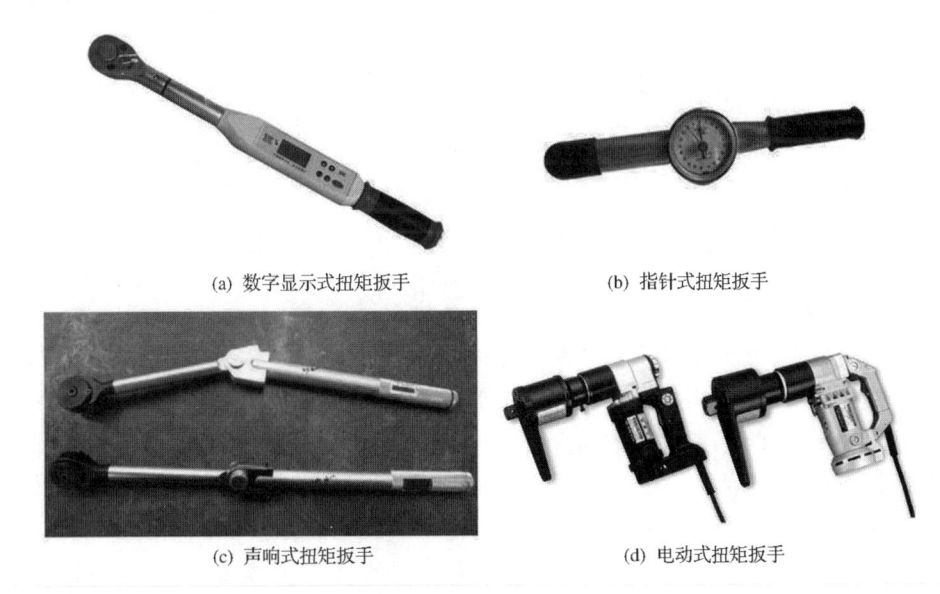

(a) 数字显示式扭矩扳手　　(b) 指针式扭矩扳手

(c) 声响式扭矩扳手　　(d) 电动式扭矩扳手

图 9-3　扭矩扳手种类

②转角法　根据构件紧密接触后,螺母的旋转角度与螺栓的预拉力成正比的关系确定紧固的一种方法。操作时分初拧和终拧两次施拧。初拧可用短扳手将螺母拧至构件靠拢,并做好标志。终拧用长扳手将螺母从标志位置拧至规定的终拧位置。转动角度的大小在施工前由试验确定。

(2)扭剪型高强度螺栓紧固

扭剪型高强度螺栓有一特制尾部,采用带有两个套筒的专用电动扳手紧固。紧固时用专用电动扳手的两个套筒分别套住螺母和螺栓尾部的梅花头,接通电源后,两个套筒按反向旋转,拧断尾部后即达相应的扭矩值。扭剪型高强度螺栓扭紧示意如图 9-4 所示。一般用定扭矩扳手初拧,用专用电动扳手终拧。

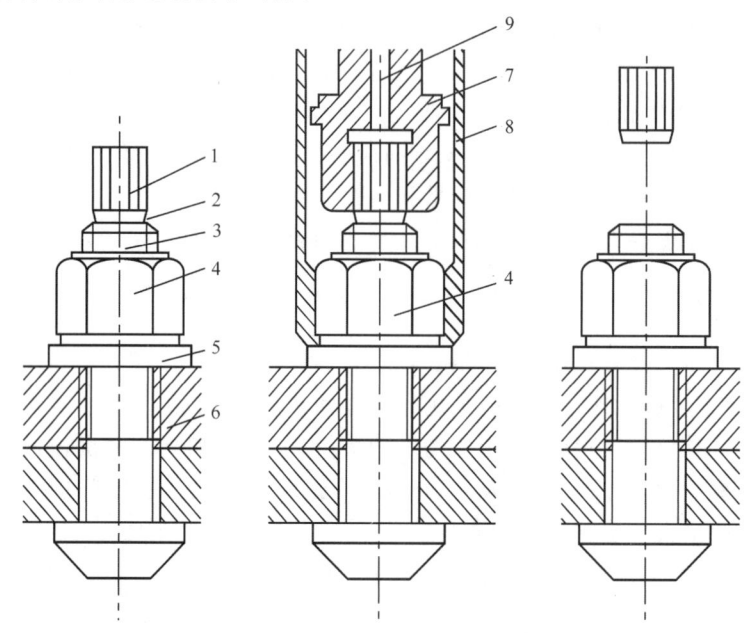

图 9-4 扭剪型高强度螺栓扭紧示意图

1—尾部夹紧头;2—定扭矩切口;3—螺栓部分;4—螺母;5—垫圈;6—被紧固件;
7—内套筒;8—外套筒;9—顶杆

(3)防松处理

为了防止螺栓在紧固后发生松动,应对螺栓、螺母的连接采取必要的防松措施。根据其结构性质选用下列方法进行防松处理:

①垫放弹簧垫圈 在螺母下面垫一开口弹簧垫圈,螺母紧固后沿轴向产生弹性压力,可起到防松作用。为防止开口弹簧垫圈损伤构件表面,可在开口弹簧垫圈下面垫一平垫圈。

②副螺母防松 在紧固后的螺母上面增加一个较薄的副螺母,使两螺母之间产生轴向压力,并增加螺栓、螺母凸凹螺纹的咬合自锁长度,以达到相互制约而不使螺母松动的目的。使用副螺母防松的螺栓,在安装前应计算螺栓的准确长度,待防松副螺母紧固后,螺栓伸出副螺母外的长度应不少于 2 扣螺纹。

③不可拆的永久防松 这种防松方法一般应用在不再拆除、更换零部件的永久工程上。不可拆的永久防松方法是将螺母紧固后,用电焊将螺母与螺栓的相邻位置对称点焊 3~4 处或将螺母与构件相点焊;另一防松做法是将螺母紧固后,用尖锤或钢冲在螺栓伸出螺母的侧面或靠近螺母上平螺纹处进行对称点铆 3~4 处,使螺栓上的螺纹被铆成乱丝状凹陷,破坏螺纹以阻止螺母旋转,起到防松作用。

在不可拆的永久防松措施中,宜采用破坏螺纹的点铆方法,不宜采用点焊法防松,以免增加螺栓、螺母或构件表面局部硬化,加速腐蚀程度。

### 9.3.3 钢结构连接质量验收

钢结构连接质量应符合《钢结构工程施工质量验收标准》(GB 50205—2020)的规定。钢结构连接质量验收按相应的钢结构制作工程或钢结构安装工程检验批的划分原则划分为一个或若干个检验批进行。

1. 焊缝质量检查

钢结构焊缝质量应根据不同要求分别采用外观检查、超声波检查、射线探伤检查、浸渗探伤检查、磁粉探伤检查等。碳素结构钢应在焊缝冷却至环境温度后进行焊缝探伤检查,低合金结构钢应在焊接完成24 h以后进行焊缝探伤检查。

2. 高强度螺栓连接副终拧检查

大六角头高强度螺栓连接副应在完成1～48 h内进行终拧扭矩检查。检查数量:按节点数抽查10%,且不应少于10个;每个被抽查节点按螺栓数抽查10%,且不应少于2个。

扭剪型高强度螺栓连接副终拧检查是以拧掉梅花头为标志,未在终拧中拧掉梅花头的螺栓数不应大于该节点螺栓数的5%。检查数量:按节点数抽查10%,且不应少于10个,被抽查节点中梅花头未拧掉的扭剪型高强度螺栓连接副,全数进行终拧扭矩检查。

## 9.4 单层钢结构工程

### 9.4.1 材料堆放

钢结构通常在专业钢结构加工厂制作,然后运至工地经过组装后进行吊装。为适应钢结构进场堆放、检验、涂装、组装和配套供应,对规模较大的工程需要设立钢结构堆放场。

钢结构运至堆放场经过检验后分类堆放。堆垛高度一般不大于2 m。堆垛之间需要留出必要的通道,一般宽度为2 m。柱应放在垫木上,各层亦用垫木间隔,垫木位置和间距以保证不产生过大变形为原则。桁架和桁架梁多斜靠立柱堆放,立柱间距为2～3 m。

### 9.4.2 安装准备

在钢结构安装准备阶段,必须做好以下工作:

1. 编制钢结构工程施工组织设计

钢结构工程施工组织设计的内容包括:计算钢结构构件和连接件数量;选择安装机械;确定流水程序;确定质量标准、安全措施和特殊施工技术等。

选择安装机械是钢结构安装的关键。选择安装机械的前提条件是:必须满足钢结构的安装要求;机械必须确保供应;必须保证工期。

2. 基础准备和钢构件检验

基础准备包括轴线误差测量、基础支撑面准备、支撑面标高与水平度检查、地脚螺栓位置和伸出支撑面长度量测等。柱基础轴线和标高是确保安装质量的基础,应根据验收资料复核各项数据,并标注在基础表面上。

基础支撑面准备有两种做法:一种是基础一次浇筑到设计标高,即基础表面先浇筑到设计标高以下20～30 mm处,然后在设计标高处设角钢或槽钢制导架,测准其标高,再以导架为依据用水泥砂浆仔细铺筑支座表面;另一种是基础预留标高,安装时做足,即基础表面先浇筑至距设计标高50~60 mm处,柱子吊装时,在基础面上放钢垫板(不得多于3块)以调整标高,待柱吊装就位后,再在钢结构柱脚底板下浇筑细石混凝土,如图9-5所示。

(a)钢垫板调整标高　　　　　　(b)混凝土灌浆

图9-5　钢结构柱基础预留标高做法

### 9.4.3　结构安装

单层厂房钢结构构件,包括钢柱、吊车梁、桁架、天窗架、檩条、支撑及墙架等,构件的形式、尺寸、质量、安装标高都不同,因此所采用的起重设备、安装方法等亦需要随之变化并与其相适应。

1.钢柱安装与校正

单层工业厂房占地面积较大,通常用自行杆式起重机或塔式起重机吊装钢柱。钢柱的吊装方法与装配式钢筋混凝土柱相似,亦为旋转吊装法及滑行吊装法。

钢柱经过初校,待垂直度偏差控制在20 mm以内方可使起重机脱钩。钢柱的垂直度用经纬仪检验,如有偏差,用螺旋千斤顶或油压千斤顶进行校正,如图9-6所示。在校正过程中,随时观察柱底部和标高控制块之间是否脱空,以防校正过程中造成水平标高的误差。

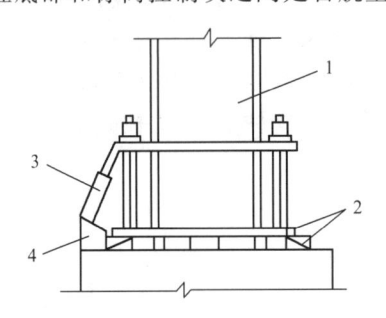

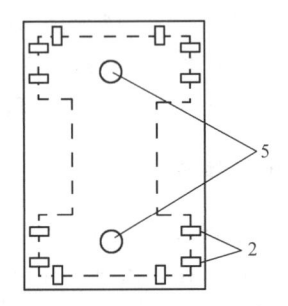

图9-6　钢柱垂直度校正及承重块布置
1—钢柱;2—承重块;3—千斤顶;4—钢托座;5—标高控制块

钢柱位置的校正,对于重型钢柱可用螺旋千斤顶、链条和套环托座,沿水平方向顶校钢柱,如图9-7所示。校正后为防止钢柱位移,在钢柱四边用10 mm厚的钢板定位,并用电焊固定。钢柱复校后,再紧固锚固螺栓,并将承重块上下点焊固定,防止移动。

2.吊车梁安装与校正

在钢柱吊装完成且经调整固定于基础上之后,即可吊

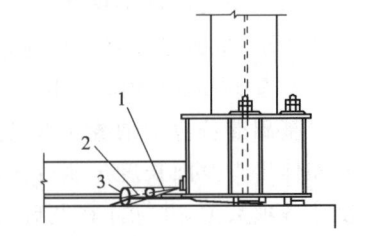

图9-7　钢柱位置校正
1—螺旋千斤顶;2—链条;3—套环托座

装吊车梁。吊车梁吊装前必须密切注意钢柱吊装后的位移和垂直度的偏差;实测吊车梁搁置处梁高制作的误差;认真做好临时标高垫块工作;严格控制定位轴线。

钢吊车梁均为简支梁形式,梁端之间留有 10 mm 左右的空隙。梁的搁置处与牛腿面之间留有空隙,设钢垫板。梁与牛腿用螺栓连接,梁与制动架之间用高强度螺栓连接。

3.钢桁架安装与校正

钢桁架可用自行杆式起重机(尤其是履带式起重机)、塔式起重机等进行安装。钢桁架的跨度、质量和安装高度不同,安装机械和安装方法亦随之而异。钢桁架多用悬空吊装,为使钢桁架在吊起后不致发生摇摆和与其他构件碰撞,起吊前在支座的节点附近用麻绳系牢,随吊随放松,以此保证其位置正确。钢桁架的绑扎点要保证钢桁架的吊装稳定性,否则就需要在吊装前进行临时加固。

钢桁架的侧向稳定性较差,如果吊装机械的起重量和起重臂长度允许,最好经扩大拼装后进行组合吊装,即在地面上将两榀桁架及其上的其他构件拼装成整体,一次进行吊装,这样不但可提高吊装效率,也有利于保证其吊装的稳定性。

钢桁架临时固定需要用临时螺栓和冲钉,每个节点处应穿入的数量必须由计算确定,并应符合下列规定:不得少于安装孔总数的 1/3;至少应穿 2 个临时螺栓;冲钉穿入数量不宜多于临时螺栓的 30%;扩钻后的螺栓(A 级、B 级)孔不得使用冲钉。

钢桁架要检验校正其垂直度和弦杆的正直度。钢桁架的垂直度可用挂线锤球检验,而弦杆的正直度则可用拉紧的测绳进行检验。钢桁架的最后固定可用电焊或高强度螺栓连接。

## 9.5 多层及高层钢结构工程

### 9.5.1 流水段划分原则及安装顺序

多层及高层建筑钢结构的安装,必须根据建筑物的平面形状、结构形式、安装机械的数量和位置等合理划分安装施工流水区段,确定安装顺序。

平面流水段的划分应考虑钢结构在安装过程中的对称性和整体稳定性。其安装顺序一般应由中央向四周扩展,以利于焊接误差的减小。筒体结构的安装顺序为先内筒后外筒;对称结构采用全方位对称方案安装。

立面流水段的划分以一节钢柱(各节所含层数不一)为单元。每个单元安装顺序以主梁或钢支撑、带状桁架安装成框架为原则。然后再安装次梁、楼板及非结构构件。塔式起重机的提升、顶升与锚固均应满足组成框架的需要。

钢结构标准单元施工顺序如图 9-8 所示。

多层及高层建筑钢结构安装前,应根据安装流水段和构件安装顺序,编制构件安装顺序表。表中应注明每一构件的节点型号、连接件的规格和数量、高强度螺栓规格和数量、栓焊数量及焊接量、焊接形式等。构件从成品检验、运输、现场核对、安装、校正到安装后的质量检查,应统一遵从该安装顺序。

## 252 建筑施工技术

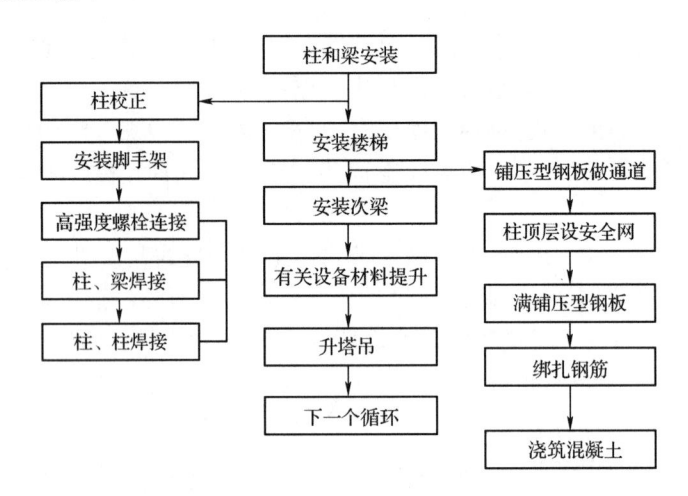

图 9-8 钢结构标准单元施工顺序

### 9.5.2 构件吊点设置与起吊

**1. 钢柱**

钢柱平运时两点起吊,安装时一点立吊。立吊时需要在柱根部垫上垫木,以回转法起吊,严禁根部拖地。吊装 H 形钢柱、箱形钢柱时,可利用其接头耳板做吊环,配以相应的吊索、吊架和销钉。钢柱起吊如图 9-9 所示。

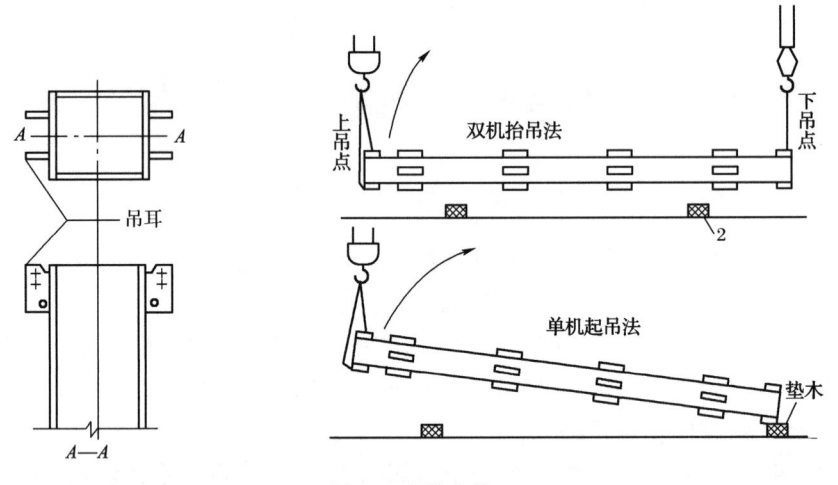

图 9-9 钢柱起吊

**2. 钢梁**

距梁端 500 mm 处开孔,用特制卡具两点平吊,次梁可三层串吊,如图 9-10 所示。

**3. 组合件**

因组合件形状、尺寸不同,故可计算重心确定吊点,采用两点吊、三点吊或四点吊。凡不易计算者,可加设倒链协助确定重心,构件平衡后起吊。

**4. 零件及附件**

钢构件的零件及附件应随构件一并起吊。尺寸及质量较大的节点板、钢柱上的爬梯、大梁上的轻便走道等,应牢固固定在构件上。

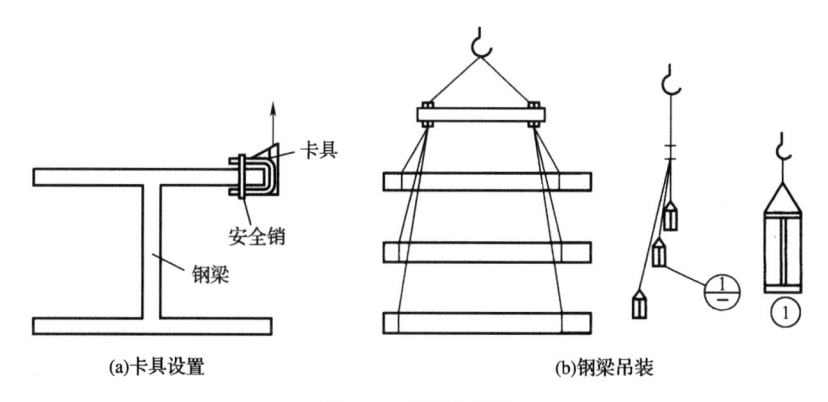

图 9-10 钢梁的吊装

(a)卡具设置　　(b)钢梁吊装

### 9.5.3 构件安装与校正

1. 钢柱安装与校正

(1)首节钢柱安装与校正

安装前应对建筑物的定位轴线、首节柱安装位置、基础标高和基础混凝土强度等进行复检,合格后才能进行安装。

①柱顶标高调整　根据钢柱实际长度、柱底平整度,利用柱底板下地脚螺栓上的调整螺母调整柱底标高,以精确控制柱顶标高(图 9-11)。

②纵横十字线对正　首节钢柱在起重机吊钩不脱钩的情况下,利用制作时在钢柱上画出的中心线与基础顶面十字线对正就位。

③垂直度调整　用两台呈 90°的经纬仪投点,采用缆风绳法校正。在校正过程中不断调整柱底板下的螺母,校正完毕后将柱底板上面的两个螺母拧上,缆风绳松开,使柱身呈自由状态,再用经纬仪复核。如有小偏差,微调下螺母,无误后将上螺母拧紧。柱底板与基础面间预留的空隙,用无收缩砂浆以捻浆法垫实。

(2)上节钢柱安装与校正

上节钢柱安装时,利用柱身中心线就位,为使上、下柱不出现错口,应尽量做到上、下柱轴线重合。上节钢柱就位后,按照先调整标高,再调整位移,最后调整垂直度的顺序校正。

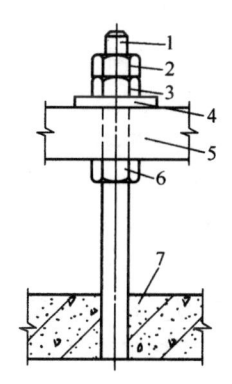

图 9-11　采用调整螺母控制标高
1—地脚螺栓;2—止退螺母;3—紧固螺母;
4—螺母垫圈;5—柱底板;6—调整螺母;
7—钢筋混凝土基础

校正时,可采用缆风绳校正法或无缆风绳校正法。目前多采用无缆风绳校正法(图 9-12),即利用塔吊、钢楔、垫板、撬棍以及千斤顶等工具,在钢柱呈自由状态下进行校正。此法施工简单、校正速度快、易于吊装就位和确保安装精度。为适应无缆风绳校正法,应特别注意钢柱节点临时连接耳板的构造。上、下耳板的间隙宜为 15~20 mm,以便于插入钢楔。

①标高调整　钢柱一般采用相对标高安装,设计标高复核的方法。钢柱吊装就位后,合上连接板,穿入大六角头高强度螺栓,但不夹紧,通过吊钩起落与撬棍拨动调节上、下柱之间的间隙。量取上柱柱根标高线与下柱柱头标高线之间的距离,经检验符合要求后在上、下耳

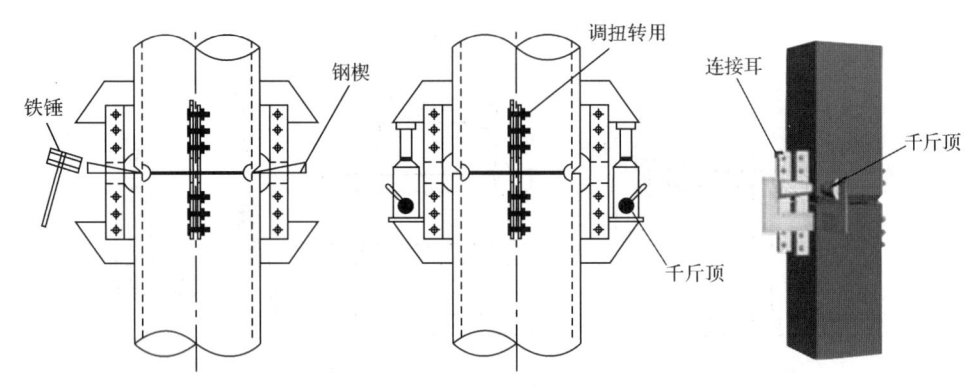

图 9-12　无缆风绳校正法

板间隙中打入钢楔以限制钢柱下落。正常情况下,标高偏差调整至零。若钢柱制造误差超过 5 mm,应分次调整。

②位移调整　钢柱定位轴线应从地面控制轴线直接引上,不得从下层柱的轴线引上。钢柱轴线偏移时,可在上柱和下柱耳板的不同侧面夹入一定厚度的垫板加以调整,然后微微夹紧柱头临时接头的连接板。钢柱的位移每次只能调整 3 mm,若偏差过大,只能分次调整。起重机至此可松吊钩。校正位移时应注意防止钢柱扭转。

③垂直度调整　用两台经纬仪在相互垂直的位置投点,进行垂直度观测。调整时,在钢柱偏斜方向的同侧锤击钢楔或微微顶升千斤顶,在保证单节柱垂直度符合要求的前提下,将柱顶偏轴线位移校正至零,然后拧紧上、下柱临时接头的大六角头高强度螺栓至额定扭矩。

**注意**:为了调整标高和垂直度,临时接头上的螺栓孔应比螺栓直径大 4.0 mm。因钢柱制造允许误差一般为 -1 mm～+5 mm,故螺栓孔扩大后能有足够的余量将钢柱校正准确。

2.钢梁安装与校正

(1)钢梁安装时,同一列柱,应先从中间跨开始对称地向两端扩展;同一跨钢梁,应先安装上层梁再安装中、下层梁。

(2)在安装和校正柱与柱之间的主梁时,可先把柱子撑开,跟踪测量、校正,预留接头焊接收缩量,这时柱产生的内力在焊接完毕焊缝收缩后也就消失了。

(3)一节柱的各层梁安装好后,应先焊上层主梁,后焊下层主梁,以使框架稳固,便于施工。一节柱(三层)的竖向焊接顺序是:上层主梁→下层主梁→中层主梁→上柱与下柱焊接。钢结构钢梁安装如图 9-13 所示。每天安装的构件应形成空间稳定体系,以确保安装质量和结构安全。

图 9-13　钢结构钢梁安装

3.楼层压型钢板安装

多层及高层钢结构楼板,一般多采用压型钢板与混凝土叠合层组合而成,如图 9-14 所示。一节柱的各层梁安装校正后,应立即安装本节柱范围内的各层楼梯,并铺好各层楼面的压型钢板,进行叠合楼板施工。

楼层压型钢板的安装工艺流程是:弹线→清板→吊运→布板→切割→压合→侧焊→端焊→封堵→验收→栓钉焊接。

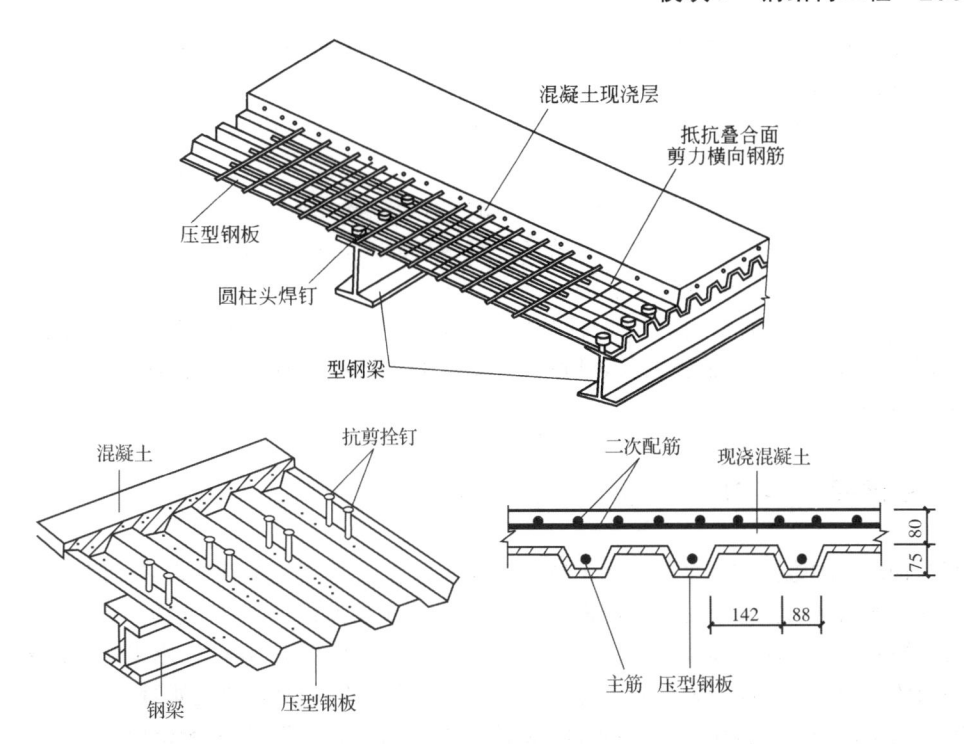

图 9-14 压型钢板组合楼板的构造

(1)压型钢板安装铺设

①弹线 在铺板区应弹出钢梁的中心线。主梁的中心线是铺设压型钢板固定位置的控制线,并决定压型钢板与钢梁熔透焊接的焊点位置;次梁的中心线决定熔透焊栓钉的焊接位置。因压型钢板铺设后难以观察次梁翼缘的具体位置,故将次梁的中心线及次梁翼缘反弹在主梁的中心线上,固定栓钉时再将其反弹在压型钢板上。

②栓钉焊接 为使组合楼板与钢梁有效地共同工作,抵抗叠合面间的水平剪力作用,通常采用栓钉穿过压型钢板焊于钢梁上。栓钉焊接的材料与设备有栓钉、焊接瓷环和栓钉焊机。焊接时,把栓钉插入焊枪的长口,焊钉下端置入母材上面的瓷环内。按焊枪电钮,栓钉被提升,在瓷环内产生电弧,在电弧发生后规定的时间内,用适当的速度将栓钉插入母材的融池内。焊完后,立即除去瓷环,并在焊缝的周围去掉卷边,检查焊钉焊接部位。栓钉焊接工序如图 9-15 所示。

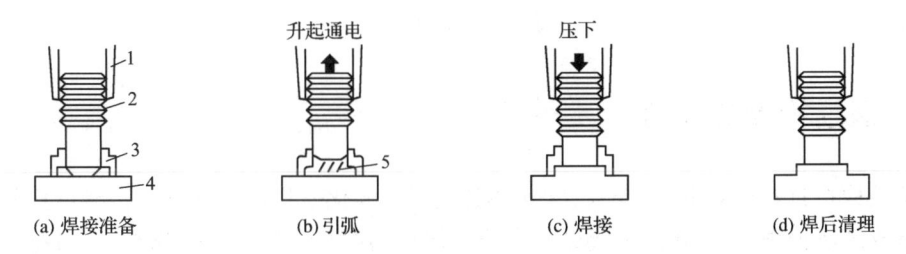

图 9-15 栓钉焊接工序
1—焊枪;2—栓钉;3—瓷环;4—母材;5—电弧

③压型钢板准备、吊运 将压型钢板分层分区按料单清理、编号,并运至施工指定部位。吊运应保证压型钢板板材整体不变形、局部不卷边。

④压型钢板铺设　压型钢板铺设应平整、顺直、波纹对正,设置位置正确;压型钢板与钢梁的锚固支撑长度应符合设计要求,且不应小于 50 mm。

⑤压型钢板裁剪边　采用等离子切割机或剪扳钳裁剪边角。裁减富余量应控制在 5 mm 内。

⑥压型钢板固定　压型钢板与压型钢板侧板间连接采用咬口钳压合,使单片压型钢板间连成整板,然后用点焊将整板侧边及两端头与钢梁固定,最后采用栓钉固定。为了浇筑混凝土时不漏浆,端部肋应进行封端处理。

⑦钢筋绑扎、浇筑混凝土　压型钢板及栓钉安装完毕后,即可绑扎钢筋,浇筑混凝土。目前为减少现场施工压型钢板出厂,已按设计要求布置焊接了钢筋。现场施工时只需要对钢筋进行少量的连接加固。

## 9.6　围护结构安装

目前钢结构的维护结构主要采用传统的砌体作为填充,或采用彩钢保温板,而轻型门式刚架结构和排架结构则主要采用彩色钢板夹芯板(亦称彩钢保温板)做围护结构。彩色钢板夹芯板按功能不同分为屋面板和墙面板。屋面板和墙面板的边缘部位,要设置彩板配件用来防风雨和装饰建筑外形。屋面板配件有屋脊件、封檐件、山墙封边件、高低跨泛水件、天窗泛水件和屋面洞口泛水件等;墙面板配件有转角件、板底泛水件、板顶封边件、门窗洞口包边件等。

彩色钢板连接件常用的有自攻螺丝、拉铆钉和开花螺栓(分为大开花螺栓和小开花螺栓)。板材与承重构件的连接,采用自攻螺丝、大开花螺丝等;板与板、板与配件、配件与配件的连接,采用铝合金拉铆钉、自攻螺丝和小开花螺丝等。

屋面工程施工工序如图 9-16 所示。墙面工程的施工工序与此相似。

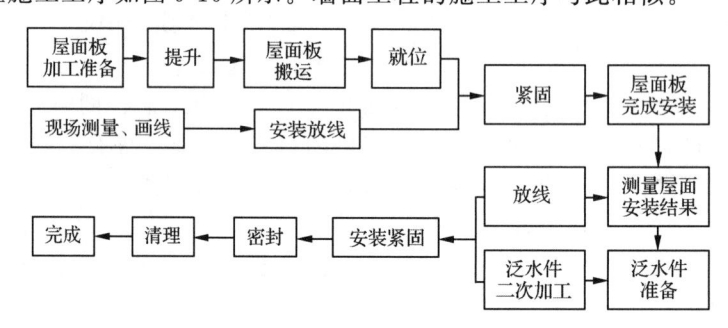

图 9-16　屋面工程施工工序

## 9.7　钢结构涂装工程

钢结构在自然环境中,易受水、氧气和其他物质的化学作用而被腐蚀。钢结构的腐蚀不仅会造成经济损失,还直接影响到结构安全。另外,钢材由于导热快、比热小,虽是一种不易燃烧材料,但极不耐火。未加防火处理的钢结构在遭遇火灾时,温度上升很快,只需要十几分钟,其温度就可达540 ℃以上,此时钢材的力学性能如屈服点、抗拉强度、弹性模量及载荷能力等都将急剧下降;达到 600 ℃时,强度则几乎为零,这时钢结构不可避免地扭曲变形,最终导致整个结构的垮塌毁坏。因此,根据钢结构所处环境及工作性能采取相应的防腐和防火措施是钢结构设计与施工的重要内容。目前国内外主要采用涂料涂装的方法进行钢结构的防腐与防火处理。钢结构涂装工程可分为防腐涂装工程和防火涂装工程。

### 9.7.1 钢结构防腐涂装工程

**1. 钢材表面除锈等级与除锈方法**

钢结构构件制作完毕,经质量检验合格后应进行防腐涂料涂装。涂装前钢材表面应进行除锈处理,以提高底漆的附着力,保证涂层质量。除锈处理后,钢材表面不应有焊渣、焊疤、灰尘、油污和毛刺等。

根据《涂覆涂料前钢材表面处理 表面清洁度的目视评定 第1部分:未涂覆过的钢材表面和全面清除原有涂层后的钢材表面的锈蚀等级和处理等级》(GB 8923.1—2011)将除锈等级分成喷射或抛射除锈、手工和动力工具除锈、火焰除锈三种类型。

(1)喷射或抛射除锈

喷射或抛射除锈用字母"Sa"表示,分为四个等级:

① Sa1:轻度的喷射或抛射除锈。钢材表面无可见的油脂或污垢,没有附着不牢的氧化皮、铁锈和油漆涂层等附着物。

② Sa2:彻底的喷射或抛射除锈。钢材表面无可见的油脂和污垢,氧化皮、铁锈等附着物已基本消除,其残留物应是牢固附着的。

③ Sa2$\frac{1}{2}$:非常彻底的喷射或抛射除锈。钢材表面无可见的油脂、污垢、氧化皮、铁锈和油漆涂层等附着物,任何残留的痕迹应仅是点状或条状轻微色斑。

④ Sa3:使钢材表面洁净的喷射或抛射除锈。钢材表面无可见的油脂、污垢、氧化皮、铁锈和油漆涂层等附着物,该表面应显示均匀的金属光泽。

(2)手工和动力工具除锈

手工和动力工具除锈用字母"St"表示,分为两个等级:

① St2:彻底的手工和动力工具除锈。钢材表面无可见的油脂和污垢,没有附着不牢的氧化皮、铁锈和油漆涂层等附着物。

② St3:非常彻底的手工和动力工具除锈。钢材表面无可见的油脂和污垢,并且没有附着不牢的氧化皮、铁锈和油漆涂层等附着物。除锈应比St2更为彻底,底材显露部分的表面应具有金属光泽。

(3)火焰除锈

火焰除锈用字母"Ft"表示,它包括在火焰加热作业后,以动力钢丝刷清除加热后附着在钢材表面的产物且只有一个等级。

F1:钢材表面应无氧化皮、铁锈和油漆涂层等附着物,任何残留的痕迹应仅为表面变色(不同颜色的暗影)。

喷射或抛射除锈采用的设备有空气压缩机、喷射或抛射机、油水分离器等,该方法能控制除锈质量,获得不同要求的表面粗糙度,但设备复杂、费用高、污染环境。手工和动力工具除锈采用的工具有砂布、钢丝刷、铲刀、尖锤、平面砂轮机和动力钢丝刷等,该方法工具简单、操作方便、费用低,但劳动强度大、效率低、质量差。

《钢结构工程施工质量验收标准》(GB 50205—2020)规定,钢材表面的除锈方法和除锈等级应与设计文件所采用的涂料相适应。当设计无要求时,钢材表面除锈等级应符合表 9-5 的规定。

表 9-5　　　　　　　各种底漆或防锈漆要求最低的除锈等级

| 涂料品种 | 除锈等级 |
| --- | --- |
| 油性酚醛、醇酸等底漆或防锈漆 | St2 |
| 高氯化聚乙烯、氯化橡胶、氯磺化聚乙烯、环氧树脂、聚氨酯等底漆或防锈漆 | Sa2 |
| 无机富锌、有机硅、过氧乙烯等底漆 | $Sa2\frac{1}{2}$ |

目前国内各大、中型钢结构生产企业一般都采用喷射或抛射除锈作为首选的除锈方法，而手工和动力工具除锈仅作为喷射或抛射除锈的补充手段。随着科学技术的发展，大多喷射或抛射除锈设备已采用微机控制，具有较高的自动化水平，并配有除尘器，以消除粉尘污染。

2.钢结构防腐涂料

钢结构防腐涂料是一种含油或不含油的胶体溶液，涂敷在钢材表面，结成一层薄膜，使钢材与外界腐蚀介质隔绝。涂料分为底漆和面漆两种。

底漆是直接涂在钢材表面上的漆。含粉料多，基料少，成膜粗糙，与钢材表面黏结力强，与面漆结合性好。

面漆是涂在底漆上的漆。含粉料少，基料多，成膜后有光泽，主要功能是保护下层底漆。面漆对大气和水具有不渗透性，并能抵抗腐蚀性介质和阳光中紫外线等引起的风化分解。

钢结构防腐涂层可由几层不同的涂料组合而成。涂料的层数和总厚度是根据使用条件来确定的，一般室内钢结构要求涂层总厚度为 125 $\mu m$，即底漆和面漆各两道。高层建筑钢结构一般处在室内环境中，要喷涂防火涂层，因此通常只刷两道防锈底漆。

3.防腐涂装方法

钢结构防腐涂装常用的施工方法有刷涂法和喷涂法两种。

(1)刷涂法

刷涂法的应用较广泛，适用于油性基料刷涂。因为油性基料虽干燥得慢，但渗透性强，流动性好，不论面积大小，涂刷起来都会平滑流畅。一些形状复杂的构件，使用刷涂法也比较方便。

(2)喷涂法

喷涂法的施工工效高，适用于大面积施工，对于快干和挥发性强的涂料尤为适合。喷涂的漆膜较薄，为了达到设计要求的厚度，有时需要增加喷涂次数。喷涂施工比刷涂施工涂料损耗大，用量一般要增加 20% 左右。

4.防腐涂装质量要求

涂料、涂装遍数、涂层厚度均应符合设计要求。当设计对涂层厚度无要求时，涂层干漆膜总厚度：室外应为 150 $\mu m$，室内应为 125 $\mu m$，其允许偏差为 $-25\ \mu m$。每遍涂层干漆膜厚度的允许偏差为 $-5\ \mu m$。

配制的涂料不宜存放过久，尽量当天配制。稀释剂应按说明书规定执行，不得随意添加。

涂装的环境温度和相对湿度应符合涂料产品说明书要求，当产品说明书无要求时，环境温度宜为 5~38 ℃，相对湿度不应大于 85%。涂装时构件表面不应有结露；涂装后 4 h 内应保护，免受雨淋。

施工图中注明不涂装的部位不得涂装。焊缝处、高强度螺栓摩擦面处暂不涂装,待现场安装完后,再对焊缝及高强度螺栓接头处补刷防腐涂料。

涂装应均匀,无明显起皱、流挂、针眼和气泡等,附着应良好。完成后应在构件上标注构件编号。大型构件应标明其质量、构件重心位置和定位标志。

#### 9.7.2 钢结构防火涂装工程

钢结构防火涂料能够起到防火作用,主要有三个方面的原因:一是涂层对钢材起屏蔽作用,隔离了火焰,使钢构件不至于直接暴露在火焰或高温之中;二是涂层吸热后,部分物质分解出水蒸气或其他不燃气体,起到消耗热量、降低火焰温度和燃烧速度及稀释氧气的作用;三是涂层本身为多孔轻质或受热膨胀材料,受热后形成碳化泡沫层,热导率降低,阻止了热量迅速向钢材传递,推迟钢材升温到极限温度的时间,从而提高钢结构的耐火极限。

1.钢结构防火涂料

(1)防火涂料的分类

钢结构防火涂料按涂层的厚度分为以下两类:

①B类:属于薄涂型钢结构防火涂料,涂层厚度一般为2~7 mm,有一定装饰效果,高温时涂层膨胀增厚,耐火极限一般为0.5~2 h,又称为钢结构膨胀防火涂料。

②H类:属于厚涂型钢结构防火涂料,涂层厚度一般为8~50 mm,粒状表面,密度较小,热导率低,耐火极限可达0.5~3 h,又称为钢结构防火隔热涂料。

(2)防火涂料的选用

室内裸露钢结构、轻型屋盖钢结构及有装饰要求的钢结构,当规定其耐火极限在1.5 h及以下时,宜选用薄涂型钢结构防火涂料。室内隐蔽钢结构、多层及高层全钢结构、多层厂房钢结构,当规定其耐火极限在2.0 h及以上时,宜选用厚涂型钢结构防火涂料。露天钢结构,如石油化工企业、油(汽)罐支撑、石油钻井平台等钢结构,应选用符合室外钢结构防火涂料产品规定的厚涂型或薄涂型钢结构防火涂料。

选用防火涂料时,应注意不应把薄涂型钢结构防火涂料用于保护2 h以上的钢结构;不得将室内钢结构防火涂料未加改进和采取有效的防火措施,直接用于保护室外的钢结构。

2.防火涂料涂装的一般规定

(1)防火涂料的涂装,应在钢结构安装就位,并经验收合格后进行。

(2)防火涂料涂装前钢材表面应除锈,并根据设计要求涂装防腐底漆。防腐底漆与防火涂料不应发生化学反应。

(3)防火涂料涂装基层不应有油污、灰尘和泥砂等污垢。钢构件连接处4~12 mm宽的缝隙应采用防火涂料或其他防火材料(如硅酸铝纤维棉、防火堵料等)填补堵平。

(4)对大多数防火涂料而言,施工过程中和涂层干燥固化前,环境温度宜保持在5~38 ℃,相对湿度不应大于85%,空气应流动。涂装时构件表面不应有结露;涂装后4 h内应保护,免受雨淋。

3.厚涂型钢结构防火涂料涂装

(1)施工方法与机具

厚涂型钢结构防火涂料一般采用喷涂施工。机具可为压送式喷涂机或挤压泵,配置能自动调压0.6~0.9 m³/min的空压机,喷枪口直径为6~12 mm,空气压力为0.4~0.6 MPa。局部修补可采用抹灰刀等工具手工抹涂。

(2)涂料的搅拌与配置

①由工厂配置的单组分湿涂料,现场应采用便携式搅拌器搅拌均匀。

②由工厂提供的干粉料,需要现场加水或用其他稀释剂调配的,应按涂料说明书规定配比混合搅拌,随配随用。

③由工厂提供的双组分涂料,按配制涂料说明书规定配比混合搅拌,随配随用。特别是化学固化干燥涂料,配制的涂料必须在规定的时间内用完。

搅拌和调配涂料应使稠度适宜,即能在输送管道中畅通流动,喷涂后不会流淌和下坠。

(3)施工操作

喷涂应分 2~5 次完成,第一次喷涂以基本盖住钢材表面即可,以后每次喷涂厚度为 5~10 mm,一般以 7 mm 左右为宜。通常情况下每天喷涂一遍即可。

喷涂应注意移动速度,不能在同一位置久留,以免造成涂料堆积流淌;配料及向挤压泵加料应连续进行,不得停顿。

施工过程中,应采用测厚针检测涂层厚度,直到符合设计规定的厚度,方可停止喷涂。

喷涂后的涂层要适当维修,对明显的凸起,应用抹灰刀等工具剔除,以确保涂层表面均匀。

4.薄涂型钢结构防火涂料涂装

(1)施工方法与机具

喷涂底层、主涂层涂料,宜采用重力(或喷斗)式喷枪,配置能自动调压 0.6~0.9 $m^3$/min 的空压机,喷嘴直径为 4~6 mm,空气压力为 0.4~0.6 MPa。面层装饰涂料一般采用喷涂施工,也可以采用刷涂或滚涂方法。喷涂时,应将喷嘴直径更换为 1~2 mm,空气压力调为 0.4 MPa。局部修补或小面积施工可采用抹灰刀等工具手工抹涂。

(2)施工操作

底层及主涂层一般应喷 2~3 遍,每遍间隔 4~24 h,待前一遍基本干燥后,再喷后一遍。头遍喷涂以盖住基底面 70% 即可,第二、三遍喷涂以每遍厚度不超过 2.5 mm 为宜。施工过程中,应采用测厚针检测涂层厚度,确保各部位涂层达到设计规定的厚度。

面层涂料一般涂饰 1~2 遍。若第一遍从左至右喷涂,第二遍则应从右至左喷涂,以确保全部覆盖住下部主涂层。

5.防火涂装质量要求

薄涂型钢结构防火涂料的涂层厚度应符合有关耐火极限的设计要求。厚涂型钢结构防火涂料涂层的厚度,80% 及以上面积应符合有关耐火极限的设计要求,且最薄处厚度不应低于设计要求的 85%。

薄涂型钢结构防火涂料涂层表面裂纹宽度不应大于 0.5 mm;厚涂型钢结构防火涂料涂层表面裂纹宽度不应大于 1 mm。

防火涂料不应有误涂、漏涂,涂层应闭合无脱层、空鼓、明显凹陷、粉化松散和浮浆等外观缺陷。

## 9.8 钢结构工程安全技术

### 9.8.1 钢结构安装工程安全技术

钢结构安装工程绝大部分工作是高空作业,并伴有临边、洞口、攀登、悬空、立体交叉作业等;施工中还使用起重机、电焊机、切割机等用电设备和氧气瓶、乙炔瓶等化学危险品;涉及吊装、高空、临边和明火作业等。因此,施工中必须贯彻"安全第一,预防为主"的方针,确保人身安全和设备安全,以及消防安全工作。

1. 施工安全要求

(1)高空安装作业时,应戴好安全带,并应对使用的脚手架或吊架等进行检查,确认安全后方可施工。操作人员需要在水平钢梁上行走时,安全带要挂在设置的安全绳上,安全绳应与钢梁连接牢固。

(2)高空操作人员携带的手动工具、螺栓、焊条等小件物品必须放在工具袋内,互相传递要用绳子,不准扔掷。

(3)凡是附在柱、梁上的爬梯、走道、操作平台、高空作业吊篮及临时脚手架等要与钢构件连接牢固。

(4)构件安装后,必须检查连接质量,无误后才能摘钩或拆除临时固定。

(5)当风力大于5级,雨、雪天和构件有积雪、结冰、积水时,应停止高空钢结构的安装作业。

(6)高层钢结构安装应按规定在建筑物外侧搭设水平和垂直安全网。第一层水平安全网离地面5～10 m,挑出网宽6 m;第二层水平安全网设在钢结构安装工作面下,挑出3 m。第一、二层水平安全网应随钢结构安装进度往上转移,两者相差一节柱距离。网下已安装好的钢结构外侧应安设垂直安全网,并沿建筑物外侧封闭严密。建筑物内部的楼梯、电梯井口、各种预留孔洞等处,均要设置水平防护网、防护挡板或防护栏杆。

(7)构件吊装时,要采取必要措施防止起重机倾翻。起重机行驶道路必须坚实可靠;尽量避免满负荷行驶;严禁超载吊装;双机抬吊时,应根据起重机的起重能力进行合理的负荷分配,并统一指挥操作;绑扎构件的吊索必须经过计算,所有起重机具应定期检查。

(8)使用塔式起重机或长吊杆起重机时,应有避雷防触电设施。

(9)各种用电设备要有接地装置,地线和电力用具的电阻不得大于4 Ω,并采用五线三相制连接,要做到"一机一闸一保护"。各种用电设备和电缆(特别是焊机电缆),要经常进行检查,保证绝缘良好。

2. 施工现场消防安全措施

(1)钢结构安装前,必须根据工程规模、结构特点、技术复杂程度和现场具体条件等,拟订具体的安全消防措施,建立安全消防管理制度,并进行强化管理。

(2)应对参加施工安装的全体人员进行安全消防技术交底,加强教育和培训工作。各专业工程应严格执行本工种安全操作规程和本工程采取的各项安全消防措施。

(3)施工现场应设置消防车道,配备消防器材,安排足够的消防水源。

(4)施工材料的堆放、保管应符合防火安全要求,易燃材料必须专库堆放。

(5)进行电弧焊、栓钉焊、气切割等明火作业时,要有专职人员值班防火。氧气瓶、乙炔瓶不应放在太阳光下曝晒,更不可接近火源(要求与火源距离不小于10 m);冬季氧气瓶、乙炔瓶阀门发生冻结时,应用干净的热布把阀门烫热,不可用火烤。

(6)安装使用的电气设备,应按使用性质的不同,设置专用电缆供电。其中塔式起重机、电焊机、栓钉焊机等大用电量设备应分路供电。

(7)多层与高层钢结构安装施工时,各类消防设施(灭火器、水桶、砂袋等)应随安装高度的增加及时上移,一般不得超过两个楼层。

### 9.8.2 钢结构涂装工程安全技术

钢结构防腐涂料的溶剂和稀释剂大多为易燃品,且有不同程度的毒性,当防腐涂料的溶剂与空气混合达到一定比例时,遇到明火极易发生爆炸,所以应重视防腐涂装的防火、防爆、防毒工作。

(1)防腐涂装施工现场或车间不允许堆放易燃物品,并应远离易燃物品仓库。现场或车间严禁烟火,并应有明显的禁止烟火标志,必须备有消防水源或和消防器材。仓库温度不宜高于35 ℃,不应低于5 ℃,严禁露天存放、日晒雨淋。擦过溶剂和涂料的棉纱应存放在带盖的铁桶内,并定期处理掉,严禁向下水道倾倒涂料和溶剂。

(2)防腐涂装施工现场或车间禁止使用明火,必须加热时,采用热载体或电感加热,并远离现场。施工中禁止用铁棒等物体敲击金属物体和漆桶。如需要敲击,应使用木质工具。涂料仓库和施工现场照明灯应有防爆装置,电器设备应使用防爆型的,并要定期检查电路及设备的绝缘情况。在使用溶剂的场所,应严禁使用闸刀开关,要用三线插销插头。所使用的设备和电器导线应接地良好,防止静电聚集。

(3)施工现场应有良好的通风排气装置,使有害气体和粉尘的含量不超过规定浓度。施工人员应戴防毒口罩或防毒面具。当易出现接触性侵害时,施工人员应穿工作服、戴手套和防护眼镜等,尽量不与溶剂接触,并严格执行安全操作规程。

#### 复习思考题

1.钢结构构件加工制作前进行图纸审查的目的是什么?主要包括哪些内容?
2.什么叫放样、画线?零件加工主要有哪些工序?
3.钢构件组装的一般要求是什么?
4.钢结构焊接的类型主要有哪些?简述钢结构焊接的工艺要求。
5.高强度螺栓主要有哪两种类型?简述高强度螺栓连接的安装工艺和紧固方法。
6.简述单层钢结构工程材料储存堆放要求。
7.简述多层及高层钢结构安装施工流水段的划分原则及构件安装顺序。
8.多层及高层钢结构构件是如何进行吊点设置与起吊的?
9.简述多层及高层钢结构构件安装与校正方法。
10.简述多层及高层钢结构工程楼层压型钢板安装工序。
11.钢材表面除锈等级分为哪三种类型?防腐涂装主要采用哪两种施工方法。
12.钢结构防火涂料按涂层的厚度分为哪两类?主要施工方法是什么?

# 模块 10 防水工程

## 10.1 概述

### 10.1.1 防水原则

建筑物防水工程涉及建筑物的地下室、楼地面、墙体、屋面等诸多部位,其功能就是要使建筑物在设计防水耐久年限内,防止各类水的侵蚀,确保结构及内部空间不受污损,为人们提供一个舒适、安全的生活、工作环境。对于不同部位,防水功能的要求是有所不同的。例如,屋面防水功能是防止雨水或人为因素产生的水从屋面渗入建筑物内部所采取的一系列结构、构造和建筑措施;对于屋面有综合利用要求的,如作为活动场所、屋顶花园等,则对其防水的要求将更高。地下防水是对于全地下或半地下结构采用防水措施,以确保地下工程的正常使用。

防水工程在设计、防水材料选用、细部节点处理、施工工艺等方面必须系统考虑。我国防水工程设计和施工的原则是:刚柔相济、多道设防、综合治理。不同部位的防水侧重都有所不同。屋面防水采用"以排为主,加强防水"。地下防水采用"以防为主,加强排水"。另外,在拟订方案时还应做到定级标准准确、方法简便、经济合理、技术先进、减少环境污染。总之,对防水工程的质量要求是不渗不漏,排水畅通,使建筑物具有良好的防水和使用功能。

### 10.1.2 防水工程分类

建筑防水工程分类可依据设防部位、设防方法和所采用的设防材料品种及性能进行分类。

**1. 按设防部位分类**

建筑各构件所起的作用不同,其防水要求也不相同,防水工程按建筑工程设防部位可划分为地上防水工程和地下防水工程。地上防水工程包括屋面防水工程、墙体防水工程和楼(地)面防水工程;地下防水工程是指地下室、地下管沟、地下铁道、隧道、地下建筑等处的防水。

**2. 按设防方法分类**

按设防方法不同,防水工程可分为防水层防水和构造自防水。

防水层防水是指采用各种防水材料进行防水的一种做法。在设防中采用多种不同性能的防水材料,利用各自具有的特性,在防水工程中复合使用,发挥各种防水材料的优势,以提高防水工程的整体性能。

构造自防水是依靠构件材料本身的厚度和密实性及构造措施做法，使结构构件既可起到承重围护作用，又可起到防水作用。如地下室外墙、底板等防水混凝土构件。

3. 按设防材料的品种分类

防水工程按设防材料的品种不同可分为卷材防水、涂膜防水、密封材料防水、混凝土和水泥砂浆防水、塑料板防水、金属板防水等。

4. 按设防材料的性能分类

防水工程按设防材料的性能不同可分为刚性防水和柔性防水。

刚性防水是指采用强度较高、无延伸性的材料做防水层，如防水混凝土和防水砂浆等。

柔性防水则是采用延伸性大、柔性好的材料做防水层，如卷材防水、涂膜防水、密封材料防水等。

### 10.1.3 防水等级和设防要求

工业与民用建筑中，根据建筑物的性质、重要程度及使用功能要求等，将建筑屋面防水等级分为Ⅰ、Ⅱ、Ⅲ、Ⅳ级，防水层合理使用年限分别规定为 25 年、15 年、10 年和 5 年，并根据不同的防水等级规定防水层的材料选用和设防要求，见表 10-1。

表 10-1　　　　屋面防水等级以及防水层的材料选用和设防要求

| 项目 | 屋面防水等级 ||||
|---|---|---|---|---|
| | Ⅰ | Ⅱ | Ⅲ | Ⅳ |
| 建筑类别 | 特别重要或对防水有特殊要求的建筑 | 重要建筑和高层建筑 | 一般建筑 | 非永久性建筑 |
| 防水层合理使用年限 | 25 年 | 15 年 | 10 年 | 5 年 |
| 防水层材料选用 | 宜选用合成高分子防水卷材、高聚物改性沥青防水卷材、金属板材、合成高分子防水涂料、细石防水混凝土等材料 | 宜选用高聚物改性沥青防水卷材、合成高分子防水卷材、金属板材、合成高分子防水涂料、高聚物改性沥青防水涂料、细石防水混凝土、平瓦、油毡瓦等材料 | 宜选用三毡四油沥青防水卷材、高聚物改性沥青防水卷材、金属板材、高聚物改性沥青防水涂料、合成高分子防水涂料、细石防水混凝土、平瓦、油毡瓦等材料 | 可选用二毡三油沥青防水卷材、高聚物改性沥青防水涂料等材料 |
| 设防要求 | 三道或三道以上防水设防 | 两道防水设防 | 一道防水设防 | 一道防水设防 |

所谓一道防水设防，是指具有单独防水能力的一个防水层次。混凝土结构层、保温层、装饰瓦、隔气层、卷材或涂膜厚度不符合规范规定的防水层均不得作为屋面的一道防水设防。

地下工程防水设防要求应根据使用功能、结构形式、环境条件及施工方法合理确定。制订防水方案时必须结合地质、地形、地下工程结构、防水材料等因素全面分析研究，使其满足设计要求。地下工程的防水等级分为四级，各级标准应符合表 10-2 的规定。

表 10-2　　　　　　　　　地下工程防水等级、防水标准及适用范围

| 防水等级 | 防水标准 | 适用范围 |
|---|---|---|
| 一级 | 不允许渗水,结构表面无湿渍 | 人员长期停留的场所;因有少量湿渍会使物品变质、失效的贮物场所及严重影响设备正常运转和危及工程安全运营的部位;极重要的战备工程 |
| 二级 | 不允许漏水,结构表面可有少量湿渍<br>工业与民用建筑:总湿渍面积不应大于总防水面积(包括顶板、墙面、地面)的1/1 000;任意100 m² 防水面积上的湿渍不超过 1 处,单个湿渍的最大面积不大于0.1 m²。<br>其他地下工程:总湿渍面积不应大于总防水面积的 6/1 000;任意100 m² 防水面积上的湿渍不超过 4 处,单个湿渍的最大面积不大于 0.2 m² | 人员经常活动的场所;在有少量湿渍不会使物品变质、失效的贮物场所及基本不影响设备正常运转和工程安全运营的部位;重要的战备工程 |
| 三级 | 有少量漏水点,不得有线流,不得漏泥砂。<br>任意 100 m² 防水面积上的湿渍不超过 7 处,单个漏水点的最大漏水量不大于 2.5 L/(m²·d),单个湿渍的最大面积不大于 0.3 m² | 人员临时活动的场所;一般战备工程 |
| 四级 | 有漏水点,不得有线流,不得漏泥砂。<br>整个工程平均漏水量不大于 2L/(m²·d);任意 100 m² 的防水面积的平均漏水量不大于 4 L/(m²·d) | 对漏水无严格要求的工程 |

为保证施工质量,在施工安排上,防水工程应尽量避免在雨期或冬期进行。屋面防水工程和地下防水工程的施工质量,应分别符合《屋面工程质量验收规范》(GB 50207—2012)和《地下防水工程质量验收规范》(GB 50208—2011)的规定。

## 10.2　屋面防水工程

屋面工程是建筑工程的一个分部工程,它包括了屋面结构层、找平层、隔气层、保温隔热层、防水层、保护层或饰面层等构造层的施工。其中屋面防水层主要采用卷材防水、涂膜防水和刚性防水等形式。防水是屋面工程中的一项主要内容,其质量的优劣直接关系到建筑物的质量和使用寿命,施工中应予以重视。

微课18

屋面工程

### 10.2.1　卷材防水

1.卷材防水屋面构造

卷材防水屋面是指以柔性卷材做防水层的屋面。这种防水层利用胶结材料,采用不同的施工方法将防水卷材粘成一整片能防水的屋面覆盖层。卷材防水层具有质量轻、防水性能好、有一定的柔韧性等特点,它可以适应一定程度的结构振动和伸缩变形,故属于柔性防水屋面,适用于防水等级为Ⅰ~Ⅳ级的建筑。卷材防水屋面构造层次如图 10-1 所示。

卷材防水层常采用的材料有:合成高分子防水卷材、高聚物改性沥青防水卷材和沥青防水卷材。铺贴卷材所选用的基层处理剂、接缝胶黏剂、密封材料等配套材料应与铺贴的卷材

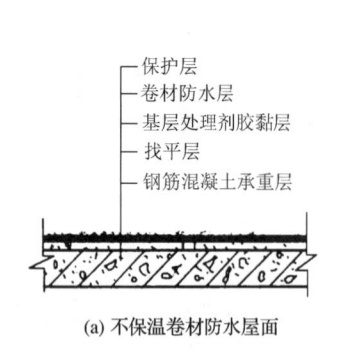

(a) 不保温卷材防水屋面

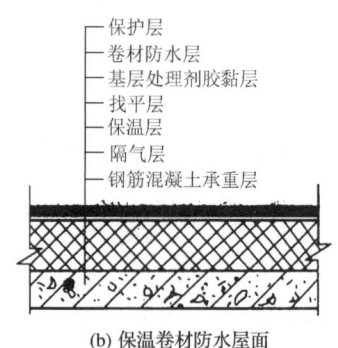

(b) 保温卷材防水屋面

图 10-1　卷材防水屋面构造层次

性质相容。每道卷材防水层厚度选用应符合表 10-3 的规定。

表 10-3　　　　　　　　　　　卷材防水层厚度选用

| 屋面防水等级 | 设防道数 | 合成高分子防水卷材 | 高聚物改性沥青防水卷材 | 沥青防水卷材 |
| --- | --- | --- | --- | --- |
| Ⅰ级 | 三道或三道以上设防 | 不应小于 1.5 mm | 不应小于 3 mm | — |
| Ⅱ级 | 两道设防 | 不应小于 1.2 mm | 不应小于 3 mm | — |
| Ⅲ级 | 一道设防 | 不应小于 1.2 mm | 不应小于 4 mm | 三毡四油 |
| Ⅳ级 | 一道设防 | — | — | 二毡三油 |

2.卷材防水屋面材料

(1)沥青

沥青是一种有机胶结材料,在常温下呈固态、半固态或液态,颜色是辉亮褐色或黑色。沥青的主要技术标准以针入度、延伸度、软化点等指标表示。目前,我国是以针入度指标确定沥青牌号的。目前常用的是石油沥青和焦油沥青(主要指煤沥青)。在我国石油沥青按其用途不同可分为道路石油沥青、建筑石油沥青和普通石油沥青三种。对同品种的石油沥青,其牌号减小,则其针入度减小,延度减小,而软化点增高。

(2)防水材料

①高聚物改性沥青防水卷材　高聚物改性沥青防水卷材是以合成高分子聚合物改性沥青为涂盖层,以纤维织物或纤维毡为胎体,以粉状、粒状、片状或薄膜材料为覆面材料制成的可卷曲的片状防水材料。

高聚物改性沥青防水卷材与传统纸胎沥青相比主要有两方面改进:一是胎体采用了高分子薄膜、聚酯纤维等,增强了卷材的强度、延性和耐水防腐性;二是在沥青中加入了高分子聚合物,改变了沥青在夏季易流淌、冬季易冷脆、延伸率低、易老化等性质,从而改善了油毡的性能。常用的高聚物改性沥青防水卷材主要有:SBS 改性沥青卷材、APP 改性沥青卷材、PVC 改性煤焦油卷材、再生胶改性沥青卷材、废胶粉改性沥青卷材等。

高聚物改性沥青防水卷材的宽度≥1 000 mm,厚度有 2.0 mm、3.0 mm、4.0 mm 和 5.0 mm 这四种规格,第一种规格的每卷长度为 15～20 m,后三种规格的每卷长度分别为 10 m、7.5 m 和 5 m。其外观质量和物理性能应符合表相关规范的要求。

②合成高分子防水卷材　合成高分子防水卷材是以合成橡胶、合成树脂或它们两者的共混体为基料,加入适量的化学助剂和填充料等,经不同工序加工而成的可卷曲的片状防水

材料;或把上述材料与合成纤维等复合形成两层或两层以上可卷曲的片状防水材料。

合成高分子防水卷材具有高弹性、高延伸性、良好的耐老化性、耐高温性和耐低温性等优点。目前常用的合成高分子防水卷材主要有三元乙丙橡胶防水卷材、丁基橡胶防水卷材、再生橡胶防水卷材、氯化聚乙烯防水卷材、聚氯乙烯防水卷材、氯磺化聚乙烯防水卷材、氯化聚乙烯-橡胶共混防水卷材等。

合成高分子防水卷材的宽度≥1 000 mm,厚度分为 1.0 mm、1.2 mm、1.5 mm 和 2.0 mm 四种规格,前三种规格每卷长度为 20 m,第四种规格每卷长度为 10 m,其外观质量和物理性能应符合相关规范的要求。

(3)基层处理剂

基层处理剂的作用是增强防水材料与基层之间的黏结力,在防水层施工前,将基层处理剂预先涂刷在基层上。沥青防水卷材的基层处理剂主要是冷底子油。高聚物改性沥青防水卷材和合成高分子防水卷材的基层处理剂一般由卷材生产厂家配套供应。

冷底子油由 10 号或 30 号石油沥青加入挥发性溶剂配制而成。冷底子油的配制方法有热配法和冷配法两种。采用轻柴油或煤油为溶剂配制的为慢挥发性冷底子油,沥青与溶剂质量配合比为 4∶6;采用汽油为溶剂配制的为快挥发性冷底子油,沥青与溶剂质量配合比为 3∶7。冷底子油具有较强的憎水性和渗透性,并能使防水材料与找平层之间的黏结力增强。

(4)沥青胶结材料(玛琉脂)

用一种或两种标号的沥青按一定配合量熔合,经熬制脱水后作为胶结材料。为了提高沥青的耐热度、韧性、黏结力和抗老化性能,可在熔融后掺入适当的填充材料。

沥青玛琉脂(简称沥青胶)作为沥青类防水卷材的胶结材料,可在使用时现场配制,也可采用已配好的冷玛琉脂。热玛琉脂的加热温度不应高于 240 ℃,使用温度不宜低于 190 ℃,并应经常检查。冷玛琉脂使用时应搅匀,稠度太大时可加少量溶剂稀释。

(5)胶黏剂

胶黏剂可分为高聚物改性沥青胶黏剂和合成高分子胶黏剂。高聚物改性沥青胶黏剂的黏结剥离强度不应小于 8 N/10 mm;合成高分子胶黏剂的黏结剥离强度不应小于 15 N/10 mm,浸水 168 h 后黏结剥离强度保持率不应小于 70%。

3.结构层处理

卷材防水材料铺贴前必须先对结构层进行一定的处理,达到要求后才可施工。现浇结构屋面板施工时混凝土宜连续浇筑,不留施工缝,并要求振捣密实,表面平整;吊装结构的屋面板应注意:坐浆要平,搁置稳妥,相邻屋面板高差不大于 10 mm,缝隙大小近似;若上口为宽不小于 20 mm 的缝隙,则用 C20 以上细石混凝土嵌缝并捣实;灌缝细石混凝土宜掺微膨胀剂;当缝宽大于 40 mm 或上窄下宽时,应在板下吊装模板,并补放钢筋,再浇筑细石混凝土;如板下有隔墙,隔墙顶部与板底之间应有 20 mm 左右的空隙,在抹灰时用疏松材料填充,避免隔墙处硬顶而使屋面板反翘。在找平层施工前,屋面结构层的表面要求清理干净。

4.找平层施工

在结构层或保温层上面起到找平作用并作为防水层的依附层,称为找平层。该层应具有较好的结构整体性和刚度,这样可使卷材铺贴平整,粘贴牢固,并具有一定的强度,以承受上部荷载。找平层一般分为水泥砂浆找平层、细石混凝土找平层和沥青砂浆找平层。找平层厚度应符合规范要求。沥青砂浆找平层适合于冬期、雨期施工或用水泥砂浆施工有困难和抢工期时采用。细石混凝土找平层较适用于松散保温层上,可增强找平层的刚度和强度。

找平层的质量会影响防水层的质量,如有缺陷直接危害防水层,造成渗漏,所以要求找平层必须做到:

(1)铺设防水层前,找平层必须平整、坚固、干净、干燥。混凝土或砂浆的配比要准确,采用水泥砂浆找平层时,水泥砂浆抹平收水后表面应二次压光,充分养护,表面不得有酥松、起砂、开裂和起皮现象;否则,必须进行修补。

(2)坡度准确,排水流畅,排水坡度必须符合规范规定。平屋面防水技术以防为主,以排为辅,但要求将屋面雨水在一定时间内迅速排走,不得积水,这是减少渗漏的有效方法,因此要求屋面有一定排水坡度。找平层的坡度要求见表10-4。

表 10-4  找平层的坡度要求

| 项目 | 平屋面 | | 天沟、檐沟 | | 雨水口周边500 mm 范围 |
|---|---|---|---|---|---|
| | 结构找坡 | 材料找坡 | 纵向 | 沟底水落差 | |
| 坡度要求 | ≥3% | ≥2% | ≥1% | ≤200 mm | ≥5% |

(3)为了避免或减少找平层开裂,找平层宜留设分格缝,缝宽为5~20 mm,并嵌填密封材料或空铺卷材条。分格缝应留设在板端接缝处,其纵、横缝的最大间距为:找平层采用水泥砂浆或细石混凝土时,不宜大于 6 m;找平层采用沥青砂浆时,不宜大于 4 m。分格缝施工可预先埋入木条或聚乙烯泡沫条,再用切割机锯出。如果基层在施工时难以达到所要求的干燥程度,则需要做排气屋面,分格缝可兼做排气屋面的排气道,缝可适当加宽,并应与保温层连通,如图 10-2 所示。另外,为避免找平层开裂,可在找平层水泥砂浆或细石混凝土中掺入减水剂、微膨胀剂或抗裂纤维等。

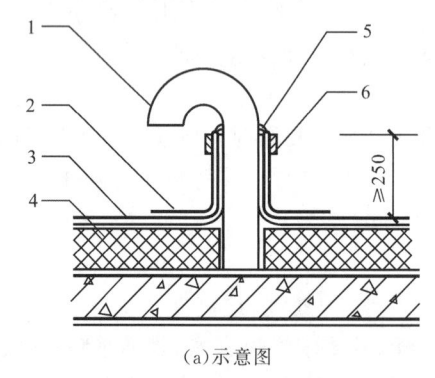

(a)示意图  (b)实物图

图 10-2 排气屋面的做法
1—排气管;2—附加层;3—防水层;4—保温层;5—密封材料;6—金属箍

(4)屋面基层与女儿墙、立墙、天窗壁、烟囱、变形缝、伸出屋面的管道等突出屋面结构的连接处,以及基层的转角处(水落口、檐口、天沟、檐沟、屋脊等)是变形频繁,应力集中的部位,易引起防水层拉裂。因此,根据不同防水材料,找平层均应做成圆弧形,合成高分子防水卷材薄且柔软,弧度要小;沥青卷材厚且硬,弧度要大。

5.卷材防水层施工

卷材的铺贴方法应符合下列规定:卷材铺设时,通常采用满粘法;在卷材防水层上有重物覆盖或基层变形较大时,应优先采用空铺法、点粘法、条粘法或机械固定法;但距屋面周边

800 mm 内以及叠层铺贴的各层卷材之间应满粘。防水层采取满粘法施工时,找平层的分隔缝处宜空铺,空铺的宽度宜为 100 mm。

(1) 高聚物改性沥青防水卷材防水层施工

铺贴卷材防水层的操作工艺要求主要有卷材铺贴顺序、铺设方向和卷材间的搭接方法及宽度要求等因素。卷材防水层的施工工艺流程是:基层表面清理、修补→喷涂基层处理剂→节点附加增强处理→测量定线→铺贴附加层→铺贴卷材→收头处理、节点密封→淋(蓄)水试验、修整→铺设保护层。

① 铺贴顺序 大面积屋面卷材施工时,可划分流水段施工,分界线宜设在屋脊、天沟、变形缝等处。施工前,应先做好节点和屋面排水比较集中部位(如屋面与水落口、檐口、天沟、变形缝、管道根部等处)的增强处理,通常采用的方法是附加卷材或密封材料以及分格缝的空铺处理。卷材铺贴节点处理如图 10-3 所示。

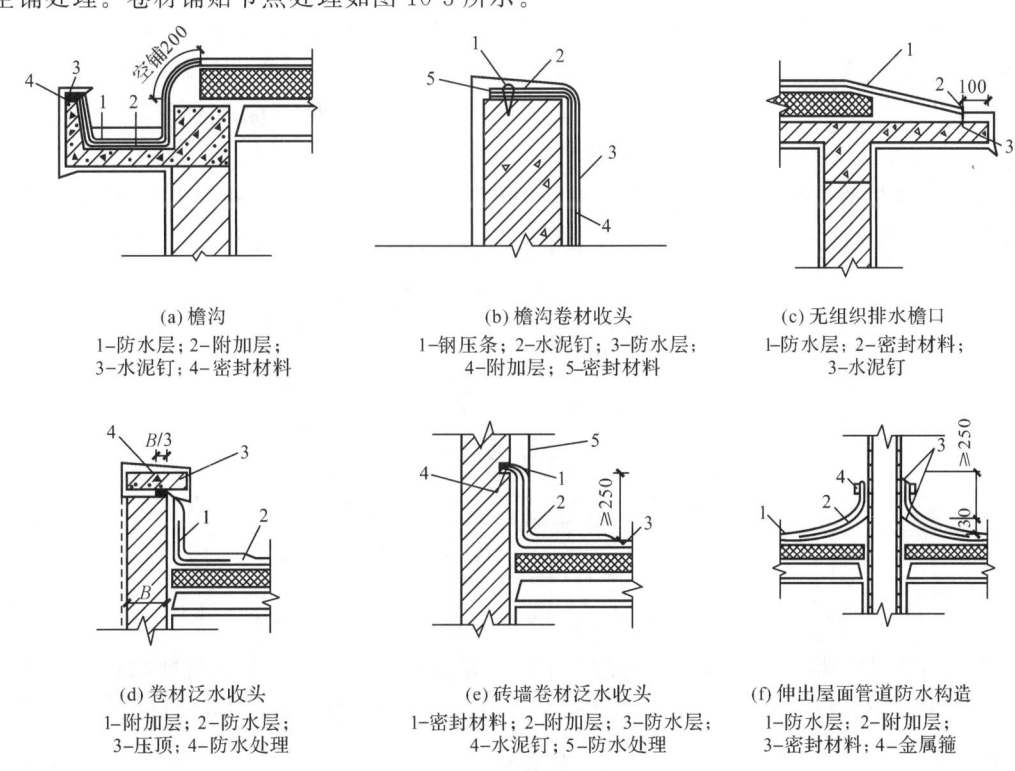

图 10-3 卷材铺贴节点处理

(a) 檐沟
1—防水层;2—附加层;
3—水泥钉;4—密封材料

(b) 檐沟卷材收头
1—钢压条;2—水泥钉;3—水泥层;
4—附加层;5—密封材料

(c) 无组织排水檐口
1—防水层;2—密封材料;
3—水泥钉

(d) 卷材泛水收头
1—附加层;2—防水层;
3—压顶;4—防水处理

(e) 砖墙卷材泛水收头
1—密封材料;2—附加层;3—防水层;
4—水泥钉;5—防水处理

(f) 伸出屋面管道防水构造
1—防水层;2—附加层;
3—密封材料;4—金属箍

卷材铺贴应采用搭接法。铺贴天沟、檐沟卷材时,宜顺其方向并减少搭接。铺贴多跨和有高、低跨的屋面时,应按先高后低、先远后近的顺序进行。

② 铺设方向 卷材的铺设方向应根据屋面坡度和屋面是否有振动来确定。当屋面坡度小于 3% 时,宜平行于屋脊铺贴;当屋面坡度为 3%~15% 时,卷材可平行或垂直于屋脊铺贴;当屋面坡度大于 15% 或受震动时,高聚物改性沥青防水卷材和合成高分子防水卷材可根据防水层的黏结方式、黏结强度及是否机械固定等因素综合考虑采用平行或垂直于屋脊铺贴。上、下层卷材不得相互垂直铺贴,并应采取固定措施,固定点还应密封。

③ 搭接方法及宽度要求 铺贴卷材采用搭接法,上、下层及相邻两幅卷材的接缝应错开。平行于屋脊的搭接缝应顺流水方向搭接,垂直于屋脊的搭接缝应顺着每年最大频率风

向(主导风向)搭接,如图 10-4 所示。

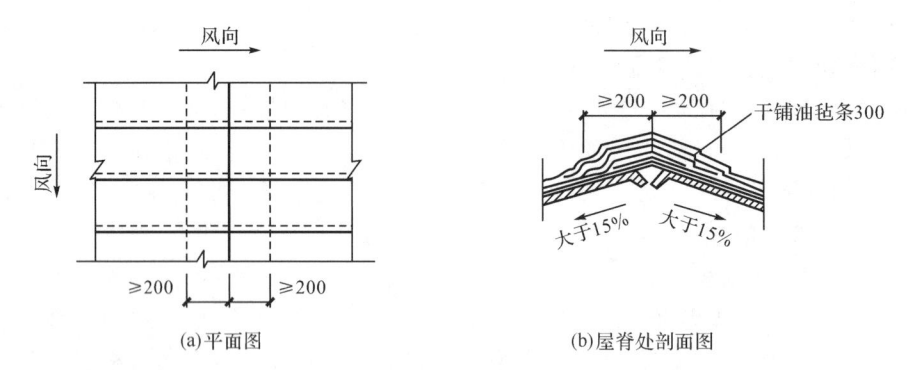

(a)平面图　　(b)屋脊处剖面图

图 10-4　垂直于屋脊的卷材铺贴

叠层铺设的各层卷材在天沟与屋面的连接处应采用叉接法搭接,搭接缝应错开;接缝宜留在屋面或天沟侧面,不宜留在沟底。在坡度超过 25% 的坡面上,应尽量避免短边搭接,当必须搭接时,应采取下滑固定措施,固定点应密封严密。相邻两幅卷材的接头应相互错开 300 mm 以上,以免多层接头重叠而使得卷材粘贴不平。

当两层卷材铺设时,应使上、下两层的长边搭接缝错开 1/2 幅宽,如图 10-5 所示。当三层卷材铺设时,应使上、下层的长边搭接缝错开 1/3 幅宽。

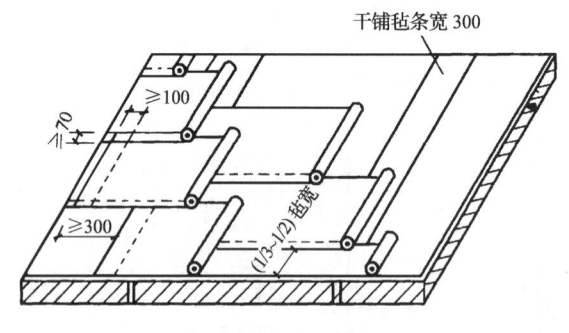

图 10-5　卷材水平铺贴搭接要求

高聚物改性沥青防水卷材和合成高分子防水卷材的搭接缝宜用与其材性相容的密封材料封严。各种卷材搭接宽度应符合表 10-5 的要求。施工时注意不得污染檐口的外侧墙面。

表 10-5　　　　　　　　　　　卷材搭接宽度　　　　　　　　　　　　　mm

| 卷材种类 | | 短边搭接宽度 | | 长边搭接宽度 | |
|---|---|---|---|---|---|
| | | 满粘法 | 空铺法<br>点粘法<br>条粘法 | 满粘法 | 空铺法<br>点粘法<br>条粘法 |
| 高聚物改性沥青防水卷材 | | 80 | 100 | 80 | 100 |
| 合成高分子<br>防水卷材 | 胶黏剂 | 80 | 100 | 80 | 100 |
| | 胶黏带 | 50 | 60 | 50 | 60 |
| | 单缝焊 | 60,有效焊接宽度不小于 25 | | | |
| | 双缝焊 | 80,有效焊缝宽度为 10×2+空腔宽 | | | |

④卷材保护层　卷材防水层铺设完毕经检查合格后,应立即进行卷材(绿豆砂)保护层的施工,以减少阳光辐射,降低屋面表层的温度。这样可防止沥青流淌、卷材磨损,增加防水层的使用年限,如为上人屋面,则应做砂浆、细石混凝土或地砖保护层。

⑤施工方法　高聚物改性沥青防水卷材的施工方法一般有热熔法、冷粘法、自粘法和热风焊接法,最常用的是热熔法。立面或大坡面铺贴高聚物改性沥青防水卷材时,应满粘铺贴,并宜减少短边搭接。

● 热熔法　热熔法是将热熔型防水卷材底层加热熔化后,进行卷材与基层或卷材之间黏结的施工方法。高聚物改性沥青防水卷材由于其底面涂有一层软化点较高的改性沥青热熔胶,因此可采用热熔法施工。铺贴时用火焰烘烤卷材后直接与基层粘贴。这种施工方法受气候影响小,对基层表面干燥程度要求相对宽松。其铺贴流程是:热源烘烤滚铺防水卷材→排气压实→接缝热熔焊实压牢→接缝密封。

热熔法铺贴卷材施工要点包括:

a.火焰加热器加热卷材应均匀,不得过分加热或烧穿卷材。小于 3 mm 的高聚物改性沥青防水卷材严禁采用热熔法施工。

b.卷材表面热熔后应立即滚铺卷材,卷材下面的空气应排尽,并碾压黏结牢固,不得空鼓。

c.卷材接缝部位以溢出的改性沥青热熔胶为度,溢出的改性沥青热熔胶宽度宜在 2 mm 左右,并均匀顺直。接缝处的卷材有铝箔或矿物粒(片)料时,应清除干净后再进行热熔和接缝处理。

d.热熔法施工环境气温不宜低于 -10 ℃。

● 冷粘法　冷粘法是在常温下采用胶黏剂(带)将卷材与基层或卷材之间黏结的施工方法。铺贴流程:基面涂刷胶黏剂→卷材反面涂胶→卷材粘贴→滚压排气→搭接缝涂胶黏合、压实→搭接缝密封。

冷粘法铺贴卷材施工要点包括:

a.胶黏剂涂刷应均匀,不露底,不堆积。根据胶黏剂的性能,应控制胶黏剂涂刷与卷材铺贴的间隔时间。一般用手触及表面似粘非粘为最佳。

b.铺贴的卷材下面的空气应排尽,并碾压黏结牢固,黏合时不得用力拉伸卷材,避免卷材铺贴后处于受拉状态。

● 自粘法　自粘法是采用带有自粘胶的防水卷材进行黏结的施工方法。铺贴流程:卷材就位并撕去隔离纸→自粘卷材铺贴→滚压排气黏合牢固→搭接缝热压黏合→黏合密封胶条。自粘法铺贴卷材施工要点包括:

a.铺贴卷材前基层表面应均匀涂刷基层处理剂,干燥后及时铺贴卷材。铺贴卷材时,应将自粘胶底面的隔离纸全部撕净,否则不能实现完全粘贴。

b.在铺贴立面或大坡面卷材时,立面和大坡面处卷材容易下滑,可采用加热方法使自粘卷材与基层黏结牢固,必要时还应采用钉压固定等措施。

● 热风焊接法　热风焊接法是采用热风或热焊接进行热塑性卷材黏合搭接的施工方法。热风焊接法铺贴卷材施工要点包括:

a.卷材的焊接面应清扫干净,无水滴、油污及附着物,然后才能进行焊接施工。焊接时应先焊长边搭接缝,后焊短边搭接缝。

b. 控制热风加热温度和时间,焊接处不得有漏焊、跳焊、焊焦或焊接不牢现象。

c. 焊接时不得损害非焊接部位的卷材。

(2) 合成高分子防水卷材施工

合成高分子防水卷材与高聚物改性沥青防水卷材相比具有质量轻、延伸率大、低温柔性好、色彩丰富、施工简便(冷施工)等特点,近几年得到很大发展。它的施工方法主要是冷粘法、自粘法和机械固定法,不得采用热熔法。施工前对水落口、天沟、檐沟、檐口的处理以及立面卷材收头、立面或大坡面处等施工方法均与高聚物改性沥青防水卷材的施工相同。

在冷粘法施工时应采用与卷材配套的接缝专用胶黏剂,在搭接缝黏合面上涂刷均匀,不露底,不堆积。根据专用胶黏剂性能,应控制胶黏剂涂刷与黏合间隔时间,并排除缝间空气,碾压粘贴牢固。卷材采用机械固定时,固定件应与结构层固定牢固,固定件间距应根据当地的使用环境与条件确定,并且不宜大于 600 mm,距周边 800 mm 范围内的卷材应满粘。在合成高分子防水卷材铺贴完成,质量验收合格后,即可在表面涂刷着色剂,起到保护卷材和美化环境的作用。另外,防水卷材严禁在雨天、雪天施工;风力在五级及五级以上时不得施工;特别是当环境气温低于 5 ℃ 时,合成高分子防水卷材不宜施工。施工中途若下雨、下雪,应做好已铺卷材周边的防护工作。

### 10.2.2 涂膜防水

涂膜防水屋面是在屋面基层上涂布液态防水涂料,经固化后形成一层有一定厚度和弹性的整体涂膜,从而起到防水作用的一种防水屋面。这种屋面具有施工操作简单、无污染、冷操作、无接缝、能适应复杂基层、防水性能好、温度适应性强、容易修补等特点。防水涂料应采用高聚物改性沥青防水涂料和合成高分子防水涂料,无机盐类防水涂料不适用于屋面防水工程。涂膜防水屋面构造如图 10-6 所示。

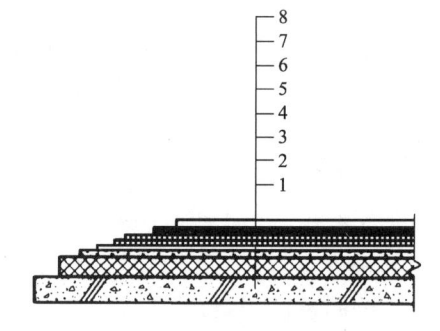

图 10-6 涂膜防水屋面构造
1—钢筋混凝土屋面板;2—保温层;
3—水泥砂浆找平层;4—基层处理剂;
5—涂膜防水层;6—胶黏剂;
7—高分子卷材防水层;8—表面着色剂

涂膜防水层用于防水等级为Ⅲ级、Ⅳ级的防水层面时可单独作为一道设防,也可用于Ⅰ、Ⅱ级屋面多道防水设防中的一道防水层。两道以上设防时,涂膜防水层与刚性防水层之间(如刚性防水层在其上)应设隔离层。

1. 基层要求

涂膜防水层依附于基层,基层的质量直接影响防水涂膜的质量。与卷材防水层相比,涂膜防水对基层的要求更为严格,基层必须坚实、平整、清洁、干燥、无严重漏水,同时表面不得有大于 0.3 mm 的裂缝。因此,涂膜施工前,必须对基层进行严格的检查,使之达到涂膜施工的要求。基层的质量主要包括结构层的刚度和整体性,找平层的刚度、强度、平整度、表面完善程度以及基层含水率等。

对于涂膜防水屋面,如果屋面坡度过于平缓,容易造成积水,使涂膜长期浸泡在水中,对一些水乳型的涂膜就可能出现"再乳化"现象,降低了防水层的功能。屋面防水只有在不积水的情况下,屋面才具有可靠性和耐久性。采用涂膜防水的屋面坡度一般规定为:上人屋面在 1% 以上,不上人屋面在 2% 以上。采用基层处理剂处理时,应涂刷均匀,覆盖完全。为保证涂膜层质量,使其施工后不产生与基层剥离、起鼓等现象,在涂膜层施工前还要求基层含水率不能过高。若含水率过高,则干燥后方可进行涂膜施工。

2.涂膜防水层施工

涂膜防水层施工的一般工艺流程:基层表面清理、修理→喷涂基层处理剂(底涂料)→特殊部位附加增强处理→涂布防水涂料及铺贴胎体增强材料→清理与检查修理→保护层施工。

(1)涂膜防水层的厚度

防水涂膜应由两层以上涂层组成,其总厚度必须符合设计要求和规范规定。高聚物改性沥青防水涂膜在防水等级为Ⅱ、Ⅲ级屋面上使用时,其厚度不应小于 3 mm;在防水等级为Ⅳ级屋面上使用时,其厚度不应小于 2 mm,可通过多次薄涂来达到厚度要求。合成高分子防水涂料性能优越,但价格较贵,故涂膜厚度在一道设防时不应小于 2 mm;与其他防水材料复合使用时,由于综合防水效果好,所以涂膜本身厚度可薄一些,但不应小于 1.5 mm。

(2)涂膜防水层的施工方法

涂膜防水层的施工方法有抹压法、涂刷法、涂刮法和机械喷涂法。在施工过程中可根据涂料的品种、性能、稠度以及施工的不同部位来选择不同的施工方法,其适用范围见表 10-6。

表 10-6　　　　　　　　涂膜防水层的施工方法和适用范围

| 施工方法 | 具体做法 | 适用范围 |
| --- | --- | --- |
| 抹压法 | 涂料用刮板刮平,待平面收水但未结膜时用铁抹子压实抹光 | 用于固体含量较高、流动性较差的涂料 |
| 涂刷法 | 用扁油刷、圆滚刷蘸防水涂料进行涂刷 | 用于立面防水层、节点的细部处理 |
| 涂刮法 | 先将防水涂料倒在基面上,用刮板来回涂刮,使其厚度均匀 | 用于黏度较大的高聚物改性沥青防水涂料和合成高分子防水涂料的大面积施工 |
| 机械喷涂法 | 将防水涂料倒在设备内,通过压力喷枪将防水涂料均匀喷出 | 用于各种涂料及各部位施工 |

防水涂料可用长把滚刷、油漆刷、高浓度喷涂机等涂布工具进行,涂布后一遍涂料应在先涂的涂层干燥成膜后进行,分层分遍涂布逐渐达到所规定的厚度,不得一次涂成;否则厚质涂料上、下层涂膜的收缩和干燥时间不一致,易使涂膜开裂,并且防水涂料容易造成流淌,使高部位越淌越薄,低部位则形成堆积,造成厚薄不匀。厚质涂料采用铁抹子或胶皮刮板涂刷;薄质涂料可采用棕刷、长柄刷等人工涂刷,也可用机械喷涂法。分块涂布施工时,块与块之间应采用搭接涂刷,搭接涂刷的宽度宜为 80~100 mm。每遍及相邻两遍间涂刷的方向应相互垂直。

(3)涂膜防水层的施工工艺

涂膜防水层应按"先高后低,先远后近"的原则进行施工。先涂布节点、附加层,然后再进行大面积涂布。屋面转角及立面的涂层,应薄涂多遍,不得有流淌。防水涂膜在满足厚度要求的前提下,涂刷的遍数越多,成膜的密实度越好。

①涂膜防水层的胎体增强材料　涂层中夹铺胎体增强材料时,宜边涂边铺胎体,胎体应刮平并排出气泡,胎体与涂料应黏合良好。在胎体上涂布涂料时,应使涂料浸透胎体,覆盖

完全,不得有胎体外露现象。铺设胎体增强材料时,材料的铺贴方向和搭接要求与卷材施工要求相同。天沟、檐沟、檐口、泛水和立面涂膜防水层的收头等部位,均应用防水涂料多遍涂刷并用密封材料封严。

②高聚物改性沥青防水涂膜　高聚物改性沥青防水涂料分为溶剂型和水乳型两类,根据屋面工程防水等级的要求,可采用一布三至四涂、二布四至六涂、三布五至六涂、多布多涂或纯涂膜施工工艺。

③合成高分子防水涂膜　可采用刮涂法或机械喷涂法进行施工,当刮涂施工时,每遍刮涂的推进方向宜与前一遍相互垂直。多组分涂料必须按配合比准确计量,搅拌均匀,已配成的多组分涂料必须及时使用。配料时允许加入适量的缓凝剂量或促凝剂量来调节固化时间,但不得混入已固化的涂料。需要注意的是,涂膜施工应先做好节点处理,铺设带有胎体增强材料的附加层,然后再进行大面积施工;上层的涂层厚度不应小于1.0 mm,在屋面转角及立面的涂膜应薄涂多遍,不得有流淌和堆积现象。

(4)涂膜保护层设置

涂膜防水屋面应设置保护层。保护层材料可使用浅色涂料、细砂、云母、蛭石散体材料或砂浆、细石混凝土和块材刚性材料等。采用水泥砂浆或块材做保护层时,应在涂膜与保护层之间设置隔离层,水泥砂浆保护层厚度不宜小于20 mm。用细石混凝土做保护层时,混凝土应振捣密实,表面抹平压光,并应留设分格缝,其纵横间距不宜大于6 m。水泥砂浆、块体材料或细石混凝土保护层与女儿墙之间应预留宽度为30 mm的缝隙,并用密封材料嵌填严密。

防水涂膜严禁在雨天、雪天施工;五级以上大风或预计涂膜固化前有雨时不得施工;高聚物改性沥青防水涂膜和合成高分子防水涂膜的溶剂型涂料,施工环境温度宜为-5～35 ℃;水乳型涂料的施工环境温度宜为5～35 ℃。

### 10.2.3 刚性防水

刚性防水屋面是指利用普通细石混凝土、补偿收缩混凝土、预应力混凝土、块体材料或钢纤维混凝土等材料做防水层的屋面。刚性防水屋面主要依靠混凝土自身的密实性,并采取一定的构造措施(如增加配筋、设置隔离层、设置分格缝和油膏嵌缝等)达到防水目的。刚性防水屋面构造如图10-7所示。

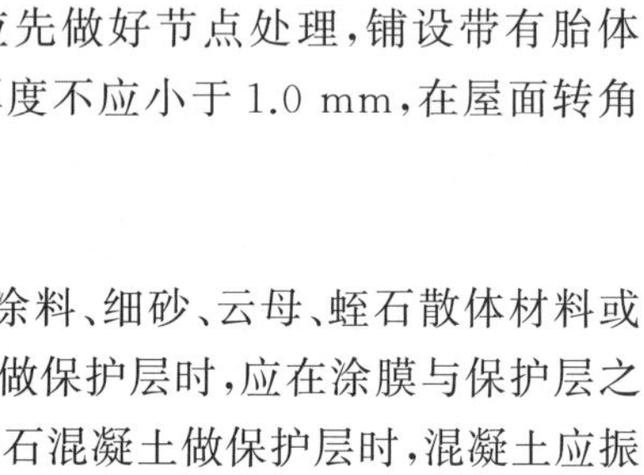

刚性防水层的特点是:材料来源广泛、价格低廉、耐水性好,但其抗拉强度低,伸缩弹性小,对地基不均匀沉降、构件受震动或温度影响而发生的微小变形极为敏感,易产生裂缝。因此,刚性防水屋面主要适用于防水等级为Ⅲ级的屋面防水层;也可作为Ⅰ、Ⅱ级屋面多道防水设防中的一道防水层,不适用于设有松散保温层的屋面、大跨度和轻型屋盖的屋面以及受较大振动或冲击和坡度大于15%的屋面。

图10-7　刚性防水屋面构造
1—屋面板;2—隔离层;3—细石混凝土防水层

1.基本要求

(1)材料要求

防水混凝土宜用普通硅酸盐水泥或硅酸盐水泥;当采用矿渣硅酸盐水泥时应采取减小泌水性的措施,水泥强度等级不应低于32.5级;不得使用火山灰质硅酸盐水泥。细骨料宜采用中砂或粗砂,含泥量不大于2%;粗骨料宜采用质地坚硬、级配良好的碎石或砾石,最大粒径不超过15 mm,含泥量不超过1%。

混凝土的水灰比不应大于0.55;每立方米混凝土水泥最小用量不应小于330 kg;含砂率宜为35%～40%;灰砂比应为1∶2～1∶2.5,并宜掺入外加剂。普通细石混凝土、补偿收缩混凝土的强度等级不应小于C20,自由膨胀率应为0.05%～0.10%。

(2)结构层要求

刚性防水屋面结构层的要求与柔性防水层基本一致。普通细石混凝土和补偿收缩混凝土防水层应设置分格缝,其纵、横间距不宜大于6 m,缝的宽度宜为10～20 mm,分格缝可采用嵌填密封材料并加贴防水卷材的方法进行处理,以提高防水的可靠性,如图10-8所示。

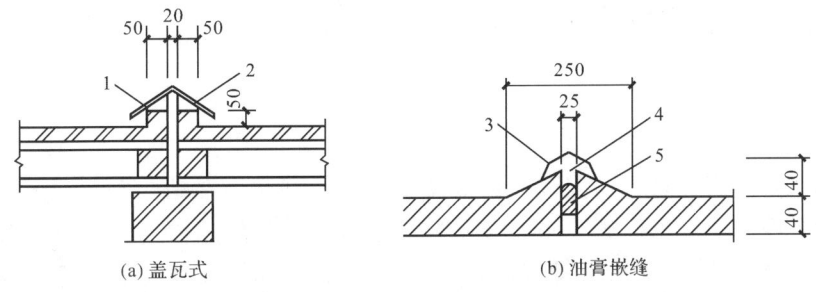

图10-8 分格缝防水
1—盖瓦;2—砂浆;3—防水涂料;4—砂浆;5—油膏

所有分格缝应纵、横相互贯通,如有间隔应凿通,缝边如有缺边掉角必须修补完整,达到平整、密实,不得有蜂窝、起皮、松动现象。分格缝必须干净,缝壁和缝两侧50～60 mm内的水泥浮浆、残余砂浆和杂物,必须用刷缝机或钢丝刷刷除,并用吹尘机具吹净。嵌填密封材料处的混凝土表面应涂刷基层处理剂,不得漏涂。凡已涂刷基层处理剂的分格缝都应于当天嵌填密封材料,不宜隔天嵌填。

刚性防水屋面的坡度宜为2%～3%,并应采用结构找坡。细石混凝土防水层的厚度不应小于40 mm,并应配置直径为4～6 mm、间距为100～200 mm的双向钢筋网片(宜采用冷拔低碳钢丝)。钢筋网片在分格缝处应断开,其保护层厚度不应小于10 mm。

刚性防水层在结构层与防水层之间应增加一层低强度等级砂浆、卷材、塑料薄膜等材料,起隔离作用,使结构层和防水层变形互不约束,以减小防水混凝土产生拉应力而导致混凝土防水层开裂。

2.刚性防水层施工

刚性防水层的施工程序一般为:清理隔离层表面并检查质量→弹线分格→支设分格缝隔板及檐口模板→绑扎钢筋网片→浇捣细石混凝土→压实抹平→起出分格缝隔板→分遍压实抹光→养护→分格缝防水密封处理。

浇捣刚性防水层宜按"先远后近,先高后低"的原则进行。一个分格必须一次浇捣完成,不留施工缝。混凝土浇捣厚度不宜小于40 mm。普通细石混凝土应采用机械搅拌,搅拌时间不应少于2 min。宜采用机械振捣,也可用木棍插捣和小辊滚压相配合,边插捣边滚压,直到密实表面泛浆,再用铁抹子压实抹平,并确保防水层的设计厚度、排水坡度、钢筋间距及位置的准确。混凝土收水初凝后,及时取出分格缝隔板,用铁抹子第二次压实抹光,并及时修补分格缝的缺损部分。待混凝土终凝前进行第三次压实抹光,要求做到表面平整压实抹光,达到不起砂、不起层、无裂缝、无抹板压痕为止。

混凝土浇筑后 12~24 h 应进行养护,可采用洒水湿润、覆盖塑料薄膜、表面喷涂养护剂等养护方法,也可用蓄水法或覆盖浇水养护法,养护时间不少于 14 d。

用膨胀剂拌制补偿收缩混凝土时应按配合比准确计量,搅拌投料时膨胀剂应与水泥同时加入,搅拌时间不应少于 3 min。补偿收缩混凝土的凝结时间一般比普通混凝土略短,所以搅拌、运输、铺设、振捣和碾压、收光等工序应紧密衔接,拌制好的混凝土应及时浇筑。施工温度以 5~35 ℃ 为宜,施工时应避免烈日曝晒。0 ℃ 以下施工要保证浇灌时混凝土的温度不低于 5 ℃,浇灌完毕待混凝土稍硬后,及时覆盖塑料薄膜或双层湿草包以保温保湿。

## 10.3 地下防水工程

### 10.3.1 卷材防水

卷材防水层是将卷材用与其配套的胶结材料胶合并粘贴在结构基层上而构成的一种防水工程。这种防水层的主要优点是防水性能好,具有一定的韧性和延伸性,能适应结构的振动和微小变形,不至于产生破坏而导致渗水现象,并能抗酸、碱、盐溶液的侵蚀。由于其防水效果好,目前在地下防水工程中被广泛采用。

地下室防水工程

地下工程卷材防水层是采用高聚物改性沥青防水卷材或合成高分子防水卷材和与其配套的胶结材料(沥青胶或高分子胶黏剂)胶合而成的一种单层或多层防水层。

1.适用范围

卷材防水层适用于受侵蚀性介质作用或受震动作用的地下工程主体迎水面需要防水的结构防水层中。具体有如下规定:

(1)卷材防水层适于承受的压力不超过 0.5 MPa,当有其他荷载作用超过上述数值或有剪力存在时,应采取结构措施。

(2)卷材防水层经常保持不小于 0.01 MPa 的侧压力下,才能较好地发挥防水功能,一般采取保护墙分段断开,起附加荷载作用。

(3)高聚物改性沥青防水卷材耐酸、耐碱、耐盐的侵蚀,但不耐油脂及可溶解沥青的溶剂的侵蚀,因此油脂和溶剂不能接触沥青防水卷材。

2.卷材防水层的施工

将卷材防水层铺贴在地下需要防水结构的外表面时,称为外防水。此种方法可以借助于土压力压紧,并可与承重结构一起抵抗有压地下水的渗透和侵蚀作用,防水效果好。外防水的卷材防水层铺贴方式按其与防水结构施工的先后顺序,可分为外防外贴法和外防内贴法两种。

(1)外防外贴法施工

①构造做法 外防外贴法是先进行主体结构的施工,卷材防水层直接粘贴于主体结构的外墙表面,再砌永久保护墙,其构造如图 10-9 所示。防水层能与混凝土结构同步沉降,较少受结构沉降变形影响,施工时不易损坏防水层,也便于检查混凝土结构和卷材质量,发现问题容易修补。但缺点是工期长、工作面大、土方量大、卷材接头不易保护,容易影响防水工程质量。

②施工方法

● 卷材层应铺贴在水泥砂浆找平层上，找平层不宜太薄，太薄易爆皮，铺贴卷材时，找平层应基本干燥。卷材应先铺平面，后铺立面，交接处应交叉搭接；结构转角处铺贴一层卷材附加层，然后进行大面积铺贴。

● 浇筑结构底板混凝土垫层，在垫层上砌筑永久保护墙，在永久保护墙上用石灰砂浆接砌临时保护墙。永久保护墙的高度应比结构底板的厚度高 200～500 mm，临时保护墙高一般为 450～600 mm。在垫层和永久保护墙上抹 1∶3 水泥砂浆找平层，转角处抹成圆弧形，在临时保护墙内表面上抹石灰砂浆找平层，并刷石灰浆。

● 从底面折向立面的卷材与永久性保护墙的接触部位，垫层平面部位的卷材宜采用空铺法或点粘法；与临时性保护墙或围护结构模板的接触部位，应将卷材防水层临时贴附，并将卷材接头临时固定在保护墙最上端。当不设保护墙时，从底面折向立面的卷材在接茬部位应采取可靠的保护措施。

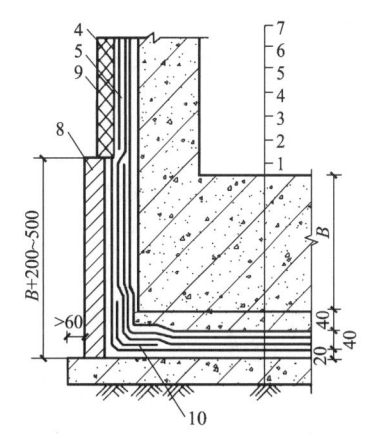

图 10-9　卷材防水层外防外贴法构造
1—结构垫层；2—水泥砂浆找平层；
3、10—卷材附加层；4—卷材防水层；
5—保护层；6—找平层；7—结构墙体；
8—永久保护墙；9—临时保护墙

● 保护墙上的卷材防水层完成后，应做保护层，以免后面工序施工时损坏卷材防水层。底板和永久保护墙上已铺贴牢固的卷材防水层，应用水泥砂浆或细石混凝土做保护层，但临时保护墙上临时固定的卷材防水层应以石灰砂浆做保护层，以便拆除，保护层厚度一般为 30～50 mm。施工结构的保护墙可作为混凝土墙体一侧的模板。

● 主体结构完工后，将甩茬部位临时固定的各层卷材揭开，清除表面的污物，再将此段结构外表面补抹水泥砂浆找平层。

● 找平层干燥后，将卷材分层错茬搭接向上铺贴，如图 10-10 所示。卷材接茬的搭接长度：高聚物改性沥青防水卷材不应小于 150 mm，合成高分子防水卷材为 100 mm。当使用两层卷材时，应错茬接缝，上层卷材应盖过下层卷材，接茬处应采用密封材料加贴盖缝条。

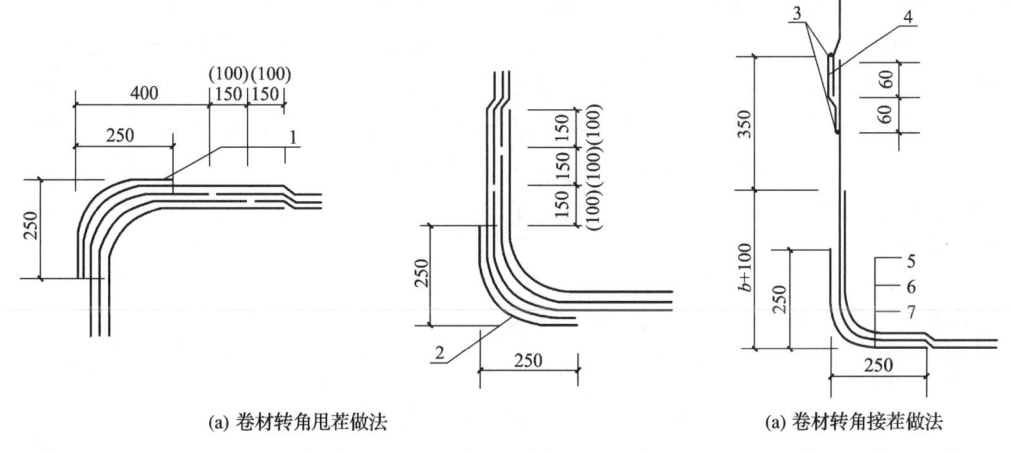

(a) 卷材转角甩茬做法　　(a) 卷材转角接茬做法

图 10-10　卷材转角甩茬与接茬
1、2—附加层；3—聚氨酯嵌缝；4—盖缝条；5—铺 200 g 沥青油毡一层；6—卷材防水层；
7—同类卷材；括号内数字适用于合成高分子类卷材

● 卷材防水层施工完毕,立即进行渗漏检验,合格后,应及时做好卷材防水层保护结构,并进行土方回填。

(2) 外防内贴法施工

① 构造做法 外防内贴法是在浇筑混凝土垫层后,在垫层上将永久保护墙全部砌好,然后将卷材防水层铺贴在垫层和永久保护墙上,再施工主体结构的方法,其构造如图 10-11 所示。这种方法可一次完成防水层的施工,工序简单,土方量较小,卷材防水层不需要临时留茬,可连续铺贴,缺点是立墙防水层难以和主体同步,受结构沉降变形影响,防水层易受损,以及混凝土的抗渗质量不易检查,一旦发生渗漏,修补困难。

② 施工方法

● 在已施工好的混凝土垫层上砌永久保护墙,用 1∶3 水泥砂浆在垫层和永久保护墙上抹找平层。阴阳角处应抹成钝角或圆角。

● 找平层干燥后涂刷冷底子油或基层处理剂,干燥后将卷材防水层直接铺贴在保护墙的垫层上,转角处还应铺贴卷材附加层。铺贴卷材防水层时应先铺立面、后铺平面,铺贴立面时应先铺转角、后铺大面。

● 卷材防水层铺完经检验合格后,应及时做保护层。立面应在涂刷防水层最后一道沥青胶结材料时,趁热撒上干净的热砂或散麻丝,冷却后抹一层 10~20 mm 厚的 1∶3 水泥砂浆;平面可用抹水泥砂浆或浇细石混凝土等方法做保护层,最后再进行防水结构混凝土底板和墙体施工。

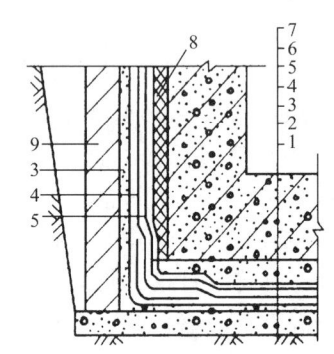

图 10-11 卷材防水层外防内贴法构造
1—素土回填;2—混凝土垫层;
3、6、8—找平层;
4—卷材防水层;5—保护层;
7—结构墙体;9—永久保护墙

(3) 防水卷材的铺贴要求

铺贴高聚物改性沥青防水卷材应采用热熔法施工;铺贴合成高分子防水卷材宜采用冷粘法施工。

卷材铺贴时,两幅卷材长边和短边的搭接长度均不应小于 100 mm。采用双层卷材时,上、下两层和相邻两幅卷材的接缝应错开 1/3~1/2 幅宽,且两层卷材不得相互垂直铺贴。卷材接缝必须粘贴封严,接缝口应用材性相容的密封材料,接缝宽度不应小于 10 mm。在立面与平面的转角处,卷材的接缝应留在平面上,距立面不应小于 600 mm。在转角处和特殊部位,应增贴 1~2 层相同卷材或抗拉强度较高的卷材。

热熔法和冷粘法大面铺贴卷材的要求与屋面卷材的铺贴要求基本一样,具体施工要点可参考上节内容。

### 10.3.2 刚性防水

1. 防水混凝土

(1) 防水混凝土的适用范围

防水混凝土适用于防水等级为 1~4 级的地下整体式混凝土结构,不适用于环境温度高于 80 ℃,结构易受剧烈振动、冲击或处于耐侵蚀系数小于 0.8 的侵蚀性介质中使用的地下工程(耐侵蚀系数是指在侵蚀性水中养护 6 个月的混凝土试块的抗折强度与在饮用水中养护 6 个月的混凝土试块的抗折强度之比)。

防水混凝土环境温度一般应控制在 50 ℃以下,最好接近常温。这主要是因为防水混凝土抗渗性随着温度的升高而降低,温度越高,降低越明显。温度升高,混凝土硬化后其残留内部的水分蒸发,混凝土内部产生许多毛细孔,形成渗水通路,加之水泥与水的水化作用,导致水泥凝胶破裂、干缩,混凝土内部组织结构破坏,抗渗性能降低。

结构遭受剧烈振动或冲击时,振动和冲击使得混凝土结构内部产生拉应力,在拉应力大于混凝土自身抗拉强度的情况下,就会出现结构裂缝,产生渗漏现象。另外,我国地下水特别是浅层地下水受污染比较严重,混凝土并非永久性材料,钢筋常常会受到侵蚀。特别是中、高层建筑增多,投资大,要求使用年限长,防水等级大多为 1 级防水,所以必须采取多道防水措施。为确保其抗渗性,规范还规定:防水混凝土设计抗渗等级不得小于 P6(表 10-7)。

表 10-7　　　　　　　　　　　防水混凝土设计抗渗等级

| 工程埋置深度/m | 设计抗渗等级 | 工程埋置深度/m | 设计抗渗等级 |
| --- | --- | --- | --- |
| <10 | P6 | 20～30 | P10 |
| 10～20 | P8 | 30～40 | P12 |

注:①本表适用于Ⅳ、Ⅴ级围岩(土层及软弱围岩)。
②山岭隧道防水混凝土抗渗等级可按铁道部门的有关规定执行。

防水混凝土包括普通防水混凝土、外加剂防水混凝土两大类。这种防水层具有取材容易、施工简便、工期短、造价低、耐久性好等优点,一般用于民用建筑的地下室、水泵房、水池、大型设备基础、沉箱、地下连续墙等建(构)筑物。

(2)防水混凝土的一般规定

①水泥　地下防水混凝土中水泥强度等级不应低于 32.5 级。不得使用过期或受潮结块的水泥,不得将不同品种或强度等级的水泥混合使用。在不受侵蚀和冻融作用下,宜采用普通硅酸盐水泥、硅酸盐水泥、火山灰质硅酸盐水泥、粉煤灰硅酸盐水泥。如采用矿渣硅酸盐水泥,应掺入适当品种的高效减水剂以降低泌水率。

在受冻融条件下,宜采用普通硅酸盐水泥,不宜采用火山灰质硅酸盐水泥和粉煤灰硅酸盐水泥。在受侵蚀性介质作用下,应按介质的性质选用相应的水泥,如受硫酸盐介质侵蚀,可采用火山灰质硅酸盐水泥、粉煤灰硅酸盐水泥、抗硫酸盐硅酸盐水泥。

②骨料　砂宜用中砂,含泥量不大于 3%,泥块含量不大于 1%。石子粒径宜为 5～40 mm,泵送混凝土时最大粒径应为输送管道直径的 1/4;含泥量不大于 1%,泥块含量不大于 0.5%;石子吸水率不大于 1.5%,不得使用碱活性骨料。细骨料宜用中砂,含泥量不大于 3.0%,泥块含量不大于 1.0%。

③水　应采用不含有害杂质、pH 为 4～9 的洁净水,一般饮用水或天然洁净水均可采用。

④外加剂和矿物掺和料　防水混凝土可根据工程需要掺入防水剂、引气剂、减水剂、密实剂、膨胀剂、复合型外加剂等,其品种和掺量应经试验确定。所有外加剂均应符合国家或行业标准一等品及以上的质量要求。外加剂的掺入可以改善混凝土内部组织结构,增加密实性及抗裂性,提高防水抗渗性能。

防水混凝土也可掺入一定数量的粉煤灰、磨细矿渣粉、硅粉等。粉煤灰级别不应低于二级,掺量不大于20%,硅粉掺量不大于3%,其他掺和料应经试验确定。

⑤配合比　防水混凝土的配合比应符合下列规定:试配要求的抗渗水压值应比设计值提高 0.2 MPa;水泥用量不得少于 300 kg/m³,当掺有活性掺和料时,水泥用量不得少于 280 kg/m³;含砂率宜为 35%～45%,泵送时可增至 45%;灰砂比宜为 1∶2～1∶2.5;水灰比不得大于 0.55;坍落度不宜大于 50 mm,采用预拌混凝土时,入泵坍落度宜为 100～140 mm,缓凝时间宜为 6～8 h;掺入引气剂或引气型减水剂时,混凝土含气量应控制在3%～5%。

(3) 防水混凝土的种类

①普通防水混凝土　普通防水混凝土通过调整配合比、控制材料的选择、混凝土的拌制和振捣质量来提高混凝土的密实度和抗渗性,从而达到防水目的,它不同于普通混凝土。

②外加剂防水混凝土　外加剂防水混凝土是在混凝土中掺入有机或无机外加剂,改善混凝土性能,从而达到防水目的。外加剂种类较多,各自的性能、效果及适用条件不尽相同。常用的外加剂防水混凝土有三乙醇胺防水混凝土、加气剂防水混凝土、减水剂防水混凝土、氯化铁防水混凝土。

(4) 防水混凝土的施工

防水混凝土结构不仅要使其构造设计、材料选择合理,更要保证施工质量。施工中混凝土的配料、搅拌、运输、浇筑、振捣及养护等环节都直接影响着工程质量,因此要严格控制好每一个施工环节。

①施工准备　施工前应编制施工方案,做好技术交底;进行原材料的检验和试配工作;做好基坑(槽)排降水工作,防止地表水流入。

浇筑防水混凝土所用模板,除满足模板施工一般要求外,还应特别注意拼缝严密,支撑牢固。一般不宜用穿过防水混凝土结构的螺栓或铁丝固定模板,以防产生引水现象,发生渗漏。当墙高需要用穿过混凝土防水结构的对拉螺栓固定模板时,应采取止水措施,一般可在螺栓中间加焊一块止水环,阻止渗水通路,如图 10-12 所示。

为了有效地阻止钢筋的引水作用,迎水面防水混凝土钢筋保护层厚度不应小于 50 mm。底板钢筋均不能接触混凝土垫层,结构内部的各种钢筋以及绑扎铁丝均不得接触模板。留设保护层应以相同配合比的细石混凝土或水泥砂浆做钢筋垫块。严禁用钢筋充当保护层垫块。

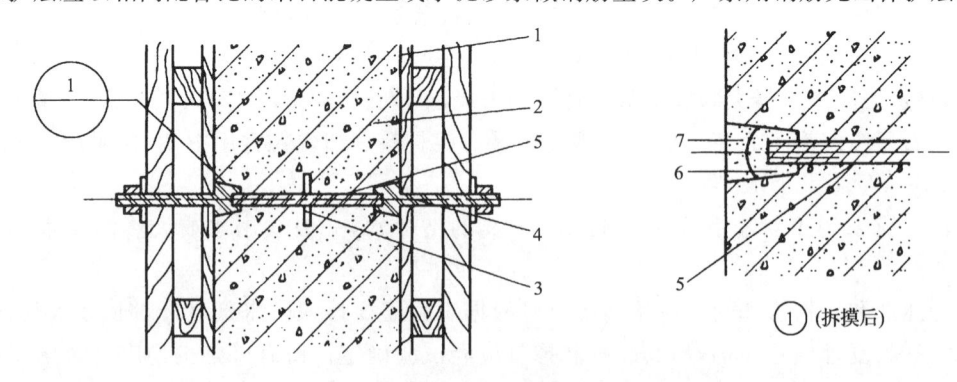

图 10-12　用对拉螺栓固定模板防水时的止水措施
1—模板;2—防水混凝土;3—止水环;4—工具式螺栓;
5—固定模板用螺栓;6—嵌缝材料;7—聚合物水泥防水砂浆

②拌制过程的控制 拌制混凝土所用材料的品种、规格和用量,每工作班检查不应少于两次。水泥、水、外加剂掺和料累计计量偏差不应大于±1%;砂、石计量偏差不应大于±2%。混凝土在浇筑地点的坍落度,每工作班至少检查两次,并应符合现行《普通混凝土拌合物性能试验方法标准》(GB/T 50080—2016)的规定。防水混凝土应采用机械搅拌,搅拌时间比普通混凝土略长,一般不少于120 s;若掺入引气型外加剂,则搅拌时间为120~180 s;若掺入其他外加剂,则应根据相应的技术要求确定搅拌时间。

③混凝土的运输、浇筑与振捣 在运输过程中要防止防水混凝土拌和物产生离析和坍落度损失。当出现离析时,必须进行二次搅拌。当坍落度损失不能满足施工要求时,应加入原水灰比的水泥浆或二次掺加减水剂进行搅拌,严禁直接加水。

振捣应采用机械振捣,振捣时间宜为10~30 s;防水混凝土应连续浇筑,宜少留施工缝,当必须留设施工缝时应遵守下列规定:墙体水平施工缝不应留在剪力与弯矩最大处或底板与侧墙的交接处,应留在高出底板表面不小于300 mm 的墙体上。墙体有预留孔洞时,施工缝距孔洞边缘不应小于300 mm。垂直施工缝应避开地下水和裂隙水较多的地段,并宜与变形缝相结合。

④施工缝的施工 施工缝是防水结构容易发生渗漏的部位,施工时要符合下列要求:水平施工缝浇灌混凝土前,应将其表面浮浆和杂物清除,先铺净浆,再铺30~50mm 厚的1:1水泥砂浆或涂刷混凝土界面处理剂,并及时浇灌混凝土。垂直施工缝浇灌混凝土前,应将其表面清理干净,并涂刷水泥净浆或混凝土界面处理剂,并及时浇灌混凝土。选用的遇水膨胀止水条应具有缓胀性能,其7 d 的膨胀率不应大于最终膨胀率的60%;遇水膨胀止水带应牢固地安装在缝表面或预留槽内。采用中埋式止水带时,应确保位置准确、固定牢靠。施工缝做法如图10-13 所示。

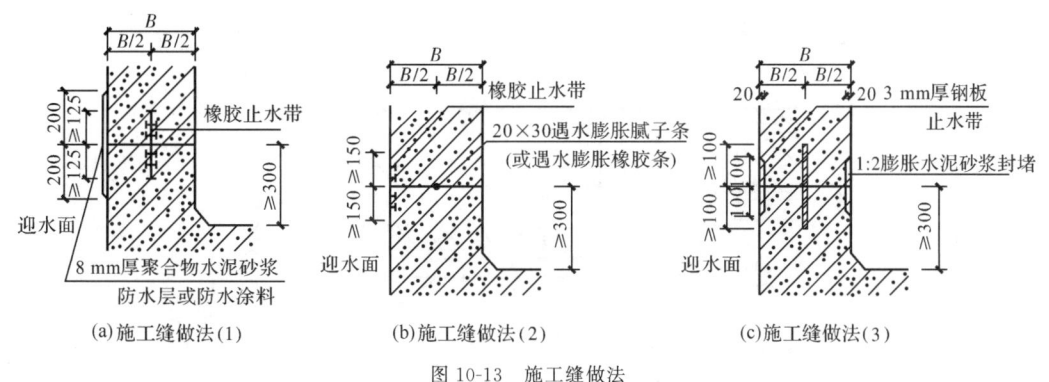

图10-13 施工缝做法

⑤变形缝的施工 建筑物的变形缝设置中埋式止水带时(图10-14),止水带中心线应和变形缝中心线重合,止水带不得穿孔或用铁钉固定;混凝土浇筑前应校正止水带位置,表面清理干净,止水带损坏处应修补;顶、底板止水带的下侧混凝土应振捣密实,边墙止水带内、外侧混凝土应均匀,保持止水带位置正确、平直,无卷曲现象;止水带宽度和材质的物理性能均应符合设计要求,且无裂缝和气泡;接头应采用热接,不得叠接,接缝应平整、牢固,不得有裂口的脱胶现象;变形缝处增设的卷材或涂料防水层,应按设计要求施工。

⑥后浇带的施工 后浇带应设在受力和变形较小的部位,间距宜为30~60 mm,宽度宜为700~1 000 mm。后浇带可做成平直缝,结构主筋不宜在缝中断开,如必须断开,则主

筋搭接长度应大于 45 倍主筋直径,并应按设计要求加设附加钢筋。后浇带防水构造如图 10-15 所示。后浇带需要超前止水时,后浇带部位的混凝土应局部加厚,并增设外贴式或中埋式止水带,如图 10-16 所示。

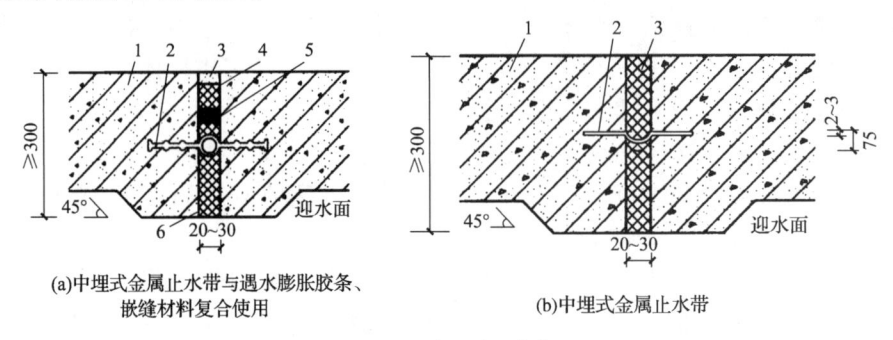

图 10-14 中埋式止水带
1—混凝土结构;2—中埋式止水带;3—嵌缝材料;
4—背衬材料;5—遇水膨胀胶条;6—填缝材料

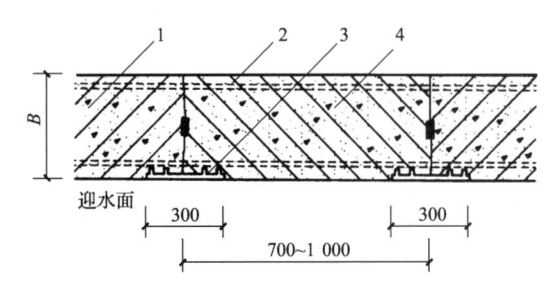

图 10-15 后浇带防水构造
1—先浇混凝土;2—结构主筋;3—外贴式止水带;4—后浇补偿收缩混凝土

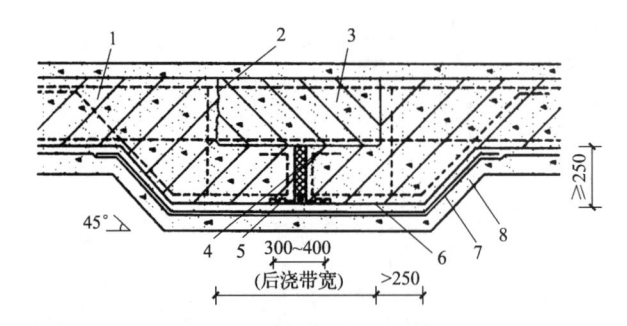

图 10-16 后浇带超前止水构造
1—先浇混凝土;2—钢丝网片;3—后浇带;4—填缝材料;5—外贴式止水带;
6—细石混凝土保护层;7—卷材防水层;8—垫层混凝土

⑦穿墙管的施工 穿墙管(盒)应在混凝土浇筑前预埋,管与管的间距应大于 300 mm;穿墙管与内墙角或凹凸部位的距离应大于 250 mm。当结构变形或管道伸缩量较大或有更换要求时,应采用套管式防水法,套管应加焊止水环。当结构变形或管道伸缩量较小时,穿墙管可采用主管直接埋入混凝土内的固定式防水法,并应预留凹槽,凹槽内用嵌缝材料嵌填密实。固定式穿墙管防水构造如图 10-17 所示。

(a) 固定式穿墙管防水构造(1)　　　　(b) 固定式穿墙管防水构造(2)

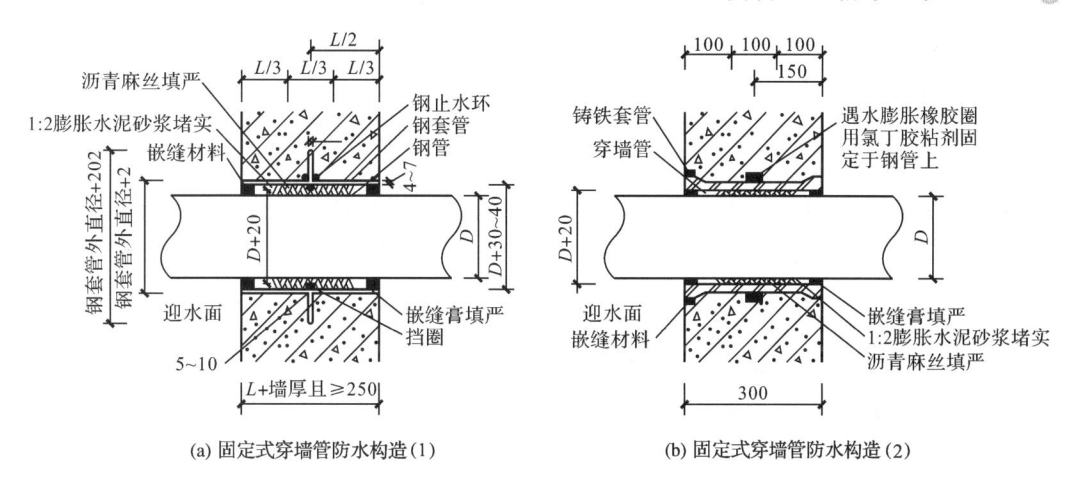

图 10-17　固定式穿墙管防水构造

⑧养护与拆模　防水混凝土终凝后应立即覆盖浇水养护,养护时间不应少于 14 d。拆模时防水混凝土的强度必须达到设计强度等级的 70%,拆模后应及时回填土,以利于混凝土后期强度的增长和抗渗性的提高,避免温差和干缩引起开裂。

(5) 防水混凝土工程质量验收

①防水混凝土的原材料、配合比及坍落度必须符合设计要求。

②防水混凝土的抗压强度和抗渗压力必须符合设计要求。

③防水混凝土的变形缝、施工缝、后浇带、穿墙管道、埋设件等的设置和构造,必须符合设计要求,严禁有渗漏。

④防水混凝土结构表面应坚实、平整,不得有露筋、蜂窝等缺陷;埋设件位置应正确。

⑤防水混凝土结构表面的裂缝宽度不应大于 0.2 mm,并不得贯通。

⑥防水混凝土结构厚度不应小于 250 mm,迎水面钢筋保护层厚度不应小于 50 mm。

## 2. 水泥砂浆防水层

水泥砂浆防水层是用水泥砂浆、素水泥浆交替抹压涂刷多层的刚性防水层,其防水原理是分层闭合,构成一个多层整体防水层,各层的残余毛细孔道互相堵塞,使水不能透过,从而达到抗渗防水目的。

水泥砂浆防水层包括普通水泥砂浆、聚合物水泥防水砂浆、掺外加剂或掺和料水泥砂浆等,这种防水层可用于主体结构的迎水面或背水面。

普通水泥砂浆是采用不同配合比的水泥浆和水泥砂浆,通过分层抹压构成防水层,对防水要求较低的工程中使用较为适宜。在水泥砂浆中掺入各种外加剂、掺和料,可提高砂浆的密实性、抗渗性,应用较为普遍。而在水泥砂浆中掺入高分子聚合物(如乙烯-醋酸乙烯共聚物、聚丙烯醋酸、有机硅、丁苯胶乳、氯丁胶乳等)配制成具有韧性、耐冲击性好的聚合物水泥防水砂浆,是近年来国内发展较快、具有较好防水效果的新型防水材料。

(1) 材料要求

①材料

● 水泥:水泥品种按设计要求选用,应采用强度等级不低于 32.5 级的普通硅酸盐水泥、硅酸盐水泥、特种水泥。不同品种和标号的水泥不能混用,严禁使用过期或受潮结块的水泥。

- 砂：宜采用中砂，平均粒径不小于 0.5 mm，最大粒径不大于 3 mm，含泥量不大于 1%，硫化物和硫酸盐含量不大于 1%。
- 水：一般采用饮用水，如用天然水应符合混凝土用水的要求。

②外加剂
- 无机铝盐防水剂：此类防水剂加入水泥砂浆后，能与水泥和水起作用，在砂浆凝结硬化过程中生成水化氯铝酸钙、水化氯硅酸钙等晶体物质，填补砂浆中的孔隙，从而提高了砂浆的密实性和防水性能。
- 有机硅防水剂：它是一种小分子水溶性混合物，易被弱酸分解，是一种憎水性物质。渗入基层内可堵塞水泥砂浆内部的毛细孔，增强密实性，提高抗渗性，从而起到防水作用。
- 补偿收缩抗裂型防水剂：它是继 U 型混凝土膨胀剂后专用于水泥砂浆防水层的外加剂，它的抗渗性好，且具有抗裂性。

③水泥砂浆防水层配合比　普通水泥砂浆防水层的配合比见表 10-8。掺入外加剂、掺和料、聚合物等防水砂浆的配合比和施工方法应符合所掺材料的规定，其中聚合物砂浆的用水量应包括乳液中的含水量。

表 10-8　　　　　　　　普通水泥砂浆防水层的配合比（质量比）

| 名称 | 配合比 水泥 | 配合比 砂 | 水灰比 | 适用范围 |
| --- | --- | --- | --- | --- |
| 水泥浆 | 1 | — | 0.55～0.60 | 水泥砂浆防水层的第一层 |
| 水泥浆 | 1 | — | 0.37～0.40 | 水泥砂浆防水层的第三、五层 |
| 水泥砂浆 | 1 | 1.5～2.0 | 0.40～0.50 | 水泥砂浆防水层的第二、四层 |

(2) 基层处理

基层处理是保证防水层与基层表面结合牢固、不空鼓和密实不透水的关键。包括清理、浇水、刷洗、补平等工序，使基层表面保持潮湿、清洁、平整、坚实、粗糙。其中浇水湿润，是保证防水层与基层结合牢固、不空鼓的关键。水要按次序反复浇透至表面基本饱和，抹上灰浆后无吸水现象为宜。水泥砂浆防水层应在基础垫层、初期支护、围护结构及内衬结构验收合格后方可施工。

(3) 水泥砂浆防水层施工

①普通水泥砂浆防水层施工（刚性多层做法）
- 混凝土顶板与墙面防水层施工　第一层为素灰层，厚 2 mm。先抹一道 1 mm 厚素灰，随后在已刮抹完的素灰层上再抹一道厚 1 mm 的素灰找平层，然后用湿毛刷在素灰层表面按顺序轻刷一遍，打乱素灰层表面的毛细孔道，形成一层坚实不透水的水泥结晶层，成为防水层的第一道防线。

第二层为水泥砂浆层，厚 4～5 mm。在素灰层初凝时抹第二层水泥砂浆层，该层主要对素灰层起养护、保护和加固作用。

第三层为素灰层，厚 2 mm。在第二层水泥砂浆凝固并具有一定强度（常温下间隔一昼夜）后适当浇水湿润，再进行第三层的操作，方法与第一层相同。

第四层为水泥砂浆防水层，厚 4～5 mm。操作过程同第二层，将其抹在第三层上，抹后在水泥砂浆凝固过程中，用铁抹子分 3～4 次压实，最后再压光。

第五层抹水泥浆做法与上述做法相同。只是第五层是在第四层水泥砂浆抹压两遍后,用毛刷将水泥浆均匀地刷在第四层上,随第四层一起抹实压光。

● 底板防水层施工 底板防水层施工与墙面、顶板不同,通常第一、三层的素灰层不采用刮抹方法,而是把素灰倒在地面上,用刷子往返用力涂刷均匀,第二、四层是在素灰层初凝前后把水泥砂浆按厚度要求均匀抹压在素灰层上。底板防水层施工时要禁止踩踏,应按由里向外的顺序进行。

水泥砂浆各层应紧密贴合,每层宜连续施工。当必须留茬时,留置成阶梯形,但离转角处不得小于 200 mm;接茬应依层次顺序操作,层层搭接紧密。接茬时,应先在接茬处均匀涂刷水泥浆一层,以保证接茬的密实性。防水层留茬与接茬如图 10-18 所示,基础面与墙面防水层转角留茬如图 10-19 所示。结构阴阳角处的防水层均应抹成圆弧形。

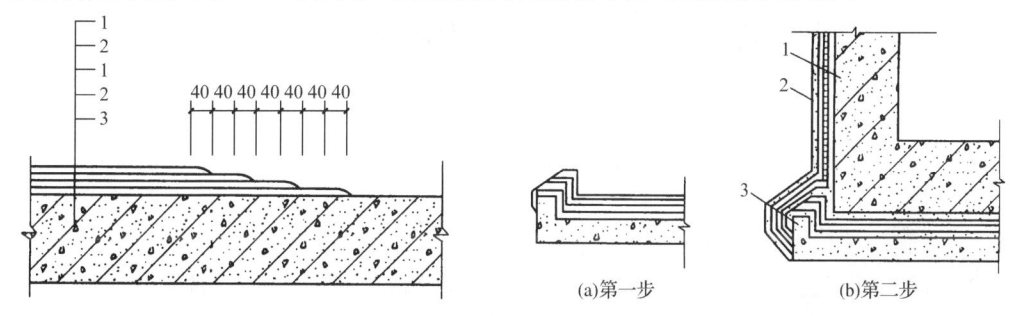

图 10-18 防水层留茬与接茬
1、3—水泥浆层;2—水泥砂浆防水层

图 10-19 基础面与墙成防水层转角留茬
1—围护结构;2—水泥砂浆防水层;3—混凝土垫层

普通水泥砂浆防水层终凝后,应及时进行养护,温度不宜低于 5 ℃,养护时间不得少于 14 d,养护期间应保持湿润。

② 掺外加剂水泥砂浆防水层施工 先在处理好的基层上涂一道防水净浆,然后分两次抹厚度为 12 mm 的底层防水砂浆。第一次要用力抹压使其与基层结成一体,凝固前用木抹子搓压成麻面,待阴干后即按同样的方法抹第二遍底层砂浆;底层砂浆抹完约 12 h 后,分两次抹厚 13 mm 的面层防水砂浆。在抹面层防水砂浆之前,应先在底层防水砂浆上涂刷一道防水净浆,并随涂刷随抹第一遍面层防水砂浆(厚度不超过 7 mm),凝固前用木抹子均匀搓压成麻面,第一遍面层防水砂浆阴干后再抹第二遍面层防水砂浆,并在凝固前分次抹压密实,最后压光。

### 10.3.3 其他防水工程

1.涂膜防水层施工

涂膜防水层所用涂料分为无机防水涂料和有机防水涂料。防水涂料品种的选择应符合下列规定:潮湿基层宜选用与潮湿基面黏结力大的无机涂料或有机涂料,或采用先涂水泥基类无机涂料、后涂有机涂料的复合涂层;冬季施工宜选用反应型涂料,如用水乳型涂料,温度不得低于 5 ℃;埋置深度较深的重要工程、有振动或有较大变形的工程宜选用高弹性防水涂料;有腐蚀性的地下环境宜选用耐腐蚀性较好的反应型、水乳型、聚合物水泥涂料,并做刚性保护层。

(1)施工工艺

防水涂料可采用外防外涂、外防内涂两种做法。涂膜防水层施工的程序:基层处理→平面涂布处理剂→增强涂布或增补涂布→平面防水层涂布施工→平面部位铺贴油毡隔离层→平面部位浇筑细石混凝土保护层→钢筋混凝土地下结构施工→修补混凝土立墙外表面→立墙外侧涂布基层处理剂→增强涂布或增补涂布→涂布立墙防水层→立墙防水层保护层施工→基坑回填。

(2)施工方法

①基层检查验收　涂料防水层的基层表面必须坚固、平整、洁净，无空鼓、开裂现象，无油污、浮浆。基层阴阳角应做成圆弧形，阴角直径宜大于 50 mm，阳角直径宜大于 10 mm。

②涂膜防水层施工　涂刷前应先在基面上涂一层与涂料相容的基层处理剂；涂膜应多遍完成，涂刷应待前遍涂层干燥成膜后进行；每遍涂刷时应交替改变涂层的涂刷方向，同层涂膜的先后搭接宽度宜为 30~50 mm；涂料防水层的施工缝应注意保护，接涂前应将其表面处理干净。涂刷程序应先做转角处、穿墙管道、变形缝等部位的加强层，后进行大面积涂刷。

③涂膜防水保护层　保护层应符合下列规定：底板、顶板应采用 20 mm 厚 1∶2.5 水泥砂浆层和 40~50 mm 厚细石混凝土保护，顶板防水层与保护层间宜设置隔离层；侧墙背水面应采用 20 mm 厚 1∶2.5 水泥浆层保护；侧墙迎水面宜选用软保护层或 20 mm 厚 1∶2.5 水泥砂浆层保护。

(3)涂膜防水层细部构造处理

对于阴角、阳角、穿墙管道、预埋件、变形缝等容易造成渗漏的薄弱部位，应参照卷材防水做法，采用附加防水层加固。此时在加固处可做成"一布二涂"或"二布三涂"，其中胎体增强材料亦优先采用聚酯无纺布。

①阴、阳角　在基层涂布底层涂料之后，应先进行增强涂布，同时将玻璃纤维布铺贴好，然后再涂布第一道、第二道涂膜，阴、阳角的做法如图 10-20 所示。

②管道根部　先将管道用砂纸打毛，用溶剂洗去油污，管道根部周围基层应清洁干燥。在管道根部周围及基层涂刷底层涂料，在底层涂料固化后做增强涂布层，增强涂布层固化后再涂刷涂膜防水层，管道根部做法如图 10-21 所示。

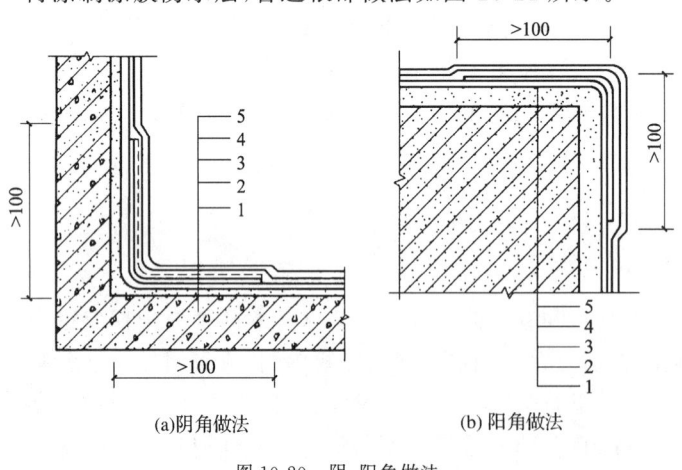

图 10-20　阴、阳角做法
1—需要防水的结构；2—水泥砂浆找平层；
3—底涂层；4—玻璃纤维布增强涂布层；
5—涂膜防水层

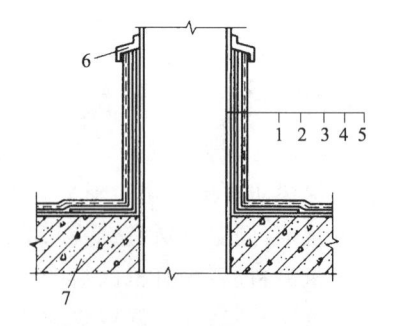

图 10-21　管道根部做法
1—穿墙管；2—底涂层；
3—玻璃纤维布，并用铜丝绑扎；
4—增强涂布层；5—涂膜防水层；
6—压铁；7—结构

2.其他地下防水工程简介

(1)密封防水

密封防水是指对建筑物或构筑物的接缝、节点等部位运用密封材料进行水密和气密处理,具有密封、防水、防尘和隔声等作用。同时,还可与卷材防水、涂料防水和刚性防水等工程配套使用,因而是防水工程中的重要组成部分。

常用的嵌缝防水密封材料主要是改性沥青防水密封材料和合成高分子防水密封材料两大类。它们的性能差异较大,常用的施工方法有冷嵌法和热灌法两种。冷嵌法施工大多采用手工操作,用腻子刀或刮刀嵌填,较先进的采用电动或手动嵌缝挤出枪进行嵌填,该施工方法并不只限于接缝,螺丝帽等部位也可用。热灌法施工需要在现场塑化或加热密封材料,使其具有流塑性后进行浇灌,这种方法一般适用于平面接缝密封防水处理。

(2)地下工程排水防水

排水工程是专指工业与民用建筑地下室、隧道、坑道的构造排水,即指设计采用各种排水措施,使地下水能顺着预先设计的各种管沟被排到工程外,以降低地下水位,减少地下工程的渗漏水。

对于重要的、防水要求较高的地下工程,在制订防水方案时,应结合排水一起考虑。凡具有自流排水条件的地下工程,均可采用自流排水的方法进行排水,如无自流排水条件、防水要求较高且具有抗浮要求的地下工程,则可采用渗排水、盲沟排水或机械排水。

## 10.4 防水工程安全技术

### 10.4.1 卷材防水屋面施工安全技术

卷材防水屋面施工是在高空、高温环境下进行的,大部分材料易燃并含有毒性,所以必须采取措施防止发生火灾、中毒、烫伤、高空坠落等工伤事故。

施工前应进行安全技术交底工作,施工操作过程应符合以下安全技术规定:

(1)患有皮肤病、支气管炎病、结核病、眼病以及对沥青、橡胶过敏的人员不得参加操作,施工中如发现恶心、头晕、过敏等情况,应立即停止操作并做必要的检查治疗。

(2)按有关规定配备劳保用品并合理使用,接触有毒性材料者需要穿戴工作服、安全帽、口罩、手套等劳保用品,并加强通风。沥青操作人员不得穿短袖衣服或赤脚作业,应将裤脚袖口扎紧,手不得直接接触沥青。

(3)操作时应注意风向,防止下风向操作人员中毒、受伤,熬制玛琋脂和配制冷底子油时,应注意控制沥青的容量和加热温度,装入容器内的沥青不应超过容器容量的 2/3,铁桶和油壶要用咬口,不得用锡焊接,桶宜加盖;不准两人抬热沥青,运油要安全可靠,油桶应放平稳,防止溢出烫伤。熬制沥青地点必须离建筑物 10 m 以上,离易燃品仓库 25 m 以上,上空不得有电线,地下 5 m 以内不得有电缆,应选择在建筑物的下风向;存放防水卷材和黏结剂的仓库以及施工现场应要严禁烟火,如果需要明火,必须有防火措施。

(4)运输线路应畅通,各项运输设施应牢固可靠,屋面空洞及檐口应设有防护栏杆等安全措施,必要时应用安全带,高空作业人员不得过分集中。

(5)屋面施工时,不允许穿带钉子鞋的人员进入,在大风天和雨天应停止施工。

### 10.4.2 地下防水工程安全技术

(1)对有电器设备的地下工程,施工时应临时切断电源,否则应采取安全措施,确保人身安全。

(2)对施工现场应进行障碍物清理。对场地内原有的设施和设备,不能移走的应做好防护。

(3)施工现场若有深坑或深井,应做好防护工作,避免坠入受伤。

(4)施工现场必须有足够的照明设施。对施工照明用电宜使用36 V安全电压,以防发生触电事故。

(5)施工现场应做好防火、防毒工作。在通风不良处施工时,应有通风设备或排气设备。必要时施工人员应戴眼镜、口罩、手套等劳保用品。

(6)施工现场要做到便于人员疏散,疏散通道及疏散口必须保证畅通无阻。

(7)地下工程施工时,必须保证边坡稳定,必要时可采取临时支护措施,防止因边坡塌方出现安全事故。

(8)保证排、降水的正常进行,以防止因地表水或地下水聚集或上升而发生事故。

### 复习思考题

1. 我国地下防水工程与屋面防水工程遵循的原则是什么?
2. 举例说明"一道防水设防"的正确含义?
3. 屋面防水和地下防水等级有哪几级?
4. 试述屋面涂膜防水层施工过程。
5. 卷材防水屋面基层处理有哪些要求?
6. 屋面找平层为什么要留置分格缝,如何留置?
7. 屋面防水卷材的铺贴方向应如何确定?
8. 高聚物改性沥青防水卷材和合成高分子防水卷材各有哪些粘贴方法?
9. 什么叫刚性防水层?简述刚性防水屋面设置隔离层和分格缝的作用。
10. 简述外防外贴法和外防内贴法的施工要点及两者的主要区别。
11. 后浇带混凝土施工应注意哪些问题?
12. 水泥砂浆防水层有哪些种类?
13. 解释防水层防水和构造自防水结构的概念。

---

**资料小卡片**

有人提出疑问:为什么中国古建筑多采用坡屋顶,而现代建筑多采用平屋顶?其中原因之一是由于当时没有性能良好的防水材料,只能利用水往低处流的特点,采用"以排为主"的方式防水,所以建造出形式多样的坡屋顶。而现代防水材料的出现使防水更加便利,也使许多地下工程,如地铁、隧道、地下停车场和商场等工程得以实现,地下空间得到充分利用。因此通过科技进步,可促进城市建设和发展,让城市生活更加美好。

# 模块 11 外墙外保温工程

## 11.1 概 述

随着人们对建筑的热环境和光环境的要求不断提高，致使建筑能耗占到了全球总量的 1/3。这一数字每年仍在逐步升高，能源消耗对环境产生的负面影响也开始显现。为了进一步提高建筑的舒适性，在增进人体健康的基础上，尽力节约建筑能源和自然资源，大幅度地降低污染，减少温室气体排放，减轻环境负荷成为建筑节能的努力目标。降低建筑能耗对建筑业来说，最主要的手段就是提高建筑的保温隔热性能。

微课20

外墙保温工程

近几十年来，人们逐步认识到建筑围护结构的保温性能在建筑节能中的重要性。按照保温材料设置位置的不同，外墙保温可分为以下四种：

1. 外墙内保温

将保温材料置于外墙体的内侧。其优点在于：对保温材料的防水、耐候性等要求不高；内保温材料被楼层分隔，施工时不需要搭设过高的脚手架。但外墙内保温也存在一定的技术缺陷。例如，不便于用户二次装修或吊挂饰物；占用室内使用空间；材料必须达到室内环境要求；保温结构不合理引起的热桥，热损失较大，易造成结露；对既有建筑进行节能改造时，对居民生活的干扰较大。因此，随着对外墙保温要求的提高和对既有建筑的节能改造，内墙内保温受到了限制。

2. 外墙夹芯保温

外墙夹芯保温是指将保温材料置于同一外墙的内、外侧墙之间。其优点在于：内、外墙可对保温材料形成有效的保护；对保温材料选材要求不高；施工简便。但此类墙体往往偏厚；内、外墙构造连接复杂；外围护结构热桥较多。因此，使用也受到了一些限制。

3. 结构自保温

结构自保温是指采用具有较高热阻的墙体材料实现墙体保温。虽然在一些工程中开始使用，但要求墙体材料既能够保温，又具有一定的强度，对材料的选择范围减小。因此，目前还处在尝试阶段。

4. 外墙外保温

在围护结构外侧设置保温层。虽然对保温材料的防水、耐候性要求较高，但对材料的环保要求较低，并能最大限度地消除热桥现象，保温结构合理，能充分发挥材料的保温性能。从实施和使用情况来看，外墙外保温已成为外墙保温技术的首选。

本章主要对目前使用较为广泛的外墙外保温工程做重点介绍。

### 11.1.1 外墙外保温技术综述

外墙外保温系统是由黏结层、保温层、防护层、饰面层,以及必要的固定材料(胶黏剂、锚固件等)构成,并且适用于安装在外墙外表面的非承重保温构造的总称。黏结层的作用是将保温材料牢固地固定在外墙表面上。保温层是由保温材料组成,在外保温系统中起到保温作用的构造层。防护层是抹在保温层上,中间夹有增强网,起到抗裂、防水和抗冲击作用的构造层;防护层可分为薄抹面层和厚抹面层。饰面层是外保温系统外装饰层。

外墙外保温工程是通过分层施工或安装固定等技术手段在外墙外表面上所形成的建筑物实体。它的节能效果好,但对材料的技术性能和施工要求高。我国通过技术消化和研制也形成了多种不同做法的体系与应用。目前外墙保温材料主要有:EPS板、XPS板、EPS钢丝网架板、胶粉EPS颗粒保温浆料、岩(矿)棉板、聚氨酯泡沫塑料、泡沫玻璃等。

外保温系统的分类如下:

(1)单纯黏结系统。该系统可采用满黏、条式黏结或点框式黏结。

(2)附加机械固定的黏结系统。它的荷载完全由黏结层承受。机械固定在胶黏剂干燥之前起稳定作用,并作为临时连接以防止脱开。它们在火灾情况下也可以起到稳定作用。

(3)以黏结为辅助的机械固定系统。它的荷载完全由机械固定装置承受。黏结用于保证系统安装时的平整度。

(4)单纯机械固定系统。该系统仅用机械固定装置固定于墙上。

### 11.1.2 外墙外保温的特点

**1.外墙外保温隔热性能优越**

(1)外墙外保温材料使用了不宜用于内保温的具有可燃性或其他会对室内空气环境产生一定影响的高效保温材料,使导热系数进一步减小。

(2)保温层设置在墙体外侧,可基本消除热桥现象,从而有效地降低热桥造成的附加热损失。在采用同样厚度和保温材料的条件下,外保温要比内保温平均降低热损失20%。

(3)外侧为高热阻保温层,内侧为重质材料结构层。保温层可有效阻止冷(热)流侵入墙体;重质结构层具有较好的热惰性,使室内温度波动小,保温结构更趋合理。

**2.保护主体结构,延长建筑物使用寿命**

(1)保温层位于围护结构外侧,减小了因外界温度变化导致结构变形而产生的应力,避免雨雪、冻融和干湿循环造成的结构破坏,防止有害气体和紫外线对结构的侵蚀,从而提高了主体结构的耐久性。

(2)由于外保温系统为柔性结构(聚合物抹面砂浆与玻璃纤维网的共同作用),能缓冲因墙体位移、开裂等因素引起的保温层轻度位移。饰面涂料的高弹性和高延伸率能有效地防止系统表面裂缝。

(3)外保温系统良好的防水性能有利于防止外墙,特别是空心砌块墙体的渗水。

**3.建筑技术指标优越**

(1)保温层不占用室内使用面积,经济效益可进一步提高。

(2)不会因室内装修、设施安装和管线布置而破坏保温层,保温效果有所保证。

(3)有些保温材料具有可燃性或挥发性,不宜在室内使用,但可用于外墙外保温工程,使材料的选择更加广泛,墙体的保温性能进一步提高。

(4)外墙面层的装饰效果可美化建筑物外观。

4.适用范围广泛

外墙外保温技术可广泛用于各类民用和工业建筑,新建和既有建筑,低层、中层和高层建筑;适用于砌体和混凝土外墙;适用于外饰面为涂料和面砖的工程。由于外墙外保温设置在建筑物外侧,长期受到大气、日光、雨水等的侵蚀,所以施工要求比较高。

### 11.1.3 外墙外保温系统的主要种类

1.聚苯乙烯塑料(EPS)板薄抹灰外墙外保温系统

EPS板是膨胀聚苯乙烯塑料板的简称。该系统是将EPS板通过粘贴并在局部薄弱部位辅以锚栓固定形成保温层,其表面进行薄抹灰保护形成的保温系统。

2.胶粉EPS颗粒保温料浆外墙外保温系统

EPS颗粒是将EPS加工成散装颗粒进行使用。该系统是将配有专用的胶凝材料和外加剂的混合材料与一定比例的EPS颗粒加水拌和成膏状材料进行保温层抹灰,并在其上进行抗裂砂浆和饰面层施工以形成保护,从而构成了胶粉EPS颗粒保温料浆外墙外保温系统。

3.EPS板现浇混凝土外墙外保温系统

该系统简称为无网现浇系统。它以现浇混凝土作为基层,以EPS板为保温层。EPS板内表面(与现浇混凝土接触表面)沿水平方向制作成矩形齿槽,以增加与现浇混凝土的黏结力。施工时置于外模板的内侧进行现浇,拆模后作为抗裂砂浆和饰面层施工以形成保护。

4.EPS钢丝网架板现浇混凝土外墙外保温系统

该系统简称为有网系统。它与无网现浇系统的区别在于:EPS保温板外表面布有钢丝网架,并用挑头钢丝穿透保温板,称为腹丝穿透型EPS钢丝网架板。混凝土浇筑后挑头钢丝可嵌入混凝土,使保温层有更好的锚固能力。

5.机械固定EPS钢丝网架板外墙外保温系统

该系统简称为机械固定系统。它与有网系统的区别在于:EPS保温板外表面布有钢丝网架,挑头钢丝没有穿透保温板,称为腹丝非穿透型EPS钢丝网架板。由于没有挑头钢丝嵌入混凝土,故采用机械固定的方法来保证保温层的锚固能力。

6.其他形式的外墙外保温系统

(1)XPS板薄抹灰外墙外保温系统

该系统是在EPS板薄抹灰外墙外保温系统的基础上发展起来的,其主要区别在于保温材料采用挤塑聚苯乙烯塑料板,简称XPS板。XPS板与EPS板相比强度高、保温性能好,但表面黏结力较EPS板差,故在施工时为提高黏结力采取的构造措施有所区别。

(2)岩(矿)棉板外墙外保温系统

该系统是以岩(矿)棉为保温材料与混凝土浇筑一次成形,或采用钢丝网架机械锚固,具有耐火等级高、保温效果好,对防火要求高的建筑是好的选择。

(3)聚氨酯外墙外保温系统

它采用了聚氨酯硬泡体(PURC)与水泥纤维加压(FC)板复合构成了保温层和保护层。

有些聚氨酯硬泡体也采用了现场发泡的施工方法。该系统由于聚氨酯材料具有比 XPS 板更小的导热系数,所以保温性能更好,但造价较高。

(4)泡沫玻璃外墙外保温系统

它是一种以泡沫玻璃防水防火保温板为保温层的外墙外保温系统。其构造层次与 EPS 板薄抹灰外墙外保温系统一致,但其组成材料与构造方法有所不同。

### 11.1.4 外墙外保温技术应用的基本要求

1.性能要求

(1)应能适应基层的正常变形而不产生裂缝或空鼓。
(2)应能长期承受自重而不产生有害变形。
(3)能承受风荷载的作用而不破坏。
(4)能承受室外气候的长期反复作用而不产生破坏。
(5)在地震发生时不应从基层上脱落。
(6)防火性能符合国家有关规定,高层建筑应采取防火构造措施。
(7)应具有防水、渗水性,雨水不得从外部透过保护层,不得渗透至任何可能对外保温层造成破坏的部位。
(8)各组成部分应具有物理-化学稳定性。所有组成材料彼此相容,并具有防腐性。在可能受到生物侵害(鼠害、虫害等)的地区,外墙外保温工程应具有防生物侵害的性能。
(9)在正常使用和正常维护的条件下,其使用年限不应少于 25 年。

上述要求中,除外墙外保温工程的使用年限外,其余均为强制性条文,应予严格执行。而正常维护包括局部修补和饰面层维修两部分。对局部破坏应及时修补,对于不可触及的墙面,饰面层正常维修周期不应小于 5 年。

2.技术要求

(1)各组成材料(包括粘贴、保温、防护、饰面层材料等)技术性能应符合现行行业标准。
(2)保温层厚度应满足外墙节能指标。
(3)注意防火。采用外保温的分段高度应满足防火等级要求,如设置防火隔离带等。
(4)应采用可靠的固定措施提高抗风和抗震能力。现阶段所采用的可靠固定措施主要为锚栓辅助连接,这对提高外保温的安全性和可靠性十分重要。
(5)一般情况下外保温层表面宜采用涂料饰面,粘贴面砖要有可靠措施。
(6)对保温材料产品和生产企业有资质审查,并进行产品认定。

## 11.2 聚苯乙烯塑料板薄抹灰外墙外保温工程

### 11.2.1 聚苯乙烯塑料板薄抹灰外墙外保温系统概述

聚苯乙烯塑料板薄抹灰外墙外保温系统包括 EPS 板和 XPS 板薄抹灰外墙外保温,它采用聚苯乙烯塑料板(简称聚苯板)做保温隔热层,用胶黏剂粘贴于基层墙体外侧,辅以锚栓固定。当建筑物高度不超过 20 m 时,也可采用单一的黏结固定方式,一般由设计者根据具体情况确定。聚苯板防护层用嵌埋有耐碱玻璃纤维网格布增强的聚合物抗裂砂浆覆盖聚苯板表面。防护层厚度:普通型为3~5 mm,加强型为5~7 mm;属薄抹灰面层,然后进行饰面处理。

该系统又称为GKP外墙外保温系统,G代表用玻璃纤维网格布做增强材料;K代表用聚合物KE多功能建筑胶配制水泥砂浆胶黏剂;P代表选用聚苯乙烯泡沫塑料做保温材料。

聚苯板的种类有膨胀聚苯板(简称EPS板)和挤塑聚苯板(简称XPS板)。因此,聚苯板外墙外保温薄抹灰系统又分为:膨胀聚苯板(EPS板)薄抹灰系统和挤塑聚苯板(XPS板)薄抹灰系统。挤塑聚苯板的强度高,有利于抵抗各种外力作用,可用于建筑物的首层及二层等易受撞击的位置。由于XPS板表面平整致密,会影响胶黏剂或聚合物面层砂浆的黏结,故应对两个黏结面做表面处理。需要涂刷专用界面剂,并采用粘钉结合的方式固定。

### 11.2.2 聚苯板薄抹灰外墙外保温系统的组成

聚苯板薄抹灰外墙外保温墙体由基层墙体(混凝土墙体或各种砌体墙体)、黏结层(胶黏剂)、保温层(聚苯板)、连接件(锚栓)、薄抹灰增强防护层(专用胶浆并复合耐碱玻璃纤维网格布)和饰面层(涂料或其他饰面材料)组成,如图11-1所示。

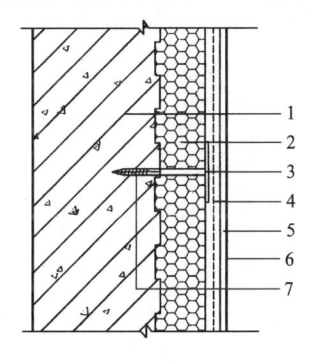

图11-1 聚苯板薄抹灰外墙外保温系统构造
1—基层;2—胶黏剂;3—聚苯板;4—耐碱玻璃纤维网格布;5—薄抹灰层;6—饰面涂层;7—锚栓

### 11.2.3 聚苯板薄抹灰外墙外保温系统的材料和一般要求

**1.基层墙体**

基层墙体是房屋建筑中起承重或围护作用的外墙体,可以是混凝土或其他砌体墙体。基层表面应清洁、无油污和脱模剂等妨碍黏结的附着物,应剔除空鼓、疏松部位。

**2.黏结层**

黏结层的作用是将聚苯板牢固地黏结在基层墙体上。有液体胶黏剂与干粉状胶黏剂两种产品形式。液状胶黏剂现场使用时,应加入一定比例的水泥或专用干料;干粉状胶黏剂现场使用时,应加水拌和。在施工时必须按使用说明加入一定比例的水泥或拌和水,搅拌均匀方可使用。胶黏剂主要承受两种荷载:拉(或压)荷载,如风荷载作用于墙体表面时,外力垂直于墙体面层。剪切荷载,在垂直荷载(如板自重荷载)作用下,外力平行于胶黏剂面层,黏结面承受压剪或拉剪作用。

胶黏剂的性能应符合有关黏结强度、柔韧性、可操作时间的要求,见表11-1。

表11-1　　　　　　　　　　　　胶黏剂的性能指标

| 试验项目 | | 性能指标 |
|---|---|---|
| 拉伸黏结强度/MPa(与水泥砂浆) | 原强度 | ≥0.60 |
| | 耐水 | ≥0.40 |
| 拉伸黏结强度/MPa(与膨胀聚苯板) | 原强度 | ≥0.1,破坏界面在膨胀聚苯板上 |
| | 耐水 | ≥0.1,破坏界面在膨胀聚苯板上 |
| 可操作时间/h | | 1.5~4.0 |

3.保温层

聚苯板是由可发性聚苯乙烯珠粒经加热发泡后,在模具中加热成形而制得的具有闭孔结构的聚苯乙烯泡沫塑料板材,有阻燃和绝热的作用。制造聚苯板时,采用聚苯乙烯树脂挤压成形(较高的温度),可具有连续均匀的表层和全闭孔的蜂窝装结构。因此,具有很小的导热系数和吸水率,较高的抗压、抗拉伸和抗剪强度,优越的抗湿、抗冲击和耐候性。

聚苯板的常用厚度有 30 mm、35 mm、40 mm 等,尺寸一般为 1 200 mm×600 mm 或 900 mm×600 mm。聚苯板的主要性能指标见表11-2。

表11-2　　　　　　　　　　　　聚苯板的主要性能指标

| 试验项目 | EPS性能指标 | XPS性能指标 |
|---|---|---|
| 导热系数/[W·(m·k)$^{-1}$] | ≤0.041 | ≤0.028 |
| 表观密度/(kg·m$^{-3}$) | 18.0~22.0 | 25.0~32.0 |
| 垂直于板面方向的抗拉强度/MPa | ≥0.10 | ≥0.45 |
| 尺寸稳定性/% | ≤0.20 | ≤0.20 |

当建筑高度在 20 m 以上时,在受风压作用较大部位的聚苯板应用锚栓固定,必要时设置抗裂分隔缝。当墙面连续高或宽超过 23 m 时,应设伸缩缝。粘贴聚苯板时,聚苯板应按顺砌方式粘贴,竖缝应逐行错缝;板应粘贴牢固,不得有松动空鼓现象;洞口四角部位的板应切割成形,不得拼接;板缝应挤紧挤平,板与板间缝不得大于 2 mm(大于时可用板条将缝填塞),板间高差不得大于 1.5 mm(大于时应打磨平整)。

(1)EPS板保温系统

EPS 板施工时,材料与施工要求主要有:EPS 应选用阻燃型或难燃型,氧指数不小于30%。导热系数、表观密度、垂直于板面方向的抗拉强度、尺寸稳定性应符合要求,同时应符合国家标准第Ⅱ类的其他要求。出厂前应在自然条件下陈化 42 d 或在 60 ℃蒸汽中陈化 5 d,产品尺寸稳定性不应大于 0.30%。基层表面附着力不应低于 0.3 MPa。粘贴时胶黏剂涂在 EPS 板背面,以点框式或条粘法等粘贴方法固定,如图 11-2 所示,其涂抹面积不得小于30%。门窗洞上四角应采用整板剪割,接缝距四角不应小于 200 mm,用网格布在洞口处加强。20 m 以上建筑物宜使用锚栓做辅助连接,布置和数量由设计确定,但墙面的锚固数不应小于 1.6 个/m²,洞口、转角需要另行加强。

(a) 点框式粘贴　　　　　　　　　　(b) 条粘法粘贴

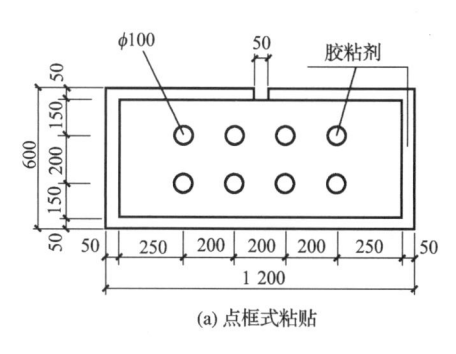

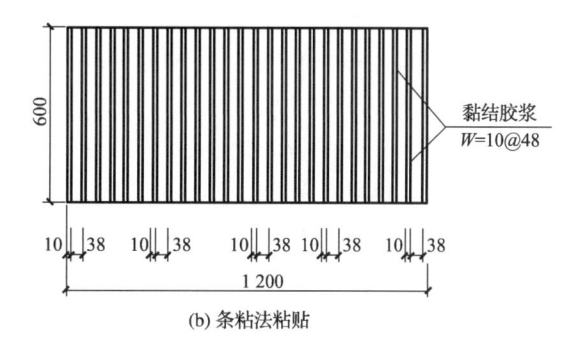

图 11-2　聚苯板粘贴示意

(2) XPS 板保温系统

XPS 板施工时，材料与施工要求主要有：在粘贴和做防护面层前应先涂刷界面处理剂。以点框式或条粘法粘贴于基层墙面，且涂抹面积不小于 35%，如采用面砖，则不小于 70%。锚固件：7 层以下 4 个/m²，8~18 层 6 个/m²，19~28 层 9 个/m²。任何面积大于 0.1 m² 的单块板必须设 1 个，并应对阴角、檐口下和洞口四周进行加密设置，如图 11-3 所示。

(a) 8~18 层　　　　　　　　　　(b) 10~28 层

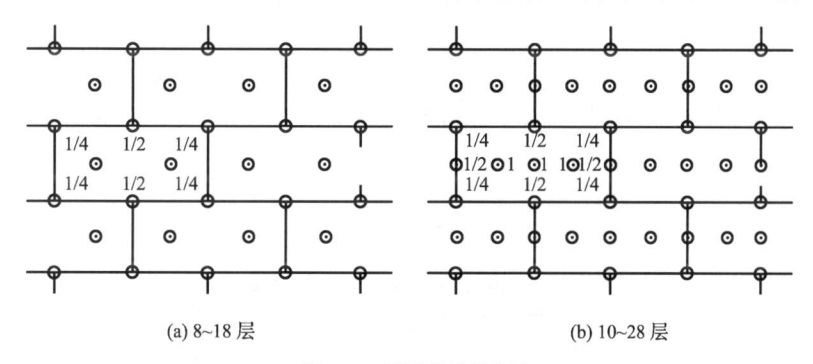

图 11-3　锚固件锚固位置

4. 连接件

锚栓是固定聚苯板于基层墙体上的专用连接件，一般情况下由塑料钉或具有防腐性能的金属螺钉和带圆盘的塑料膨胀套管两部分组成。机械锚固件常采用敲击式锚栓。

(1) 对机械锚固件的要求

塑料钉和带圆盘的塑料膨胀套管应采用聚酰胺、聚乙烯或聚丙烯制成，制作塑料钉和塑料膨胀套管的材料，不得使用回收的再生材料；金属螺钉应采用不锈钢或经过表面防腐处理的金属制成。塑料圆盘直径不小于 50 mm。锚栓的有效锚固深度不小于 25 mm。锚栓的抗拉承载力和对系统传热增加值应满足表 11-3 的要求。

表 11-3　锚栓技术性能指标

| 试验项目 | 性能指标 |
| --- | --- |
| 单个锚栓抗拉承载力标准值/kN | ≥0.30 |
| 单个锚栓对系统传热增加值/[W·(m²·K)⁻¹] | ≤0.004 |

(2) 设置要求

为提高保温板与基层墙体在连接上的可靠性，有下列情况之一时，应采用机械锚固件辅助连接:中高层建筑的 20 m 高度以上部分;用 XPS 板或矿棉板做外保温层材料;基层墙体的表面材料可能影响粘贴性能;工程设计要求采用。

辅助锚固有利于防止负风压和可能出现的地震破坏作用,有时对于高度 2 m 以下的保温层也应采用辅助锚固,以防止机械性破坏。

5.薄抹灰增强防护层

薄抹灰增强防护层由聚合物抹面胶浆和耐碱玻璃纤维网格布构成。聚合物抹面胶浆是由水泥基或其他无机胶凝材料、高分子与聚合物和填料等组合而成,薄抹在粘贴好的保温层上,满足一定变形而保持不开裂的砂浆;耐碱玻璃纤维网格布(又称耐碱玻纤网布)是在玻璃纤维网格布表面涂覆耐碱防水材料,埋入抹面胶浆中,形成薄抹灰增强防护层,以提高防护层的机械强度和抗裂性。

高聚物抹面胶浆和耐碱玻璃纤维网格布的性能要求见表 11-4 和表 11-5。

表 11-4　　　　　　　　高聚物抹面胶浆的性能指标

| 试验项目 | | 性能指标 |
|---|---|---|
| 拉伸黏结强度/MPa（与膨胀聚苯板） | 原强度 | ≥0.10,破坏界面在膨胀聚苯板上 |
| | 耐水 | ≥0.10,破坏界面在膨胀聚苯板上 |
| | 耐冻融 | ≥0.10,破坏界面在膨胀聚苯板上 |
| 柔韧性 | 抗压强度［抗折强度(水泥基)］/MPa | ≤3.0 |
| | 开裂应变(非水泥基)/% | ≥0.15 |
| 可操作时间/h | | 1.5～4.0 |

表 11-5　　　　　　　　耐碱玻璃纤维网格布的性能指标

| 试验项目 | 性能指标 |
|---|---|
| 单位面积质量/(g·m$^{-2}$) | ≥130 |
| 耐碱断裂强力(经、纬向)/(N·50 mm$^{-1}$) | ≥750 |
| 耐碱断裂强力保留率(经、纬向)/% | ≥50 |
| 断裂应变(经、纬向)/% | ≤5.0 |

6.饰面层

饰面层一般采用涂料,如采用面砖必须要有可靠的固定措施,应将耐碱玻璃纤维网格布改为镀锌钢丝网,并有锚固件与基层固定。

### 11.2.4　聚苯板薄抹灰外墙外保温系统的一般规定和构造要求

1.一般规定

外墙外保温墙体的保温、隔热和防潮性能应符合《民用建筑热工设计规范》(GB 50176—2016)、《严寒和寒冷地区居住建筑节能设计标准》(JGJ 26—2018)和《夏热冬冷地区居住建筑节能设计标准》(JGJ 134—2010)的有关规定。除应满足一般外墙外保温的性能要求外,涂料必须与薄抹灰外墙外保温系统相容,其性能指标应符合外墙建筑涂料的相关要求。薄抹灰外墙外保温中所有的附件,包括密封膏、密封条、包角条、包边条等应分别符合相应的产品标准要求。薄抹灰外墙外保温系统的性能应达到耐水、强度、耐久性等方面的要求,见

表 11-6。

表 11-6　薄抹灰外墙外保温系统的性能指标

| 试验项目 | | 性能指标 |
|---|---|---|
| 浸水 24 h,吸水量/(g·m$^{-2}$) | | ≤500 |
| 抗冲击强度/J | 普通型 | ≥3.0(XPS 板系统要求:≥5.0) |
| | 加强型 | ≥10.0(XPS 板系统要求:≥12.0) |
| 抗风压值/kPa | | 不小于工程项目风荷载设计值 |
| 耐冻融 | | 表面无裂纹、空鼓、起泡、剥离现象 |
| 水蒸气湿流密度/[g·(m$^2$·h)$^{-1}$] | | ≥0.85(XPS 板系统要求:≥0.2) |
| 不透水性 | | 试样防护层内侧无水渗透 |
| 耐候性 | | 表面无裂纹、粉化、剥落现象 |

**2. 构造要求**

应考虑热桥部位的影响,如门窗外侧、女儿墙、封闭阳台、机械固定件和承托件等。在外墙上安装的设备及管道应固定在基层墙上,并应做密封保温和防水设计。水平或倾斜的外挑部位以及延伸地面以下的部位应做好保温和防水处理。厚抹面层厚度为 25～30 mm。因此,为达到以上要求,聚苯板外墙外保温工程中,可采用以下几种常见的构造做法:

(1) 在墙面和墙体拐角处,聚苯板应交错互锁,转角部位的板宽不宜小于 200 mm,并采用机械锚固辅助连接,如图 11-4 所示。

(2) 首层墙体为保证能够承受外力破坏,采用双层耐碱玻璃纤维网布,在阴、阳角处加强网格布互折、对接,并采用机械锚固辅助连接,如图 11-5 所示。首层以上部分在阴、阳角处仅做一般构造加强处理,如图 11-6 所示。

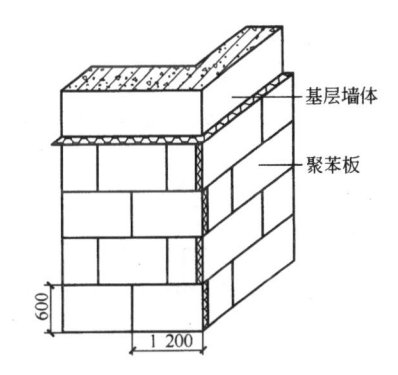

图 11-4　聚苯板排列

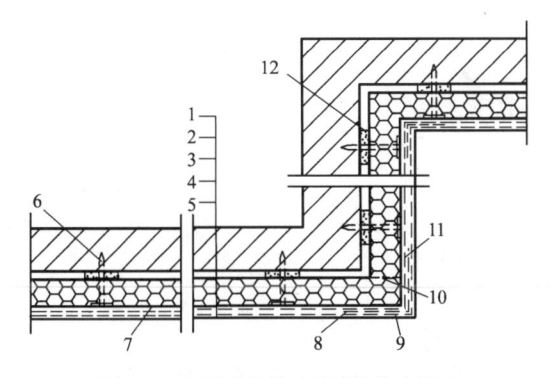

图 11-5　首层墙体构造及墙角构造处理

1—基层墙体;2—黏结层;3—聚苯板;4—聚合物抗裂砂浆(压入两层耐碱玻璃纤维网格布);
5—涂料饰面层;6—ϕ8 尼龙锚栓(或专用射钉);7—第一层耐碱玻璃纤维网格布(加强网格布);
8—第二层耐碱玻璃纤维网格布(标准网格布);9—阴、阳角处加强网格布对接;
10—虚线为墙角处上、下层聚苯板交错互锁;11—耐碱玻璃纤维网格布搭接;12—胶黏剂

(a) 阳角(一般型)　　　　　　　　　(b) 阴角(一般型)

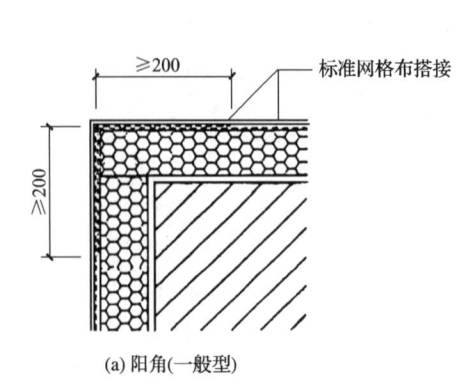

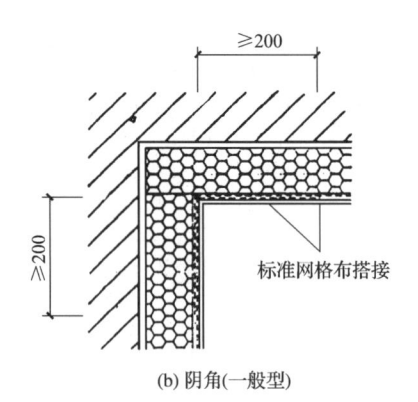

图 11-6　一般墙体阴、阳角处构造处理

(3) 当采用机械辅助连接时,锚栓应首先布置在三块板相交点上,然后在两板的相交线上,其次在板中间,如图 11-7 所示。锚栓数量应满足设计要求。

(4) 洞口边缘的聚苯板应采用整块聚苯板裁割,不得拼接,接缝距洞口距离不应小于 200 mm,并采用锚栓加强,在洞口处用耐碱玻璃纤维网格布加强,如图 11-8 和图 11-9 所示。

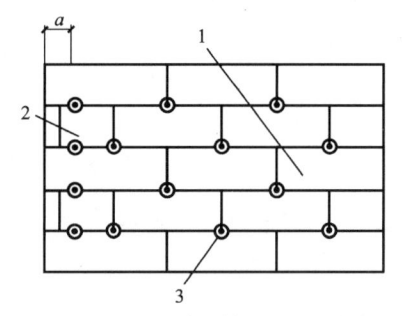

注：$a$ 应根据基层墙体材料和锚固要求确定

图 11-7　聚苯板排列及锚固点布置图
1—聚苯板；2—墙体转角；3—尼龙锚栓或专用射钉

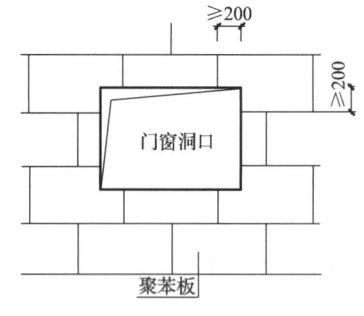

图 11-8　聚苯板洞口四角切割要求

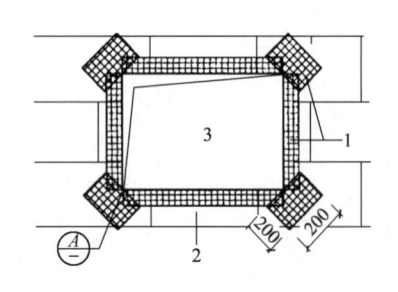

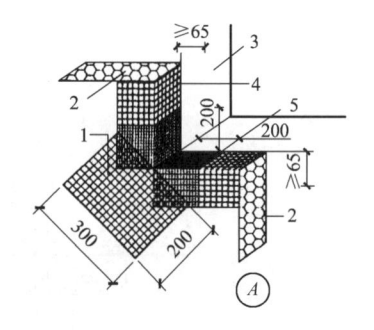

图 11-9　洞口处耐碱玻璃纤维网格布加强图
1—标准网格布；2—聚苯板；3—门窗洞口；4—标准网格布翻包≥65；5—标准网格布搭接

(5)勒脚、带窗套窗口和墙体变形缝处的保温构造如图 11-10～图 11-12 所示。

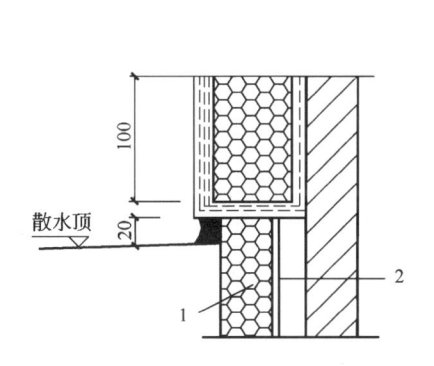

图 11-10 勒脚保温构造
1—挤塑聚苯板;2—墙面防水做法见具体工程设计

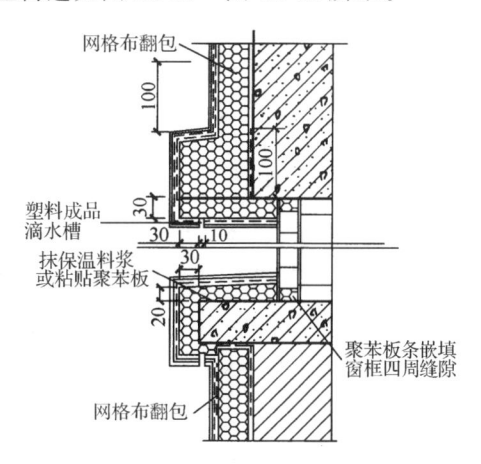

图 11-11 带窗套窗口保温构造

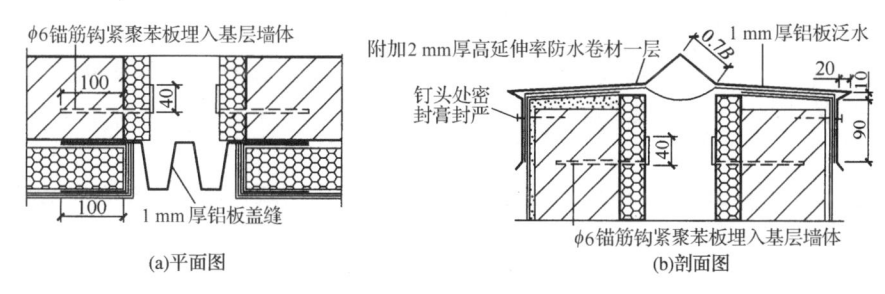

(a)平面图　(b)剖面图

图 11-12 墙体变形缝保温构造

## 11.2.5 聚苯板薄抹灰外墙外保温工程施工

1.材料的包装、运输和储存
(1)包装

聚苯板采用塑料袋包装,在捆扎角处应衬垫硬质材料。胶黏剂、抹面胶浆可采用编织袋或桶装,但应密封,防止外泄或受潮。耐碱网格布应成卷,并用防水防潮材料包装。锚栓可用纸箱包装。

(2)运输

聚苯板侧立搬运,侧立装车,用麻绳等与运输车辆固定牢固,不得重压猛摔或与锋利物品碰撞。胶黏剂、耐碱网格布和锚栓在运输过程中,应避免挤压、碰撞、雨淋、日晒。

(3)储存

所有组成材料应防止与腐蚀性介质接触,远离火源,防止长期曝晒,并应放置在仓库内干燥、通风、防冻的地方。储存材料期限不得超过保质期,应按规格、型号分别储存。

2.聚苯板的施工程序

材料、工具准备→基层处理→弹线、配制黏结胶浆→黏结聚苯板→缝隙处理→聚苯板打磨、找平→锚固件安装→特殊部位处理→抹底层聚合物抹面胶浆→铺设网格布、配抹面胶浆→涂抹面层聚合物抹面胶浆→分格缝处理→涂面层涂料→竣工验收。

3.施工要求

外墙和外墙门窗施工完毕后应进行合格验收。伸出外墙面的楼梯、水落管和各种管线等预埋件、连接件应安装完毕，并留保温厚度间隙后，方可进行外墙保温工程。现场应具备通电、通水条件，并保持清洁、文明的施工环境。施工现场环境温度和基层墙体表面温度，在施工期间及完工后24 h内，均不应低于5 ℃。夏季应避免阳光曝晒。在5级以上大风天气和雨天不得施工。如遇雨天，应采取有效措施，防止雨水冲刷墙面。

在施工过程中，墙体应采取必要的保护措施，以防止施工墙面受到污染，待建筑泛水、密封膏等构造细部施工完毕后，方可拆除保护物。

主要施工工具有抹子、槽抹子、茬抹子、角抹子、专用锯齿抹子、手锯、靠尺、电动搅拌机、刷子、多用刀、灰浆托板、拉槽、开槽器和皮尺。

4.施工方法

(1)材料、工具准备

施工用脚手架可采用双排钢管脚手架或吊架，架与墙面间最小距离应为450 mm。

(2)基层处理

基层墙体必须清理干净，墙面无污染物或其他有碍黏结的材料，并应剔除墙面的凸出物。基层墙中松动或风化的部分应清除，并用水泥砂浆填充找平。当基层墙体的表面平整度不符合要求时，可用1∶3水泥砂浆找平。

(3)弹线

根据设计图纸要求，在经过平整处理的外墙上沿散水标高弹出散水及勒脚水平线，当需要设系统变形缝时，应在墙面相应位置弹出变形缝及宽度线，并标出聚苯板的黏结位置。

(4)配制黏结胶浆

配制黏结胶浆时，加水泥前先搅拌强力胶，然后将强力胶与普通硅酸盐水泥按比例配制，边加边搅拌，直至均匀，且应避免过度搅拌。黏结胶浆随用随配，配好的黏结胶浆最好在2 h内用完，最长不得超过3 h，遇炎热天气适当缩短存放时间。

(5)黏结聚苯板

黏结聚苯板可采用点框式粘贴法或条粘法。

点框式粘贴法是沿聚苯板的周边用不锈钢抹子涂抹配制好的黏结胶浆，浆带宽50 mm，厚10 mm。当采用标准尺寸的聚苯板时，尚应在板面的中间部位均匀布置8个黏结胶浆点，每点直径为100 mm，浆厚10 mm，中心距200 mm。当采用非标准尺寸的聚苯板时，板面中间部位涂抹的黏结胶浆一般不多于6个点，但也不少于4个点。

条粘法是在聚苯板的背面全涂上黏结胶浆，然后将专用的锯齿抹子紧压聚苯板板面，并保持45°的，刮除锯齿间多余的黏结胶浆，使聚苯板面留有若干条宽为10 mm，厚度为13 mm，中心距为40 mm且平行于聚苯板长边的浆带。

聚苯板由建筑物的外墙勒脚部位开始，自下而上黏结。上、下板排列互相错缝，严禁上下通缝；上、下排板间竖向接缝应为垂直交错连接，以保证转角处板材安装垂直度。带造型的窗口应在墙面聚苯板黏结后另外贴造型聚苯板。黏结聚苯板时应轻揉均匀挤压板面，随时检查平整度。每粘完一块板，用木杠将相邻板面拍平，及时清除板边缘挤出的胶黏剂。

(6)缝隙处理

聚苯板若出现超过2 mm的间隙，应用相应宽度的聚苯片填塞。若墙体基面局部超差，可调整胶黏剂或聚苯板的厚度。

(7) 聚苯板打磨、找平

黏结后的聚苯板应用粗砂纸或专用打磨机磨平,动作要轻。打磨墙面的动作应是轻柔的圆周运动,不得沿与聚苯板接缝平行的方向打磨。打磨时间应在聚苯板施工完毕,至少需要静置 24 h 后才能进行,以防聚苯板移动,从而减弱板材与基层墙体的黏结强度。

(8) 锚固件安装

聚苯板安装 12 h 后,可安装锚固件。先用电锤(冲击钻)在聚苯板表面打孔,孔径按依据保温厚度选用的固定件型号确定;深入墙体深度随基层墙体的不同而有所区别;加气混凝土墙≥45 mm,混凝土和其他各类砌块墙≥30 mm;安装锚固件,一般为 2～4 个/m²。

(9) 特殊部位处理

安装伸缩缝分隔条(米厘条),分隔条断面大小根据伸缩缝大小来确定,在使用前要充分吸水,然后将分隔条嵌入分格缝内,露出板面 3～5 mm,再找平、固定。

(10) 涂抹底层聚合物抹面胶浆

涂抹底层聚合物抹面胶浆前,应先检查聚苯板是否干燥,表面是否平整,并去除板面的有害物质、杂质或表面变质部分。涂抹聚合物砂浆防护层包括底层、网格布、面层。涂抹底层聚合物抹面胶浆时,厚度平均为 2～3 mm。

(11) 铺设网格布、配抹面胶浆

铺设网格布时,剪裁网格布应顺经纬线进行。将网格布沿水平方向绷平,平整地贴于底层聚合物砂浆表面,网格布的弯曲面应朝向墙面,并从中央向四周用抹子抹平,直至网格布完全埋入抹面胶浆内,不得皱褶。目测无任何可分辨的网格布纹路,严禁网格布外露;如有裸露的网格布,应再抹适量的抹面胶浆进行修补。网格布的搭接:左、右搭接宽度不小于 100 mm,上、下搭接宽度不小于 80 mm。网格布的铺设方法为二道抹面胶浆法,网格布的铺设应自上而下沿外墙进行,当遇到门窗洞口时,应在洞口四角处沿 45°方向补贴一块标准网格布,以防开裂。翻网处网宽不少于 100 mm。窗口翻网处及起始第一层起始边处侧面打水泥胶,面网用靠尺归方找平,胶浆压实。翻网处网格布需要将胶浆压出。外墙阴、阳角处,网格布直接搭接 200 mm。

(12) 涂抹面层聚合物抹面胶浆

在底层聚合物砂浆终凝前,涂抹 1～2 mm 厚的面层聚合物抹面胶浆,以刚盖住网格布为宜。砂浆切忌不停揉搓,以免造成泌水,形成空鼓。如底层聚合物抹面胶浆已终凝,应做界面处理后再抹面层聚合物抹面胶浆。聚合物抹面胶浆防护层总厚度为 3～5 mm;首层用双层网格布加强,总厚度为 5～7 mm。

全部抹面胶浆和网格布铺设完毕并静置养护 24 h 后,方可进行下一道工序的施工,在潮湿的气候条件下,应延长养护时间,保护已完工的成品,避免雨水的渗透和冲刷。

(13) 分格缝处理

抹完聚合物抹面胶浆后,适时取出分格缝分隔条,并用靠尺板修边。填塞发泡聚乙烯圆棒,圆棒直径为缝宽的 1.3 倍;抹灰 24 h 后填塞,圆棒弧顶距砂浆表面 10 mm 左右,圆棒在缝内要平直并深浅一致。操作时要避免损坏缝的直角边。在分格缝的两边砂浆表面粘贴不干胶带;向缝内填充密封膏,并保证密封膏与分格缝两边可靠黏结。密封膏与抹灰面平齐还是做成凹、凸线条,可视建筑立面要求而定。

### (14)涂面层涂料

面层涂料施工前,先对表面存在的刻痕、裸露的网格布和凹凸不平处进行抹面胶浆修补,并用专用细砂纸打磨一遍,必要时可批腻子。

面层涂料采用滚涂法施工,应从墙的上端开始,自上而下进行施工。涂层干燥前,墙面不得沾水,以免导致颜色变化。

## 11.3 胶粉 EPS 颗粒保温料浆外墙外保温工程

### 11.3.1 胶粉 EPS 颗粒保温料浆外墙外保温系统概述

胶粉 EPS 颗粒保温料浆外墙外保温系统又称为胶粉聚苯颗粒保温料浆外墙外保温系统,简称保温料浆系统,属于一种抹灰型外保温系统。保温料浆采用预混合干拌技术,将保温胶凝材料与各种外加剂混合包装,聚苯颗粒按袋分装,到施工现场以袋为单位按配合比加水混合搅拌成膏状材料,计量容易控制,可保证配合比准确。

施工时采用同种材料做灰饼和冲筋,保证保温层厚度控制准确。原材料本身采用高吸水树脂及水溶性高分子外加剂,解决了一次抹灰太薄的问题,保证抹灰厚度达 4~6 cm,黏结力强,不滑坠,干缩小。同时,抗裂防护层又增强了保温层的抗裂能力,杜绝了质量通病。

胶粉聚苯颗粒保温料浆系统各构造层全部采用整体抹灰工艺,系统的整体性好,杜绝开裂可能,保温层与基层墙面之间无空腔,有利于减少负风压的破坏;系统采用了"柔性渐变"技术,保护层表面不易产生裂缝;保温层形成轻质多孔结构,密度小,导热系数低,难燃,可适用于 100 m 以下的建筑物;施工方便,对于立面凹凸变化较多的墙面尤为适宜;并且适用于涂料、面砖或干挂石材等多种饰面(需要与基层有可靠的连接)。

### 11.3.2 胶粉聚苯颗粒保温料浆外墙外保温系统的组成

胶粉聚苯颗粒保温料浆外墙外保温系统由基层、界面层、胶粉聚苯颗粒保温料浆层(又称为保温层)、抗裂砂浆薄抹灰面层(又称为防护层,由抗裂砂浆和耐碱玻璃纤维网格布构成)和饰面层组成,如图 11-13 所示。

(1)界面层采用界面砂浆,其作用是增强基层墙体与保温层的黏结力。

(2)胶粉聚苯颗粒保温料浆是一种保温隔热材料。保温料浆经现场拌和后,喷涂或抹在基层上形成保温层。目前,较多采用抹灰方式施工,此方法对机械和施工人员要求相对较低,适用于不同部位,材料损耗小,但效率低。喷涂施工适用于大面积施工,但有时在局部或边缘还需要采用人工抹灰方法辅助施工。

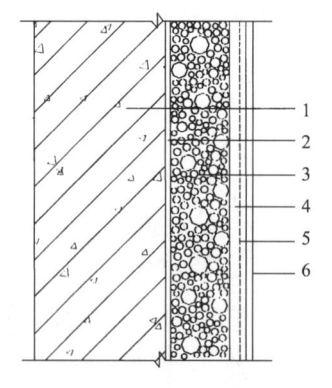

图 11-13 胶粉聚苯颗粒外墙外保温系统构造
1—基层;2—界面层;3—胶粉聚苯颗粒保温料浆层;
4—抗裂砂浆薄抹灰面层;5—耐碱玻璃纤维网格布;
6—饰面层

(3)防护层是嵌埋有耐碱玻璃纤维网格布增强的聚合物抗裂砂浆,属于薄型抹灰面层。

其作用是保护保温层不受外界因素的侵蚀,提高保温层的耐久性。

### 11.3.3 胶粉聚苯颗粒保温料浆外墙外保温系统要求及构造

1. 材料要求

(1)界面砂浆是由高分子聚合物乳液与助剂配制而成的界面剂,与水泥和中砂按一定比例搅拌均匀制成的砂浆,它具有提高保温层与基层墙面的黏结力的作用。

(2)胶粉聚苯颗粒保温料浆是采用胶粉料和聚苯颗粒骨料按一定比例加水搅拌后形成的浆体材料,且聚苯颗粒体积比不小于80%,以保证保温效果。

胶粉料是由无机胶凝材料与各种外加剂,在工厂采用预混合干拌技术制成的,专门用于配制胶粉聚苯颗粒保温料浆的复合胶凝材料。

聚苯颗粒是由聚苯乙烯泡沫塑料经粉碎、混合而成的具有一定粒度和级配的专门用于配制胶粉聚苯颗粒保温料浆的轻质保温材料。

(3)抗裂砂浆是用聚合物柔性乳液加入抗裂剂、中细砂和水泥配制成的具有一定柔韧性和耐水性的腻子,并复合耐碱玻璃纤维网格布,起到保护保温层的作用。

(4)饰面层以涂料为主,为保证保温系统具有不透水性,首先在保护层表面涂刷柔性底层涂料,然后进行饰面施工。柔性底层涂料是由柔性防水乳液加入多种助剂、填料配制而成的具有防水和透气效果的封底涂层。当需要粘贴面砖或石材时,耐碱玻璃纤维网格布改为热镀锌钢丝网,并用锚固件与基层固定。热镀锌钢丝网的性能指标见表11-7。面砖黏结砂浆是由聚合物乳液和外加剂制得的面砖专用胶液、普通硅酸盐水泥和中砂按一定比例混合搅拌均匀制成的。面砖勾缝料是由多分子材料、水泥、各种填料和助剂等配制而成的。

表 11-7　　　　　　　　　热镀锌钢丝网的性能指标

| 项目 | 单位 | 指标 |
| --- | --- | --- |
| 丝径 | mm | 0.90±0.04 |
| 网孔大小 | mm×mm | 12.7×12.7 |
| 焊点抗拉力 | N | >65 |
| 镀锌层质量 | g/m² | ≥122 |

2. 常见构造做法

(1)不同饰面层的构造要求

外墙保温饰面主要有涂料和饰面砖。它们在构造处理上的主要区别在于防护层的处理上。涂料作为饰面时,采用抗裂砂浆复合耐碱玻璃纤维网格布,其表面涂柔性底层涂料封闭,再进行饰面施工;饰面砖施工时,采用两遍抗裂砂浆,中间复合热镀锌钢丝网,并机械锚固,再进行面砖施工,具体做法如图11-14所示。

(2)不同部位的构造

外墙外保温墙体的阴、阳角交界处以及勒脚和墙体变形缝的处理是非常重要的,以上部位的处理质量会直接影响整体保温的质量和耐久性,因此应按如图11-15～图11-17所示的构造要求处理。

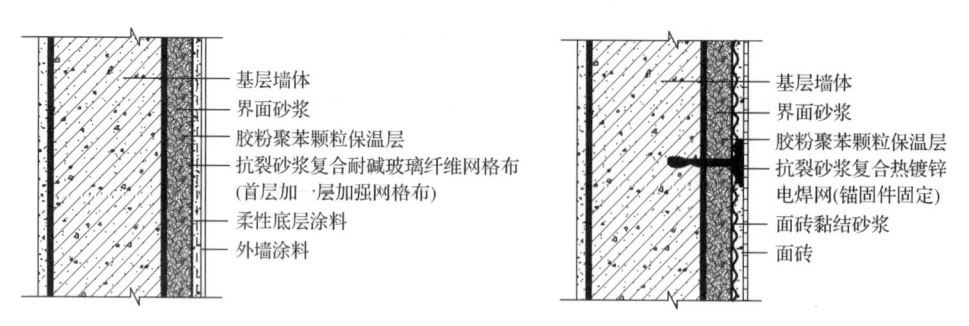

图 11-14 外墙保温饰面具体做法

图 11-15 墙体及墙角构造

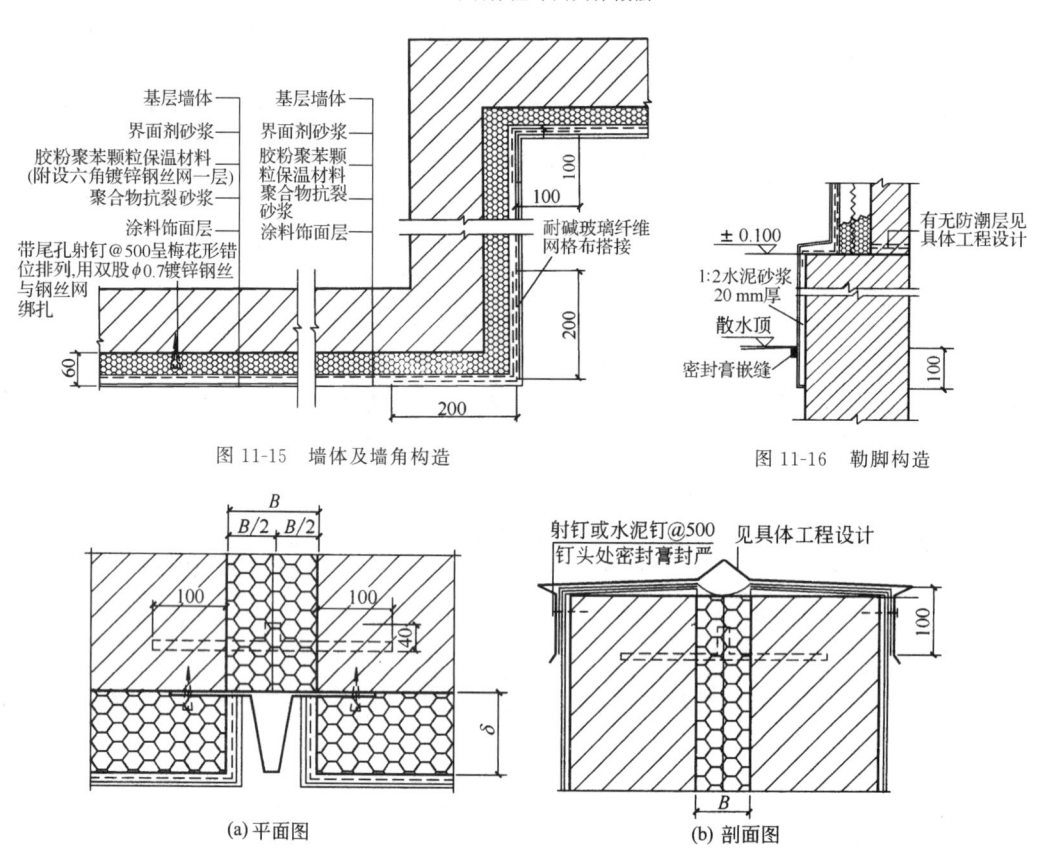

图 11-16 勒脚构造

图 11-17 墙体变形缝构造

3.技术要求

涂料饰面层涂抹前,应先在抗裂砂浆抹面层上涂刷高分子乳液弹性底层涂料,再刮抗裂性柔性耐水腻子。胶粉聚苯颗粒保温料浆保温层设计厚度不宜超过 100 mm,必要时应设置抗裂分隔缝。现场应取样检查胶粉聚苯颗粒保温料浆的干密度,其干密度不应大于 250 kg/m³,且不应小于 180 kg/m³。现场检查保温层厚度应符合设计要求,不得有负偏差。高层建筑如采用粘贴面砖时,面砖质量≤20 kg/m²,且面积≤1 000 mm²/块。

## 11.3.4 胶粉聚苯颗粒保温料浆外墙外保温系统施工

1.机具准备

准备的施工机具主要有强制式砂浆搅拌机、垂直运输设备、外墙施工脚手架、手推车、水桶、抹灰工具及抹灰专用检测工具、经纬仪及放线工具、壁纸刀、滚刷等。

2. 施工程序

施工工艺流程主要按照以下步骤进行：基层墙体处理→涂刷界面砂浆→吊垂、套方、弹控制线→贴饼、冲筋、做口→抹第一遍聚苯颗粒保温料浆→（24 h 后）抹第二遍聚苯颗粒保温料浆→（晾干后）画分格线，开分格槽，粘贴分格条、滴水槽→抹抗裂砂浆→铺压耐碱玻璃纤维网格布→抗裂砂浆找平、压光→涂刷防水弹性底漆→刮柔性耐水腻子→验收。

3. 施工方法

(1) 基层墙体表面应清理干净，无油渍、浮尘，大于 10 mm 的突起部分应铲平。经过处理符合要求的基层墙体表面，均应涂刷界面砂浆，如为黏土砖可浇水淋湿。

(2) 对要求做界面处理的基层应满涂界面砂浆，用滚刷或扫帚将界面砂浆均匀涂刷。

(3) 吊垂直、套方，弹厚度控制线，拉垂直、水平通线，套方做口，按厚度线用胶粉聚苯颗粒保温料浆做标准厚度灰饼冲筋。

(4) 保温隔热层的厚度不得出现偏差。保温料浆每遍抹灰厚度不宜超过 25 mm，需要分多遍抹灰时，施工的时间间隔应在 24 h 以上，抗裂砂浆防护层的施工应在保温料浆充分干燥固化后进行。胶粉聚苯颗粒保温料浆的施工分为一般做法、加强做法和加强带做法。

● 保温层一般做法：抹胶粉聚苯颗粒保温料浆应至少分两遍施工，每两遍间隔应在 24 h 以上；后一遍施工厚度要比前一遍施工厚度小；最后一遍留 10 mm 左右为宜。最后一遍操作应达到冲筋厚度并用大杠搓平，墙面、门窗口平整度应达到有关要求。保温层固化干燥（用手掌按不动表面，一般约为 5 d）后方可进行抗裂保护层施工。

● 保温层加强做法用于饰面为面砖，或建筑物高度大于 30 m，且保温层厚度大于 60 mm 的保温。它是在保温层中距外表面 20 mm 铺设一层镀锌钢丝网，并与基层墙体锚固件绑牢，再抹抗裂砂浆作为防护层。需要粘贴面砖时，镀锌钢丝网采用丝径 1.2 mm，孔径 20 mm×20 mm，网边搭接 40 mm，用双股直径为 0.7 mm 镀锌钢丝与基层锚固件绑扎，绑扎间距为 150 mm；建筑物高度超过 30 m，保温层厚度大于 60 mm 时，镀锌钢丝网采用丝径 0.8 mm，孔径 25 mm×25 mm，并与基层墙体拉牢。

● 保温层加强带做法是用加强带将保温层垂直分为数块，以提高保温层竖向抗剪和抗负风压的能力。具体方法是，当建筑高度大于 30 m 时，应加钉金属分层条，并在保温层中加一层金属网（金属网在保温层中的位置距基层墙面不宜小于 30 mm，距保温层表面不宜大于 20 mm），其具体做法是在每个楼层处加 30 mm×40 mm×0.7 mm 的水平通长镀锌轻型角网，角网用射钉（间距为 50 cm）固定在墙体上。在基层墙面上每隔 50 cm 钉直径为 5 mm 的带尾孔射钉一个，用 22 号镀锌铁丝双股与尾孔绑紧，预留长度不小于 100 mm，抹保温料浆至距设计厚度 20 mm 处安装钢丝网（搭接宽度不小于 50 mm），用预留铁丝与钢丝网绑牢，并将钢丝网压入保温料浆表层，抹最后一遍保温料浆，找平并达到设计厚度。

(5) 做分格割线条。根据建筑物立面情况，分格缝宜分层设置，分块面积单边长度不应大于 15 m。按设计要求在胶粉聚苯颗粒保温料浆层上弹出分格线和滴水槽的位置，用裁纸刀沿弹好的分格线开出设定的凹槽。在凹槽中嵌满抗裂砂浆，将滴水槽嵌入凹槽中，与抗裂砂浆扎接牢固，用该砂浆磨平茬口。分格缝宽度不宜大于 5 cm，应采用现场成形法施工。具体做法是在保温层上开好分格缝槽，尺寸比设计要求宽 10 mm、深 5 mm，嵌满抗裂砂浆，网格布应在分格缝处搭接。网格布搭接时，应用上沿网格布压下沿网格布，搭接宽度应为分格缝宽度。

(6) 抹抗裂砂浆，铺贴耐碱玻璃纤维网格布。耐碱玻璃纤维网格布按楼层间尺寸事先裁好，抹抗裂砂浆一般分两遍完成，第一遍厚度为 3~4 mm，随即竖向铺贴耐碱玻璃纤维网格布，用抹子将耐碱玻璃纤维网格布压入砂浆，搭接宽度不小于 50 mm，先压入一侧，抹抗裂砂浆，再压入另一侧，严禁干搭。耐碱玻璃纤维网格布铺贴要平整无褶皱，饱满度应达到100%，随即抹第二遍找平抗裂砂浆，抹平压实。建筑物首层应铺贴双层耐碱玻璃纤维网格布，第一层应铺贴加强型耐碱玻璃纤维网格布，铺贴方法与前述方法相同，但应注意铺贴加强型耐碱玻璃纤维网格布时宜对接，随即可进行第二层普通耐碱玻璃纤维网格布的铺贴施工，铺贴普通耐碱玻璃纤维网格布时宜对接。铺贴普通耐碱玻璃纤维网格布的方法要求与前述相同，但应注意两层耐碱玻璃纤维网格布之间抗裂砂浆应饱满，严禁干贴。

(7) 建筑物首层外保温阳角应在双层耐碱玻璃纤维网格布之间加专用金属（或塑料）护角，护角高度一般为 2 m。在第一遍耐碱玻璃纤维网格布施工后加入护角，其余各层阴角、阳角和门窗口应用双层耐碱玻璃纤维网格布包裹增强，网格布单边长度不应小于 15 cm。

(8) 涂刷高分子乳液防水柔性底层涂料，涂刷应均匀，不得漏涂。

(9) 刮柔性耐水腻子应在抗裂保护层干燥后施工，应刮 2~3 遍腻子并做到平整光洁。

以上抹灰、抹保温料浆及涂料的各步骤施工环境温度应大于 5 ℃，严禁在雨中施工；遇雨或雨期施工应有可靠的保证措施，抹灰、抹保温料浆应避免在阳光暴晒和 5 级以上大风天气时施工。施工人员经过培训考核合格方能上岗。施工完工后，应做好成品保护工作，以防止施工污染；拆卸脚手架或升降外挂架时，应保护墙面免受碰撞；严禁踩踏窗台、踢脚线；损坏部位的墙面应及时修补。

## 11.4 EPS板现浇混凝土外墙外保温工程

### 11.4.1 EPS板现浇混凝土外墙外保温系统概述

EPS板现浇混凝土外墙外保温系统（又称为无网现浇系统）以现浇混凝土外墙为基层，以聚苯板为保温层。聚苯板内侧表面（与现浇混凝土接触的表面）沿水平方向开有矩形齿槽，内、外表面均满涂界面砂浆，以保证保温层与基层黏结牢固。在施工时将聚苯板置于外模板内侧，并安装锚栓作为辅助固定件。浇筑混凝土后，墙体与聚苯板以及锚栓连接为一体。聚苯板表面抹抗裂砂浆薄抹面层，薄抹面层中满铺耐碱玻璃纤维网格布，外表以涂料为饰面，如图11-18 所示。

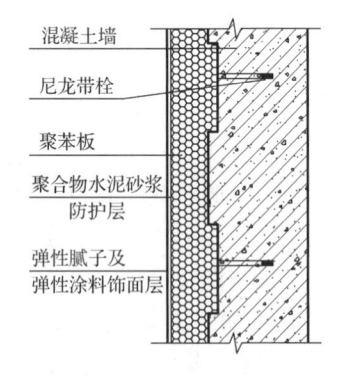

图 11-18 无网现浇系统

### 11.4.2 无网现浇系统的构造要求

由于此系统没有黏结砂浆，为保证与基层黏结牢固，无网现浇系统聚苯板内侧开有水平齿槽，两面必须预喷涂界面砂浆，锚栓设置应满足 2~3 个/m² 或根据设计要求设置。水平抗裂分隔缝宜按楼层设置。垂直抗裂分隔缝宜按墙面面积设置，在板式建筑中不宜大于

30 m², 在塔式建筑中, 可视具体情况而定, 宜留在阴角部位。

### 11.4.3　无网现浇系统的特点和适用范围

无网现浇系统由于保温层内表面(与现浇混凝土接触的表面)沿水平方向开有矩形齿槽, 内、外表面均满涂界面砂浆, 所以增强保温层抵抗垂直剪切力的能力完全可以满足除粘贴面砖之外的强度要求。

EPS 钢丝网架板现浇混凝土外墙外保温系统(有网现浇系统)设置有腹丝穿透型钢丝网架, 浇筑时能够很好地与混凝土墙体黏结、锚固, 外表面沿水平方向开有矩形齿槽, 并有钢丝网覆盖, 能够承受重量较大的面砖粘贴和适应其他饰面形式。EPS 钢丝网架板现浇混凝土外墙外保温系统虽然在构造上更加牢固, 多用于饰面为面砖或要求较高的保温工程, 但此系统也存在着热桥影响较大、施工工序多的问题, 对涂料为饰面的外墙外保温系统采用该系统无疑是提高了施工成本和难度。因此, 无网现浇系统常用于以涂料为饰面或便于维修的保温工程。

### 11.4.4　无网现浇系统的施工工艺

1. 保温层施工

墙体钢筋隐蔽检查完毕; 安装保温板, 保温板之间用专用胶黏结; 弹锚栓定位线; 在要求位置穿锚栓, 并将锚栓与墙体钢筋绑扎做临时固定; 用 10 mm 厚聚苯板填补保温板门窗缝隙, 以免浇筑混凝土时跑浆。

2. 防护层施工

无网现浇系统的防护层所用材料和施工方法与聚苯板薄抹灰外墙外保温工程中薄抹灰增强防护层要求相同, 可参照执行。

## 11.5　EPS 钢丝网架板现浇混凝土外墙外保温工程

### 11.5.1　EPS 钢丝网架板现浇混凝土外墙外保温系统概述

EPS 钢丝网架板现浇混凝土外墙外保温系统(又简称为有网现浇系统)是一种以腹丝穿透型钢丝网架聚苯板为保温层, 置于现浇混凝土基层墙体外侧, 辅以锚固筋拉接, 与混凝土墙体一起浇筑成形, 并在钢丝网架聚苯板外表面抹聚合物砂浆做防护层, 采用面砖或防水弹性涂料饰面的外墙外保温系统。

单面钢丝网架聚苯板的安装可与主体结构施工同时进行, 并可以利用主体结构施工的脚手架和安全防护设施, 有利于安全施工, 加快施工进度, 降低模板损耗和施工成本。冬期施工时, 单面钢丝网架聚苯板可起保温作用, 外围护不需要另设保温措施, 提高了混凝土墙体的质量。单面钢丝网架聚苯板质轻、吸水率小、耐候性能好; 其剪裁安装、绑扎、固定等操作简单, 不占主导工期; 与后黏聚苯板相比, 它大大减轻了劳动强度, 不但做到了文明施工, 提高工效, 而且施工的安全性得到了有效保证。聚苯板与混凝土墙体接合良好, 方法简单, 有较高的安全度。但此种系统仅能用于钢筋混凝土墙体, 对于砌体围护结构无法采用。

## 11.5.2 有网现浇系统的基本构造和材料要求

**1. 基本构造**

有网现浇系统是以现浇混凝土为基层墙体,采用腹丝穿透型钢丝网架聚苯板做保温隔热材料,聚苯板单面钢丝网架板置于外墙外模板内侧,以 $\phi 6$ 锚筋钩紧钢丝网片作为辅助固定,它与钢筋混凝土现浇为一体,聚苯板的抹灰层为抗裂砂浆,属于厚抹灰型面层,常用在面砖饰面的保温工程。有网现浇系统基本构造和钢丝网架聚苯板板形分别如图 11-19 和图 11-20 所示。

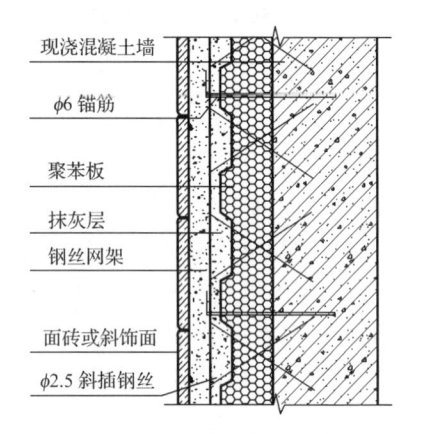

图 11-19 有网现浇系统基本构造

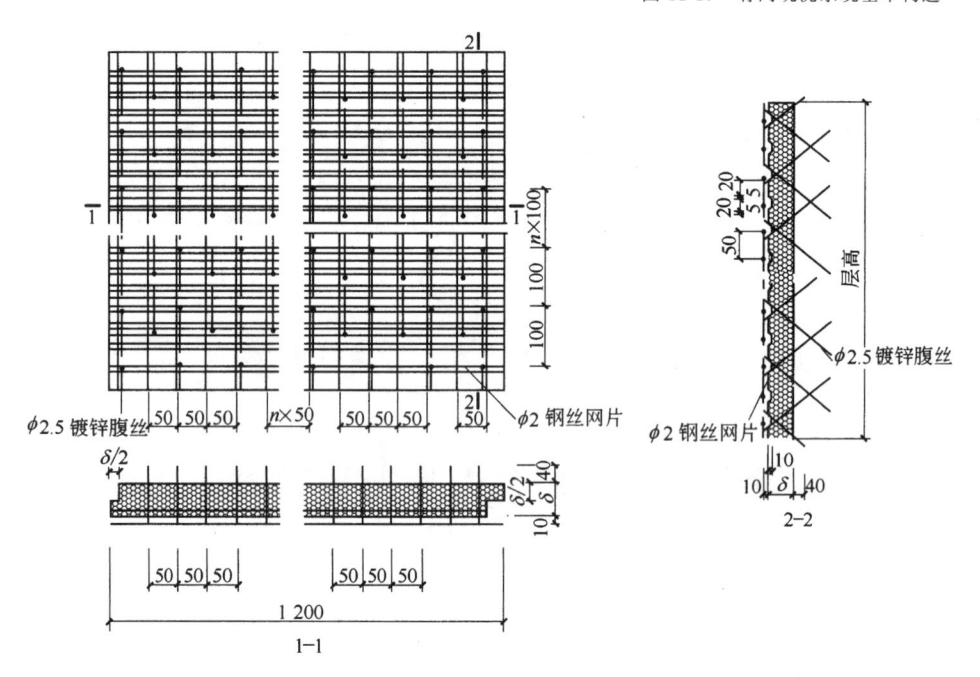

图 11-20 钢丝网架聚苯板板形

对于墙体阴、阳角处应用钢丝网局部加强,钢丝网每边不小于 100 mm,并用双股 $\phi 0.7$ 镀锌钢丝与聚苯板上的钢丝网片绑扎牢固,其间距为 100 mm。板和板之间的连接处采用同样方法加固,但镀锌钢丝绑扎间距为 150 mm,如图 11-21 所示。

在勒脚处散水以上仍采用有网现浇系统,散水以下则采用厚度较小、但保温效果较好的挤塑聚苯板,以形成内凹形式,使墙体防潮效果更好,并且在铺设挤塑板之前应对钢丝网架板加强收头,如图 11-22 所示。

设有女儿墙的建筑应将钢丝网架板贴到顶。在设计施工时,应考虑到保温层的厚度,将顶面外伸部分适当加宽,增设角网和锚筋,保证板顶部的防渗漏性能,如图 11-23 所示。

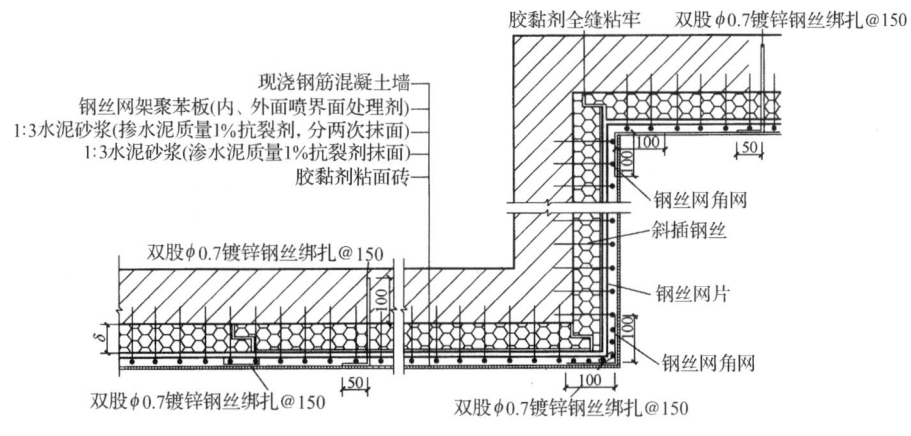

图 11-21 阴、阳角处墙体构造做法

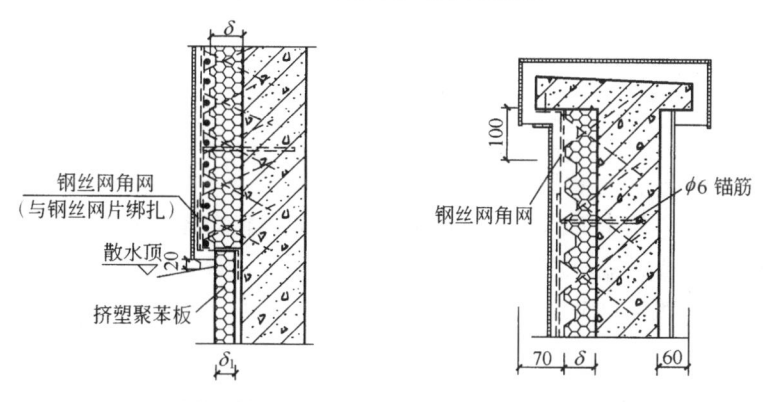

图 11-22 勒脚构造做法

图 11-23 女儿墙构造做法

窗口处有网系统以及局部处理时,垂直于墙面的部分一般采用聚苯板用粘钉结合的方式进行保温处理,并在阳角处用钢丝网加强,保温层深入窗框,如图 11-24 所示。

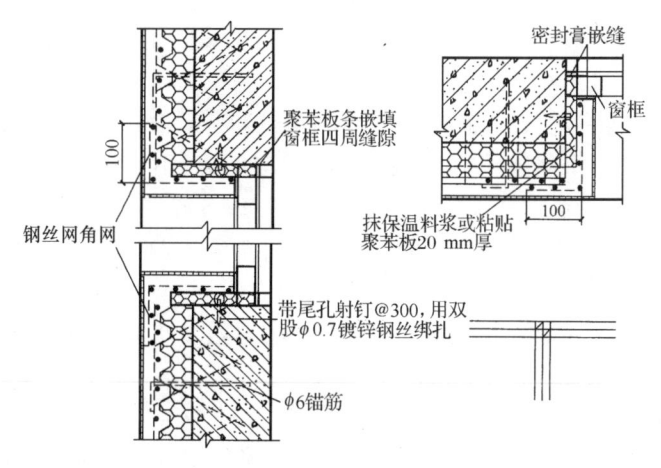

图 11-24 窗口构造做法

墙面变形缝处,应做好有网现浇聚苯板的收头,端部应用钢丝网加强,内侧粘贴聚苯板,如图 11-25 所示。

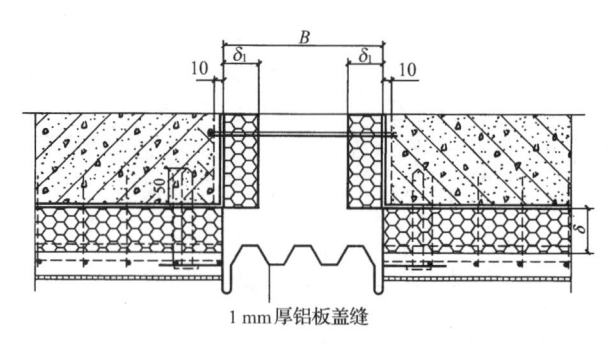

图 11-25　墙面变形缝构造做法

**2. 材料要求**

板面斜插腹丝不得超过 200 根/m²,以减轻腹丝的热桥影响。斜插腹丝应为镀锌腹丝,板两面应预喷刷界面砂浆,保证与混凝土基层和抹灰层黏结牢固。加工质量应符合《钢丝网架水泥聚苯乙烯夹芯板》(JC/T 623—1996)的有关规定。

### 11.5.3　有网现浇系统的施工工艺流程和施工方法

**1. 施工工艺流程**

墙体放线→绑扎外墙钢筋、钢筋隐蔽检查→安装钢丝网架聚苯板、接缝处接缝角网→验收钢丝网架聚苯板→支外墙模板→验收模板→浇筑墙体混凝土→检验墙及钢丝网架聚苯板→钢丝网架聚苯板板面抹灰。

**2. 施工方法**

(1) 外墙外保温板安装

混凝土内、外钢筋绑扎必须在验收合格后方可进行。按照设计图纸上的墙体厚度尺寸弹水平线及垂直线,同时在外墙钢筋外侧绑扎垫块,且每块板内(1 200 mm×2 700 mm)不少于 4 块。

保温板就位后,可将 L 型 $\phi 6$ 钢筋按垫块位置穿过保温板,用火烧鸡丝将其两侧与钢丝网及墙体绑扎牢固。L 型 $\phi 6$ 钢筋长度为 200 mm,弯钩为 30 mm,其穿过保温板部分刷防锈漆两道;L 型 $\phi 6$ 锚筋不少于 4 根/m²,锚固深度不得小于 100 mm。在每层层间应当设水平抗裂分隔缝,聚苯板面的钢丝网片在楼层分层处应断开,不得相连,抹灰时嵌入层间塑料分隔条或泡沫塑料棒,并用建筑密封膏嵌缝。垂直抗裂分隔缝不宜大于 30 m² 墙面面积设置。外墙阴、阳角及窗口和阳台底边外,需要附加角网及连接平网,且搭接长度不小于 200 mm。界面砂浆涂敷应均匀,与钢丝和聚苯板附着牢固,斜丝脱焊点不超过 3%,并且穿过板的挑头不应小于 30 mm。板长 300 mm 范围内对接接头不得多于两处,对接处可以用胶黏剂粘牢。

(2) 模板安装

模板组合配制尺寸及数量应考虑保温板厚度。当底层混凝土强度不低于 7.5 MPa 时,可按弹出的墙体位置线安装大模板。安装外墙大模板前必须在现浇混凝土墙体根部或保温板外侧采取可靠的定位措施。

(3) 浇筑混凝土

混凝土浇筑时,保温板顶面要采取遮挡措施,新、旧混凝土接茬处应均匀浇筑 3～5 cm

同强度等级的细石混凝土,混凝土应分层浇筑,分离高度控制在 500 mm 以内。

振捣棒振动间距一般应小于 50 cm,振捣时间以表面浮浆不再下沉为准。洞口处浇筑混凝土时,应在洞口两边同时浇筑混凝土,并使两侧浇筑高度大体一致,振捣棒应距洞口边 30 cm 以上。施工缝应留在门洞过梁 1/3 范围内,也可留在纵、横墙的交接处。

(4)模板的拆除

在常温条件下,墙体混凝土强度不应低于 1.0 MPa,冬期施工墙体混凝土强度不应低于 4.0 MPa,方可拆除模板,混凝土的强度等级应以现场同条件养护的试块抗压强度为标准。先拆除外墙外侧模板,再拆除外墙内侧模板。穿墙套管拆除后,应以干硬性砂浆补洞,洞口处所缺保温板应填好。

(5)保温层检验

聚苯板压缩允许厚度为板设计厚度的 1/10,检查方法是用钢尺在上、中、下各测量三点,再取其平均值。

(6)外墙外保温防护层和饰面层施工

保温板表面有疏松空鼓现象者均应清除干净,保证无灰尘、油渍和污垢。绑扎阴、阳角及拼缝网,需要用铁丝与保温板钢丝网绑扎牢固,角度为平角。分隔处之间保温板钢丝网应剪断。板面应喷界面剂,且应均匀一致,干燥后可进行防护层施工。防护层分底层和面层,每层厚度不大于 10 mm,总厚度不大于 20 mm,以盖住钢丝网为宜。待底层抹灰凝结后,可进行面层施工。防护层施工结束,常温下静置 24 h 后即可黏结面砖。

## 11.6 机械固定 EPS 钢丝网架板外墙外保温工程

### 11.6.1 机械固定 EPS 钢丝网架板外墙外保温系统概述

机械固定 EPS 钢丝网架板外墙外保温系统(又称机械固定系统)是由机械固定装置、腹丝非穿透型聚苯钢丝网架板、掺外加剂的水泥砂浆厚抹灰面层和饰面层构成,如图 11-26 所示。

### 11.6.2 机械固定系统的构造要求

腹丝非穿透型聚苯钢丝网架板腹丝插入聚苯板中深度不应小于 35 mm,未穿透厚度不应大于 15 mm。腹丝插入角度应保持一致,误差不应大于 3°。板两面应预喷刷界面砂浆。钢丝网与聚苯板表面净距不应小于 10 mm。腹丝非穿透型聚苯钢丝网架板尚应符合《钢丝网架水泥聚苯乙烯夹芯板》(JC/T 623—1996)的有关规定。机械锚固系统锚栓、预埋金属固定件数量应通过试验确定,并且不应少于 7 个/m²。单个锚栓

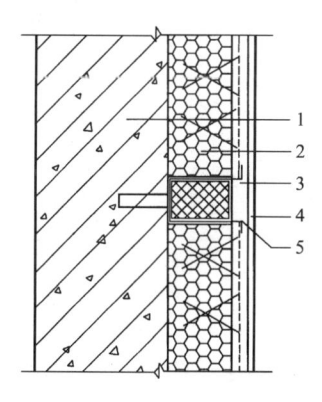

图 11-26 机械固定系统
1—基层;2—聚苯板钢丝网架板;
3—掺外加剂的水泥砂浆厚抹灰面层;
4—饰面层;5—机械固定装置

拔出力和基层力学性能应符合设计要求。用于砌体外墙时,应采用预埋钢筋网片固定聚苯板钢丝网架板。机械固定系统固定聚苯板钢丝网架板时应逐层设置承托件,承托件应固定在结构构件上。机械固定系统金属固定件、钢筋网片、金属锚栓和承托件应进行防锈处理。

按设计要求设置抗裂分隔缝。严格控制抹灰层厚度,并采取可靠措施确保抹灰层不开裂。

### 11.6.3 机械固定系统的特点和适用范围

腹丝非穿透型聚苯钢丝网架板(简称 SB 板),是以阻燃型聚苯乙烯板为保温芯材,配有双向斜插入的高强度钢丝,并与单面覆以网目 50 mm×50 mm 的 $\phi$2.0 钢丝网片焊接,成为带有整体焊接钢丝网架的保温板材。

机械固定系统适用于混凝土空心砌块墙体及现浇钢筋混凝土墙体。对于加气混凝土和轻集料混凝土基层,不宜采用机械固定系统,否则保温层机械固定装置的设置较为复杂。

## 11.7 其他外墙外保温系统简介

### 11.7.1 矿棉板外墙外保温系统

矿棉板外墙外保温系统是一种以半硬质憎水型矿棉板作为保温层的外墙外保温系统。构造与膨胀聚苯板(EPS 板)系统相同,材料密度大于 EPS 板,导热系数基本接近 EPS 板,但比 EPS 板难燃。半硬质憎水型矿棉板是以工业废料矿渣为主要原料,经熔化,采用高速离心法或喷吹法工艺制成的棉丝状无机纤维,然后加黏结剂压制而成。由于矿棉板强度较低,且带有一定弹性,故用于薄抹灰外保温层时必须采用机械锚固件与基层辅助连接。

机械锚固时,每条拼缝不应少于 2 点,板中设 1 点(10 层以下)或 2 点(10 层以上),并对转角部位加密,如图 11-27。

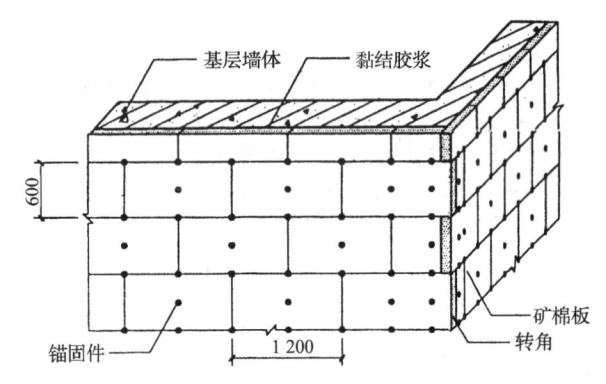

图 11-27 矿棉板锚固位置示意图(适用于 10 层以下建筑)

矿棉板外墙外保温系统现已列入了推荐性应用技术标准,并编制了应用图集。目前矿棉板大多采用沉降法生产,出现纤维排列方向一致,长期使用易出现分层。采用摆锤法工艺生产可避免以上缺陷,但对设备要求较高,国内生产厂家不多。基于以上问题国内采用了岩棉板+钢丝网+抗裂水泥砂浆做法或轻钢龙骨+岩棉填充+硬质面板做法,以提高耐久性。另外,由于矿棉板为不燃材料,故还可应用于门窗洞口上端的防火隔离层等处。

### 11.7.2 聚氨酯外墙外保温系统

聚氨酯外墙外保温系统采用由聚氨酯硬泡体(PURC)与水泥纤维加压板(FC 板)复合而成的制品,从而形成保温与防护为一体的系统,并采用有专用黏结剂与水泥配置的黏结胶浆粘贴于基层外墙面的水泥砂浆找平层上。板缝用罐装 PU 发泡剂填缝密封后,用抗裂水泥砂浆勾缝。饰面层为腻子加外墙涂料。由于保温层与防护面层在工厂预制复合,可不用耐碱玻璃纤维网格布,因而施工简便,施工工效高,质量容易保证。聚氨酯硬泡沫材料,集防水、保温于一体,具有良好的物理性能,其各项指标优于 XPS,但价格较高。

### 11.7.3 现场喷涂硬泡聚氨酯外墙外保温系统

现场喷涂硬泡聚氨酯外墙外保温系统根据饰面层做法的不同,可分为涂料饰面系统及面砖饰面系统两种。基本构造为:聚氨酯防潮底漆层、聚氨酯保温层、聚氨酯界面砂浆层、胶粉聚苯颗粒保温料浆找平层;抗裂砂浆复合涂塑耐碱玻璃纤维网格布(涂料饰面)或抗裂砂浆复合热镀锌电焊网尼龙胀栓锚固(面砖饰面);抗裂防护层,表面刮涂抗裂柔性耐水腻子、涂刷饰面涂料或面砖黏结砂浆粘贴面砖构成饰面层,其系统构造如图 11-28 所示。

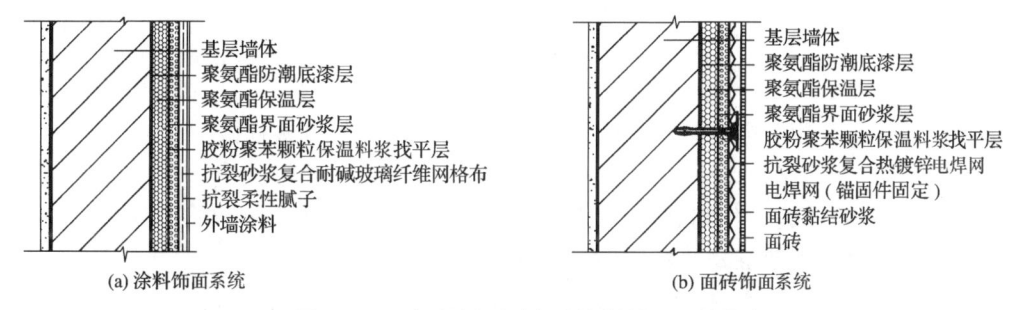

图 11-28　现场喷涂硬泡聚氨酯外墙外保温系统构造

## 复习思考题

1. 外墙外保温有哪些种类?
2. 外墙外保温工程主要保温材料有哪些?一般有哪些固定方法?
3. 外墙外保温系统有哪些种类?
4. 什么叫聚苯板外墙外保温薄抹灰系统?简述其基本构造。
5. 胶粘剂主要承受哪两种荷载?
6. 简述聚苯板外墙外保温薄抹灰系统首层墙体构造及阴阳墙角构造处理。
7. 聚苯板洞口四角切割和顶部锚固有什么要求?
8. 简述外墙外保温薄抹灰系统基本构造。
9. 简述 EPS 板现浇混凝土外墙外保温系统的组成。
10. 简述 EPS 钢丝网架板现浇混凝土外墙外保温系统的组成。
11. 简述钢丝网架板现浇混凝土外墙外保温系统的特点。
12. 有网现浇系统有哪些技术要求?与无网现浇系统有何区别?

# 模块 12 装饰工程

## 12.1 概述

装饰工程是指采用装饰装修材料或装饰物,对建筑物的内、外表面及空间进行艺术处理及加工的过程,主要功能是保护建筑物各种构件免受自然界风、霜、雨、雪、大气等的侵蚀,增强构件的保温、隔热、隔音、防潮、防腐蚀等能力,提高构件的耐久性,延长建筑物的使用寿命,改善室内外环境,使建筑物清新、整洁、明亮、美观。

装饰工程的主要内容有:抹灰工程、门窗工程、吊顶工程、轻质隔墙工程、饰面板(砖)工程、幕墙工程、涂饰工程、裱糊与软包工程以及细部工程等。装饰工程的特点是工期长、用工多、造价高、质量要求高、成品保护难等。

## 12.2 抹灰工程

抹灰是将各种砂浆、装饰性石屑浆、石子浆涂抹在建筑物的墙面、顶棚、地面等表面上,除了保护建筑物外,还可以作为饰面层起到装饰作用。

### 12.2.1 组成与分类

抹灰工程按材料和装饰效果不同可分为一般抹灰和装饰抹灰;按工种部位不同可分为室内抹灰和室外抹灰。室内抹灰又可按部位不同分为楼地面、顶棚、墙、墙裙、踢脚等。我国有些地区习惯地把它叫作"粉饰"或"粉刷"。

一般抹灰按其构造不同可分为底层、中层和面层。底层又称为黏结层,主要起与基层黏结和初步找平的作用,厚5~7 mm。中层又称为找平层,主要起找平作用,厚5~12 mm。面层又称为装饰层,主要起装饰作用,厚2~5 mm。抹灰的组成如图12-1所示。底层可用石灰砂浆、水泥砂浆、水泥混合砂浆、聚合物水泥砂浆、膨胀珍珠岩水泥砂浆等;中层所用材料基本与底层相同;面层可用麻刀灰、纸筋石灰以及石膏灰等。

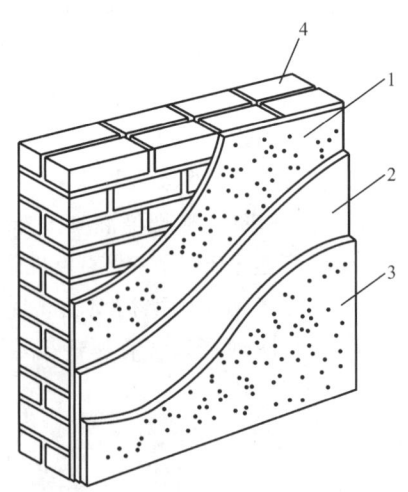

图12-1 抹灰的组成
1—底层;2—中层;3—面层;4—基层

装饰抹灰一般也分为底层和面层。底层多用水泥砂浆;面层则根据所用材料及施工工艺的不同,分为水刷石、水磨石、斩假石、干黏石、拉毛灰、喷涂、滚涂、弹涂等。

### 12.2.2 一般抹灰

**1.一般抹灰的级别**

一般抹灰按质量要求和做法分为普通抹灰、中级抹灰和高级抹灰。

普通抹灰由一底层、一面层构成。施工要求分层赶平、修整,表面压光。适用于简易住宅、大型设施、非居住型房屋(如汽车库、仓库、锅炉房)以及居住型房屋中的地下室、储藏室。

中级抹灰由一底层、一中层、一面层构成。施工要求阳角找方,设置标筋,分层赶平、修整,表面压光。适用于一般住宅、公用和工业建筑,如住宅、宿舍、教学楼、办公楼等。

高级抹灰由一底层、数层中层、一面层构成。施工要求阴角找方,设置标筋,多遍分层赶平、修整,表面压光。适用于大型公共建筑、纪念性建筑,如剧院、礼堂、宾馆、展览馆和高级住宅以及有特殊要求的高级建筑物。

**2.一般抹灰的施工**

(1)施工准备

抹灰工程采用的材料质量必须符合国家现行技术标准的规定,水泥标号应不低于32.5号,其安定性试验必须合格;砂应坚硬洁净,其中泥、粉末等含量不超过3%,过筛后不得含有杂物;石灰膏必须经过块状淋制,并经过3 mm方孔筛过滤,熟化时间不少于15 d。为控制抹灰层厚度和平整度,抹灰前必须先找好规矩,即四角规方,横线找平,立线吊直,弹出准线、墙裙和踢脚板线。

(2)内墙一般抹灰

内墙一般抹灰的操作流程为:基体表面处理→浇水润墙→设置灰饼和标筋→阳角做护角→抹底层、中层灰→窗台板、踢脚板或墙裙→抹面层灰→清理。

①基体表面处理 为使抹灰砂浆与基层表面黏结牢固,防止抹灰层产生空鼓、脱落,抹灰前应对基层表面的灰尘、污垢、碱膜、跌落砂浆等进行清除。对墙面上的孔洞、剔槽等用水泥砂浆进行填嵌。门窗框与墙体交接处缝隙应用水泥砂浆或混合砂浆分层嵌堵。

不同材质的基体表面应相应处理,以增强其与抹灰砂浆之间的黏结强度。光滑的混凝土基体表面应凿毛或刷一道素水泥浆,水灰比为0.37~0.4;加气混凝土砌块表面应清扫干净,并刷一道1∶4的107胶水溶液,以形成表面隔离层,缓解抹面砂浆的早期脱水,提高黏结强度;不同材料相接处应先铺设金属网并绷紧钉牢,金属网与各基体搭接宽度每侧不应小于100 mm。

②设置灰饼和标筋(找规矩) 为有效控制抹灰厚度,特别是保证墙面垂直度和整体平整度,在抹灰前应设置灰饼和标筋作为抹灰依据,如图12-2所示。

设置标筋分为做灰饼和做标筋两个步骤。

● 做灰饼:根据整个墙面的平整度和垂直度,确定灰饼厚度,一般最薄处不应小于7 mm,在墙面距地1.5 m高度,距两边阴角100~200 mm处,按所确定的灰饼厚度用抹灰基层砂浆各做一个50 mm×50 mm的矩形灰饼,然后用托线板或线锤将其垂直吊挂,做上、下对应的两个灰饼,上、下分别距顶棚和地面都为150~200 mm,其中下方的灰饼应在踢脚

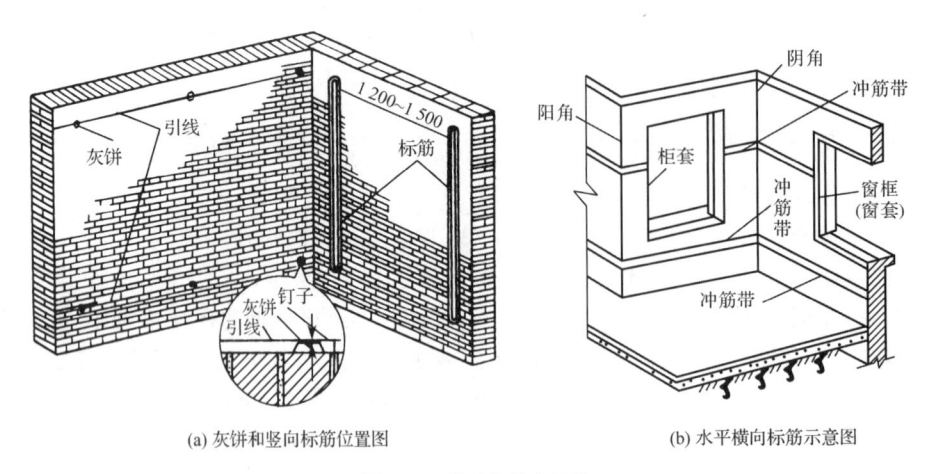

图 12-2 设置灰饼和标筋

(a) 灰饼和竖向标筋位置图　　(b) 水平横向标筋示意图

板上口以上,随后在墙面上方和下方左右两个对应灰饼之间用钉子钉在灰饼外侧的墙缝内,以灰饼为准,在钉子之间拉水平横线,沿线每隔 1.2~1.5 m 补灰饼。

●做标筋:标筋是以灰饼为准,在灰饼之间所做的灰埂,作为抹灰平面的基准。具体做法是,用与底层抹灰相同的砂浆在上、下两个灰饼间先抹一层,再抹第二层,形成宽度为 100 mm 左右、厚度比灰饼高度高 10 mm 左右的灰埂,然后用木杠紧贴灰饼搓动,直至把标筋搓到与灰饼齐平为止。最后要将标筋两边用刮尺修成斜面,以便于抹灰面接茬顺平。

③阳角做护角　为保护墙面转角处不易遭碰撞损坏,在室内抹面的门窗洞口及墙角、柱面的阳角处应做水泥砂浆护角,护角高度一般为 2 m,每侧宽度不小于 50 mm。具体做法是,先将阳角用方尺规方,靠门框一边以门框离墙的空隙为准,另一边以墙面灰饼厚度为依据。然后在靠尺板的另一边墙角分层抹 1∶2 水泥砂浆,与靠尺板的外口平齐;再把靠尺板移动至已抹好的护角的一边,用钢筋卡子卡住,用托线板吊直靠尺板,把护角的另一面分层抹好,取下靠尺板,待砂浆稍干时,用阳角抹子和水泥素浆捋出护角的小圆角,最后用靠尺板沿顺直方向留出预定宽度,将多余砂浆切出 40°斜面,以便抹面时与护角接茬。

④抹底层、中层灰　待标筋有一定强度后,即可在两标筋间用力抹上底层灰,用木抹子压实搓毛。待底层灰收水后,即可抹中层灰,抹灰厚度应略高于标筋。中层抹灰后,随即用木杠沿标筋刮平,不平处补抹砂浆,然后再刮,直至墙面平直为止。紧接着用木抹子搓压,使表面平整密实。阴角处先用方尺上下核对方正(水平横向标筋可免去此步),然后用阴角器上下抽动扯平,使室内四角方正为止。

⑤抹面层灰　待中层灰有 6~7 成干时,即可抹面层灰。操作一般从阴角或阳角处开始,自左向右进行。一人在前抹面灰,另一人在其后找平,并用铁抹子压实赶光。阴、阳角处用阴、阳角抹子捋光,并用毛刷蘸水,将门窗圆角等处刷干净,高级抹灰的阳角必须用拐尺找方。

(3)外墙一般抹灰

外墙一般抹灰的工艺流程为:基体表面处理→浇水润墙→设置标筋→抹底层、中层灰→弹分格线、嵌分格条→抹面层灰→拆除分格条→养护。

①抹灰顺序　外墙抹灰应先上部后下部,先檐口再墙面。大面积的外墙可分块同时施工。高层建筑的外墙面可在垂直方向适当分段,如一次抹完有困难,可在阴、阳角交接处或分格线处间断施工。

②嵌分格条、抹面层灰及拆除分格条　待中层灰6～7成干后,按要求嵌分格条。分格条为梯形截面,浸水湿润后两侧用素水泥浆与墙面抹成45°黏结。嵌分格条时,应注意横平竖直,接头平直。如当天不抹面层灰,分格条两边的素水泥浆应与墙面抹成60°。

面层灰应抹得比分格条略高一些,然后用刮杠刮平,紧接着用木抹子搓平待稍干后再用刮杠刮一遍,用木抹子搓磨出平整、粗糙、均匀的表面。面层抹好后即可拆除分格条,并用素水泥浆把分格缝勾平整。如不即时拆除分格条,则必须待面层达到适当强度后才可拆除。

(4) 顶棚一般抹灰

顶棚一般抹灰不设置标筋,只需要按抹灰层的厚度在墙面四周弹出水平线作为控制抹灰层厚度的基准线。若基层为混凝土,则需要在抹灰前,应用10%的107胶水溶液或水灰比为0.4的素水泥浆刷一遍作为结合层。抹底灰方向应与楼板及木模板木纹方向垂直。抹中层灰后,用木刮尺刮平,再用木抹子搓平。面层灰宜两遍成活,两道抹灰方向垂直,抹完后按同一方向抹压赶光,其厚度不大于2 mm。

### 12.2.3　装饰抹灰

装饰抹灰按砂浆类型可分为灰浆类装饰抹灰和石渣类装饰抹灰。

**1. 灰浆类装饰抹灰**

(1) 拉毛抹灰

拉毛抹灰是指在面层灰浆尚未凝结之前用铁抹子等工具将表面轻压后顺势轻轻拉起,形成凹凸感较强的饰面层,如图12-3所示。拉毛抹灰同时具有装饰和吸声作用,多用于公共建筑的室内墙壁和天棚的饰面,也常用于外墙面、阳台栏板或围墙等外饰面。

(2) 甩毛抹灰

甩毛抹灰是指用涂刷工具将灰浆甩到粉刷层上,形成凹凸感较强的饰面层,如图12-4所示。

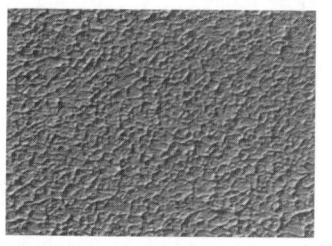

图12-3　拉毛抹灰　　图12-4　甩毛抹灰

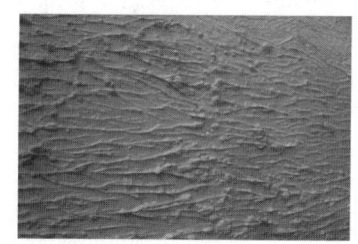

**2. 石渣类装饰抹灰**

(1) 水刷石

水刷石是将水泥石渣浆直接涂抹在建筑物表面上,待水泥初凝后,用毛刷刷洗或用喷枪喷水冲洗,冲掉表层的水泥浆,使石渣半露出来,获得彩色石子的装饰效果。水刷石一般用于外墙装饰,如图12-5所示。

图12-5　水刷石

### (2)干黏石

干黏石是指在素水泥浆或聚合物水泥砂浆黏结层上,将彩色石渣、石子等直接粘在砂浆层上,再拍平压实的一种装饰抹灰做法,分为人工甩黏和机械喷黏两种。要求石子黏结牢固、不脱落、不露浆,石粒的 2/3 应压入砂浆中,如图 12-6 所示。干黏石的装饰效果与水刷石相同,而且避免了湿作业,提高了施工效率,又节约材料,因此应用较广泛。

图 12-6 干黏石

### (3)斩假石

斩假石又称为剁斧石,是指在水泥砂浆基层上涂抹水泥石渣浆或水泥石屑浆,待其硬化具有一定强度后,用钝斧及各种凿子等工具在表层上剁斩出纹理,如图 12-7 所示。它主要用于室外装饰。

图 12-7 斩假石

## 12.3 饰面板(砖)工程

饰面板(砖)工程是指把块料面层镶贴在墙柱表面以形成装饰层的工程。块料面层的种类可分为饰面板和饰面砖两大类。饰面板有石材饰面板(包括天然石材和人造石材)、金属饰面板、塑料饰面板、木质饰面板、镜面玻璃饰面板等,尺寸往往较大;目前饰面板泛指天然大理石饰面板、花岗石饰面板和人造石饰面板,其施工工艺基本相同。饰面砖有釉面砖、外墙面砖、陶瓷锦砖和玻璃马赛克等,尺寸较小。

### 12.3.1 饰面板施工

由于饰面板的尺寸和质量较大,仅依靠黏结砂浆无法满足在耐久性方面的要求。饰面板的安装工艺有传统的湿作业法(灌浆法)、干挂法和直接粘贴法。

(1)湿作业法

湿作业法的施工工艺:材料准备→基层处理,挂钢筋网→板材定位(弹线)→灌水泥砂浆→整理、擦缝。

①材料准备 饰面板安装前,应分选、检验并试拼,使板材的色调、花纹基本一致。对已选好的饰面板进行钻孔剔槽,以系固铜丝或不锈钢丝,如图 12-8 所示。每块板材上、下边钻

孔数各不得少于 2 个,孔位宜在板宽两端 1/3～1/4 处,孔径 5 mm 左右,孔深 15～20 mm,孔位应在板厚度的中心位置。为使金属丝绕过板材穿孔时不搁占板材水平接缝,应在金属丝绕过部位轻剔一槽,深约 5 mm。

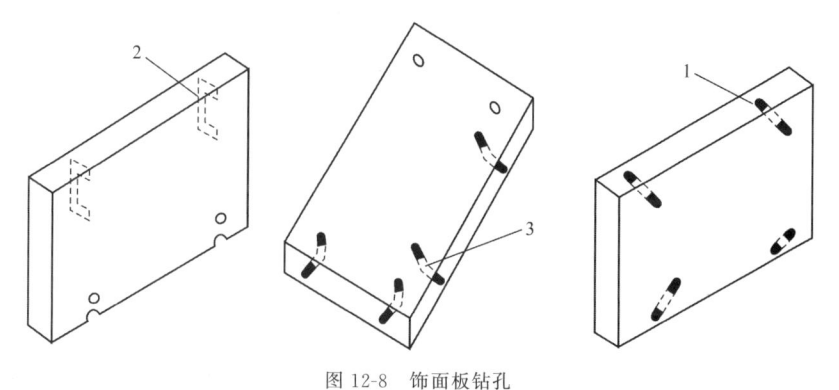

图 12-8 饰面板钻孔
1—板面斜眼;2—板面打两面 L 形眼;3—打眼

②基层处理,挂钢筋网　把墙面清扫干净,剔除预埋件或预埋筋,也可在墙面钻孔固定金属膨胀螺栓。对于加气混凝土或陶粒混凝土等轻型砌块砌体,应在预埋件固定部位加砌黏土砖或局部用细石混凝土填实,然后用 $\phi6$ 钢筋纵横绑扎成网片与预埋件焊牢。纵向钢筋间距 500～1 000 mm。横向钢筋间距视板面尺寸而定,第一道钢筋应在高于第一层板的下口 100 mm 处,以后各道均应在每层板材的上口以下 10～20 mm 处设置。湿作业法如图 12-9 所示。

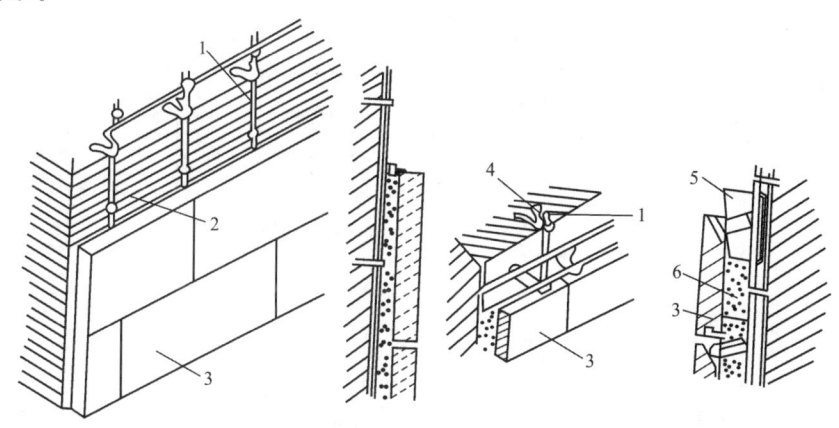

图 12-9　湿作业法
1—$\phi6$ 钢筋;2—铜丝;3—大理石饰面板;4—基体;5—定位木楔;6—水泥砂浆

③板材定位　弹线分为板面外轮廓线和分块线(就位线)。外轮廓线弹在地面上,距墙面 50 mm(板内面距墙 30 mm),如图 12-10 所示。分格线弹在墙面上,由水平线和垂直线构成,是每块板材的定位线。

④灌水泥砂浆　用 1∶2.5 水泥砂浆分层灌注,每层灌注高度为 200～300 mm,插捣密实。块材和基层间的缝隙一般为 20～50 mm,即灌浆厚度。待初凝后再继续灌浆,直到距上口 50～100 mm。剔除上口临时固定的木楔,清理干净缝隙,再安装第二行块材。依次由下向上安装固定、灌浆。每日安装加固后,需要将饰面清理干净,光泽不够时需要进行打蜡处理。

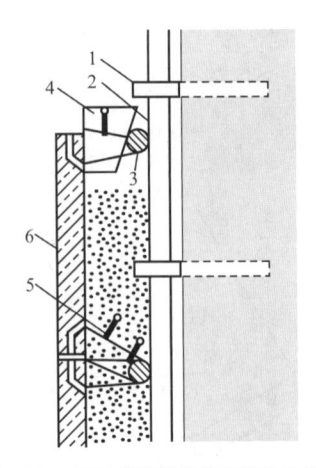

图 12-10　石材饰面板传统湿作业法安装

1—预埋筋；2—竖向钢筋；3—横向钢筋；4—定位木楔；5—铜丝；6—大理石饰面板

(2) 干挂法

干挂法是将石材饰面板通过连接件固定于结构表面的施工方法。它与板块之间形成空腔，受结构变形影响小，抗震能力强，施工速度快，提高了装饰质量，已成为大型公共建筑石材饰面安装的主要方法，如图 12-11 所示。

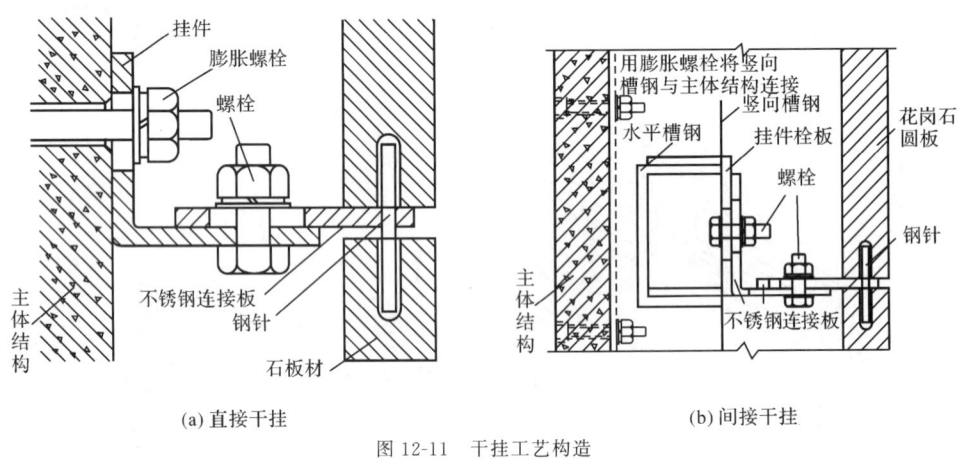

(a) 直接干挂　　　　(b) 间接干挂

图 12-11　干挂工艺构造

其施工步骤如下：

① 板材钻孔　根据设计尺寸在石板上、下侧边钻孔，孔径为 6 mm，孔深为 20 mm。

② 石板就位、临时固定　在墙面吊垂线并拉水平线，以控制饰面的垂直度、平整度。支底层石板托架，将底层石板就位并做临时固定。

③ 钻孔、安装饰面板　用冲击钻在基体结构钻孔，打入胀铆螺栓，同时镶装 L 形不锈钢连接板。用胶黏剂灌入石材的孔眼，插入销钉，校正并临时固定板块。如此直到顶层。

④ 嵌缝清理　嵌缝、清理饰面，擦蜡出光。

(3) 直接粘贴法

直接粘贴法适用于厚度为 10～12 mm 的石材薄板和碎大理石板的铺设。黏结剂可采用不低于 32.5 号的普通硅酸盐水泥砂浆或水泥白石屑浆，也可采用石材黏结剂。对于薄型石材粘贴施工，注意在粘贴第一皮时，应沿水平基准线放一长板作为托底板，防止石板粘贴后下滑。粘贴顺序为由下至上逐层粘贴，与以下的饰面砖粘贴方法相同。

### 12.3.2 饰面砖施工

饰面砖分为有釉和无釉两种,包括釉面砖、外墙面砖、陶瓷锦砖、玻璃锦砖、劈离砖和耐酸砖等。

**1. 施工准备**

饰面砖基层处理和找平层砂浆的涂抹方法与抹灰工程基本相同。

饰面砖镶贴前应先清扫干净,然后置于清水中浸泡。釉面砖浸泡到不冒气泡为止,一般需要 2~3 h。外墙面砖则带隔夜浸泡,取出晾干,以饰面砖表面有潮湿感,手按无水迹为准。

饰面砖镶贴前应进行预排,预排时应注意同一墙面的横竖排列,均不得有一行以上的非整砖。非整砖应排在最不醒目的部位或阴角处,用接缝宽度调整。

外墙面砖预排时应根据设计尺寸进行排砖、分格并绘制大样图。一般要求水平缝与旋脸、窗台齐平;竖向缝与阴角、窗口对齐,且均为整砖;分格按整块分匀,并根据已确定的缝隙大小做分格条并划出皮数杆。对墙、墙垛等处要求先测好中心线,水平分格线和阴、阳角垂直线。

**2. 内墙砖镶贴**

内墙一般采用釉面砖,排列方法有对缝排列和错缝排列,如图 12-12 所示。接缝一般采用密缝贴,即每块砖相互靠紧,减小缝隙,以便清理墙面。

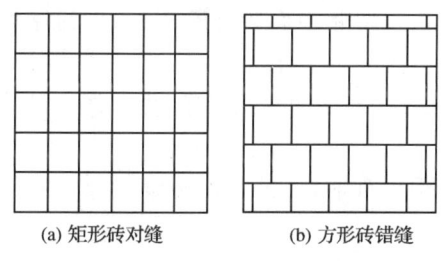

(a) 矩形砖对缝　　(b) 方形砖错缝

图 12-12　釉面砖镶贴的排列方法

其施工步骤如下:

(1) 清理、弹线

清理找平层;依照室内标准水平线,核对地面标高和分格线。

(2) 饰面砖预排

以弹出的地平线为依据,设置支撑釉面砖的地面木托板。加木托板的作用是防止釉面砖因自重向下滑移,木托板表面应加工平整,其高度为非整砖的调节尺寸。整砖的镶贴就从木托板开始自下而上进行。每行的镶贴宜以阳角开始,把非整砖留在阴角。

(3) 饰面砖粘贴

将配合比为 1∶2 的水泥浆调制糊状,另可掺入占水泥质量 3%~4% 的 108 胶,增强黏结力。镶贴时,用铲刀将水泥浆均匀涂抹在釉面砖背面(水泥浆厚度为 2~3 mm),四周刮成斜面,按线就位后,用手轻压,然后用橡皮锤或小铲把轻轻敲击,使其与中层贴紧。确保釉面砖四周砂浆饱满,并用靠尺找平。镶贴釉面砖宜先沿底尺横向贴一行,再沿垂直线竖向贴几行,然后从下往上从第二横行开始,在已贴的釉面砖口间拉上准线(用细铁丝),横向各行釉面砖依准线镶贴。镶贴墙面时,应先贴大面,后贴阴、阳角及凹槽等难度较大的部位。

(4)清理、擦缝

釉面砖镶贴完毕后,用清水或棉纱将釉面砖表面擦洗干净。接缝处用相同颜色的石灰膏或水泥色浆擦嵌密实。全部完工后,根据污染的不同程度,用棉纱或稀草酸刷洗并及时用清水冲净。

3. 外墙釉面砖镶贴

外墙釉面砖宜竖向镶贴,考虑到外界温差变化较大,接缝宜采用离缝,缝宽不大于10 mm。釉面砖一般应对缝排列,不宜采用错缝排列。其施工步骤如下:

(1)外墙釉面砖应从上而下分段,每段内应自下而上镶贴。

(2)在整个墙面两头各弹一条垂直线,如墙面较长,在墙面中间部位再增弹几条垂直线,垂直线之间距离应为砖宽的倍数(包括接缝宽),墙面两头垂直线应距墙阳角(或阴角)为一块釉面砖的宽度。垂直线作为竖行标准。

(3)在各分段分界处各弹一条水平线,作为贴釉面砖横行标准。各水平线距离应为釉面砖高度(包括接缝)的倍数。

(4)清理底层灰面并浇水湿润,刷一道素水泥浆,紧接着抹上水泥石灰砂浆,随即将釉面砖对准位置镶贴上去。用橡胶锤轻敲,使其贴实平整。

(5)每个分段中宜先沿水平线贴横向一行砖,再沿垂直线贴竖向几行砖,从下往上第二横行开始,应在垂直线处已贴的釉面砖上口间拉上准线。横向各行釉面砖依准线镶贴。

(6)阳角处正面的釉面砖应盖住侧面釉面砖的端边,即将接缝留在侧面,或在阳角处留成方口,以后用水泥砂浆勾缝。两侧釉面砖最好磨成45°的倒角相接。阴角处应使釉面砖的接缝正对阴角线。

(7)镶贴完一段后,即把釉面砖表面擦洗干净,用水泥细砂浆勾缝,待其干硬后,再擦洗一遍釉面砖表面。

(8)墙面上如有突出的预埋件时,此处釉面砖镶贴应根据具体尺寸用整砖裁割后贴上去,不得用碎块砖拼贴。

(9)同一墙面应用同一品种、同一色彩、同一批号的釉面砖,并注意花纹倒顺。

4. 外墙锦砖(马赛克)镶贴

锦砖是成联供货的,所镶贴墙面的尺寸最好是砖联尺寸的倍数,尽量避免将砖联拆散。镶贴外墙锦砖的施工要点:

(1)镶贴外墙锦砖应自上而下进行分段,每段内从下而上镶贴。每段内锦砖宜连续贴完。

(2)清理各砖联的粘贴面(锦砖背面),按编号顺序预排就位。非整砖联处,应根据镶贴尺寸。预先将砖联裁割,去掉不需要的部分(连同背纸),再镶贴。不可将锦砖块从背纸上剥下来,一块一块地贴上去。墙及柱的阳角处不宜将一面锦砖边凸出去盖住另一面锦砖接缝,而应各自贴到阳角线处,缺口处用水泥细砂浆勾缝。

(3)在底层灰面上洒水湿润,刷上水泥浆一道,接着涂抹纸筋石灰膏水泥混合灰结合层,如结合层所用的混合灰中未掺入108胶,应在砖联的粘贴面随贴随刷一道混凝土界面处理剂,以增强砖联与结合层的黏结力。紧跟着将砖联对准位置镶贴上去并用木垫板压住,再用橡胶锤全面轻轻敲打一遍,使砖联贴实平整。砖联可预先放在木垫板上,连同木垫板一起贴上去,敲打木垫板即可。砖联平整后即取下木垫板。

(4)待结合层的混合灰能粘住砖联后,即洒水湿润砖联的背纸,轻轻将其揭掉。要将背纸撕揭干净,不留残纸。

(5)在混合灰初凝前修整各锦砖间的接缝,如接缝不正、宽窄不一,应予以拨正。如有锦砖掉粒,应予以补贴。墙及柱的阳角处不宜将一面锦砖边凸出去盖住另一面锦砖接缝,而应各自贴到阳角线处,缺口处用水泥细砂浆勾缝。

(6)在混合灰终凝后,用同色水泥擦缝。白色为主的锦砖应用白水泥擦缝,深色为主的锦砖应用普通水泥擦缝。

(7)擦缝水泥干硬后,用清水擦洗锦砖面。

## 12.4 楼地面工程

楼地面工程是人们工作和生活中接触最频繁的一个分部工程。反映楼地面工程档次和质量水平的有地面的承载能力、耐磨性、耐腐蚀性、抗渗漏能力、隔声性能、弹性、光洁程度、平整度等指标,以及色泽、图案等艺术效果。

微课23

楼地面工程

### 12.4.1 楼地面的构成与分类

1. 楼地面的构成

建筑楼地面工程是房屋建筑物底层地面(地面)和楼层地面(楼面)的总称。它主要由基层和面层两大基本构造层组成。基层部分包括结构层和垫层,而底层地面的结构层是基土,楼层地面的结构层是楼板;面层部分即地面与楼面的表面层,可以做成整体面层、板块面层和木竹面层。

2. 楼地面的分类

按面层材料不同,楼地面可分为:土、灰土、三合土、菱苦土、水泥砂浆、细石混凝土、水磨石、马赛克、砖和塑料地面等。

按面层结构不同,楼地面可分为:整体面层(如灰土、菱苦土、三合土、水泥砂浆、细石混凝土、水磨石、沥青砂浆和沥青混凝土等)、板块面层(如缸砖、塑料地板、拼花木地板、马赛克、水泥花砖、预制水磨石板、大理石板、花岗石板等)和涂布地面等。

### 12.4.2 整体面层施工

1. 水泥砂浆面层

面层铺抹前,先刷一道含4%~5%的108胶水泥浆,随即铺抹水泥砂浆,用刮尺赶平,并用木抹子压实,在砂浆初凝后终凝前,用铁抹子反复压光三遍。砂浆终凝后铺盖草袋、锯末等浇水养护。当施工大面积的水泥砂浆面层时,应按设计要求留分格缝,防止水泥砂浆面层产生不规则裂缝。施工工艺流程为:基层处理→找标高、弹线→洒水润湿→抹灰饼和标筋→搅拌砂浆→刷水泥浆结合层→铺水泥砂浆面层→木抹子搓平→铁抹子压第一遍→第二遍压光→第三遍压光→养护。

2. 细石混凝土面层

细石混凝土面层可以克服水泥砂浆面层干缩较大的弱点。这种面层强度高,干缩值小。

与水泥砂浆面层相比,它的耐久性更好,但厚度较大,一般为 30~40 mm。混凝土强度等级不低于 C20,所用粗骨料要求级配适当,粒径不大于 15 mm,且不大于面层厚度的 2/3。用中砂或粗砂配制。细石混凝土面层施工的基层处理和找规矩的方法与水泥砂浆面层施工相同。

3.水磨石面层

水磨石地面构造层与施工成品如图 12-13 所示。

图 12-13 水磨石地面构造层与施工成品
(a)构造层　(b)施工成品

水磨石面层施工一般是在完成顶棚、墙面等抹灰后进行,也可以在水磨石地面磨光两遍后再进行顶棚、墙面抹灰,但对水磨石面层应采取保护措施。水磨石地面施工工艺流程如下:基层清理→浇水冲洗湿润→设置标筋→做水泥砂浆找平层→养护→嵌分格条→铺抹水泥石子浆→养护→研磨→冲洗→打蜡抛光。

水磨石面层所用的石子应质地密实、磨面光亮,如硬度不大的大理石、白云石、方解石或质地较硬的花岗岩、玄武岩、辉绿岩等。石子应洁净无杂质,石子粒径一般为 4~12 mm;白色或浅色的水磨石面层应采用白色硅酸盐水泥,深色的水磨石面层应采用普通硅酸盐水泥或矿渣硅酸盐水泥,水泥中掺入的颜料应选用遮盖力强、耐光性、耐候性、耐水性和耐酸碱性好的矿物颜料。掺量一般为水泥用量的 3%~6%,也可由试验确定。

(1)嵌分格条

在找平层上按设计要求的图案弹出墨线,然后按墨线固定分格条(铜条或玻璃条),如图 12-14 所示,分格条宽度与水磨石面层厚度相同。分格条正确的粘嵌方法是:用素水泥浆粘嵌玻璃条成八分角,高度略大于分格条的 1/2,水平方向以 30°为准。分格条交叉处应留出 15~20 mm 的空隙不填素水泥浆,这样在铺设水泥石子浆时,石粒能靠近分格条交叉处,分格条应平直、牢固、接头严密。

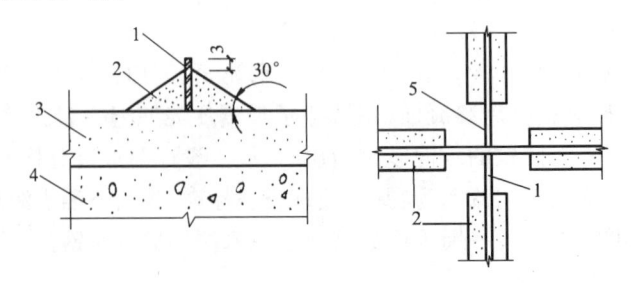

图 12-14 分格条的设置
1—分格条;2—素水泥浆;3—水泥砂浆找平层;4—混凝土垫层;5—15~20 mm 内不填素水泥浆

(2)铺水泥石子浆

分格条粘嵌养护 3~5 d 后,将找平层表面清理干净,刷素水泥浆一道,随刷随铺面层水泥石子浆。水泥石子浆的虚铺厚度比分格条高 3~5 mm,以防在滚压时压弯铜条或压碎玻璃条。铺好后,用滚筒滚压密实,待表面出浆后,再用抹子抹平。在滚压过程中,如发现表面石子偏少,可补撒石子并拍平。如在同一平面上有几种颜色的水磨石,应先做深色,后做浅色;先做大面,后做镶边。待前一种色浆凝固后,再抹后一种色浆。

(3)研磨

水磨石的开磨时间与水泥强度和气温高低有关,应先试磨,在石子不松动时方可开磨。大面积施工宜用磨石机研磨,小面积、边角处施工可用小型湿式磨光机研磨或手工研磨,研磨时应边磨边加水,对磨下的石浆应及时清除。

水磨石面一般采用"二浆三磨"法,即整修研磨过程中,磨光三遍,补浆两次。第一遍先用 60~80 号粗金刚石粗磨,磨石机走"8"字形,边磨边加水冲洗,要求磨匀磨平,使全部分格条外露,随时用 2 m 靠尺板进行平整度检查。磨后把水泥浆冲洗干净,并用同色水泥浆涂抹,填补研磨过程中出现的小孔隙和凹痕,洒水养护 2~3 d。第二遍用 100~150 号金刚石再平磨,方法同第一遍,磨光后再补一次浆。第三遍用 180~240 号油石精磨,要求打磨光滑,无砂眼细孔,石子颗颗显露,高级水磨石面层应适当增加磨光遍数及提高油石的号数。

(4)抛光

在影响水磨石面层质量的其他工序完成后,将地面冲洗干净,涂上 10% 的草酸溶液,随即用 280~320 号油石进行细磨或把布卷固定在磨石机上进行研磨,至表面光滑为止。用水冲洗、晾干后,在水磨石面层上满涂一层蜡,稍干后再用磨光机研磨,或用钉有细帆布(或麻布)的木块代替油石,装在磨石机上研磨出光亮后,再涂蜡研磨一遍,直到光滑洁亮为止。上蜡后铺锯末保护。

关于蜡料配制和涂蜡方法,工程中常用石蜡 500 g,煤油 200 g,放在铁桶里熬,到 130 ℃(冒白烟)加松香水 300 g,鱼油 50 g 调制,待温度适宜后,将蜡包在薄布内,在磨好后的水磨石面层上满涂薄薄一层。

### 12.4.3 板块面层施工

板块面层是在基层上用水泥砂浆或水泥浆、胶黏剂铺设块料面层(如水泥花砖、预制水磨石板、花岗石板、大理石板、马赛克、玻化砖、抛光砖、亚光砖、釉面砖、印花砖、防滑砖等)形成的楼地面层。

1.施工准备

铺贴前,应先挂线检查地面垫层的平整度,弹出房间中心"十"字线,然后由中央向四周弹出分块线,同时在四周墙壁上弹出 +500 mm 水平控制线。按照设计要求进行试拼试排,在块材背面编号,以便安装时对号入座,根据试排结果,在房间的主要部位弹上互相垂直的控制线并引至墙上,用以检查和控制板块的位置。

2.大理石板、花岗石板及预制水磨石板地面铺贴

(1)浸水

施工前应将板材(特别是预制水磨石板)浸水湿润,并阴干、码好备用。铺贴时,板材的底面以内潮外干为宜。

(2) 翻样

根据设计给定的图案,结合平面几何形状的实际尺寸,如柱位置、楼梯位置、门洞口、墙和柱的装修尺寸等综合统筹兼顾进行,准确提出加工订货单,使现场切割大理石、花岗石的现象减小到最低限度,保证总体装饰效果。

(3) 摊铺结合层

先在基层或找平层上刷一遍掺有 4%~5% 的 108 胶水泥浆,水灰比为 0.4~0.5。随刷随铺水泥砂浆结合层,厚度为 10~15 mm,每次铺 2~3 块板为宜,并对照拉线将砂浆刮平。

(4) 铺贴

正式铺贴时,要将板块四角同时坐浆,四角平稳下落,对准纵、横缝后,用木槌敲击中部使其密实、平整,准确就位。

(5) 灌缝

当嵌铜条的地面板材铺贴时,先将相邻两块板铺贴平整,留出嵌条缝隙,然后向缝内灌水泥砂浆,将铜条敲入缝隙内,使其外露部分略高于板面即可,然后擦净挤出的砂浆。对于不设镶条的地面,应在铺完 24 h 后洒水养护,2 d 后进行灌缝,灌缝力求达到紧密。

(6) 上蜡磨亮

板块铺贴完工,待结合层砂浆强度达到 60%~70% 即可打蜡抛光,3 d 内禁止上人走动。

3. 烧结类地砖地面铺贴

(1) 浸水

铺贴前应先将地砖浸水湿润后阴干备用,阴干时间一般为 3~5 d,以表面有潮湿感,但手按无水迹为准。

(2) 铺结合层砂浆

提前一天在楼地面基体表面浇水湿润后,铺 1∶3 水泥砂浆结合层。

(3) 弹线定位

根据设计要求弹出标高线和平面中线,施工时用尼龙线或棉线在墙地面拉出标高线和垂直交叉的定位线。

(4) 铺贴地砖

用 1∶2 水泥砂浆摊抹于地砖背面,按定位线的位置铺于地面结合层上。用木槌敲击地砖表面,使之与地面标高线吻合贴实,边贴边用水平尺检查平整度。

(5) 擦缝

整幅地面铺贴完成后,养护 2 d 后进行擦缝,擦缝时用水泥(或白水泥)调成干团,在缝隙上擦抹,使地砖的拼缝内填满水泥,再将砖面擦净。

4. 陶瓷锦砖地面铺贴

陶瓷锦砖的尺寸较普通地砖小,产品是成联供应的,所以铺设方法与普通地砖有所不同。

(1) 铺贴

结合层砂浆养护 2~3 d 后开始铺贴,先将结合层表面用清水湿润,刷素水泥浆一道,边刷边按控制线铺陶瓷锦砖。施工时,应从房屋地面中间向两边铺贴。

(2)拍实

整个房间铺完后,由一端开始用木槌或拍板依次拍平所铺陶瓷锦砖,拍至水泥浆填满陶瓷锦砖缝隙为宜。

(3)揭纸

面层铺贴完毕 30 min 后,用水润湿背纸,15 min 后即可把纸揭掉,并用铲刀清理干净。

(4)灌缝、拨缝

揭纸后应及时灌缝、拨缝,先用 1∶1 水泥细砂(砂要过窗纱筛)把缝隙灌满扫严。适当淋水后,用橡皮锤和拍板拍平。拍板要前后左右平移找平,将陶瓷锦砖拍至要求高度。然后用刀先调整竖缝后拨横缝,边拨边拍实。地漏处必须将陶瓷锦砖剔裁镶嵌顺平。最后用板拍一遍并局部调拨不均匀的缝隙,然后用棉纱轻轻擦掉余浆,如湿度太大,可用干水泥扫一遍,用锯木屑擦净。

(5)养护

面层铺贴 24 h 后应铺锯木屑等养护,4~5 d 后方可上人。

## 12.5 吊顶与隔墙工程

### 12.5.1 吊顶工程

1.吊顶的种类与构造组成

吊顶又名顶棚、平顶、天花板,是室内装饰工程的重要组成部分,具有保温、隔热、隔声和吸音等作用,也是安装照明、暖卫、通风空调、通信、防火和报警管线设备的隐蔽层。

吊顶有直接式吊顶和悬吊式吊顶两种形式。直接式吊顶按施工方法和材料不同可分为直接刷(喷)浆吊顶、直接抹灰吊顶、直接粘贴吊顶(用胶黏剂粘贴装饰面层);悬吊式吊顶按结构形式不同可分为封闭式吊顶、敞开式吊顶和整体式吊顶(灰板条吊顶)等。

悬吊式吊顶由吊筋、龙骨、面层三部分组成。吊筋主要承受吊顶的重力,并将这一重力直接传递给结构层;同时还能用来调节吊顶的空间高度。龙骨分为主龙骨和次龙骨,主龙骨为吊顶的承重结构,次龙骨则是吊顶的基层。面层分为抹灰面层和板材面层两大类,抹灰面层为湿作业施工,费工费时;板材面层既可加快施工速度,又容易保证施工质量。

2.悬吊式吊顶施工

悬吊式吊顶按承载重量不同可分为上人吊顶和不上人吊顶,两者的区别在于所用材料的尺寸、强度不同。悬吊式吊顶按材料不同可分为木质和金属吊顶。目前,轻金属龙骨吊顶的使用较多,它按材料不同又分为轻钢龙骨和铝合金龙骨吊顶。

(1)轻钢龙骨吊顶施工

利用薄壁镀锌钢板带经机械冲压而成的轻钢龙骨即吊顶的骨架型材。轻钢吊顶龙骨有 U 型和 T 型两种。

U 型上人轻钢龙骨吊顶如图 12-15 所示。施工前,先按龙骨的标高在房间四周的墙上弹出水平线,再根据龙骨的要求按一定间距弹出龙骨的中心线,找出吊点中心,将吊杆固定在预埋件上。吊顶结构未设预埋件时,要按确定的节点中心用射钉固定螺钉或吊杆,吊杆长度计算好后,在一端套丝,丝口的长度要考虑紧固的余量,并分别配好紧固用的螺母。主龙骨的吊顶挂件连在吊杆上校平调正后,拧紧固定螺母,然后根据设计和饰面板尺寸要求确定的间距,用吊挂件将次龙骨固定在主龙骨上,校平调正后安装饰面板。

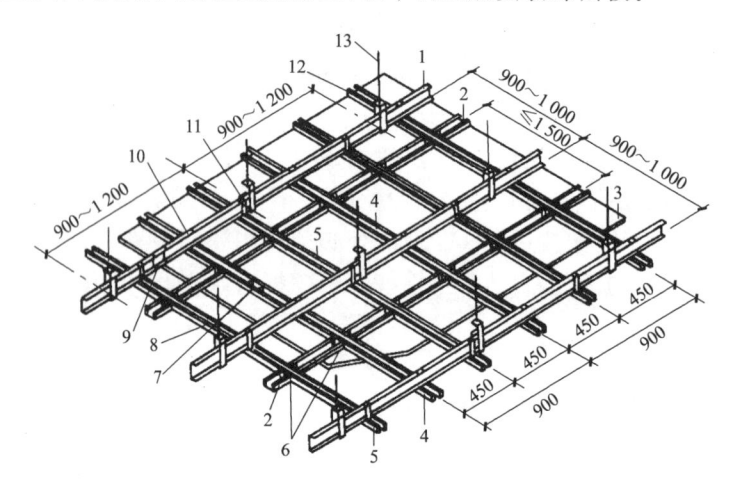

图 12-15 U 型上人轻钢龙骨吊顶

1—BD 主龙骨;2—UZ 横撑龙骨;3—吊顶板;4—UZ 龙骨;5—UX 龙骨;6—UZ3 支托连接;
7—UZ2 连接件;8—UX2 连接件;9—BD2 连接件;10—UX1 吊件;11—UX2 吊件;
12—BD1 吊件;13—UX3 吊杆 $\phi 8 \sim \phi 10$

饰面板的安装方法如下:

搁置法:将饰面板直接放在 T 型龙骨组成的格框内。有些轻质饰面板,考虑刮风时会被掀起(包括空调口、通风口附近),可用木条、卡子固定。

嵌入法:将饰面板事先加工成企口暗缝,安装时将 T 型龙骨两肢插入企口缝内。

粘贴法:将饰面板用胶黏剂直接粘贴在龙骨上。

钉固法:将饰面板用钉、螺丝、自攻螺丝等固定在龙骨上。

卡固法:多用于铝合金吊顶,板材与龙骨直接卡接固定。

(2)铝合金龙骨吊顶施工

铝合金龙骨吊顶按罩面板的要求不同分龙骨底面不外露和龙骨底面外露两种形式;按龙骨结构形式不同分 T 型和 TL 型。TL 型龙骨属于安装饰面板后龙骨底面外露的一种,图 12-16 和图 12-17 所示为 TL 型铝合金不上人吊顶和上人吊顶。

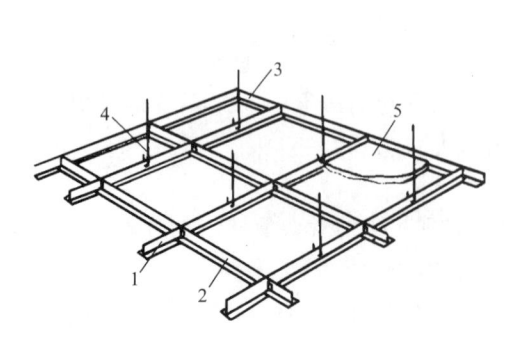

图 12-16 TL 型铝合金不上人吊顶
1—大 T;2—小 T;3—吊件;4—角条;5—饰面板

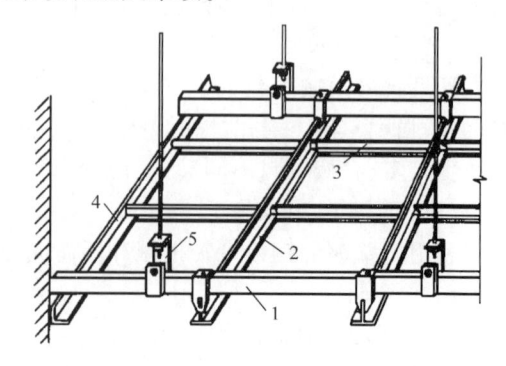

图 12-17 TL 型铝合金上人吊顶
1—主龙骨;2—大 T;3—小 T;4—角条;5—大吊挂件

(3)常见饰面板的安装

铝合金龙骨吊顶饰面板与轻钢龙骨吊顶饰面板的安装方法基本相同。

石膏板的安装可采用钉固法、粘贴法和暗式企口胶接法。U型轻钢龙骨采用钉固法安装石膏板时,使用镀锌自攻螺钉与龙骨固定。钉头要求嵌入石膏板内0.5～1 mm,钉眼用腻子刮平,并用与石膏板同色的色浆腻子涂刷一遍。螺钉规格为M5×25或M5×35。螺钉与板边距离应不大于15 mm,螺钉间距以150～170 mm为宜,均匀布置,并与板面垂直。石膏板之间应留出8～10 mm的安装缝,待石膏板全部固定好后,用塑料压缝条或铝压缝条压缝。

钙塑泡沫板的主要安装方法有钉固法和粘贴法。纤维板安装应用钉固法;矿棉板安装的方法主要有搁置法、钉固法和粘贴法。金属饰面板主要有金属条板、金属方板和金属格栅。板材安装方法有卡固法和钉固法。卡固法要求龙骨形式与条板配套;当钉固法采用螺钉固定时,后安装的板块压住前安装的板块,将螺钉遮盖,拼缝严密。

### 12.5.2 隔墙工程

1.隔墙的构造类型

隔墙按构造方式不同可分为砌块式、骨架式和板材式。砌块式隔墙构造方式与黏土砖墙相似,装饰工程中主要为骨架式和板材式隔墙。骨架式隔墙骨架多为木材或型钢(轻钢龙骨、铝合金龙骨),其饰面板多用纸面石膏板、人造板。板材式隔墙采用高度等于室内净高的条形板材进行拼装,常用的板材有复合轻质墙板、石膏空心条板、预制或现制钢丝网水泥板等。

2.轻钢龙骨纸面石膏板隔墙施工

轻钢龙骨纸面石膏板隔墙具有施工速度快、成本低、劳动强度小、装饰美观及防火、隔声性能好等特点。因此其应用广泛,具有代表性。用于隔墙的轻钢龙骨有C50、C75、C100三个系列,各系列轻钢龙骨由沿顶龙骨、沿地龙骨、竖向龙骨、加强龙骨和横撑龙骨以及配件组成,如图12-18所示。轻钢龙骨墙体的施工操作工序是:弹线→固定沿地、沿顶龙骨→龙骨架装配及校正→石膏板固定→饰面处理。

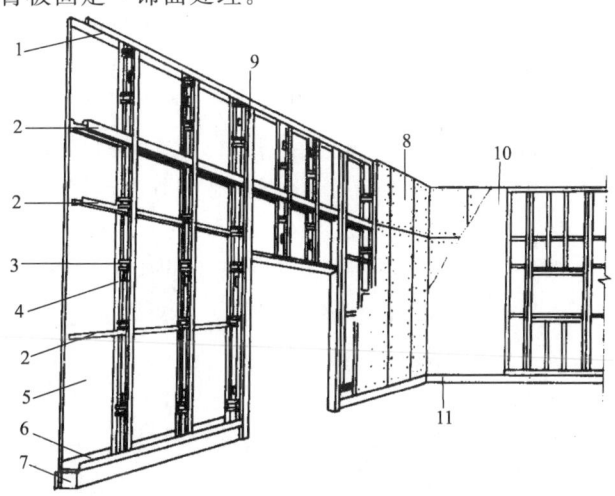

图12-18 轻钢龙骨纸面石膏板隔墙
1—沿顶龙骨;2—横撑龙骨;3—支撑卡;4—贯通孔;5—石膏板;6—沿地龙骨;
7—混凝土踢脚座;8—石膏板;9—加强龙骨;10—塑料壁纸;11—踢脚板

(1)弹线

根据设计要求确定隔墙的位置、隔墙门窗的位置。在地面和墙面上弹出隔墙宽度线和中心线,按所需龙骨的长度,对龙骨进行画线配料。按先配长料,后配短料的原则进行。量好尺寸后,在龙骨上画出切裁位置。

(2)固定沿地、沿顶龙骨

沿地沿顶龙骨固定前,将固定点与竖向龙骨位置错开,用膨胀螺栓和木楔钉、铁钉与结构固定,或直接与结构预埋件连接。

(3)龙骨架装配及校正

按设计要求和石膏板尺寸,进行骨架分格设置,然后将预选切裁好的竖向龙骨装入沿地、沿顶龙骨内,校正其垂直度后,将竖向龙骨与沿地、沿顶龙骨固定起来,固定方法用点焊将两者焊牢,或者用连接件与自攻螺钉固定。

(4)石膏板固定

固定石膏板用平头自攻螺钉,其规格通常为 M4×25 或 M5×25 两种,螺钉间距 200 mm 左右。安装时,将石膏板竖向放置,贴在龙骨上,用电钻同时把板材与龙骨一起打孔,再拧上自攻螺丝。螺钉要沉入板材平面 2~3 mm。

石膏板之间的接缝分为明缝和暗缝两种做法。明缝是用专门工具和砂浆胶合剂勾成立缝。明缝如果加嵌压条,装饰效果较好。暗缝的做法首先要求石膏板有斜角,在两块石膏板拼缝处用嵌缝石膏腻子嵌平,然后贴上 50 mm 的穿孔纸带,再用腻子补一道,与墙面刮平。

(5)饰面处理

待嵌缝腻子完全干燥后,即可在石膏板隔墙表面裱糊墙纸、织物或进行涂料施工。

3.铝合金隔墙施工技术

铝合金隔墙是用铝合金型材组成框架,再配以玻璃等其他材料装配而成。其主要施工工序为:弹线→下料→组装框架并固定→安装玻璃。

(1)弹线

根据设计要求确定隔墙在室内的具体位置、墙高、竖向型材的间隔位置等。

(2)下料

在平整干净的平台上,用钢尺和钢划针对型材画线,要求长度误差不超过±0.5 mm,同时不要碰伤型材表面。下料时先长后短,并将竖向型材与横向型材分开。沿顶、沿地型材要画出与竖向型材的各连接位置线。画连接位置线时,必须画出连接部位的宽度。

(3)组装框架并固定

半高铝合金隔墙通常先在地面组装好框架后再竖立起来固定,全封铝合金隔墙通常是先固定竖向型材,再安装横档型材来组装框架。铝合金型材相互连接主要用铝角和自攻螺钉,它与地面、墙面的连接主要用铁脚固定法。

(4)安装玻璃

先按框洞尺寸缩小 3~5 mm 裁好玻璃,将玻璃就位后,用与型材同色的铝合金槽条,在玻璃两侧夹定,校正后将槽条用自攻螺钉与型材固定。安装活动窗口上的玻璃应与制作铝合金活动窗口同时安装。

## 12.6 幕墙工程

### 12.6.1 幕墙的种类

建筑幕墙是由支撑结构体系与面板组成的、可相对主体结构有一定位移能力、不分担主体结构所受作用的建筑外围护结构或装饰性结构。

幕墙工程按帷幕饰面材料不同,可分为玻璃幕墙、石材幕墙、金属幕墙、混凝土幕墙和组合幕墙等。组合幕墙是由不同材料的面板(如玻璃、金属、石材等)组成的建筑幕墙。

1. 玻璃幕墙

玻璃幕墙是以面板材料为玻璃的建筑幕墙。玻璃幕墙按其结构形式不同有以下分类。

(1)框支撑玻璃幕墙

框支撑玻璃幕墙又称为金属框架式玻璃幕墙,它是玻璃面板周边由金属框架支撑的玻璃幕墙,如图12-19所示。

(a) 明框玻璃幕墙　(b) 隐框玻璃幕墙　(c) 半隐框玻璃幕墙（竖隐横不隐式）　(d) 半隐框玻璃幕墙（横隐竖不隐式）

图 12-19 框支撑玻璃幕墙

框支撑玻璃幕墙按幕墙形式不同有以下分类:

①明框玻璃幕墙是金属框架构件显露于面板外表面的框支撑玻璃幕墙,如图12-19(a)所示。

②隐框玻璃幕墙是金属框架构件完全不显露于面板外表面的框支撑玻璃幕墙,如图12-19(b)所示。

③半隐框玻璃幕墙是金属框架的竖向或横向构件显露于面板外表面的框支撑玻璃幕墙,如图12-19(c)、12-19(d)所示。

框支撑玻璃幕墙按安装施工方法不同有以下分类:

①单元式玻璃幕墙是将面板和金属框架(横梁、立柱)在工厂组装为幕墙单元,以幕墙单元形式在现场完成安装施工的框支撑玻璃幕墙。

②构件式玻璃幕墙是在现场依次安装立柱、横梁和玻璃面板的框支撑玻璃幕墙。

(2)全玻璃幕墙

全玻璃幕墙又称为玻璃肋胶接式全玻璃幕墙。它是由玻璃肋和玻璃面板构成的玻璃幕墙。其中按照玻璃肋的布置方式不同又可分为后置式、骑缝式、平齐式和突出式全玻璃幕墙。全玻璃幕墙根据其构造方式的不同,可分为坐落式全玻璃幕墙(图12-20)和吊挂式全玻璃幕墙(图12-21)两种。

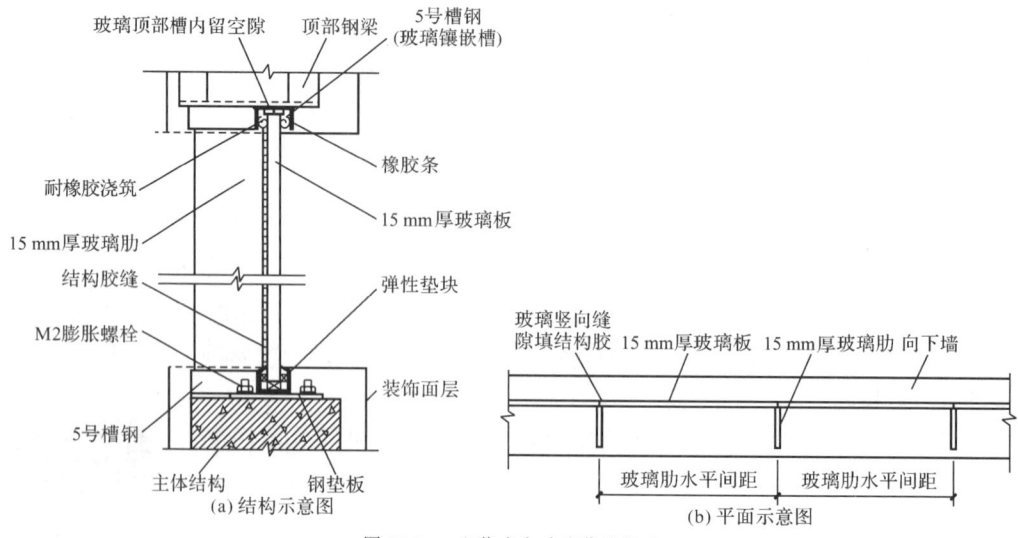

图 12-20　坐落式全玻璃幕墙构造

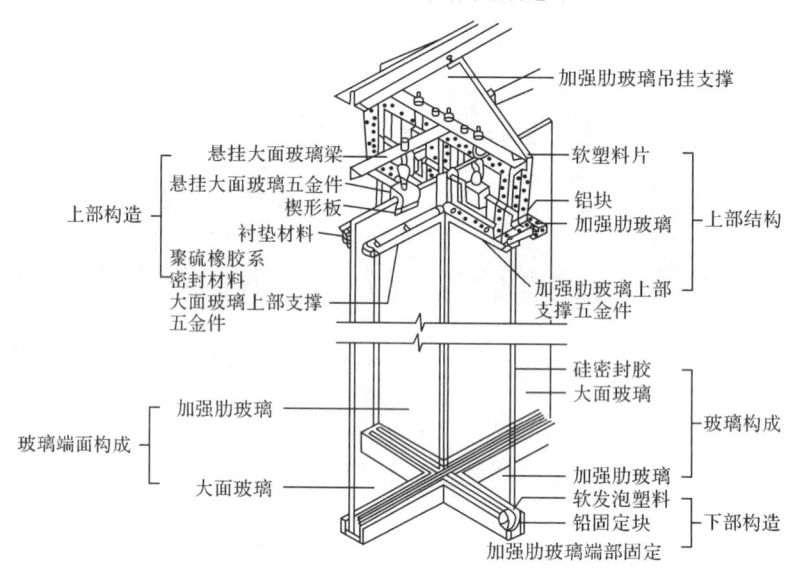

图 12-21　吊挂式全玻璃幕墙构造

(3) 点支撑玻璃幕墙

点支撑玻璃幕墙又称为点式连接玻璃幕支撑墙。它是由玻璃面板、点支撑装置和支撑结构构成的玻璃幕墙。点支撑玻璃幕墙又可分为接驳式点支撑玻璃幕墙和张力索杆结构点支撑玻璃幕墙，如图 12-22 所示。

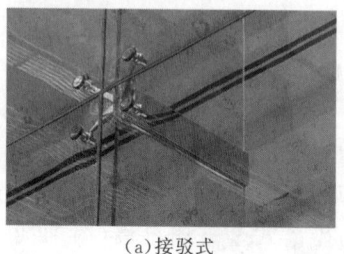

图 12-22　点支撑玻璃幕墙

玻璃幕墙按立面外观情况不同可分为：普通玻璃幕墙（玻璃与水平面夹角等于90°的玻璃幕墙）和斜玻璃幕墙（玻璃与水平面夹角大于75°且小于90°的玻璃幕墙）。

2. 石材、金属和组合幕墙

①石材幕墙是以建筑石板为板材的建筑幕墙，如图12-23和图12-24所示。

图12-23　石材幕墙效果图

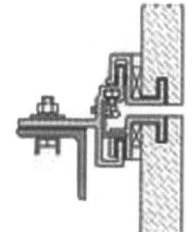

图12-24　石材幕墙连接构造

②金属幕墙是以金属为板材的建筑幕墙，如图12-25和图12-26所示。

图12-25　金属幕墙效果图

图12-26　金属幕墙构件图

③组合幕墙是以玻璃、金属、石材等不同板材组成的建筑幕墙。

以上三种幕墙在立面外观和安装施工方法划分上基本与玻璃幕墙相同。

### 12.6.2　幕墙工程的规定

幕墙工程应遵循安全可靠、实用美观和经济合理的原则。幕墙工程材料、设计、制作、安装施工及工程质量验收应执行《建筑幕墙》(GB/T 21086—2007)、《玻璃幕墙工程技术规范》(JGJ 102—2003)、《金属与石材幕墙工程技术规范》(JGJ 133—2001)和《建筑装饰装修工程质量验收标准》(GB 50210—2018)等相关规范的规定。

在幕墙的设计、选材和施工等方面应严格遵守下列重要规定：

(1)幕墙及其连接件应具有足够的承载力、刚度和相对于主体结构的位移能力。幕墙构架立柱的连接金属角码与其他连接件应采用螺栓连接，并应有防松动措施。

(2)隐框、半隐框幕墙所采用的结构黏结材料必须是中性聚硅氧烷(硅酮)结构密封胶，其性能必须符合《建筑用硅酮结构密封胶》(GB 16776—2005)的规定；硅酮结构密封胶必须在有效期内使用。

(3)立柱和横梁等主要受力构件，其截面受力部分的壁厚应经过计算确定，且铝合金型材的壁厚≥3.0 mm，钢型材壁厚≥3.5 mm。

(4)隐框、半隐框幕墙构件中，对于板材与金属之间硅酮结构密封胶的黏结宽度，应分别计算风荷载标准值和板材自重标准值作用下硅酮结构密封胶的黏结宽度，并选取其中的较大值，且不小于7.0 mm；黏结厚度同样应由计算决定，且不小于6 mm、不大于12 mm。

(5)硅酮结构密封胶应打注饱满，并应在温度为15~30 ℃、相对湿度＞50%且洁净的室内进行。

(6)幕墙的防火除应符合《建筑设计防火规范》(2018年版)[GB 50016—2014(2018)]的有关规定外，还应符合下列规定：

①应根据防火材料的耐火极限决定防火层的厚度和宽度，并应在楼板处形成防火带。

②防火层应采取隔离措施。防火层的衬板应采用经过防腐处理，且厚度≥1.5 mm的钢板，不得采用铝板。

③防火层的密封材料应采用防火密封胶。

④防火层与玻璃不应直接接触，一块玻璃不宜跨越两个防火分区。

(7)主体结构与幕墙连接的各种预埋件，其数量、规格、位置和防腐处理必须符合设计要求。

(8)幕墙的金属框架与主体结构预埋件的连接、立柱与横梁的连接及幕墙面板的安装，必须符合设计要求，安装必须牢固。

(9)单元幕墙连接处和吊挂处的铝合金型材的壁厚应通过计算确定，并不小于5.0 mm。

(10)幕墙的金属框架与主体结构应通过预埋件连接，预埋件应在主体结构混凝土施工时埋入，预埋件的位置必须准确。当没有条件采用预埋件连接时，应采用其他可靠的连接措施，并应通过试验确定其承载力。

(11)立柱应采用螺栓与角码连接，螺栓的直径应经过计算确定，并不小于10 mm。不同金属材料接触时应采用绝缘垫片分隔。

(12)对幕墙上抗裂缝、伸缩缝、沉降缝等部位的处理，应保证缝的使用功能和饰面的完整性。

(13)幕墙工程的设计应满足方便维护和清洁的要求。

## 12.7 门窗工程

常见的门窗类型有木门窗、钢门窗、铝合金门窗、塑料门窗、彩板门窗和特种门窗。门窗工程的施工可分为两类：一类是由工厂预先加工拼装成形，在现场安装；另一类是在现场根据设计要求加工制作，即时安装。

### 12.7.1 木门窗安装

1.木门窗门窗框的安装

木门窗门窗框的安装有立框安装和塞框安装两种方法。

立框安装（又称先立口法）是在墙砌到地面时立门樘，砌到窗台时立窗樘，支撑牢固，并校正垂直度和水平度。需要注意的是，各门窗框进出要一致，上下对齐，砌墙时两端沿高度每隔 0.5～0.7 m 埋一块经防腐处理的木砖。砌体达到一定强度后应最后钉固。

塞框安装（又称后塞口法）是砌墙时留出门窗洞口，每边比门窗框大 20 mm，待砌好墙后将门窗框塞入洞口内加以固定。安装时先用木楔临时固定，校正好垂直度和水平度后钉固在木砖上，再用水泥砂浆抹缝。

2.木门窗门窗扇的安装

安装工艺主要是：量裁口尺寸→第一次刨修→第二次刨修→剔合页槽→安装合页和门窗扇→调试→油漆→安装玻璃→安装五金件。

### 12.7.2 铝合金与塑料门窗安装

铝合金与塑料（PVC）门窗仅在所用材料上有所区别，其安装方法基本一致。安装方法一般采用后塞口法施工，不得先立口后进行结构施工；门窗洞口尺寸比门窗框尺寸大 3 cm，否则应先进行剔凿处理；放好门窗框安装位置线及立口的标高控制线；安装门窗框上的铁脚；安装门窗框，并按线就位找好垂直度及标高，用木楔临时固定，检查正侧面垂直及对角线，合格后用膨胀螺栓将铁脚与结构牢固固定；门窗框与墙体的缝隙应按要求材料嵌缝（沥青麻丝或泡沫塑料）填实，表面用厚度为 5～8 mm 的密封胶封闭；安装门窗附件（所用工具为电钻、自攻螺丝，严禁用铁锤或硬物敲打）；安装门窗扇、配装五金件。

铝合金与塑料门窗安装工艺：门窗框上安装铁件→立门窗框→校正门窗框→固定门窗框与墙体→嵌缝密封→安装门窗扇→镶配五金。

## 12.8 涂饰工程

涂饰工程是将胶体的溶液涂敷在物体表面、使之与基层黏结，并形成一层完整而坚韧的薄膜，借此来达到装饰、美化和保护基层免受外界侵蚀的目的。

### 12.8.1 组成及分类

按成膜物质不同，涂料可分为有机涂料、无机涂料和有机-无机复合涂料。有机涂料根据成膜物质的特点不同可分为溶剂型涂料、水溶型涂料、乳液型涂料。

按装饰部位不同,涂料可分为外墙涂料、内墙涂料、地面(或地板)涂料和顶棚涂料。

按涂层质感不同,涂料可分为薄质涂料、厚质涂料、复层涂料和多彩涂料等。

按特殊使用功能不同,涂料可分为防火涂料、防水涂料、防腐涂料和弹性涂料等。

### 12.8.2 施工工艺

涂饰工程施工的基本工序有:基层处理、打底子、刮腻子、磨光、涂刷涂料等。根据质量要求的不同,涂料工程可分为普通、中级和高级三个等级,为达到要求的质量等级,上述刮腻子、磨光、涂刷涂料等工序应按工程施工及验收规范的规定重复多遍。

1.基层处理

基层处理的工作内容包括基层清理和基层修补。

(1)基层清理

为保证涂膜能与基层牢固黏结在一起,基层表面必须干净、坚实、无酥松、脱皮、起壳、粉化等现象,基层表面的泥土、灰尘、污垢、黏附的砂浆等应清扫干净,酥松的表面应予铲除。为保证基层表面平整,缺棱掉角处应用 1∶3 水泥砂浆(或聚合物水泥砂浆)修补,表面的麻面、缝隙及凹陷处应用腻子填补修平。

(2)基层修补

基层修补包括木材与金属基层的处理及打底子。为保证涂抹与基层黏结牢固,木材表面的灰尘、污垢和金属表面的油渍、鳞皮、锈斑、焊渣、毛刺等必须清除干净。木料表面的裂缝等在清理和修整后应用石膏腻子填补密实、刮平收净,用砂纸磨光以使表面平整。木材基层缺陷处理好后,表面上应做打底子处理,使基层表面具有均匀吸收涂料的性能,以保证面层的色泽均匀一致。金属表面应刷防锈漆,涂料施涂前被涂物件的表面必须干燥,以免水分蒸发造成涂膜起泡,一般木材含水率不得大于 12%,金属表面不得有湿气。

2.刮腻子与磨光

涂膜对光线的反射比较均匀,因而在一般情况下不易觉察的基层表面细小的凹凸不平和砂眼,在涂刷涂料后由于光影作用都将显现出来,影响美观,所以基层必须刮腻子数遍予以找平,并在每遍所刮腻子干燥后用砂纸打磨,保证基层表面平整光滑。需要刮腻子的遍数,视涂饰工程的质量等级、基层表面的平整度和所用的涂料品种而定。

3.涂刷涂料

(1)一般规定

涂料在施涂前及施涂过程中,必须充分搅拌均匀,用于同一表面的涂料应保证颜色一致。涂料黏度应调整合适,使其在施涂时不流坠、不显刷纹,如需要稀释应用该种涂料所规定的稀释剂稀释。涂料的施涂遍数应根据涂料工程的质量等级而定。施涂溶剂型涂料时,后一遍涂料必须在前一遍涂料干燥后进行;施涂乳液型和水溶性涂料时,后一遍涂料必须在前一遍涂料表面干后进行。每一遍涂料不宜施涂过厚,应施涂均匀,各层必须结合牢固。

(2)施涂基本方法

涂料的施涂方法有刷涂、滚涂、喷涂、刮涂和弹涂等。

①刷涂是用油漆刷、排笔等将涂料刷涂在物体表面上的一种施工方法。此法操作方便,适应性广,除极少数流平性较差或干燥太快的涂料不宜采用外,大部分薄涂料或云母片状厚

质涂料均可采用。刷涂顺序是先左后右、先上后下、先边后面、先难后易。

②滚涂(或称辊涂)是利用滚筒(或称辊筒、涂料辊)蘸取涂料并将其涂布到物体表面上的一种施工方法。滚筒表面有的是粘贴合成纤维长毛绒,也有的是粘贴橡胶(称之为橡胶压辊),当绒面压花滚筒或橡胶压花辊表面为凸出的花纹图案时,即可在涂层上滚压出相应的花纹。

③喷涂是利用压力或压缩空气将涂料涂布于物体表面的一种施工方法。涂料在高速喷射的空气流带动下,呈雾状小液滴喷到基层表面上形成涂层。喷涂的涂层较均匀,颜色也较均匀,施工效率高,适用于大面积施工。可使用各种涂料进行喷涂,尤其是外墙涂料用得较多。

④刮涂是利用刮板将涂料厚浆均匀地批刮于饰涂面上,形成厚度为 1~2 mm 的厚涂层。刮涂常用于地面厚层涂料的施涂。

⑤弹涂是利用弹涂器通过转动的弹棒将涂料以圆点形状弹到被涂面上的一种施工方法。若分数次弹涂,每次用不同颜色的涂料,被涂面由不同色点的涂料装饰,相互衬托,可使饰面增加装饰效果。

### 复习思考题

1. 介绍抹灰工程的分类和一般抹灰的组成和作用。
2. 试述内墙一般抹灰工程的施工工艺。
3. 简述一般抹灰设置灰饼和标筋的作用和具体步骤。
4. 简述装饰抹灰的分类。
5. 简述饰面板安装工艺分类。
6. 内墙饰面砖的主要施工过程和技术要求是什么?
7. 简述楼地面的构成与其分类。
8. 试述水磨石地面的施工方法和保证质量的措施。
9. 试述悬挂式吊顶施工饰面板的安装方法。
10. 试述轻刚龙骨隔墙的安装工序。
11. 简述幕墙的种类有哪些。
12. 试述木门窗框安装方法及应该注意的事项。
13. 常用的建筑涂料有哪些分类?采用何种方法施工?
14. 试述喷涂和弹涂的施工方法。

# 参 考 文 献

[1] 建筑施工手册(第五版).北京:中国建筑工业出版社.2013
[2] 住房和城乡建设部.建筑工程绿色施工规范(GB/T 50905—2014).北京:中国建筑工业出版社.2014
[3] 住房和城乡建设部.建筑地基基础工程施工规范(GB 51004—2015).北京:中国建筑工业出版社.2015
[4] 住房和城乡建设部.砌体结构施工质量验收规范(GB 50203—2019).北京:中国建筑工业出版社.2019
[5] 住房和城乡建设部.混凝土结构工程施工规范(GB 50666—2011).北京:中国建筑工业出版社.2011
[6] 住房和城乡建设部.混凝土结构工程施工质量验收规范(GB 50204—2015).北京:中国建筑工业出版社.2015
[7] 住房和城乡建设部.建筑施工扣件式钢管脚手架安全技术规范(JGJ 130—2019).北京:中国建筑工业出版社.2019
[8] 住房和城乡建设部.建筑施工承插型盘扣式脚手架安全技术规范(JGJ 231—2010).北京:中国建筑工业出版社.2010
[9] 住房和城乡建设部.建筑工程冬期施工规程(JGJT 104—2016).北京:中国建筑工业出版社.2016
[10] 住房和城乡建设部.钢结构施工规范(GB 50755—2020).北京:中国建筑工业出版社.2020
[11] 住房和城乡建设部.屋面工程技术规范(GB 50345—2019).北京:中国建筑工业出版社.2019
[12] 李靖颉.防水工程施工.北京:机械工业出版社.2015
[13] 住房和城乡建设部.外墙外保温工程技术标准(JGJ 144—2019).北京:中国建筑工业出版社.2019
[14] 牛志荣.建筑外墙保温体系应用技术与安全管理.北京:中国建筑工业出版社.2015